中国科学院科学出版基金资助出版

干涉型光纤传感用光电子器件技术

王　巍　丁东发　夏君磊　著

科学出版社
北　京

内 容 简 介

本书以干涉型光纤传感器的应用需求和光电子器件自身特性为基础，以两者之间的关系为主线，着重论述干涉型光纤传感用光电子器件的设计、工艺、测试、特性及应用要求。首先介绍干涉型光纤传感器的原理、分类及应用特点，阐述干涉型光纤传感用光电子器件的分类及特点，然后对光电子器件相关技术进行重点论述，包括光纤、光纤耦合器、光纤偏振器件、相位调制器、光源、探测器及其他光电子器件，最后论述光纤传感用光电子器件的可靠性技术。

本书可供从事干涉型光纤传感及光电子器件技术研究、产品研制与应用的科技人员和高等院校相关专业师生参考。

图书在版编目(CIP)数据

干涉型光纤传感用光电子器件技术/王巍，丁东发，夏君磊著. —北京：科学出版社，2012

ISBN 978-7-03-036202-5

Ⅰ. ①干… Ⅱ. ①王…②丁…③夏… Ⅲ. ①光电子-光纤传感-研究 Ⅳ. ①TP212

中国版本图书馆 CIP 数据核字(2012)第 303767 号

责任编辑：余 丁 / 责任校对：宋玲玲

责任印制：张 倩 / 封面设计：耕者

科 学 出 版 社 出版

北京东黄城根北街 16 号

邮政编码：100717

http://www.sciencep.com

北京凌奇印刷有限责任公司 印刷

科学出版社发行 各地新华书店经销

*

2012 年 8 月第 一 版 开本：B5(720×1000)

2012 年 8 月第一次印刷 印张：25 1/4

字数：488 000

POD定价： 168.00元

(如有印装质量问题，我社负责调换)

序

光纤传感是继光纤通信之后光电子技术的又一重要发展领域。与传统电学传感器相比，光纤传感器具有灵敏度高、抗电磁干扰、安全性好等特点，正是这些特点推动了光纤传感技术的深入研究和广泛应用。干涉型光纤传感器是一类非常典型的光纤传感器，它基于干涉检测原理，测量精度高，是高性能光纤传感器广泛采用的一种技术方案。光纤陀螺、光纤水听器、光纤电流互感器等一系列典型的干涉型光纤传感器已经进入工程应用阶段，还有很多干涉型光纤传感器正陆续成为研究和应用的热点，这些高性能干涉型光纤传感器的发展促进了光纤传感器技术的整体提升。

光电子器件是光纤传感器的基本组成部分。在光纤传感器的早期研究中直接沿用了光纤通信用光电子器件，但随着光纤传感技术研究的深入，对光电子器件要求的特殊性日益显现，更好地满足光纤传感器的需要已成为光电子器件技术研究的重要方向之一。为此，光电子器件研制单位携手光纤传感器研制单位，陆续针对光纤传感器应用需求开展专用器件的研制。

该书以光纤传感器和光电子器件的关系为主线，首先介绍干涉型光纤传感器的类型、各自的特点及对光电子器件的一般要求。然后系统论述干涉型光纤传感用光纤、光纤耦合器、相位调制器、半导体光源、掺铒光纤光源、光电探测器等主要器件的原理、设计方法和制备工艺，重点论述各器件的工作特性及其性能与传感器性能之间的关系，阐述光纤传感器对光电子器件性能指标、环境适应性、可靠性等方面的要求。该书还论述了产品设计和工程化应用中十分重要的光电子器件可靠性相关技术。

作者不仅从事各种高性能干涉型光纤传感器技术的基础研究和工程化研制，而且对光纤传感器用光电子器件进行了深入研究，在光纤传感器与光电子器件的性能关系研究、协同设计方法以及高性能光纤传感器用于控制仪表和实时动态测量仪器等方面具有独到的见解。全书在光电子器件通用技术的基础上突出光纤传感的特点，既从传感系统的角度指导器件研究，又从器件的角度考虑传感系统设计和应用，以创新的思路深入研究光纤传感器与光电子器件的相互关系。该书对用于光纤传感的光电子器件技术的论述注重理论与实际相结合，系统性和实用性较强，充分体现了作者在干涉型光纤传感器及其器件的协同研制方面的专长和经验，较好地将光纤传感系统技术和器件技术相结合，对光电子器件与光纤传感器的优化设计和关键技术研究具有重要参考价值。作者在深入研究和阐述干涉型光纤传感器和光电子器件关系的基础上，建立了干涉型光纤传感用光电子器件的技术指标体系，对相关光电子器件的发展具有指导作用。

该书的出版将促进光纤传感技术及光电子器件技术的融合与发展，为该领域的科学技术研究提供参考和启发。

靳伟

2012年8月于香港理工大学

前　言

光纤传感技术是以光波为载体，光纤为媒介，感知和传输外界被测量信号的新型传感技术。与传统传感器相比，光纤传感器具有灵敏度高、抗电磁干扰、耐高温、抗腐蚀、灵活性好、对外部其他设备干扰小等特点，受到世界各国政府和学者的重点关注，并得到快速发展，目前光纤传感技术已广泛应用于航空航天、建筑工程、石油化工、电力系统等诸多领域。

根据对光的调制方式不同，光纤传感器主要可分为强度调制型、相位调制型、波长调制型、偏振态调制型四种类型。相位调制型光纤传感器的工作原理是通过被测量的作用，改变光纤中传播的光波相位，再利用干涉测量技术把相位变化转换为光强变化，从而检测出被测物理量，因此也称为干涉型光纤传感器。干涉型光纤传感器是研究较早，并已获得工程应用的一类光纤传感测量仪器，其典型代表是光纤陀螺仪、光纤水听器、光纤电流互感器等。

随着光电子技术的发展，干涉型光纤传感器的研究不断深入，应用越来越广泛。作者在多年从事干涉型光纤传感及测量技术的研究和应用实践中，深刻认识到光电子器件对光纤传感系统的重要性，进行了诸多关键器件的基础研究工作，获得了数十项相关专利，制定了多项行业标准。通过总结相关研制经验和成果，形成本书，希望对干涉型光纤传感技术的进一步发展有所促进。

本书的特点是从干涉型光纤传感器设计与应用的角度来研究光电子器件的特性、设计、工艺、性能测试及应用要求，以两者之间的关系为主线，注重基础理论与工程实践相结合。全书共 11 章，第 1 章为绪论；第 2 章为干涉型光纤传感器及其光电子器件的技术特点；第 3 章至第 10 章分别研究光纤、光纤耦合器、光纤偏振器件、相位调制器、其他光无源器件、半导体光源器件、掺铒光纤有源器件、光电探测器及应用技术；第 11 章研究光电子器件的可靠性技术相关内容。本书第 1、2、11 章由王巍负责撰写；第 3、4、5、7、10 章由王巍、丁东发负责撰写；第 6、8、9 章由王巍、夏君磊负责撰写。全书由王巍统稿。

在本书撰写和审稿过程中，陆元九院士、王启明院士、丁衡高院士、张履谦院士、包为民院士、张维叙教授、廖延彪教授、靳伟教授、孙雨南教授、胡雄伟研究员、孙肇荣研究员、杨立溪研究员、陈水华研究员、赵采凡研究员、金锋研究员、李勤研究员、徐宇新研究员等提出了许多宝贵的意见和建议。另外，王学锋、王军龙、唐才杰、高峰、李晶、于成海、王寸、李翠华、柳建春、相艳荣、蓝天、张智华、冯文帅、刘福民、郑国康等同志分别参与了本书部分内容的研讨和实验工作。作者谨向上述各位专家及同事对本书的大力支持与帮助表达深深的谢意。

本书的相关研究成果得到了中国人民解放军总装备部、中华人民共和国国家国防科技工业局、中国航天科技集团公司、中国航天电子技术研究院，以及国家973计划、863计划和国防基础科研项目的大力支持，本书的出版还得到了中国科学院科学出版基金的资助，光纤传感技术领域国际知名学者、香港理工大学靳伟教授为本书作序，作者一并表示衷心的感谢！

由于作者的水平有限，书中疏漏和不妥之处在所难免，恳请读者批评指正。

作　者

2012年8月

目　　录

第1章　绪　　论

1.1　光纤传感技术发展历程

自20世纪60年代以来，以半导体激光器和光纤技术为代表的光电子技术得到快速发展。在光纤技术的研究过程中发现光纤不仅可以作为光波的传输介质，而且光波在光纤中传播时，光波的特征参量会受到外界物理量的调制。将光纤作为敏感元件，可实现对多种物理量的探测，随后基于光纤的各种传感原理和技术方案相继提出，并逐渐发展成为一种新型的传感测量技术——光纤传感技术。

光纤传感技术以光波为载体，光纤为媒介，感知和测量外界物理量。目前，光纤传感器可测量的物理量包括温度、压力、位移、应变、角速度、线加速度、流量、电场、磁场、电磁场和液位等。与传统传感器相比，光纤传感器具有灵敏度高、抗电磁干扰、电绝缘、抗腐蚀、本质安全、对被测物理量干扰小、便于复用和组网等特点。光纤传感技术的以上优点弥补了传统传感器的不足，拓宽了传感器的应用领域，被广泛应用于航空航天、军事装备、过程控制、石油化工、电力系统、地球物理、安全监控等诸多领域，并取得了很多具有开创性的成果。

在光纤传感技术的发展早期，主要以结构简单的强度调制型光纤传感器为主。20世纪80年代后，以干涉型光纤陀螺、光纤水听器和光纤电流互感器为代表的干涉型光纤传感器得到了研究人员的广泛关注，并且带动了相关光电子器件的发展。80年代末，随着光纤光栅的发明，光纤光栅传感技术成为研究热点，与此同时干涉型光纤传感技术逐渐成熟。2000年后，随着各种光电子器件及信号处理技术的成熟，研究人员逐渐解决了干涉型光纤传感器、光纤光栅传感器、分布式光纤传感器等多种传感器的工程应用问题，光纤传感器进入了实用化阶段。光纤传感技术已成为光纤通信产业发展之后光电子技术的又一重大产业。

1.1.1　干涉型光纤传感器的发展

根据光路结构不同，干涉型光纤传感器可分为迈克耳孙(Michelson)型、马赫-曾德尔(Mach-Zehnder)型、法布里-珀罗(Fabry-Perot)型和萨格纳克(Sagnac)型。

1. 迈克耳孙和马赫-曾德尔干涉型光纤传感器

利用迈克耳孙干涉仪和马赫-曾德尔干涉仪可构成光纤水听器、光纤温度传感器、光纤压力传感器和光纤振动传感器等。光纤水听器的研究始于 20 世纪 70 年代末的美国海军实验室，1977 年美国海军研究室（NRL）的 Bucaro 等演示了一套基于光纤技术的水声传感系统[1]。随后，其他国家也相继投入研究，促进了光纤水听器的发展。光纤水听器专家 Nash 在 1996 年指出，干涉型光纤水听器是最有可能构成未来声呐系统的一种新型传感器[2]。1999 年，英国国防评估和研究局（DERA）与 NRL 联合开始研制采用时分/频分多路复用技术的光纤水听器阵列[3]。2000 年，洛杉矶级和海狼级潜艇装备了由光纤水听器阵列组成的宽孔径阵声呐[4]。目前，干涉型光纤水听器是现有各种光纤水听器阵列中使用最多、发展前景最好的一种水听器。在我国，光纤水听器经过 30 年的发展，技术已日趋成熟，目前已进入工程研究和实用化阶段。

2. 法布里-珀罗干涉型光纤传感器

1988 年，Lee 和 Talyor 等首次报道基于本征型法布里-珀罗干涉仪（IFPI）结构的光纤传感器[5]；1991 年，Murphy 等报道基于非本征型法布里-珀罗干涉仪（EFPI）的应变光纤传感器，将光纤插入准直毛细管内，通过环氧树脂将光纤与准直毛细管固定在 F15 战斗机的机身，测试了机身的疲劳性能[6,7]。1991 年，Wolthuis 利用硅膜片作为法布里-珀罗干涉仪的一个反射镜和压力敏感元件，构成了 EFPI 光纤压力和温度传感器，用于医疗领域[8]。2000 年至今，研究人员利用激光器熔接、电弧熔接、微机械加工和显微加工等方法研制出多种 EFPI 光纤传感器，实现了无胶粘封装，提高了 EFPI 光纤传感器的可靠性和长期稳定性。EFPI 光纤传感器被广泛应用于油井等极端恶劣场合的压力、温度和应变的测量、燃气涡轮发动机和高电压功率变压器的动态压力测试、植入人体的压力测量等[9,10]。自 20 世纪 90 年代初，我国相关高校和研究院所开始进行 EFPI 光纤传感器方面的研究工作，目前，EFPI 光纤应变传感器已在桥梁和油井压力监测等领域得到了工程应用[11,12]。

3. 萨格纳克干涉型光纤传感器的发展

1976 年，美国 Utah 大学 Vali 和 Shorthill 在实验室利用光纤演示了光纤萨格纳克干涉仪，并实现对载体角速度和角位移的测量，研制出了第一个光纤陀螺[13]。随后，一系列重大技术的突破，如 1978 年闭环相位补偿方案被提出[14]，1980 年光纤陀螺最小互易性结构被提出[15]，1981 年超辐射发光二极管（SLD）首次作为光纤陀螺光源[16]，1983 年光纤线圈的二极对称绕法和四极对称绕法[17]被提出，这些技术促进了光纤陀螺的发展。1984 年成功研制出采用数字阶梯电压驱动和 Y 波导多功能集成光学器件的数字闭环光纤陀螺[18]。1991 年报道了采用掺铒光纤光源的光纤陀螺[19]，使高性能光纤陀螺成为现实。1993 年采用保偏方案的导航级干涉型光纤陀螺研制成功[20]。目前，光纤陀螺已成为导航、制导与控制领域的主流惯性仪表。国内从20世纪80年代开始光纤陀螺的研究工作,自主研制了满足光纤陀螺应用要求的光电子器件,2004年光纤陀螺首次经过了飞行试验。目前我国自主开发的光纤陀螺精度覆盖了10～0.001(°)/h(1σ),已开始广泛应用于空间飞行器、飞机、舰船、武器装备等领域。

光纤电流互感器是萨格纳克干涉仪的另一个典型应用。自20世纪70年代,光纤电流互感器就成为研究的热点。1977年英国电力研究中心的Rogers等从原理方面对全光纤电流互感器进行了研究[21],在实验室对实验装置进行试验并获得成功,在1979年成功安装在发电站上,开始试运行。90年代起,各国对光纤电流互感器的研究进一步深入。1994年,ABB公司研发出了多种电压等级的交流、直流数字光电式光纤电流互感器。1997年Nxtphase公司也研制成功了光纤电流互感器,随后进行了较大规模的应用,该公司及光纤电流互感器的相关业务于2009年并入Alstom公司。我国光纤电流互感器于2008年在国家电网系统中得到了正式应用,目前累积应用的数量已超过了欧美等国家应用的总和。

此外,利用萨格纳克干涉仪和谱缺损定位技术,还可实现对外界扰动的测量和定位。经过几年的发展,这种传感器已基本成熟,目前正在进行工程应用。

1.1.2 光纤光栅传感器的发展

光纤光栅的研究始于20世纪70年代。1978年,加拿大通信研究中心的Hill等采用双向488nm氩离子激光在掺锗光纤内干涉形成驻波的方法,使光纤折射率沿轴向产生周期性的改变,实现了反向模式间耦合的光纤布拉格光栅(FBG)[22],但是Hill光栅受到写入方法和光纤器件发展水平的限制,制备效率低,光谱特性较差。1989年,Meltz等采用244nm紫外光双光束全息曝光技术制作出光纤光栅[23],为光纤光栅的制作提供了一种实用的方法。1989年,Morey等在发展紫外光侧面写入光纤光栅技术的同时,首次对光纤光栅的温度和应变传感特性进行了研究,发现光纤光栅的中心波长与温度、应变之间具有良好的线性关系[24]。1993年,贝尔实验室提出载氢技术提高光纤光敏性[25],同年Hill又提出了制作光纤光栅的相位掩模法[26],成为目前应用最广泛的光纤光栅制作方法。光纤光栅刻写技术的成熟为光纤光栅的批量生产和大范围推广应用提供了有力的保障。

1993年,Kersey等利用可调谐法布里-珀罗滤波器检测的方法实现了光纤光栅阵列的复用传感[27]。利用热稳定法布里-珀罗干涉仪的透射光谱或气体吸收谱作为波长参考,使基于可调谐滤波器或可调谐激光器的光纤光栅测量技术具有优良的精度和长期稳定性。InGaAs探测器阵列和光栅技术的成熟,促进了小型化光谱仪的发展,从而为光纤光栅的测量提供了简单易行的解决方案。对于低反射率的光纤光栅,美国国家航空航天局(NASA)发展了基于波长扫描激光器和光频域反射计

(OFDR)的光纤光栅测量技术,实现了低反射率光纤光栅的大规模复用测量。

在光纤光栅传感器的结构设计和封装工艺方面,针对温度、应变交叉敏感,提出了双光纤光栅参考法、温补封装、长周期光纤光栅等方法,实现了温度、应变的区分测量;通过采用金属封装、玻璃化封装、聚合物封装等技术,提高了光纤光栅在恶劣环境下的可靠性和长期稳定性;通过设计相应的敏感结构,光纤光栅实现了对温度、应变、压力、振动、声场、电场、磁场等多种参量的敏感和测量。

2000 年后,随着光纤光栅的刻写技术、波长检测技术和封装工艺技术的成熟,光纤光栅传感器实现了商品化发展,在航空航天、建筑工程、电力、石油化工、海洋、核能、医学等多个领域都取得了广泛应用。

1.1.3 分布式光纤传感器的发展

分布式光纤传感器利用光波在光纤中传输的特性,可沿光纤长度方向连续地传感被测物理量,光纤既是光波传输介质,又是被测物理量的传感介质。分布式光纤传感器解决了原有传感器只能进行单点测量的问题,并且具有测量空间范围大、结构简单、使用方便、性价比高等其他传感器无可比拟的优点。1977 年,Barnoski 等成功研制出光时域反射计(OTDR),以光纤后向瑞利散射光作为被测信号,用于光纤故障诊断[28]。1980 年,Rogers 利用单模光纤中的偏振态对光纤所受到的电场、磁场、应变场、温度场等物理量的敏感特性,提出了偏振光时域反射测量技术(POTDR)[29]。1983 年,Hartog 等利用液芯光纤的瑞利(Rayleigh)散射在数百米长度光纤上实现了温度的分布式测量[30]。1985 年,Dakin 等提出利用拉曼散射效应测量沿光纤方向温度场的方法[31],并开始了样机研制。同年,Hartog 等[32]和 Dakin 等[33]分别用半导体激光器作为光源,研制出基于拉曼散射的光纤温度传感器样机,实现了对温度场的分布式测量。1987 年,英国 York 公司推出了基于拉曼散射的分布式温度传感器产品。据报道,目前基于拉曼散射的分布式温度传感器产品的传感距离达到 30km,温度分辨率达到了 0.05℃,空间分辨率达到了 2m。

1989 年 Horiguchi 和 Culverhouse 等发现了布里渊散射频移和温度、应变之间的关系,提出利用布里渊散射可以实现对温度和应变的分布式测量[34~36]。同年 Horiguchi 提出了布里渊光时域分析(BOTDA)法[37,38],1993 年 Kurashima 提出了基于光外差相干检测的布里渊光时域反射计(BOTDR)法[39],这两种方法提高了布里渊散射谱的测量精度,解决了利用布里渊散射进行检测的可行性和精度问题。

在 BOTDR 技术方面,英国南安普顿(Southampton)大学和 York 公司合作对 BOTDR 技术进行了广泛的研究[40]。1994 年,日本 NTT 公司和 Ando 公司合作最先推出了商品化的 BOTDR 产品[41]。不久英国 Sensornet 公司推出了 DTSS 系列 BOTDR 产品[42]。目前基于外差相干检测技术的 BOTDR 产品已经比较成熟,日本 Ibaraki 大学和 Yokogawa Electric 公司在提高产品的空间分辨率上进行了深入的研究，而其他的一些研究机构也在尝试采用不同的光源或脉冲编码技术以降低成本和提高测量精度。

在 BOTDA 技术方面，瑞士 Omnisens 公司推出了 DITEST 系列 BOTDA 产品[43]，日本的 Neubrex 公司推出了 NEUBRESCOPE 系列 BOTDA 产品[44]，加拿大 OZ Optics 公司和 Ottawa 大学合作推出了 DSTS 系列 BOTDA 产品[45]。目前空间分辨率 1 m 以上的单脉冲 BOTDA 光路方案和信号处理方法已经比较成熟。OZ Optics公司和 Neubrex 公司已经推出空间测量分辨率 10cm 的 BOTDA 产品，但由于 BOTDA 技术在提高空间测量分辨率上显现出巨大的潜力，高空间测量分辨率的 BOTDA 仍然是光纤传感器领域研究的热点之一[46]。

1.1.4 其他类型光纤传感器

1. 聚合物光纤传感器

自 20 世纪 60 年代美国杜邦公司发明聚合物光纤以来，聚合物光纤传感器取得了很大的发展。1983 年，日本 NTT 公司将全氘化聚甲基丙烯酸甲酯塑料光纤在 650nm 波长处的损耗降低到 20dB/km[47]。近年来聚合物光纤的性能不断提高，具有折射率可调、抗弯曲性能好等优点，已被广泛应用。利用聚合物光纤代替普通石英光纤，可研制各种类型的聚合物光纤传感器，具有低弹性模量、抗腐蚀、高柔软性、大拉伸强度、抗振动冲击、不易折断、选材范围广和相容性好等特点。聚合物光纤传感器可进行辐射、液面、放电、磁场、折射率、温度、风速、旋转、振动、位移等方面的测量。目前已报道的聚合物光纤传感器包括结构安全监测传感器、湿度传感器、生物传感器、化学传感器、气体传感器等。

2. 荧光光纤传感器

1985 年，英国南安普顿大学的 Payen 等发现了掺杂稀土元素的光纤有激光振荡和光放大的现象[48]，随后研究人员对这种荧光光纤进行了深入的研究，发现这种光纤的荧光强度、荧光寿命、双波长荧光强度比等参数会随温度、压力等环境因素变化。根据荧光光纤的上述特性，研究人员开始利用荧光光纤代替普通石英光纤研制各种传感器，如温度传感器、pH 传感器、气体浓度传感器、液面传感器等。其中，荧光光纤温度传感器适于进行高温探测，可以与普通光纤良好连接，可采用光纤放大器等成熟器件，受到关注和广泛研究。

3. 光子晶体光纤传感器

光子晶体光纤通过特殊设计，可具有无截止单模传输、可控光学非线性、低色散、强双折射、大模场等特点。这些特点使得光子晶体光纤在传感器应用方面具有广阔的前景，如利用光子晶体的多孔性，可研制吸收型气体传感器；利用光子晶体的非线性效应，可研制检测物质成分的传感器；利用光子晶体的各向异性，可研制与偏振相关的传感器。由于光子晶体光纤传感器具有特殊性能，使其迅速成为光纤传感技术领域研究的热点。

1.2　光纤传感器的分类

光纤传感器的功能包括两部分，即“感”和“传”。首先是“感”，即外界敏感物理量对光信号产生足够大的调制，其次是“传”，即被外部信号调制的光信号传输到探测器。

1. 按传感的原理分类

根据光纤本身是否具备“感”的功能，光纤传感器分为功能型光纤传感器（本征型光纤传感器）和非功能型光纤传感器（非本征型光纤传感器）。功能型光纤传感器利用光纤本身的某种敏感特性或功能实现对外界物理量的感知，传感原理如图 1.1(a)所示。非功能型光纤传感器的光纤仅起传输光波信号的作用，必须在光纤光路中加装其他敏感元件才能构成传感器，传感原理如图 1.1(b)所示。

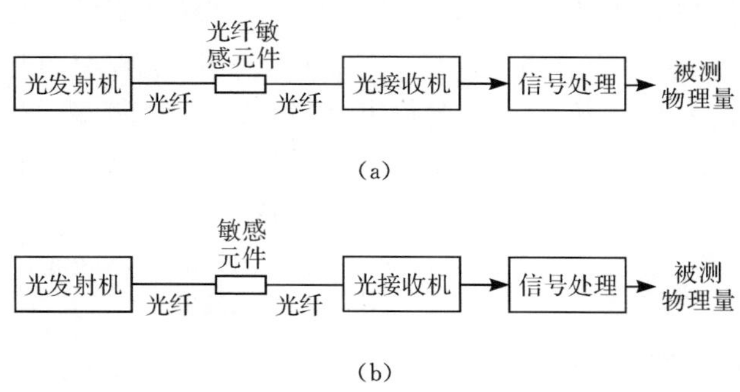

图 1.1　根据传感的原理分类

(a) 功能型光纤传感器；(b) 非功能型光纤传感器

2. 按测量对象的分布分类

根据被测物理量的分布，可以将光纤传感器分为点式光纤传感器、准分布式光纤传感器和分布式光纤传感器。点式光纤传感器如图 1.2(a)所示，每根光纤上仅连接了一个光纤传感器，可以敏感传感器安装位置处的物理量，敏感区域的长度远小于连接光纤的长度。准分布式光纤传感器如图 1.2(b)所示，一根光纤上连接了多个点式传感器，实现对光纤路径上多个位置处物理量的敏感和测量，常见的准分布式光纤传感器包括光纤光栅传感器阵列、光纤水听器阵列等。分布式光纤传感器如图 1.2(c)所示，光纤既有感知的功能又具有传输光波信号的功能，可以敏感沿光纤路径连续分布的外界物理量，常见的分布式光纤传感器包括分布式光纤拉曼温度传感器、分布式光纤布里渊温度/应变传感器等。

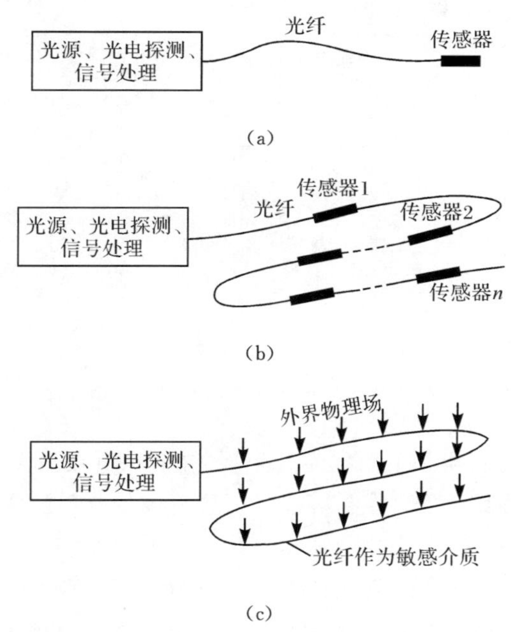

图 1.2 根据测量对象的分布分类

(a) 点式光纤传感器；(b) 准分布式光纤传感器；(c) 分布式光纤传感器

3. 按光波的调制方式分类

光纤传感器根据外部敏感物理量对光波的调制方式又可分为：强度调制型光纤传感器、相位调制型光纤传感器、波长(频率)调制型光纤传感器和偏振调制型光纤传感器等，如图 1.3 所示。

强度调制型光纤传感器将被测物理量的变化转换为光纤中光强度(或光功率)的变化，通过光电探测器测量光波强度变化实现对被测物理量的测量。典型的强度调制型光纤传感器主要有检测位移或压力的光纤微弯传感器、光纤辐射传感器、光纤荧光传感器、利用光谱吸收测量气体种类和浓度的光纤气体传感器。

相位调制型光纤传感器将被测物理量的变化转换为光纤中光波相位的变化，一般通过干涉测量获得被测物理量的大小。外界物理量对光相位的调制方式主要分为三类，一类是通过弹光、热光、弹性形变和热膨胀等物理效应对光纤敏感区的折射率和光纤长度进行调制；第二类是在光纤外部设置反射腔，外部物理量调制反射腔内光的光程；第三类是通过萨格纳克效应实现对光波相位的调制。典型

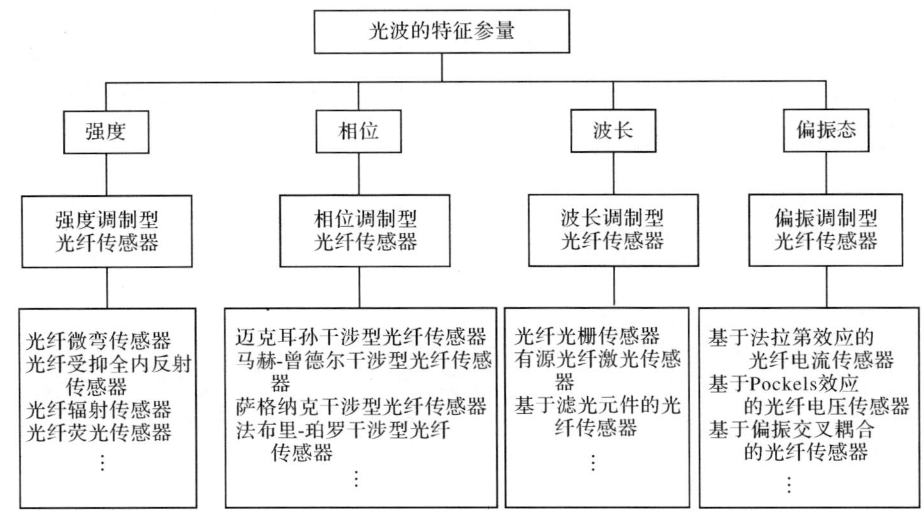

图 1.3　根据光波的调制方式分类

的相位调制型光纤传感器有干涉型光纤陀螺、光纤水听器。

波长(频率)调制型光纤传感器将被测物理量的变化转换为光纤中光波的波长变化,通过光谱测量法或干涉法测量波长(频率)变化后解算出被测物理量。典型的波长调制型光纤传感器有光纤光栅传感器、多普勒光纤血液流速传感器等。

偏振调制型光纤传感器将被测物理量的变化转换为光纤中光波的偏振变化,并通过将偏振变化转换为光强度变化或用干涉的方法实现测量。典型的偏振调制型光纤传感器有光纤电流互感器。

由于光波的频率非常高,目前各类光探测器都不能直接敏感光的相位变化,必须通过干涉仪将光波的相位转换成光强信号,才能实现干涉信号探测和相位信号解调。此外波长调制型传感器和偏振型光纤传感器也可以利用光波干涉的方法,将波长和偏振态的变化转换为干涉信号,然后通过干涉信号探测和相位解调实现对波长和偏振态变化的解调。通常将利用光波干涉原理实现测量的光纤传感器称为干涉型光纤传感器。

4. 按信号的检测方式分类

根据信号的检测方式,可以将光纤传感器分为开环光纤传感器和闭环光纤传感器。开环光纤传感器结构简单,但是动态精度、标度因数线性度、长期稳定性等性能较差。闭环光纤传感器利用检测的光波特征参量作为误差信号对光纤传感器进行反馈控制,具有动态范围大、精度高、标度因数线性度好、长期稳定性好等优势。

5. 按信号的处理电路分类

根据信号处理电路的工作方式,可以将光纤传感器分为模拟式光纤传感器和数字式光纤传感器。模拟式光纤传感器采用模拟电路对光电探测信号进行处理,精度较低、灵活性较差、难以实现复杂运算,通常用于对测量精度要求不高、信号处理方法较简单的场合。数字式光纤传感器通过模数转换将光电探测信号转换成数字量,通过数字信号处理实现信号解调,具有精度高、适合进行复杂运算、易于实现小型化和集成化设计等优势,是光纤传感器发展的方向。

6. 按应用特点及精度分类

光纤传感器根据其应用特点可以分为两类,一类是高性能光纤传感器,主要是用于实时控制、监测及计量,具有大动态、宽频域特点的精密仪表级光纤传感器,如光纤陀螺、光纤水听器、光纤电流互感器等;另一类是一般光纤传感器,主要用于测量精度要求较低的应用领域,如火灾预报、周界安防等。两者之间的差别主要表现在以下几方面:

(1) 高性能光纤传感器要求在大的动态范围内实现高精度,即需要同时实现很高的精度和很大的测量范围,最大测量范围和最高测量精度之间的比值(动态范围)往往需要达到 $10^6 \sim 10^9$。为了实现在大动态范围内的高精度,传感器本身除了精密的光学系统还必须辅以稳定的电学信号处理和闭环控制系统,如用于电力系统自动化控制的光纤电流互感器,最小测量电流达到 0.1A,最大测量电流可达到 200kA,动态范围达到 10^6。

(2) 高性能光纤传感器要求在整个测量范围内都具有良好的标度因数线性度,因为任何测量误差都会对控制系统产生影响。以光纤陀螺为例,在整个测量范围内的标度因数稳定性要求至少优于 1×10^{-3},高精度光纤陀螺对标度因数的要求达到 1×10^{-6}。

(3) 高性能光纤传感器的测量结果往往作为自动控制系统控制回路的输入量,对于动态响应性能和实时性要求很高,即传感器的带宽要求较大。如电流互感器对暂态电流的测量结果用于电力系统继电保护,谐波分析与监测时,要求传感器的带宽大于 10kHz。

(4) 高性能光纤传感器要求具有很好的环境适应性、可靠性和长期稳定性。多数的控制系统,尤其是工作于特殊环境的控制系统,如应用于空间环境的光纤陀螺和海底铺设的光纤水听器,由于难以定期进行传感器校准、维护、更换,对传感器的长期稳定性和可靠性提出了很高的要求。长期稳定性的要求首先是特殊环境中的可靠性,即传感器在较长的寿命期内,在辐射、热真空、海水腐蚀、海水压力等恶劣环境下不会损坏;其次传感器还必须在长期通电工作的测量精度始终满足要求。

上述特点使高性能光纤传感器已经明显区别于一般光纤传感器，而成为全新的实时控制、监测及计量仪表或系统。

在各种不同类型的光纤传感器中，利用干涉原理实现的光纤传感器具有灵敏度高、动态范围大、响应速度快等优势。如光波的相位变化 2πrad 对应干涉仪的光程差变化一个波长 λ，目前可测量到的最小相位变化可达 10^{-7} rad；对于波长 $\lambda=1.55\mu m$ 的光波，相位变化 10^{-7} rad 所对应的光程差约为 2.5×10^{-14} m，接近一个原子核的大小。干涉型光纤传感器具有结构紧凑、稳定可靠的优点，容易满足工程应用对稳定性、可靠性、体积、成本和批量生产的要求，目前高精度的干涉型光纤传感技术已在水声、角速度、位移、电流、电压等多种微弱信号的检测中得到了广泛的应用。

光纤传感器的各种分类方法及类型如图 1.4 所示。

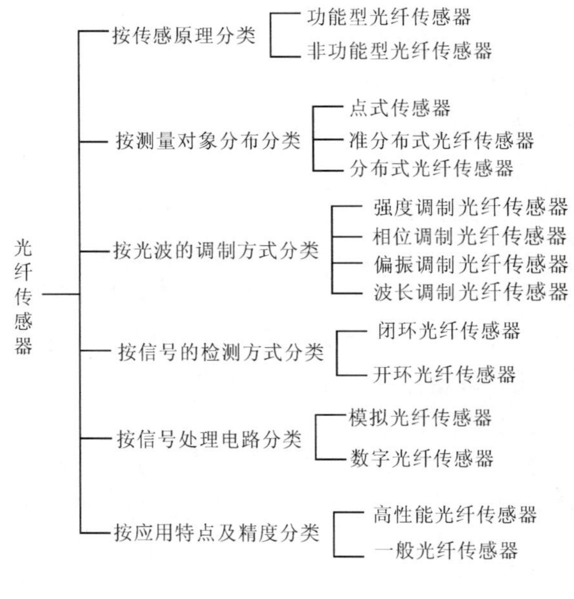

图 1.4　光纤传感器分类

1.3　光纤传感技术中涉及的典型物理效应

光纤传感器利用物理场对光波特征参数进行调制，然后通过解调携带了被测量信息的调制光波，实现对被测物理场参量的测量。但是除被测物理场以外，其他物理场也会对光波特征参数进行调制，而在信号解调过程中如果不能将其他物理场产生的调制与被测物理场产生的调制区分开，就会导致测量误差。通常将被测物理场之外对光波特征参数产生调制的物理场称为有害物理场。根据有害物理场的来源可将其分为两类：一类是外部环境中的物理场，如温度场、磁场、电场、声场等;另一类是传感器自身产生的物理场,如温度场、电磁场等。表 1.1 列出了典型光纤传感器在进行物理量测量时,所利用的物理效应及影响其性能的需要抑制的主要有害物理效应。

表 1.1　光纤传感器相关的主要物理效应

类型	传感器名称	利用的物理效应	被测物理量	需要抑制的物理效应
强度调制型光纤传感器	光纤辐射传感器	光吸收	核辐射	热光效应、磁光效应
	光纤浓度、折射率传感器	折射率调制	浓度、折射率	热光效应
	光纤流量传感器	光透射吸收、散射	流量	热光效应、磁光效应
	拉曼、布里渊温度传感器	光纤拉曼效应、布里渊效应	温度	热光效应、磁光效应、弹光效应
	F-P 压力传感器	多次反射、干涉	压力	热光效应、磁光效应、弹光效应
	光纤液位传感器	光反射吸收	液位、微位移	热光效应、磁光效应、弹光效应
相位调制型光纤传感器	光纤陀螺	萨格纳克效应	角速度、角位移	热光效应、磁光效应、弹光效应
	水听器	弹光效应	声压	热光效应、磁光效应
	F-P 位移传感器	多次反射、干涉	位移、加速度、速度	热光效应、磁光效应、弹光效应
	迈克耳孙压力传感器	弹光效应	压力	热光效应、磁光效应
	迈克耳孙温度传感器	热膨胀	温度、电流	磁光效应、弹光效应
	M-Z 磁场、电压互感器	电致、磁致伸缩	磁场、电压	热光效应
	M-Z 振动传感器	弹光效应	振动、变形	热光效应、磁光效应
波长调制型光纤传感器	光纤光栅温度传感器	热光效应	温度	弹光效应
	光纤光栅应变传感器	弹光效应	应变	热光效应
	迈克耳孙速度传感器	多普勒效应	速度、位移、加速度	磁光效应
	谐振式光纤陀螺	萨格纳克效应	角速度	热光效应、磁光效应、弹光效应
偏振调制型光纤传感器	电流互感器	法拉第效应	电流、电压	热光效应
	磁场传感器	法拉第效应	磁场	热光效应
	电压互感器	克尔效应	电压	热光效应、法拉第效应
	声光压力、温度传感器	声光效应	压力、温度	热光效应、磁光效应

为了提高光纤传感器的测量精度与稳定性，需尽量抑制有害物理场对光纤传感器的影响，抑制有害物理场的主要方法有以下几种：

（1）提高光电子器件的性能，减小其对有害物理场的敏感度或响应度。如为了减小温度对光纤陀螺光纤线圈的影响，可选择合理的绕制方法生产光纤线圈，抑制温度梯度和温度变化率对光纤线圈的影响，提高光纤陀螺的温度性能。

（2）采取合理的设计方法，减小传感区域对外界物理场的灵敏度。如利用光纤光栅测量温度时，需采取合理的安装方式，使光纤光栅对应变减敏，抑制外界应变引起的光纤光栅中心波长漂移。

（3）对传感区域进行屏蔽设计，隔离有害物理场对光波特征参量的调制。如为了抑制磁场对光波偏振态的调制，可以对传感器采取磁屏蔽设计；为了抑制空间辐射对光纤传光特性的影响，可以对光纤采取加固设计。

（4）研究有害物理场的光波特性参量的调制规律，利用补偿的方法，消除由其引入的测量误差。如外界温度变化会对大多数光纤传感器产生影响，通过研究其作用机理和误差建模，对传感器的输出进行补偿，减小由其导致的测量误差。

外界环境或物理场同样会对光电子器件的性能产生影响，表 1.2 列出了光纤传感器用主要光电子器件所利用的物理效应和有害的物理场。为了使光电子器件在工程应用中具有稳定的性能，设计时应尽量抑制其对外界环境的敏感度。光纤的折射率受到应力、温度的影响；光在光纤中的传输受到磁场的调制；保偏光纤通过引入应力实现偏振保持能力，而在应用过程中弯曲产生的机械应力、温度变化时保偏光纤和外界其他材料之间产生的热应力都会影响其偏振保持能力。$LiNbO_3$基相位调制器件利用电光效应进行相位调制，而 $LiNbO_3$ 材料本身在变化的温度场中会发生热释电效应，由于温度的变化在电极间形成内生电压，对外部的调制电压构成误差，甚至使器件失效。半导体器件、光纤器件往往都对辐射敏感，高能粒子会在材料中诱发各种物理、化学变化，对器件性能产生较大影响，因此在光纤传感系统设计过程中还必须考虑应用环境中各种物理场和器件之间的相互作用。

为了提高器件的环境适应能力，对器件进行防护，隔离有害物理场对器件的影响是最直接的方法，如对光纤进行磁屏蔽，以降低或消除磁场对光场的调制作用；对器件本身而言需要进行材料和器件的设计改进、优化，如优选光纤材料可以改善对辐射的敏感程度，改进 $LiNbO_3$ 器件设计可以降低热释电效应的影响；器件使用过程中的固定方式、安装方式的优化则可以有效地降低外界热应力、机械应力的影响。

表 1.2　光电子器件相关的主要物理效应

类型	光电子器件类型	物理效应及光学现象	有害物理场及效应
光纤	单模光纤	全反射	色散、模式耦合、散射、杂质吸收、辐射
	保偏光纤	全反射、应力双折射、波导双折射、几何双折射	色散、偏振耦合、散射、杂质吸收、辐射
	光子晶体光纤	改进的全内反射、光子带隙效应、布拉格效应	色散、散射、杂质吸收、辐射
光源	激光二极管	受激辐射	温度、辐射
	发光二极管	自发辐射	温度、辐射
	超辐射发光二极管	自发辐射	温度、辐射
	掺铒光纤光源	自发辐射	温度、辐射
光纤器件	光纤耦合器	消逝场耦合	偏振、温度、力学
	光纤波分复用器	消逝场耦合、色散、偏振、干涉效应	偏振、温度、力学
	光纤偏振器	模式截止、模式衰减	温度
	光纤消偏器	双折射效应	力学
	光纤隔离器	磁光法拉第效应	磁光
	光纤环行器	磁光法拉第效应	磁光
	光衰减器	光辐射、光吸收、液晶原理、磁光效应	耦合、反射
	光开关	电光、热光、磁光、声光效应、液晶原理、波导耦合、光栅效应	耦合、反射
	光纤准直器	梯度折射率波导效应	反射、散射
	光纤滤波器	模式耦合效应	反射、散射、吸收
	光纤光栅	布拉格效应、模式耦合	温度、力学、辐射
相位调制器	$LiNbO_3$ 相位调制器	电光效应	温度、力学、热释电效应
	压电陶瓷相位调制器	弹光效应	力学、温度
	声光调制器	声光效应	温度、磁光效应
光电探测器	光电导探测器	光致电导率变化	温度、辐射
	光电二极管	光电效应	温度、辐射
	雪崩光电二极管(APD)	雪崩倍增效应、光电效应	温度、辐射

1.4 光纤干涉仪原理及特点

干涉型光纤传感器的光路结构以光学干涉仪原理为基础，根据传感器的信号处理需要加以改进而形成。通常干涉仪主要包括迈克耳孙干涉仪、马赫-曾德尔干涉仪、萨格纳克干涉仪和法布里-珀罗干涉仪。

1.4.1 迈克耳孙干涉仪

迈克耳孙干涉仪是由美国科学家迈克耳孙于 1881 年设计的，其光路结构如图 1.5 所示，其中 G_1、G_2为两块平行的半透半反镜，M_1、M_2为反射镜，分别和 G_1、G_2成 45°放置。由光源 S 发出的一束光在 G_1发生反射和透射，原来的一束光被分成强度相同的两束光，反射光经 M_1反射再次经过 G_1进入检测系统，透射光经 M_2反射后也再次回到 G_1，并经 G_1反射后也进入检测系统，如果 M_1和 M_2的位置合适，两束进入检测系统的光发生干涉。

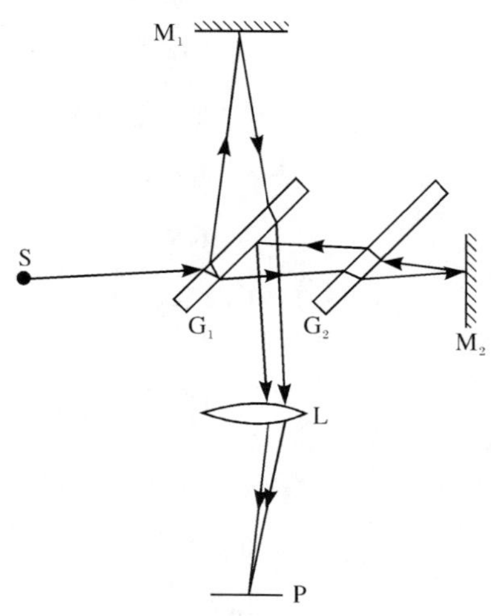

图 1.5 基于空间光路的迈克耳孙干涉仪

图 1.6 是迈克耳孙干涉仪的基本光路结构。光源发出的光被光纤耦合器分为功率相同的两束光，两束光分别进入干涉仪的传感臂和参考臂，光纤传感臂和参考臂的末端为反射镜，两束光经反射镜反射后沿原光路返回，在耦合器处发生干涉，干涉信号经耦合器到达探测器。光干涉信号的强度和光在两个臂中传输产生的相位差相关，当外部敏感量发生变化时，传感臂中光的相位受到调制，相应的两个臂之间的相位差发生变化，并最终反映到探测器的探测功率。

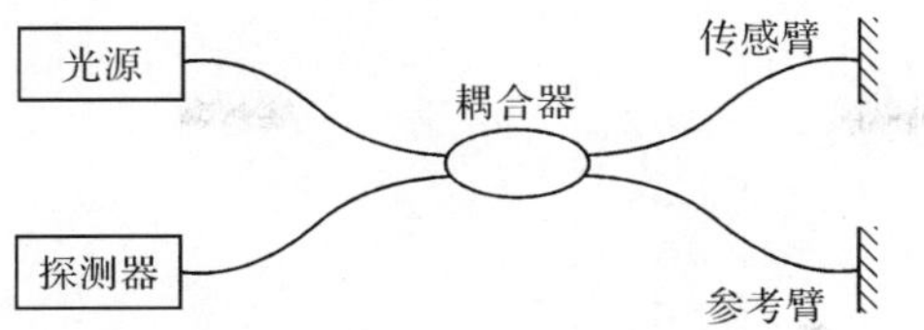

图 1.6　迈克耳孙干涉仪光路结构

对于如图 1.6 所示的干涉仪，探测器发生干涉的两束光的光强分别为 I_1, I_2，则两束光的电场分量可表示为

$$E_1(t)=\sqrt{I_1}A(t) \tag{1-1a}$$

$$E_2(t-\tau)=\sqrt{I_2}A(t-\tau) \tag{1-1b}$$

式中，τ 为两束光之间的时间延迟差。

两光束的干涉光强度为

$$\begin{aligned} I &= \langle [E_1(t)+E_2(t)]\cdot[E_1(t)+E_2(t)]^* \rangle \\ &= \langle [\sqrt{I_1}A(t)+\sqrt{I_2}A(t-\tau)]\cdot[\sqrt{I_1}A(t)+\sqrt{I_2}A(t-\tau)]^* \rangle \\ &= I_1+I_2+2\sqrt{I_1 I_2}\,\mathrm{Re}\,[\gamma(\tau)] \end{aligned} \tag{1-2}$$

式中，$\gamma(\tau)$为归一化相干函数。

$$\gamma(\tau)=\mathrm{e}^{2\mathrm{j}\pi\bar{f}\tau}\Gamma(\tau) \tag{1-3}$$

式中，$\Gamma(\tau)=\int_{-\infty}^{+\infty}\alpha^2(f)\mathrm{e}^{2\mathrm{j}\pi f\tau}\mathrm{d}f$；$\alpha^2(f)$ 为光源的功率谱密度；f 为光频率；$\bar{f}$ 为光源的平均频率。

对于理想的单波长光源，式(1-2)可简化为

$$I=I_1+I_2+2\sqrt{I_1 I_2}\cos(2\pi f\tau) \tag{1-4}$$

若耦合器的分光比为 1∶1，光源的输出光强为 I_0，光路的损耗忽略，则式(1-4)可简化为

$$I=\frac{1}{2}I_0[1+\cos(2\pi f\tau)] \tag{1-5}$$

1.4.2　马赫-曾德尔干涉仪

马赫-曾德尔干涉仪是由奥地利的马赫和瑞典的曾德尔于 1891 年分别独立提出的，其光路结构如图 1.7 所示。其中 G_1、G_2 为平行的半透半反镜，M_1、M_2 为反射镜，四个镜面几乎平行。光源 S 位于透镜 L_1 的焦点上，光源 S 发出的光经 L_1 准直后在 G_1 被分成两束，它们分别经历 M_1、G_2 反射和 M_2 反射，G_2 透射后进入检测系统，如果 M_1、M_2 的位置合适，两束光将发生干涉。

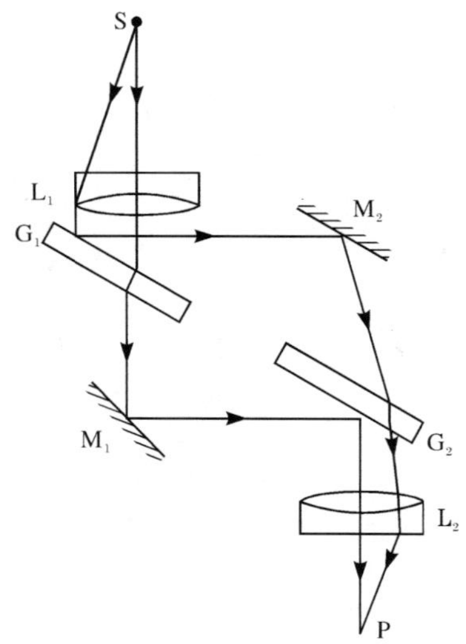

图 1.7 基于空间光路的马赫-曾德尔干涉仪的光路结构

图 1.8 是马赫-曾德尔干涉仪的基本光路结构。光源发出的光被光纤分束器分为功率相同的两束光,两束光分别进入干涉仪的传感臂和参考臂,然后两束光在第二个耦合器汇合干涉。同理,外部敏感量改变光在传感臂中的相位,在传感臂和参考臂之间引入相位差,相位差最终反映到探测器检测到的干涉信号光强。

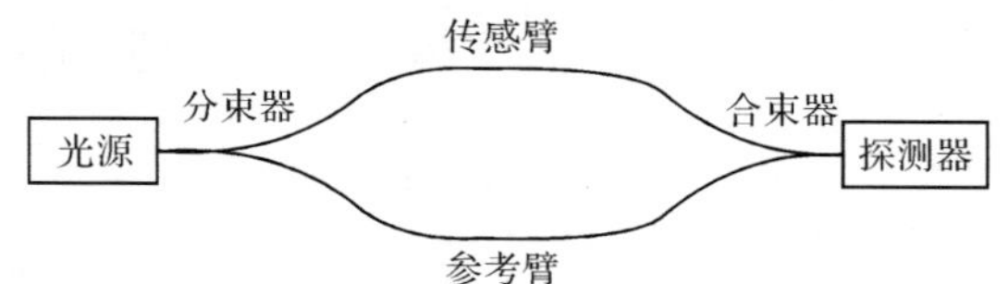

图 1.8 马赫-曾德尔干涉仪光路结构

迈克耳孙干涉仪和马赫-曾德尔干涉仪同为双光束干涉仪,在测量参量、传感器结构设计、信号解调等方面具有相似性。与马赫-曾德尔干涉仪相比,迈克耳孙干涉仪仅需使用一个耦合器,在小型化和低成本设计方面具有优势;光波往返通过迈克耳孙干涉仪的干涉臂,在光纤长度相同的情况下,迈克耳孙干涉仪的灵敏度是马赫-曾德尔干涉仪的两倍;迈克耳孙干涉仪没有闭合的光纤环路,光纤缠绕工艺更加简单;采用法拉第旋转反射镜,可以解决单模光纤构成的迈克耳孙干涉仪的“偏振诱导衰落”问题,不需要采用成本较高的保偏光器件和保偏光纤。所以,迈克耳孙干涉仪比马赫-曾德尔干涉仪更加广泛地应用于光纤传感器。但是,迈克耳孙干涉仪也存在受光器件回波和光纤后向散射影响的问题,在光源的线宽较窄、光源功率较高、光纤较长的情况下,光纤中的后向散射光造成的相干噪声会对迈克耳孙干涉仪的输出信号造成干扰，马赫-曾德尔干涉仪由于光束单向传输，后向散射光、反射光与信号光呈相反的方向，因此对信号光的干扰较小。

1.4.3 萨格纳克干涉仪

闭合光路中相向传播的两光波之间因法向旋转而产生相位差，这个现象称为萨格纳克效应，是法国科学家萨格纳克于 1913 年提出的。对于如图 1.9 所示的任意形状的闭合光路，光路上任意一点沿光波传播方向的一小段线元 $\mathrm{d}\boldsymbol{l}=\boldsymbol{u}\mathrm{d}l$，式中 $\boldsymbol{u}$ 为线元的切向单位矢量，$\mathrm{d}l$ 是 $\mathrm{d}\boldsymbol{l}$ 的模。若光路系统以 O 点为中心，以垂直于纸面的角速度 Ω 旋转，其在 $\boldsymbol{u}$ 方向的线速度分量为 $v_s=\boldsymbol{v}\cdot\boldsymbol{u}$，其中 $\boldsymbol{v}$ 为线元沿着 Ω 方向的线速度矢量，且 $\boldsymbol{v}=\boldsymbol{\Omega}\times\boldsymbol{r}$，$\boldsymbol{r}$ 为由 O 点到任意点的径向坐标矢量。则对于沿顺时针方向传播的光波，对应线微分 $\mathrm{d}\boldsymbol{l}$ 的时间微分 $\mathrm{d}t_{cw}$ 为

$$\mathrm{d}t_{cw}=(\mathrm{d}l+v_s\mathrm{d}t_{cw})/c_{cw}=(\mathrm{d}l+v_s\mathrm{d}t_{cw})/\left[\frac{c}{n}+v_s\left(1-\frac{1}{n^2}\right)\right] \tag{1-6}$$

式中，c 为真空光速；n 为折射率。

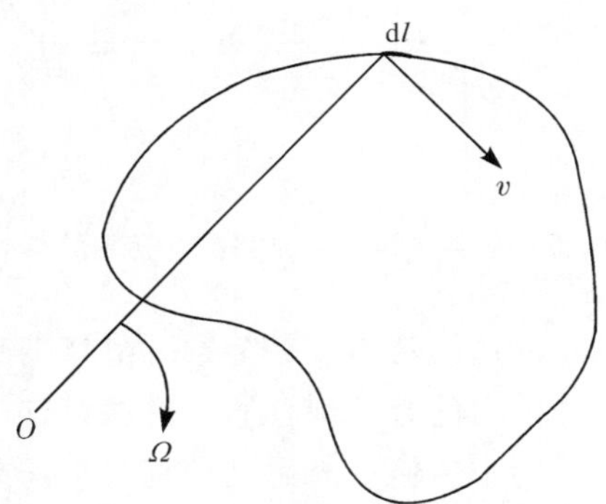

图 1.9 任意形状闭合光路

考虑到 $c\gg v_s/n$，则式(1-6)变为

$$\mathrm{d}t_{cw}=\frac{n\mathrm{d}l'}{c}\left(1+\frac{v_s}{nc}\right) \tag{1-7}$$

将该式沿着光路积分，有

$$t_{cw}=\oint\mathrm{d}t_{cw}=\oint\frac{n\mathrm{d}l'}{c}\left(1+\frac{v_s}{nc}\right)=\frac{nl'}{c}+\oint_{l'}\frac{\boldsymbol{v}\cdot\boldsymbol{u}}{c^2}\mathrm{d}l \tag{1-8}$$

式中，l'为任意形状的闭合光路的长度。根据斯托克斯(Stocks)公式，有

$$t_{cw}=\frac{nl'}{c}+\int_{l'}\frac{(\boldsymbol{\Omega}\times\boldsymbol{r})\cdot\boldsymbol{u}}{c^2}\mathrm{d}l'=\frac{nl'}{c}+\int_s\mathrm{rot}(\boldsymbol{\Omega}\times\boldsymbol{r})\cdot\mathrm{d}\boldsymbol{S}=\frac{nl'}{c}+\frac{2}{c^2}\Omega S \tag{1-9}$$

式中,S 为闭合光路的面积;d$\boldsymbol{S}$ 为面积的元矢量。对于逆时针的情况,同理得

$$t_{ccw}==\frac{nl'}{c}-\frac{2}{c^2}\Omega S \tag{1-10}$$

由式(1-9)和式(1-10),得到萨格纳克相移 ϕ_s 为

$$\phi_s=\omega\cdot(t_{cw}-t_{ccw})=\frac{2\pi c}{\lambda}\cdot\frac{4\Omega S}{c^2}=\frac{8\pi S}{\lambda c}\cdot\Omega \tag{1-11}$$

图 1.10 为基于空间光路的萨格纳克环形干涉仪,其中 G 为半透半反镜,M_1、M_2、M_3为反射镜,四个镜面依次成直角放置。光源 S 发出的光被 G 分为两束,两束光一次经历 M_1、M_2、M_3和 M_3、M_2、M_1分别沿环形干涉仪的逆时针方向和顺时针方向传输。两束光再次回到 G,分别发生透射、反射后进入检测系统,发生干涉。

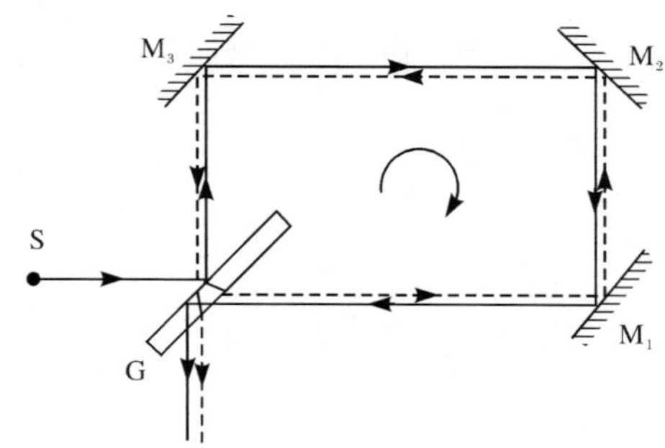

图 1.10　基于空间光路的萨格纳克环形干涉仪

图 1.11 是萨格纳克干涉仪的基本光路结构。萨格纳克干涉仪的主体部分为一个封闭的光纤线圈,光源发出的光经耦合器分为两束,分别沿光纤线圈的顺、逆时针方向传输,两束光在线圈中传输一周后又回到分束器并发生干涉。如果没有外界扰动,两干涉光束具有相同的相位,当沿线圈的法向有角速度时,两束光之间产生萨格纳克相位差,相应的干涉信号的强度发生改变,通过检测干涉信号的光强就可以获知角速度的大小。

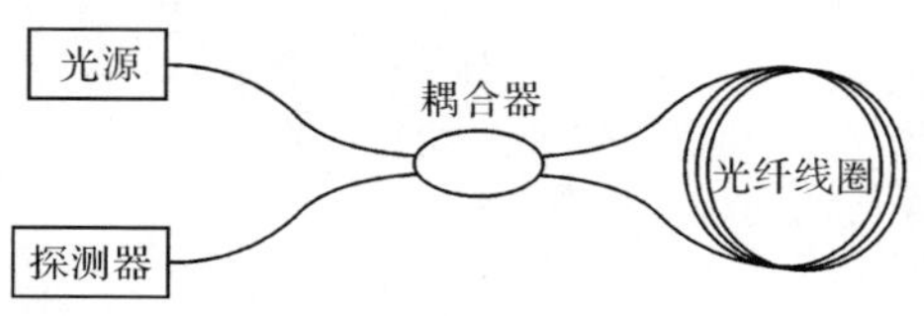

图 1.11　萨格纳克干涉仪光路结构

萨格纳克干涉仪的光路具有互易性的特点,即在无外界输入时,相向传播的两束光经干涉仪传输后发生干涉时具有相同的波前(幅度、相位和偏振)。由于光路的互易性,采用宽谱光源,可有效地抑制光路散射或反射造成的相干噪声,以及光纤中的非线性效应引入的噪声,实现高精度的相位测量[49]。

1.4.4 法布里-珀罗干涉仪

法布里-珀罗干涉仪是1899年法国科学家法布里和珀罗共同设计的，其光路结构如图1.12所示。谐振腔主要由两块精确平行的透光板组成，透光板的内表面镀有反射膜，为了避免无镀膜表面反射光的干扰，透光板通常为楔形。光源S发出的光经透光板进入谐振腔，然后在谐振腔的两个反射面上发生多次反射、透射，相邻两次透射光之间的相位差相同，所有透射光进入检测系统，发生多光束干涉。

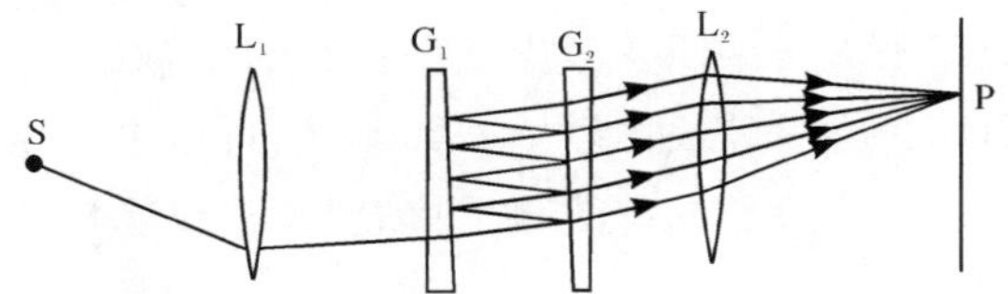

图1.12 基于空间光路的法布里-珀罗干涉仪

根据干涉的类型法布里-珀罗干涉仪可分为两类，一类是多光束干涉型，即谐振腔型，如图1.13(a)所示；另一类是双光束干涉型，如图1.13(b)所示。谐振腔的透射波长由光束在谐振腔中往返一次所累计的相位决定，当外部敏感量作用于谐振腔时，透射波长就会发生移动。如果入射的是单波长的光，通过透过光的强度即可获知光束在谐振腔中相位的变化，并根据敏感量和相位之间的关系计算出敏感量的大小。双光束干涉型F-P干涉仪的主体由光纤端面和一个反射面组成，一部分入射光在光纤端面发生菲涅耳(Fresnel)反射，一部分光由光纤端面透射并在第二个反射面发生反射，二次反射光重新进入光纤，并且和一次反射光发生干涉，两干涉光束的相位差由光纤端面和反射面之间的距离决定。

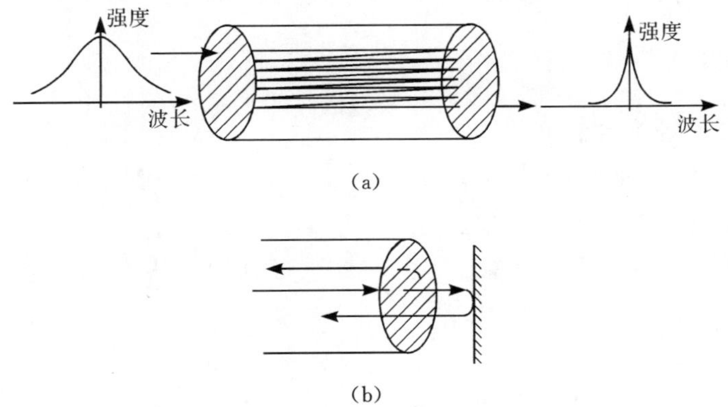

图1.13 法布里-珀罗干涉仪光路结构

(a) 谐振腔型；(b) 双光束干涉型

各种双光束干涉仪对相位差的响应是相同的，均为相位差的余弦函数，即

$$I_D = kI_0(1+\cos\Delta\phi) \tag{1-12}$$

式中，I_0为光源发出的光强；k 为功率损耗系数；$\Delta\phi$ 为两干涉光束之间的相位差。

对于基于多光束干涉的谐振腔型 F-P 干涉仪，其响应为

$$I=\frac{I_0}{1+\frac{4R}{(1-R)^2}\sin^2(\Delta\phi)} \tag{1-13}$$

式中，R 为反射腔内两反射面的反射率；$\Delta\phi$ 为两相邻输出干涉光束之间的相位差。

光纤法布里-珀罗干涉仪采用一根光纤进行光的传输，没有参考臂，不存在参考臂受干扰的问题；通过光学腔长来敏感外界参量，可以进行绝对测量；敏感部分的长度小，空间测量分辨率高。光纤法布里-珀罗干涉仪已成为高精度、高空间分辨率测量的重要手段。

1.5 干涉型光纤传感器相位解调方法

信号处理技术是光纤传感中的关键技术之一。要从干涉信号中恢复出被测物理量，需要专门的信号解调技术。根据干涉时信号光与参考光频率差 $\Delta\omega$ 是否为零，可将双光束干涉仪的解调方法分为零差解调法和外差解调法两大类。

1.5.1 零差相位解调法

零差相位解调法可分为无源零差法、有源零差法和相位生成载波法。其中，无源零差法又可分为 2×2 光纤耦合器解调法、3×3 光纤耦合器解调法；有源零差法又可分为方波采样零差法和相位跟踪零差法。

1. 无源零差法

1）2×2 光纤耦合器解调法

无源零差法也称为被动零差法，实质上是采用电路正交偏置的开环解调方法，即在干涉仪光路中不加入偏置移相器，然后通过电路方法直接检测被测的相位差。常用的 2×2 光纤耦合器解调法如图 1.14 所示。从两个光电探测器输出的电压为[50]

$$\left.\begin{aligned} V_1 &= V_0\{1+a\cos[\phi(t)+\phi_s-\phi_r]\} \\ V_2 &= V_0\{1-a\cos[\phi(t)+\phi_s-\phi_r]\} \end{aligned}\right\} \tag{1-14}$$

式中，V_0 为正比于输入相干光强峰值的电压常量；a 为与偏振态和耦合器分光比有关的混频效应系数；$\phi(t)$为信号光相位调制量；ϕ_s 为信号光初相位；ϕ_r 为参考光初相位。

两路信号通过差分后可化为

$$V_3 = 2aV_0\cos[\phi(t) + \phi_s - \phi_r] \tag{1-15}$$

经过移相后可化为

$$V_4 = 2aV_0\sin[\phi(t) + \phi_s - \phi_r] \tag{1-16}$$

将式(1-15)与式(1-16)作微分并交叉相乘，然后相减可得

$$\begin{aligned} V_5 &= 4a^2V_0^2\cos^2[\phi(t) + \phi_s - \phi_r]\frac{\mathrm{d}\phi(t)}{\mathrm{d}t} + 4a^2V_0^2\sin^2[\phi(t) + \phi_s - \phi_r]\frac{\mathrm{d}\phi(t)}{\mathrm{d}t} \\ &= 4a^2V_0^2\frac{\mathrm{d}\phi(t)}{\mathrm{d}t} \end{aligned} \tag{1-17}$$

对式(1-17)积分并滤波即可得到相位调制量 $\phi(t)$。

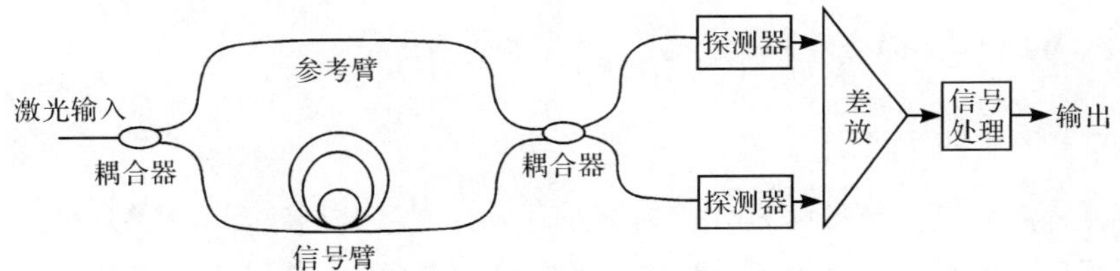

图 1.14　采用 2×2 光纤耦合器无源零差法相位检测示意图

2) 3×3 光纤耦合器解调法

由于 2×2 光纤耦合器解调的本征特性，其两个输出端存在 180°的相位差，导致在干涉仪的相位差为 π 的整数倍时，两路输出信号的相位灵敏度均为零。因此又出现了一种 3×3 光纤耦合器无源零差解调法，如图 1.15 所示。

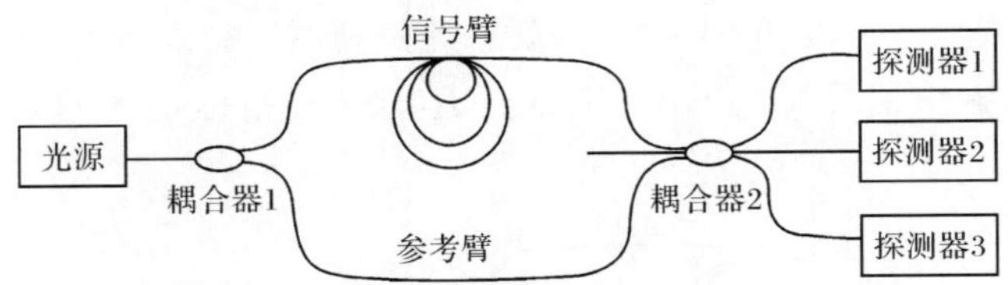

图 1.15　采用 3×3 光纤耦合器无源零差法检测示意图

对于任意一个 3×3 光纤耦合器，只要两路输出的光功率相同，则干涉仪三路输出信号可表示为[51]

$$\left.\begin{aligned} V_1 &= A + B\cos\phi(t) + C\sin\phi(t) \\ V_2 &= -2B[1 + \cos\phi(t)] \\ V_3 &= A + B\cos\phi(t) - C\sin\phi(t) \end{aligned}\right\} \tag{1-18}$$

式中，A、B 和 C 为常数。利用函数关系式 $\sum_{k=1}^{3}\cos[\phi(t)-(k-1)2\pi/3]=0$ 将三个信号相加做平均，再分别与三个信号相加，得三路信号为

$$V_k = A_1 B\cos[\phi(t)-(k-1)2\pi/3],\quad k=1,2,3 \tag{1-19}$$

将三路信号作微分，并将每一路信号乘以另两路微分信号的差，得

$$V'_k = A_2 A_1^2 B^2\cos^2[\phi(t)-(k-1)2\pi/3]\frac{\mathrm{d}\phi(t)}{\mathrm{d}t},\quad k=1,2,3 \tag{1-20}$$

再将三路信号相加，利用 $\sum_{k=1}^{3}\cos^2[\phi(t)-(k-1)2\pi/3]=3/2$ 可得

$$V''_k = A_3 A_1^2 B^2\frac{3\sqrt{3}}{2}\frac{\mathrm{d}\phi(t)}{\mathrm{d}t},\quad k=1,2,3 \tag{1-21}$$

式中，A_1、A_2 和 A_3 都为常数。对 V''_k 积分可得到测量信号。

2. 有源零差法

有源零差解调法按照解调方式的不同可分为闭环解调法和开环解调法。闭环解调即利用反馈信号控制外加于干涉仪中的相位调制器，使其产生的相移对敏感信号产生的相移进行实时跟踪补偿，保证相位检测系统工作在正交零相位差状态，从而将信号相移的检测转换为对调制器补偿相移的检测。开环解调法则无相应反馈控制信号。由于闭环解调时系统始终工作在零相位差正交状态下，因此动态范围远大于开环相位解调系统，而且抗干扰能力及稳定性也优于开环系统。按照偏置信号形式的不同可将有源零差解调法分为方波采样零差法和相位跟踪零差法。

1） 方波采样零差法

方波采样零差法属于开环解调法，其原理是利用正弦调制信号控制门电路对差分放大器的输出信号实时扫描，获取适合于锁相相位检测的信号分量，如图 1.16 所示。

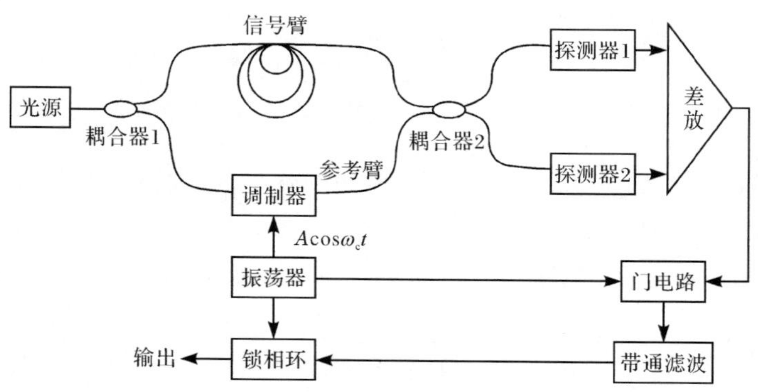

图 1.16　方波采样零差法检测示意图

从两个光电探测器输出的电压经差放后为[52]

$$V_3 = 2aV_0\cos[A\cos(\omega_c t) + \phi(t) + \phi_s - \phi_r] \tag{1-22}$$

将式(1-22)展开为贝塞尔(Bessel)级数

$$V_3 = 2aV_0\{[J_0(A) + 2\sum_{k=1}^{\infty}(-1)^k J_{2k}(A)\cos(2k\omega_c t)]\cos[\phi(t) + \phi_s - \phi_r]$$

$$-[2\sum_{k=0}^{\infty}(-1)^k J_{2k+1}(A)\cos[(2k+1)\omega_c t]]\sin[\phi(t) + \phi_s - \phi_r]\} \tag{1-23}$$

式中，J_k 为 k 阶贝塞尔函数。

利用正弦信号 $A\cos\omega_c t$ 控制模拟门电路，对信号 V_3 进行方波采样，其门函数为

$$F = \begin{cases} 1, & 0 < t \leqslant \pi/\omega_c \\ 0, & \pi/\omega_c < t \leqslant 2\pi/\omega_c \end{cases} \tag{1-24}$$

则模拟门电路的输出为

$$V_4 = F \cdot V_3 \tag{1-25}$$

利用傅里叶(Fourier)级数展开 V_4，得到 $2\omega_c$ 的频率分量为

$$\Phi(2\omega_c t) = 2aV_0[A_2\cos(2\omega_c t) + B_2\sin(2\omega_c t)] \tag{1-26}$$

式中

$$A_2 = -J_2(A)\cos[\phi(t) + \phi_s - \phi_r] \tag{1-27}$$

$$B_2 = \frac{2}{\pi}\sum_{k=0}^{\infty}(-1)^k J_{2k+1}(A)\sin[\phi(t) + \phi_s - \phi_r]\left(\frac{1}{2k+3} - \frac{1}{2k-1}\right) \tag{1-28}$$

改变 A，使得

$$-J_2(A) = \frac{2}{\pi}\sum_{k=0}^{\infty}(-1)^k J_{2k+1}(A)\left(\frac{1}{2k+3} - \frac{1}{2k-1}\right) = C(\text{常数}) \tag{1-29}$$

则

$$\Phi(2\omega_c t) = C\cos[2\omega_c t - \phi(t) - \phi_s + \phi_r] \tag{1-30}$$

最后再利用锁相环电路进行相位检测，可得到调制相位 $\phi(t)$。

2) 相位跟踪零差法

相位跟踪零差法又叫光纤锁相环法，是一种工作于正交偏置状态的闭环相位解调方法。其原理是将系统的解调信号作为反馈信号，控制相位调制器使系统始终保持正交状态，检测调制器的补偿相移即可得到信号的相移。依据反馈信号形式的不同，相位跟踪零差法又分为直流相位跟踪零差法和交流相位跟踪零差法，其中直流相位跟踪零差法原理示意图如图 1.17 所示。

差分放大后的信号为

$$V_3 = 2aV_0\cos[\phi(t) + \phi_s - \phi_r - A(t)] \tag{1-31}$$

式中，$A(t)$为调制器产生的相移，正比于反馈电压。

为使系统工作在直流正交偏置零相差状态，需满足正交条件

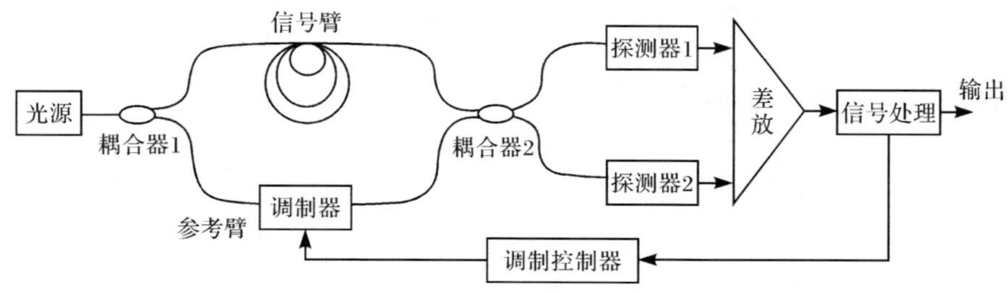

图 1.17　直流相位跟踪零差法原理示意图

$$\phi(t)+\phi_s-\phi_r-A(t)=m\pi-\pi/2 \tag{1-32}$$

并令

$$\varepsilon=\phi(t)+\phi_s-\phi_r-\pi/2 \tag{1-33}$$

在正交条件附近有

$$V_3\approx 2aV_0[\phi(t)+\phi_s-\phi_r-A(t)-\pi/2]=2aV_0[\varepsilon-A(t)] \tag{1-34}$$

式(1-34)说明正交条件下 V_3 输出应该为零，当信号相移 $\phi(t)$ 使系统偏离正交状态时，V_3 将产生一个误差信号，将此信号作为反馈信号控制调制器，使之产生相应的补偿相移 $A(t)$ 抵消 $\phi(t)$ 变化产生的影响，使系统重新回归正交状态，即实现补偿相移 $A(t)$ 的变化跟踪信号相移 $\phi(t)$ 的变化。

与直流相位跟踪零差法相比，交流相位跟踪零差法除了在干涉仪的参考臂加入一个受反馈信号控制的相位调制器 A 进行相位跟踪，还加入了一个固定振荡频率的相位调制器 B 提供交流相位偏置，其原理示意图如图 1.18 所示。

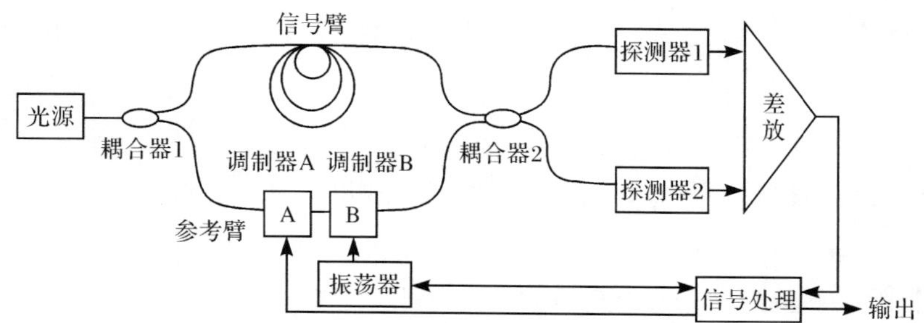

图 1.18　交流相位跟踪零差法检测示意图

交流相位跟踪零差法的优点是能更好地控制反馈系统的增益带宽积，利于实现高精度的相位跟踪，系统也更稳定。缺点是系统多加了一个相位调制器，信号处理电路也更复杂。

3. 相位生成载波法

相位生成载波(PGC)法具有动态范围大、稳定性好等优点，能够利用多种复用技术实现大规模传感器阵列。根据产生载波方法的不同,相位生成载波法又可分为内调制和外调制两种。内调制相位生成载波法是将调制信号加载到光源的驱动电流上,即采用相位调制光源,在干涉后进行相关信号处理的方法,如图 1.19 所示。

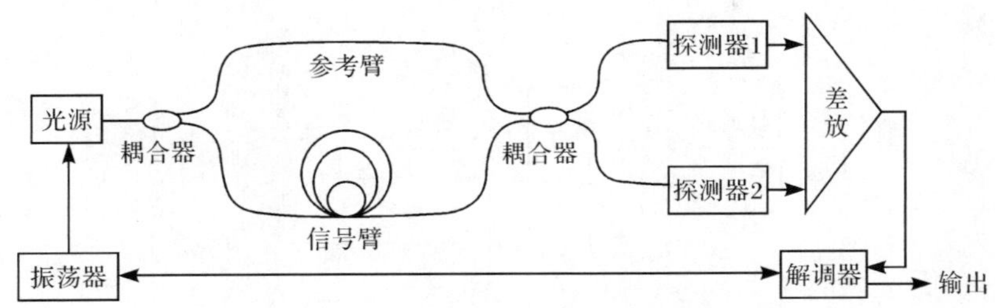

图 1.19 内调制 PGC 相位检测示意图

外调制相位载波零差法是在干涉仪的一条臂上通过相位调制器进行载波调制,使得输出光波相位随载波信号有规律的变化从而实现相位调制(图 1.20),其解调方法与内调制基本一致。

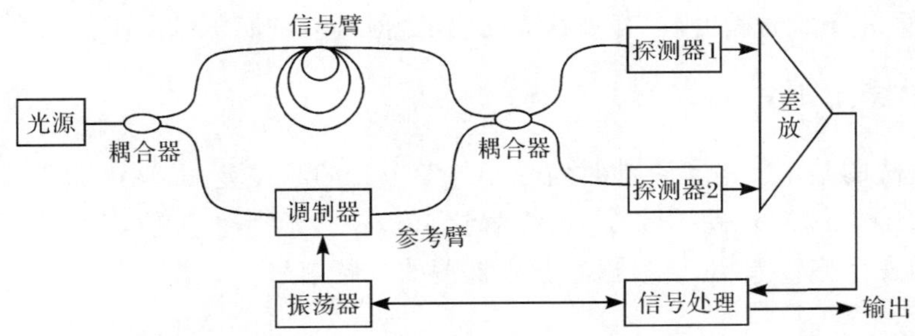

图 1.20 外调制 PGC 相位检测示意图

两种调制方法的区别在于:外调制相位载波零差法采用相位调制器实现相位载波调制,可实现零光程差,能有效降低由光源频率随机漂移造成干涉仪输出的相位噪声;内调制相位载波零差法具有动态范围大、结构简单、利于大规模组阵等优点,但是内调制相位载波零差法要求两干涉臂必须是非平衡的,增加了干涉仪的相位噪声,且内调制时光源的功率也会随调制信号波动,增加了光源强度噪声。

对于内调制法,干涉仪输出端的信号光强为

$$I=[1+m\cos(\omega_0 t)]\{A+B\cos[C\cos(\omega_0 t)+\phi(t)]\} \tag{1-35}$$

式中,m 代表光源的调制度;A 和 B 是常数,且 $B=kA$,$k<1$ 为干涉条纹的可见度,常数 A 与激光器的输出光功率成正比;C 是载波信号所引起的相位调制幅度;ω_0 为载波信号的角频率;$\phi(t)$为待测信号与环境因素引起的相位变化。干涉信号经光电转换后,按如图 1.21 所示的运算过程后可得相位变化为[53]

$$\phi_s(t)=\left\{\frac{1}{4}B^2GHm^2[\mathrm{J}_3(C)-\mathrm{J}_1(C)][\mathrm{J}_0(C)-\mathrm{J}_2(C)]-B^2HG\mathrm{J}_1(C)\mathrm{J}_2(C)\right\}\phi(t) \tag{1-36}$$

式中，$\mathrm{J}_i(C)$为第 i 阶贝塞尔函数；ω_0 和 $2\omega_0$ 为混频信号的频率；G 和 H 为混频信号的幅度。

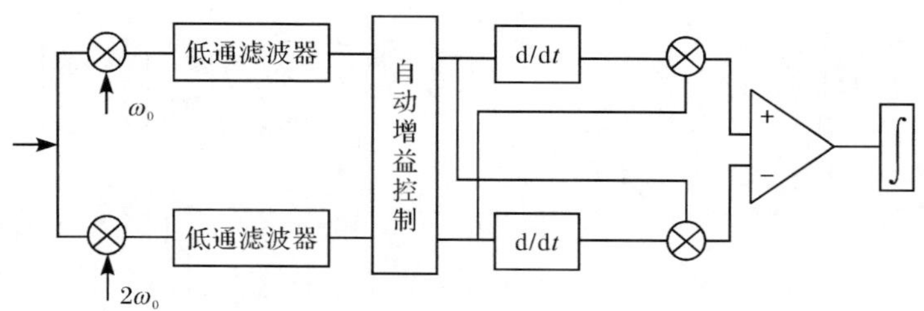

图 1.21　PGC 解调流程图

上述解调方法是微分交叉相乘法，算法简便，但其性能依赖于被检测信号，当信号具有快变的前沿时，该方法不能正确检测前沿信号。因此一种基于反正切法的 PGC 解调技术被提出，可有效解决此问题，但其对调制深度要求更加严格。

1.5.2　外差解调法

外差法的基本特点是干涉时信号光与参考光的频率差 $\Delta\omega\neq0$，借鉴无线电接收机中普遍采用的外差接收技术，使信号光和参考光频率不等，从而在光电探测器光敏面发生光学差拍，转换出适合于探测的中频信号。

1. 经典外差相位解调法

经典外差相位解调法示意图如图 1.22 所示。在参考臂中加入声光频移器 AOM，将拍频信号的中心频率移离 $1/f$ 噪声极大的零频区。由于经典外差法能够避开电路的低频噪声，可得到较大的信噪比。设声光调制的频率为 ω_s，则干涉仪的输出信号为

$$V_3(t)=2aV_0\cos[A\cos(\omega_s t)+\phi(t)+\phi_s-\phi_r]+V_D \tag{1-37}$$

式中，V_D 为直流项；调制频率 ω_s 为中频信号，可通过锁相环等电路将信号相位直接检出。

经典外差法的缺点是在干涉光路中引入声光调制器，使得检测系统变得复杂，不能实现全光纤化。

2. 合成外差法

合成外差法在干涉时仍保持光频零差，但采用电路处理的方法构成外差信

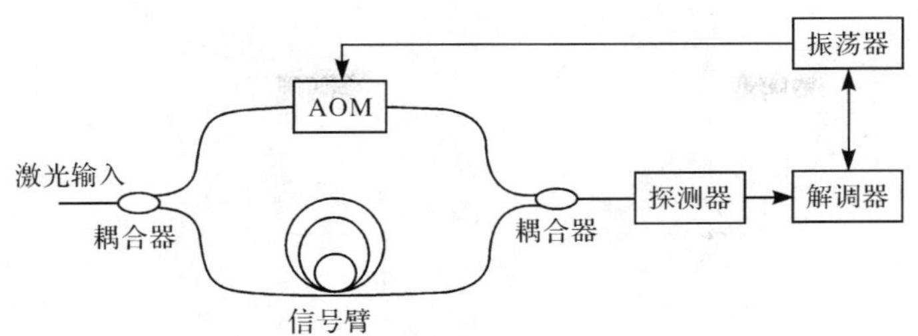

图 1.22　外差法相位检测示意图

号，因而其具有外差法的优点又避免了缺陷。合成外差法的本质是有源开环零差法，其差分输出的信号为

$$V_3 = 2aV_0\cos[A\cos(\omega_c t) + \phi(t) + \phi_s - \phi_r] \tag{1-38}$$

式中，ω_c 为调制信号频率。将上述差分信号通过中心频率为 ω_c 和 $2\omega_c$ 的带通滤波器，输出为

$$V_4 = -2aV_0 J_1(A)\cos(\omega_c t)\sin[\phi(t) + \phi_s - \phi_r] \tag{1-39}$$

$$V_5 = 2aV_0 J_2(A)\cos(2\omega_c t)\cos[\phi(t) + \phi_s - \phi_r] \tag{1-40}$$

将 V_4 和 V_5 分别与给定频率的信号 $\sin(2\omega_c + \phi_0)$ 和 $\cos(\omega_c + \phi_0)$ 相乘，得到

$$\begin{aligned} V_6 = & -aV_0 J_1(A)\sin(3\omega_c t + \phi_0)\sin[\phi(t) + \phi_s - \phi_r] \\ & + aV_0 J_1(A)\sin(\omega_c t + \phi_0)\sin[\phi(t) + \phi_s - \phi_r] \end{aligned} \tag{1-41}$$

$$\begin{aligned} V_7 = & aV_0 J_2(A)\cos(3\omega_c t + \phi_0)\cos[\phi(t) + \phi_s - \phi_r] \\ & + aV_0 J_2(A)\cos(\omega_c t + \phi_0)\cos[\phi(t) + \phi_s - \phi_r] \end{aligned} \tag{1-42}$$

调节调制器 A，使得 $J_1(A) = J_2(A) = C$（常数），并 V_6 和 V_7 经 $3\omega_c$ 的带通滤波器后相加可得

$$V_8 = aV_0 C\cos[3\omega_c t + \phi(t) + \phi_s - \phi_r + \phi_0] \tag{1-43}$$

最后通过锁相电路可检出相位调制信号。

合成外差法的缺点是相移和振幅失配会导致输出信号不是纯粹的外差信号，降低了检测阈值，因此这种方法仅适合于大漂移率检测系统，而不适合对漂移率要求很高的检测系统。

3. 伪外差法

伪外差法采用周期性的锯齿波或者正弦波调制光源，而被测量的变化则是对载波再进行相位调制，经过以载波基频为中心频率的带通滤波器后，测量该正弦信号的相位变化即可得到被测量，其检测示意图如图 1.23 所示。

由于锯齿波含有高频分量，较易超过激光器的调制带宽，因此其频率不能太高。故一般采用正弦信号调制激光器来提高载波频率，从而提高测量范围。其差分输出的信号仍为

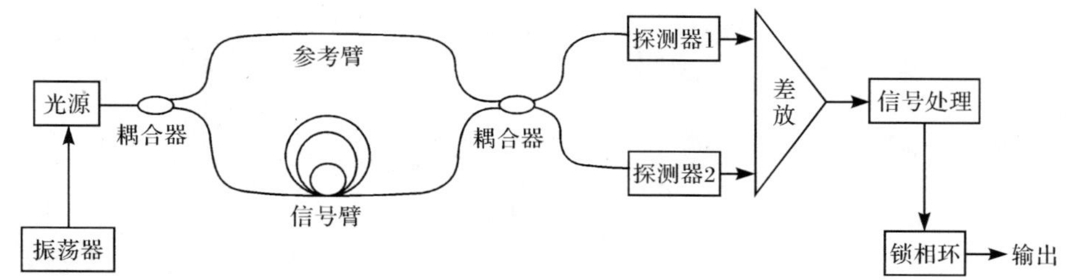

图 1.23 伪外差法相位检测示意图

$$V_3 = 2aV_0\cos[A\cos(\omega_c t) + \phi(t) + \phi_s - \phi_r] \tag{1-44}$$

将 V_3 乘以频率为 ω_c 的方波信号,得到

$$V_4 = 2aV_0\cos[A\cos(\omega_c t) + \phi(t) + \phi_s - \phi_r] \times \left\{\frac{1}{2} + \frac{2}{\pi}\sum_{k=1}^{\infty}\frac{\sin[(2k-1)\omega_c t]}{2k-1}\right\} \tag{1-45}$$

V_4 经过一个中心频率为 $2\omega_c$ 的带通滤波器得

$$V_5 = A\cos(2\omega_c t)\cos[\phi(t) + \phi_s - \phi_r] - B\sin(2\omega_c t)\sin[\phi(t) + \phi_s - \phi_r] \tag{1-46}$$

式中,A、B 均为常数。调整激光器驱动电流使得 $A=B$,则

$$V_5 = A\cos[2\omega_c t + \phi(t) + \phi_s - \phi_r] \tag{1-47}$$

最后经锁相电路可提取信号的相位。

该方法通过测量频率的瞬时变化来测量相移,从而扩展了测量范围,但由于解调原理和器件的限制,只能测量频率较高的信号,而不能测量静态或缓变的相位信号。

1.6 干涉型光纤传感用光电子器件

1.6.1 干涉型光纤传感用光电子器件分类及特点

用于干涉型光纤传感器的光电子器件主要有:

(1) 光纤:多模光纤、单模非保偏光纤,保偏光纤,掺铒(稀土)光纤,光子晶体光纤等。

(2) 光源:发光二极管(LED)、超辐射发光二极管(SLD)、激光二极管(LD),超荧光掺铒光纤光源等。

(3) 光电探测器:PIN 光电探测器、雪崩光电二极管(APD)等。

(4) 耦合器件:分立元件耦合器,单模光纤耦合器、保偏光纤耦合器,微型光纤耦合器,波导型耦合器,波分复用器等。

(5) 相位调制器件:声光调制器,压电式相位调制器,集成光学相位调制器件等。

(6) 光学滤波器件:光纤光栅,光纤滤波器等。

(7) 偏振器件:光纤偏振器,光纤隔离器,光纤消偏器,环行器等。

(8) 其他器件:光纤环,连接器,光开关,衰减器,光纤反射镜,光纤法拉第旋转反射镜,光纤准直器,光纤自聚焦透镜等。

根据器件工作中是否存在光电或电光之间的能量转换,光电子器件可以分为光有源器件和光无源器件。光纤传感器用光有源器件主要包括各种光源和光电探测器等。光无源器件包括光纤耦合器、电光调制器等光传输和处理器件。

根据工作波长又可分为850nm、1310nm和1550nm三个波段光电子器件,这主要是由光纤的三个低损耗窗口决定的。工作波长的演变与光纤通信技术的发展密切相关,国外光纤通信技术最早是从850nm发展起来的,后来逐渐发展到1310nm和1550nm波长。我国光纤通信技术发展起步较晚,基本上是直接发展1310nm和1550nm波长的器件技术。因此较少采用850nm波长的光电子器件。

根据光电子器件的偏振传输特点可以分为低双折射器件、非偏振(单模)器件、保偏器件和单偏振器件。低双折射器件中两个正交偏振态的折射率差非常小,可认为两个偏振态是近似简并的。非偏振(单模)器件中存在较小的双折射,该双折射在器件内部是随机分布的,光在其中传输时,偏振态会发生随机的微小变化。保偏器件通过引入较大的双折射,使偏振态在其中传播时几乎保持不变,具有较强的抗环境干扰能力。单偏振器件只能传输一个偏振态,即具有偏振滤波的功能。

根据光纤传感器对光电子器件质量等级要求,光电子器件又分为宇航级、军品级和工业级(商业级)。不同质量等级的光电子器件性能、质量、可靠性、过程质量控制要求、环境考核及试验方法等方面存在差异。

光纤传感用光电子器件的几种典型分类如图1.24所示。

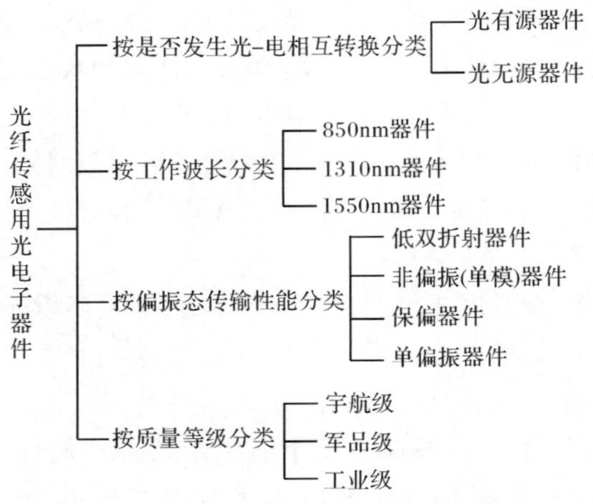

图1.24 光纤传感用光电子器件分类

光纤传感器在研制初期大多沿用了光纤通信用光电子器件，但由于光纤传感技术在信号感知、传输、处理和检测方面的独特性，近年来光纤传感器用光电子器件已逐步形成了新的技术指标体系。与光纤通信用光电子器件相比，光纤传感用光电子器件具有以下主要特点：

（1）动态范围大，稳定性好。由于光纤传感器的敏感信号通常比较微弱，且为模拟量，需按模拟信号进行检测和处理。此外，外界敏感量的变化范围很大，要求相位调制、功率探测等器件的动态范围也很大。这与光纤通信系统中数字量传输、检测存在明显区别。光纤传感器既要求光电子器件具有大的动态范围以实现较大的量程，同时为了实现高精度测量，又要求器件在大动态范围内具有良好的稳定性、重复性和响应线性度。

（2）体积小、重量轻、功耗低。光纤传感器优点之一就是体积小、重量轻和功耗低。光纤传感器设计时尽可能选用小型化器件，通常情况下，光纤传感器用光电子器件要比光纤通信用器件尺寸小。为了保证小体积，光电子器件的工艺技术往往较为复杂，这些工艺技术涉及半导体工艺、激光加工、精密加工和成型工艺技术等。一方面通过优化设计和工艺来减小单个器件的体积；另一方面是通过光电集成或光子集成技术来实现小型化。在某些特殊应用领域，还要求光纤传感器功耗低，采用电光转换效率和制冷效率高的光源、低驱动电压的调制器都可降低光纤传感器的功耗。

（3）温度特性要求较高。工作温度范围是衡量光电子器件温度性能的一项重要指标，随着光纤传感器的应用领域逐渐扩大，光电子器件的工作温度范围要达到－45～75℃，甚至有些特殊应用要求达到100℃以上。另外光电子器件应用到光纤传感器及系统中，往往需要进行温度冲击和温度循环考核，要求光电子器件具备很强的温度环境快速变化适应性和高稳定性。

（4）力学特性要求较高。光纤传感器对光电子器件的力学特性要求也较高，尤其在航天发射、机械振动测量等应用场合都会产生较大的高频冲击或振动，频率可以达到1000～5000Hz，峰值加速度达到1000～3000g（$g=9.8\mathrm{m/s^2}$），因此要求光电子器件具备较强的抗冲击、抗振动能力，需要对器件专用结构设计和特性分析，提高其力学特性。而在光纤通信领域，光电子器件的半正弦机械冲击条件通常为500g/1ms。

（5）适应特殊环境应用要求。光纤传感器的应用环境经常是比较严酷的，因此对光电子器件的环境适应性提出了很高的要求。如军用方面，不仅要求光电子器件工作温度范围宽、力学性能好，还有一些特殊环境性能要求，如光源的高低温下快速启动性能、气压骤降环境下光电子器件适应性等。在宇航应用方面，热真空、辐照、耐起落时的冲击和振动等方面对光电子器件都有很高的要求[54,55]。此外，电力行业对器件的绝缘性要求很高，石油钻井、地质勘探领域要求器件耐高温高压；水下探测、混凝土埋设等领域要求器件耐腐蚀；核电站对器件抗辐射的要求较高。针对特殊应用领域，必须有针对性地开发合适的光电子器件。

(6) 高可靠性和长寿命。光纤传感器的可靠性主要包括使用可靠性和贮存可靠性，不同的应用对光电子器件可靠性要求有所不同。军用领域对工作可靠性和长时间贮存可靠性要求很高，一般要求贮存寿命大于10年，有些甚至要求达到20年以上。有些应用领域（如卫星、电力）对光电子器件工作寿命要求很高，要求器件能够长时间连续工作。光电子器件的失效模式主要有性能参数漂移和致命失效两大类，光电子器件性能参数漂移会引起光纤传感器的性能变化，而光电子器件的失效（如光源耦合失效、光纤断裂）均会导致光纤传感器失效。

综上所述，光纤传感器用光电子器件和普通光电子器件存在诸多区别，光纤传感器用光电子器件往往需要面向具体的应用需求进行研究。简言之，光纤传感用光电子器件具有性能高、稳定性好、工作温度范围宽、抗冲击、小型化和快速启动等特性[56]；在航天、航空、武器装备及特种工程等领域应用的光电子器件还应具有高可靠、长寿命、低功耗、抗辐射等特性。

1.6.2 光纤传感系统设计与光电子器件的关系

光纤传感器是一个由光电子器件组成的光路与电子器件组成的检测、控制回路组成的完整系统。通常把光纤传感器中研究的问题分为两个层面：系统层和器件层。在分析问题过程中将两者分解，分别进行研究，在制定解决方案时则需要系统考虑、协同设计。

1. 光电子器件发展可推动光纤传感技术突破

光纤传感器的发展历程表明光电子器件技术是支撑光纤传感技术发展的基础，光电子器件的突破往往意味着光纤传感技术的新发展。如低损耗光纤的出现成为光纤传感技术诞生的先导条件；保偏光纤的使用使干涉型光纤传感器的性能和稳定性明显提高；掺铒光纤及掺铒光纤超荧光光源的出现为光纤传感器提供了波长稳定性更好的光源，干涉型光纤传感器的标度因数稳定性提高了1～2个数量级；低双折射光纤的出现使光纤电流互感器工程化生产和广泛应用进程大大缩短；宽谱半导体光源的使用使萨格纳克干涉型光纤传感器中光学噪声的抑制大大简化；集成光学电光相位调制器的出现使数字调制解调技术成为现实。总之，光纤传感器的发展是以光电子器件的发展为基础的，光电子器件技术对光纤传感技术的促进作用十分显著。这也预示着从器件的角度研究光纤传感器往往蕴含着新的机遇。

2. 光电子器件之间的性能匹配是光纤传感系统设计的重要内容

光电子器件作为光纤传感系统的组成部分，其相互之间的性能匹配通常比获得性能优良的器件更重要。选择性能最好的器件不一定就能组成最优良的光纤传感器，而最优的光纤传感器一定是由匹配性最佳的一组光电子器件组成的。例如，在萨格纳克干涉型光纤传感器中为了降低 Kerr 效应、背向反射/散射、偏振耦合等因素引起的噪声，要求光源的光谱较宽，然而光谱宽度要受到其他器件的限制，因为光纤是波长的低通滤波器，大于某一波长的光不能在光纤中稳定传输，光纤耦合器的分光比和波长呈近似线性关系，光谱太宽时，通过光纤耦合器后的光谱形状将发生畸变，因此光源的谱宽必须和其他器件的通带相匹配。此外，高偏振光源一般和保偏光电子器件匹配，低偏振光源通常和非保偏器件匹配，非保偏光路则常和法拉第旋转镜配合使用等。

3. 光电子器件和光纤传感系统需进行协同设计以实现系统最优

光电子器件的选择是由光纤传感器的要求决定的，是一个由上而下、指标分解的过程。为了实现光纤传感系统的最优，需要不断提高对光电子器件性能的要求，然而器件的性能不可能无限制提高。当系统性能受到器件性能限制，而器件性能在现有技术条件下难以满足要求时，必须从系统上采取措施。如开环干涉型光纤传感器，其响应的线性区很小，限制了传感器的动态范围和响应的线性度，即使器件的性能是完全理想化的，没有任何波动，上述问题也不会有本质的改善，而通过系统上采用相位偏置和闭环控制，把工作点固定在余弦函数的斜率最大点上，即传感器始终工作于最大灵敏度点上，就可以实现最大的灵敏度和大动态范围下良好的响应线性度；在闭环干涉型光纤传感器中，相位调制器的温度稳定性，调制非线性总是导致传感器偏离最大灵敏度点，并且相位调制器的这些特性很多都是由材料本身决定的，进一步优化的难度很大；即使进行优化，改进的空间也很小，此时就需要在系统上进行改进，如通过控制回路对相位调制的稳定性进行监测和控制。传感器系统和器件之间的系统考虑、协同设计是实现系统最优的必要条件，单纯地强调系统要求或单方面强调器件的困难都不利于实现系统的改进，因此在传感器研制过程中需要以系统最优为目标，运用系统工程的思路、方法，从系统和器件两方面统筹考虑。

1.6.3 干涉型光纤传感用光电子器件发展及应用中的主要技术问题

光纤传感器用光电子器件的发展是由应用需求牵引的，其发展及应用中的几个主要技术问题如下：

(1) 高性能器件研究。从其他精密仪表的发展来看，只有研制出性能优良的关键元器件,才能实现性能良好的仪表。目前光纤传感器正在向高精度发展,因此也面临着为了实现高精度光纤传感器的目标需要配备何种器件的问题。该问题包括两个层次的内容,首先是传感器需要什么样的器件;其次是器件能够达到的最佳水平是什么。例如,在某些干涉型光纤传感器中,为了降低光路中的寄生干涉,采用了宽谱光源,使光路噪声明显降低,然而光源的光谱又不能无限宽,这就要研究多大谱宽的光源可以将寄生干涉抑制到最低,而主波的相干度又处于可以接受的范围。再如光纤中的缺陷问题,它属于器件极限性能的典型问题。光纤中的缺陷包括折射率不均匀、形状不均匀、材料不均匀、光纤扭转等,原则上都应尽量避免,然而这些缺陷有无最小极限,为了达到最小极限应该做哪些工作、付出什么代价,均是未来研究中需要回答的问题。

研究接近理论极限精度的光纤传感器必然要求具有理想化性能的器件,具有理想化性能的器件研究是一个长期的过程,尤其是达到极限性能的器件可能需要不断创新才能实现。在不能获得理想性能的器件之前,结合工程特点,选择稳定性好、抗扰动能力强的器件是一个现实可行的途径。

(2) 环境适应性技术。光纤传感器目前已用于海、陆、空及航天各种环境,以及材料或结构内部等,因此对光电子器件的环境适应性要求较高,如宽工作温度范围、抗较大振动和冲击、抗电磁辐射、低气压、耐腐蚀、抗辐射、抗热真空等特殊环境适应性要求。针对这些特殊环境要求,需要开发相应的光电子器件,如抗辐照光纤、抗辐照光源、耐高温光纤等。

(3) 可靠性技术。光纤传感器光路可靠性模型通常为串联模型,一般难以像电子器件那样进行冗余设计。光路任何一个环节发生质量问题,均会导致传感器失效,只能通过提高光电子器件自身的可靠性来保证仪表的可靠性。为了保证光纤传感器的工作寿命达到 10 年以上,光电子器件的寿命就要超过几十万小时,甚至上百万小时。光电子器件早期失效或使用不当造成的失效,通常是致命失效,因此降低光电子器件失效率是光电子器件工程应用技术重要研究内容。这方面包括了光电子器件可靠性设计技术、工艺技术、可靠性筛选技术、可靠性鉴定和评估技术、安全使用技术等。

(4) 集成化技术。随着光电子技术的发展,光纤传感器用光电子器件集成化和微型化是发展趋势之一。光电子器件的集成化技术包括光子集成(PIC)和光电集成(OEIC)两个方面,目前这两种技术一方面朝着各自的领域深入发展,另一方面又在不断融合。光纤传感器的小体积对光电子器件小型化提出了高要求,光纤传感器光路用光纤向细径发展,有利于减小弯曲半径,从而减小光纤传感器的装配尺寸,光电器件单片集成技术、混合集成技术、基于光子晶体的器件技术以及亚微米波导技术等新兴集成技术,有望大幅提高光电子器件的集成化水平[57-60]。如可将半导体光源、分束器和光探测器集成为收发一体模块,不仅结构紧凑,还避免了 2×2 光纤耦合器的 6dB 固有损耗[61]。随着微加工技术的不断提高，甚至可将半导体器件集成到微结构光纤内部[62]。

（5）批量生产工艺技术。光纤传感器潜在低成本优势目前尚未完全发挥出来，影响了光纤传感器的推广应用。这一方面是因为光电子器件生产工艺技术和批量生产能力尚未完全解决，成本较高，如集成光学器件，生产工艺复杂、工序多、周期长、生产效率低、一致性不易控制是影响器件成品率的重要环节；另一方面，可靠性工艺筛选和质量保证方面也影响了光电子器件的生产效率和成本，光电子器件测试项目多、测试难度大、测试效率低。因此，解决光电子器件批量生产工艺技术、提高产能和降低成本也是今后发展趋势之一。

参 考 文 献

[1] Bucaro J A, Dardy H D, Carome E. Fiberoptic hydrophone. Journal of the Acoustical Society of America, 1977, 62(5): 1302-1304

[2] Nash P J. Review of interferometric optical fiber hydrophone technology. IEEE Proceedings: Rador, Sonar-Navigation, 1996, 143(3): 204-209

[3] Philip J Nash, Geoffrey A Cranch, Darid J Hill. Large scale multiplexed fibre-optic arrays for geophysical applications. Proc. SPIE, 2000, 4202: 55～65

[4] 余华兵，孙长瑜，李启虎. 探潜先锋——拖曳线阵列声纳. 物理，2006，35(5)：420-423

[5] Lee C E, Taylor H F. Interferometric optical fiber sensors using internal mirrors. Electronics Letters, 1988, 24(4): 193-194

[6] Murphy K A, Gunther M F, Vengsarkar A M, et al. Quadrature phase-shifted extrinsic Fabry-Perot optical fiber sensors. Optics Letters, 1991, 24(6): 273-275

[7] Murphy K A, Gunther M F, Vengsarkar A M, et al. Fabry-Perot fiber optic sensors in full-scale fatigue testing on F-15 aircraft. Proc. SPIE, 1991, 1518: 134-144

[8] Wolthuis R A, Mitchell G L, Saaski E, et al. Development of medical pressure and temperature sensors employing optical spectrum modulation. IEEE Transactions on Biomedical Engineering, 1991, 38(10): 974-981

[9] Rao Y J. Recent progress in fiber-optic extrinsic Fabry - Perot interferometric sensors. Optical Fiber Technology, 2006, 12(3): 227-237

[10] Xu J, Wang X, Cooper K L, et al. Miniature temperature-insensitive Fabry-Perot fiber-optic pressure sensor. IEEE Photonics Technology Letters, 2006, 18(10): 1134-1136

[11] 熊先才，朱永，符欲梅，等. 光纤法珀传感器及其在桥梁应变监测中的应用. 重庆建筑大学学报，2007，29(3)：48-50

[12] 荆振国，于清旭. 用于高温油井测量的光纤温度和压力传感器系统. 传感技术学报，2006，19(6)：2450-2452

[13] Vali V, Shorthill R W. Fiber ring interferometer. Applied Optics, 1976, 15(6): 1099-1100

[14] Cahil R F, Udd E. Phase-nulling fiber-optic gyro. Optics Letters, 1979, 4(3): 93-95

[15] R Ulrich. Fiber-optical rotation sensing with low drift. Optics Letters,1980,5(5):173-175

[16] Bohm K, Marten P, Petermann K, et al. Low-drift fibre gyro using a superluminescent diode. Electronics Letters,1981,17(10):352-353

[17] Frigo N J. Compensation of linear sources of non-reciprocity in Sagnac interferometers Proc. SPIE,1983,412:268-271

[18] Arditty H J,Bettini J P,Bourbin Y,et al. Integrated-optic gyroscope:progresses towards a tactical application. Proc. OFS 2'84,Stuttgard,VDE Verlag,1984:321-325

[19] Wysocki P F,Digonnet M J F,Kin B Y,et al. Broadband fiber sources for gyros. Proc. SPIE,1991,1581:371-382

[20] Cordova A,Patterson R A,Goldner E L,et al. Interferometric fiber optic gyroscope with inertial navigation performance over extended dynamic enviroments. Proc. SPIE, 1993, 2070:164-180

[21] Rogers A J. Optical methods for measurement of voltage and current on power systems. Optics and Laser Technology,1977,9(6):273-283

[22] Hill K O, Fujii Y, Johnson D C, et al. Photo-sensitivity in optical fiber waveguides: Application to reflection filter fabrication. Applied Physics Letters,1978,32(10):647-649

[23] Meltz G, Morey W W, Glenn W H. Formation of bragg gratings in optical fiber by a transverse holographic method. Optics Letters,1989,14(15):823-825

[24] Morey W W, Meltz G, Glenn W H. Bragg-grating temperature and strain sensors. Proc. OFS'89,Paris,France,1989:526-530

[25] Lemaire P J, Atkins R M, Mizrahi V, et al. High-pressure H_2 load as a technique for achieving UV photosensitivity and thermal sensitivity in GeO_2 doped optical fibres. Electronics Letters,1993,29(13):1191-1193

[26] Hill K O. Bragg gratings fabricated in monomode photosensitive optical fiber by UV expose through a phase mask. Applied Physics Letters,1993,62(10):1035-1037

[27] Kersey A D, Berkoff T A, Morey W W. Multiplexed fiber Bragg grating strain-sensor system with a fiber Fabry-Perot wavelength filter. Optics Letters,1993,18(16):1370-1372

[28] Banoski K M,Rourke M D,Jensen S M,et al. Optical time domain reflectometer. Applied Optics,1977,16(9):2375-2379

[29] Rogers A J. Polarization-optical time-domain reflectometry. Electronies Letters, 1980, 16 (13):489-490

[30] Hartog A H. A distributed temperature sensor based on liquid-core optical fibres. IEEE Journal Lightwave Technology,1983,1(3):498-509

[31] Dakin J P,Pratt D J,Bibby G W,et al. Distributed optical fibre Raman temperature sensor using a semiconductor light source and dector. Electronics Letters,1985,21(13):569-570

[32] Hartog A H,Leach A P,Gdd M P. Distributed temperature sensing in solid-core fibers. Electronics Letters,1985,21(23):1061-1062

[33] Dakin J P,Pratt D J,Bibby G W,et al. Temperature distribution measurement using Raman

ratio thermometry. Proc. SPIE,1985,566:249-253

[34] Horiguchi T,Kurashima T,Tateda M. Tensile strain dependence of Brillouin frequency shift in silica optical fibers. IEEE Photonics Technology Letters,1989,1(5):107-108

[35] Culverhouse D,Farahi F,Pannell C N,et al. Stimulated Brillouin scattering:A means to realize tunable microwave generator or distributed temperature sensor. Electronics Letters,1989,25(14):915-916

[36] Culverhouse D,Farahi F,Pannell C N,et al. Potential of stimulated Brillouin scattering as sensing mechanism for distributed temperature sensors. Electronics Letters,1989,25(14):913-915

[37] Horiguchi T,Tateda M. BOTDA-nondestruetive measurement of single-mode optical fiber attenuation characteristics using Brillouin interaction: Theory. Lightwave Technology,1989,7(8):1170-1176

[38] Horiguchi T,Tateda M. Optical-fiber-attenuation investigation using stimulated Brillouin scattering between a pulse and a continuous wave. Optical Letters,1989,14(8):408-410

[39] Kurashima T, Horiguchi T, Izumita H, et al. Brillouin optical-fiber time domain reflectometry. IEICE Transactions on Communications,1993,E76～B(4):382-390

[40] Maughan S M,Kee H H,Newson T P. A calibrated 27-km distributed fiber temperature sensor based on microwave heterodyne detection of spontaneous brillouin backscattered power. IEEE Photonics Technology Letters. ,2001,13(5):511-513

[41] Horiguchi T,Shimizu K,Kurashima T. Development of a distributed sensing technique using brillouin scattering. Lightwave Technology,1995,13(7):1296-1302

[42] http://www. sensornet. co. uk/download68f6. cfm? type = document&document = 60,2012-01-20

[43] http:// www. omnisens. com/distest/doc-news. php? type=datasheet&sortby=industry,2012-05-21

[44] http://www. neubrex. com/pdf/NBX_6050. pdf,2011-12-20

[45] http://www. ozoptics. com/ALLNEW_PDF/DTS0115. pdf,2012-06-10

[46] Thévenaz L. Brillouin distributed time-domain sensing in optical fibers:State of the art and perspectives. Frontiers of Optoelectromics in China,2010,3(1):13-21

[47] Kaino T,Jinguji K,Nara S. Low loss poly(methylmethacrylate-d8) core optical fibers. Applied Physics Letters,1983 42(7):567-569

[48] Payne D N,Mears R J,Reekie L,et al. Rare-earth doped fiber lasers. Proceedings of the 10th Austrlian Conference on Optical Fiber Technology Perth Australia,1985

[49] 王巍. 干涉型光纤陀螺仪技术. 北京:中国宇航出版社,2010

[50] 王惠文,江先进,赵长明. 光纤传感技术与应用. 北京:国防工业出版社,2001

[51] 江毅. 高级光纤传感技术. 北京:科学出版社,2009

[52] 曹家年,张立昆,李绪友,等. 干涉型光纤水听器相位载波调制及解调方案研究. 光学学报,1999,19(11):1536-1540

[53] Dandridge A, Tveten A B, Giallorenzit G. Homodyne demodulation schemes for fiber optic sensors using phase generated carrier. IEEE Journal of Quantum Electron, 1982, 18(10): 1647-1651

[54] 王巍,杨清生,王学锋.光纤陀螺的空间应用及其关键技术.红外与激光工程,2006,35(5):509-512

[55] Willemenot E, Urgell A, Hardy G, et al. Very high performance FOG for space use. Symposium Gyro Technology, 2002, 11:1-11

[56] 李翠华,王巍,张俊杰.光纤陀螺低温快速启动技术.中国惯性技术学报,2007,15(2):237-240

[57] Leijtens X, Smit M. Miniaturization of passive devices for photonic integration. Proc. SPIE, 2005, 6020: Q201

[58] Sciuto A, Libertino S, Coffa S, et al. Miniaturizable Si-based electro-optical modulator working at 1.5 μm. Applied Physics Letters, 2005, 86: 201115

[59] Xu X B, Yi X S, Zhang C X. Design of miniaturized fiber optic gyroscope. Proc. SPIE, 2006, 6358: 63581X.

[60] Robin F, Emi D, Costea S, et al. Photonic integration for high-denisty and multifunctionality in the InP-material System. Proc. SPIE, 2006, 6124: 342-356

[61] Frieier L, Laznicka O, Magee R, et al. A fiber-optical rotation sensor for NASA space missions. AAS Guidance and Control, 1993: 363-372

[62] He R, Sazio P J A, Peacock A C, et al. Integration of gigahertz-bandwidth semiconductor devices inside microstructured optical fibers. Nature Photonics, 2012, 6: 174-179

第 2 章　干涉型光纤传感器及其光电子器件的技术特点

光纤和光电子器件的发展，使光学干涉测量系统由复杂的空间光路向简单、小型的干涉仪转化。干涉仪由光纤和光电子器件组成，各组成部分之间固定连接，避免了繁琐的光路调试。另外，闭环控制和数字信号处理技术的应用和发展，大大提升了其动态性能和环境适应性，使其实用性更强，适用范围更广。干涉型光纤传感器通过光波相位变化感知外界参量，其基本原理是：被测参量作用在干涉仪的一个干涉光束上，使光束的相位发生变化，从而引起干涉仪输出的干涉光强度发生变化，最后由干涉光的强度变化计算出光的相位变化，实现对被测参量的测量。

用于干涉型光纤传感器的干涉仪包括迈克耳孙干涉仪、马赫-曾德尔干涉仪、萨格纳克干涉仪和法布里-珀罗干涉仪，本章对基于这四类常用干涉仪的传感器及其对光电子器件的特点与应用要求进行论述，同时对常用的白光干涉型光纤传感器及其对光电子器件的要求进行了介绍。

2.1　迈克耳孙干涉型光纤传感器及其典型应用

相对于传统的干涉检测技术，迈克耳孙干涉仪可以采用较长的光纤作为传感臂，从而获得高灵敏度。同时采用全光纤结构，具有抗环境干扰能力强、干涉信号稳定、体积小和重量轻的优点。

迈克耳孙干涉型光纤传感器的光路方案和信号解调方案较为成熟和通用，通过采用不同的敏感材料和结构可以实现对不同待测参量的测量。例如，采用水声敏感结构可以构成光纤水听器；采用加速度敏感结构可以构成光纤加速度传感器；采用磁致伸缩材料作为敏感元件可以构成光纤磁场传感器；采用压电晶体作敏感介质，可以构成光纤电压传感器；利用弹性体作为敏感元件可以构成光纤压力传感器；利用光纤的热光效应和热膨胀效应可以构成光纤温度传感器；利用光纤的弹光效应和弹性变形效应可以构成光纤应变传感器等。其中，光纤水听器和光纤加速度传感器是迈克耳孙干涉型光纤传感器的典型应用。

2.1.1　迈克耳孙干涉型光纤水听器

光纤水听器是一种敏感水声波压的光纤传感器，水下物体发射和反射的声波以水为媒介传播到达水听器，并且对水听器中的光信号进行调制，实现传感功能。光纤水听器的种类很多，包括强度调制型、相位调制型（干涉型）和光纤光栅型。其中基于迈克耳孙干涉仪的光纤水听器具有灵敏度高、动态范围大的优点；信号传感与传输均以光为载体，具有抗电磁干扰能力强、易于远距离传输与组阵的优点；湿端无需供电，采用光缆取代电缆连接水听器，具有对水密性要求低、耐高温、抗腐蚀、重量轻、体积小的优点，提高了水听器的可靠性，降低了对工程应用条件的要求[1]。

由光纤水听器构成的声呐系统是现代海军反潜作战及水下兵器试验的先进探测手段，可以应用于岸基警戒系统或潜艇和水面舰艇的拖曳系统；光纤水听器也可用于采集地震波信号，勘探海洋石油或天然气储备；光纤水听器还可用于水声物理研究，研究海洋环境中的声传播、海洋噪声、混响、海底声学特性以及目标声学特性；光纤水听器也被用作鱼探仪、辅助海洋捕捞作业等。

由声波直接作用于光纤所引起的光纤中光波相位的变化非常小，一般光纤水听器探头都经过增敏处理，通过将迈克耳孙干涉仪的传感臂固定在声压敏感结构上来获得高的灵敏度。常见的声压敏感结构包括平面型光纤水听器结构和芯轴型光纤水听器结构。平面型光纤水听器结构主要分为碟式、中央支撑碟式以及平板式；芯轴型光纤水听器结构主要分为单臂缠绕式、推挽式、含空气腔圆柱式和刚性臂式四种结构[2]。

迈克耳孙干涉型光纤水听器的光路可以采用由保偏耦合器和保偏光纤构成的全保偏光路，或者采用由单模光纤器件和法拉第旋转反射镜构成的偏振无关光路；同时采用细径的低弯曲损耗光纤，实现水听器探头的小型化设计。光纤水听器要求湿端采用全光信号传输，所以在信号解调方面通常采用内调制的相位调制载波解调技术或者基于 3×3 光纤耦合器的零差解调技术，同时通过嵌入式数字信号处理系统实现信号的实时解调和高精度检测。

相位载波检测方式通过在干涉仪中引入检测信号带宽外某一频率的载波信号，使待测信号成为载波的边带，通过信号处理将交流传感信号和随机相位漂移分离，从而获得稳定的传感信号输出。采用外调制产生载波信号需要将调制元件（如压电陶瓷）引入迈克耳孙干涉仪，存在供电、绝缘困难的问题，不利于实现光纤水听器的全光纤化、小型化和远距离测量。因此，通常采用内调制法，直接调制激光器的波长来实现干涉仪输出干涉信号的相位调制。基于偏振无关光路结构的迈克耳孙干涉型光纤水听器方案如图 2.1 所示[3]。

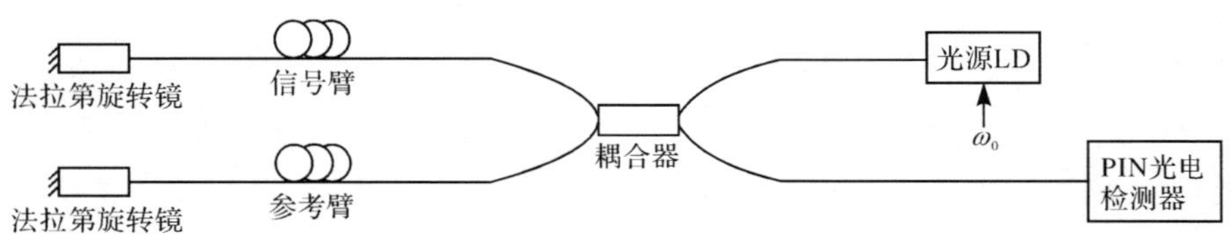

图 2.1 基于偏振无关光路结构的迈克耳孙干涉型光纤水听器方案

2.1.2 迈克耳孙干涉型光纤加速度传感器

迈克耳孙干涉型光纤加速度传感器通过采用加速度敏感结构实现对加速度的感知，通过相位调制解调技术实现加速度信号的解调，如图 2.2 所示。加速度敏感结构包含两个柱体和一个质量为 M 的质量块；柱体采用弹性材料制备，上面紧密地绕有光纤。当迈克耳孙干涉型光纤加速度传感器受到振动冲击时，质量块由于惯性保持相对静止，一个柱体受到拉伸，另一个柱体受到压缩，形成了推挽式结构，柱体的形变转化为光纤的应力和形变，引起光纤中光信号相位的变化，并且两束光的相位变化为差分信号。由于环境温度、压力、横向加速度对两个顺变柱体的影响相同，推挽式结构可以抵消环境条件变化和横向加速度的干扰。

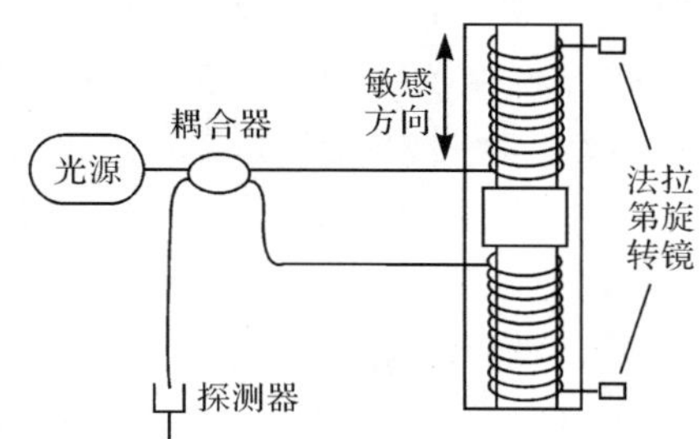

图 2.2 迈克耳孙干涉型光纤加速度传感器的光路方案

迈克耳孙干涉型光纤加速度传感器不但具有灵敏度高、抗电磁干扰能力强、可靠性高的优点，而且具有带宽大、传输损耗低的特点，从而使其便于组成大规模阵列。利用三个迈克耳孙干涉型光纤加速度传感器可以构成三分量光纤加速度传感器，通常有两种方案：一种简单的方案是直接用三个单分量光纤加速度传感器分别测 x、y、z 三个方向的加速度，然后进行矢量合成；另一种方案是三分量共用一个质量块，对加速度的三个分量同时响应。利用三分量光纤加速度传感器可以构成三分量加速度地震检波器，通过布设多个三分量加速度地震检波器构成网络对地震波信号进行监测，在石油天然气勘探及地震监测等领域具有重要的应用价值[4-6]。

2.1.3　迈克耳孙干涉型光纤传感器用光电子器件的技术特点

1. 偏振特点

对于单模光纤构造的迈克耳孙干涉仪，单模光纤的双折射随机变化造成光波偏振态随机变化和干涉信号对比度随机波动，当两束干涉光的偏振态正交时，干涉条纹对比度甚至下降为零。为了获得稳定的干涉信号，发展了全保偏光路方案和偏振无关方案。全保偏光路方案如图 2.3(a)所示，由保偏耦合器和保偏光纤构成的迈克耳孙干涉仪，保偏光路的偏振保持功能使各偏振态在光路传输过程中的偏振方向几乎保持恒定，抑制了由于偏振态随机变化引起的干涉信号强度随机变化。偏振无关方案如图 2.3(b)所示，由单模光纤耦合器和单模光纤构成的迈克耳孙干涉仪，采用法拉第旋转反射镜代替普通的反射镜，将入射光波的偏振态旋转 90°，使两个正交偏振态受单模光纤双折射的影响相同，两束干涉光波的偏振态保持一致(同入射光波的偏振态垂直)，从而使干涉信号的对比度不受光波偏振态、光纤双折射变化的影响[7]。

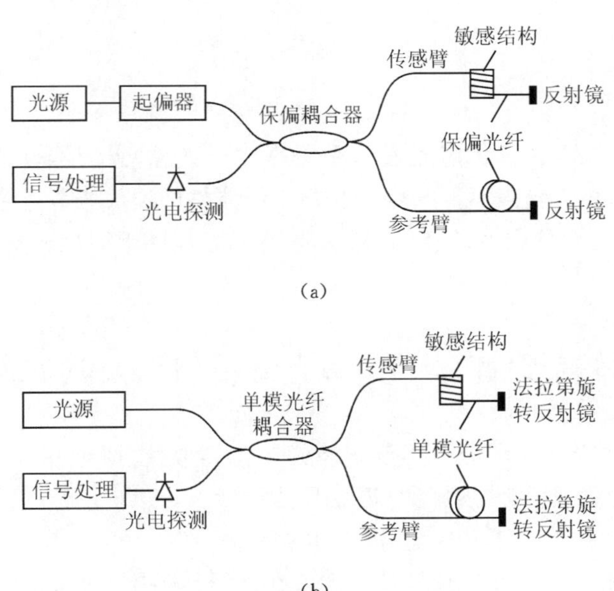

图 2.3　全保偏光路(a)和偏振无关光路(b)的迈克耳孙干涉型光纤传感器方案

基于法拉第旋转反射镜的偏振无关型迈克耳孙干涉仪，在稳定干涉信号对比度的同时，还有效降低了对器件的要求和成本，成为迈克耳孙干涉型光纤传感器的重要方案。法拉第旋转反射镜制备上的指标偏差、旋光晶体的波长特性、温度特性以及晶体吸收损耗的二向特性，都会产生残余的偏振噪声，需要进一步改善其性能以降低迈克耳孙干涉型光纤传感器的偏振噪声。

2. 光源特点

受工艺技术的限制，迈克耳孙干涉型光纤传感器的两个干涉臂的长度通常难以做到严格等长；同时在内调制的PGC解调系统中，要求采用非平衡的干涉仪。为获得良好的干涉信号对比度，降低激光器线宽造成的相位噪声，迈克耳孙干涉型光纤传感器需要采用窄线宽激光器作为光源，同时要求激光器具有低的相对强度噪声和良好的输出光频率稳定性。激光器通常在数十千赫兹的频率上存在弛豫振荡噪声峰，在PGC解调系统中，由于采样频率有限，激光器的弛豫振荡噪声峰将混叠到系统通带内，显著增大系统光学噪声。发展高性能激光器，对数十千赫兹以下频率上的弛豫振荡进行抑制，成为提高系统性能的关键技术[8]。在内调制的PGC解调系统中，需要干涉仪的光程差达到5～10m，较小的激光器频率抖动都会产生较大的光相位噪声。目前实用的激光器的线宽可达1kHz，环境振动或冲击造成的激光器频率变化远大于激光器的线宽，所以改进激光器的结构和封装，提高其抗环境干扰能力，对降低光相位噪声具有重要作用。

3. 噪声特点

迈克耳孙干涉型光纤传感器通常采用高相干光源，光纤器件的回波、光纤中的散射光产生的相干噪声不可忽略。改善光纤器件的回波损耗性能，提高光纤的均匀性，采用抗反射的光纤连接器，成为抑制迈克耳孙干涉型光纤传感器相干噪声的重要方法。

2.2　马赫-曾德尔干涉型光纤传感器及其典型应用

马赫-曾德尔干涉仪和迈克耳孙干涉仪非常类似，在原理和外在形式上马赫-曾德尔干涉仪可以理解为“展开的”迈克耳孙干涉仪，迈克耳孙干涉仪则可以理解为“折叠的”马赫-曾德尔干涉仪，如图2.4所示。

马赫-曾德尔干涉仪和迈克耳孙干涉仪在光纤传感器中的应用较为相似，在敏感结构设计、信号解调、器件要求等方面具有通用性。与迈克耳孙干涉仪相比，马赫-曾德尔干涉仪需要采用全保偏光路来获得稳定的干涉信号，需要采用两个耦合器以及双倍的光纤来获得相同的灵敏度，同时要求具有闭合光路；所以实现马赫-曾德尔干涉型光纤传感器的小型化和低成本设计的难度较大，对光纤缠绕布设工艺的要求较高。但是，马赫-曾德尔干涉仪受光器件回波和光纤中后向散射光的影响小，所以可采用较长的传感光纤来提高灵敏度，同时可采用较高的光功率来提

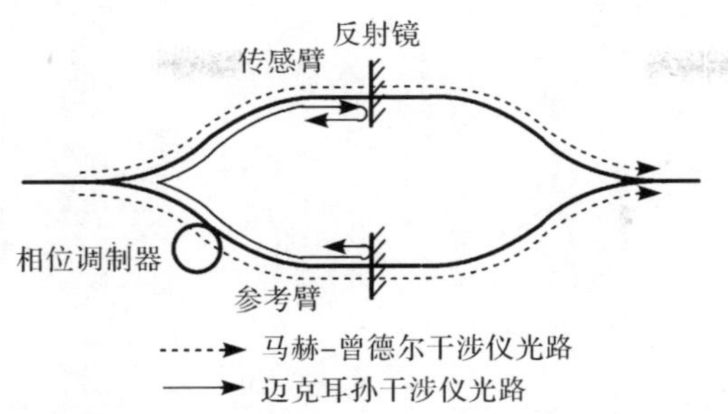

图 2.4　马赫-曾德尔干涉仪光路和迈克耳孙干涉仪光路比较

高信号强度。

通过采用不同的敏感材料和敏感结构，马赫-曾德尔干涉仪可以实现对水声、加速度、磁场、扰动等多种参量的感知，其在光纤传感器中的典型应用主要包括光纤水听器、光纤扰动传感器等。

2.2.1　马赫-曾德尔干涉型光纤水听器

马赫-曾德尔干涉型光纤水听器是将马赫-曾德尔干涉仪的一个臂固定在声压敏感结构上，声波压通过敏感结构调节光纤中光波的相位，该光路结构具有抗环境扰动的特点。由单模光纤和单模光纤器件构成的马赫-曾德尔干涉型光纤水听器中干涉信号的对比度易受光波偏振态变化影响。全保偏光路方案可以获得稳定的干涉信号，通过采用保偏光纤耦合器和保偏光纤构成马赫-曾德尔干涉仪，提高了干涉信号稳定性和测量灵敏度。但保偏光纤及保偏光纤器件只能实现有限的偏振消光比，保偏光纤器件连接时存在对轴误差等，这些都会导致偏振噪声，这就限制了马赫-曾德尔干涉型光纤水听器的实际测量精度。

马赫-曾德尔干涉型光纤水听器通常采用内调制的相位调制载波解调技术或者基于 3×3 光纤耦合器的零差解调技术。其中内调制的相位调制载波解调技术的马赫-曾德尔干涉型光纤水听器如图 2.5(a)所示，马赫-曾德尔干涉型光纤水听器的两个臂不平衡，通过调制激光器的波长实现干涉仪输出干涉信号的相位调制，通过相位载波解调技术实现水声信号的解调。基于 3×3 光纤耦合器零差解调技术的马赫-曾德尔干涉型光纤水听器方案如图 2.5(b)所示，不需要对光源进行调制，系统方案简单，实现难度较低。在该方案中直接对三路光强信号进行运算实现信号解调，测量带宽仅受敏感结构谐振频率、光电探测器带宽和信号运算速度的限制，具有测量带宽大的特点。但是，三路干涉信号的增益相同、相位互成 120°是该解调技术的基础，3×3 光纤耦合器的分光比、相位的不对称和漂移都会造成测量误差，耦合器的制备和封装技术水平限制了基于 3×3 光纤耦合器的零差解调技术的马赫-曾德尔干涉型光纤水听器的实际测量精度。

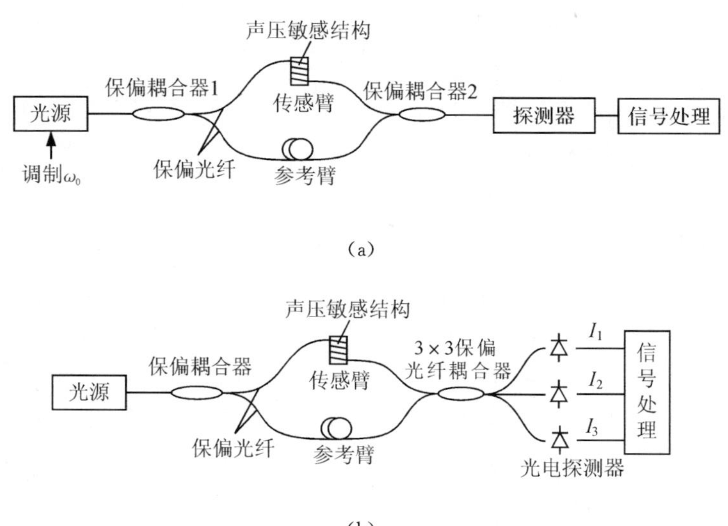

图 2.5 马赫-曾德尔干涉型光纤水听器的光路方案

2.2.2 马赫-曾德尔干涉型光纤扰动传感器

采用马赫-曾德尔干涉仪还可以构成光纤扰动传感器(或者光纤入侵报警系统),用于油气输送管线、围栏、边界等的入侵报警和定位,具有监测范围广、无需远程供电、可采用已敷设光缆作为传感介质等优点。

一种基于马赫-曾德尔干涉仪的光纤入侵报警系统如图 2.6 所示。耦合器 2、光纤 F_2、光纤 F_3以及耦合器 3 构成马赫-曾德尔干涉仪。耦合器 1 将光源发出的光分成两路,其中一路经耦合器 2 输入干涉仪,耦合器 3 输出的干涉信号经光纤 F_1到达光电转换器 1。耦合器 1 的另一路输出光经光纤 F_4从耦合器 3 输入干涉仪,耦合器 2 输出的干涉信号到达光电转换器 2。两路干涉信号之间存在时延,当马赫-曾德尔干涉仪的某一点受到扰动时,干涉仪输出的干涉信号发生变化,实现对扰动信号的感知。两路干涉信号之间的时延与扰动发生地位置有关,从而可以根据时延实现对扰动的定位。

由于光纤扰动传感器要求的监测距离远、保偏光纤价格较高,同时在很多场合要求直接利用已经敷设的单模光纤光缆作为传感介质,所以光纤扰动传感器通常采用单模光纤的光路方案。马赫-曾德尔干涉仪的两个臂的光纤长度可达数十千米,光波偏振态和光纤双折射随机变化造成的干涉仪输出信号随机变化非常显著,成为制约基于马赫-曾德尔干涉仪的光纤扰动传感器走向工程应用的关键因素[9]。

目前马赫-曾德尔干涉型光纤扰动传感器通过采用偏振控制和数字信号处理来补偿干涉信号对比度的变化，在干涉信号对比度大于某一阈值的情况下可以实现测量功能，并在电子围栏、周界入侵报警、油气输送管线监测等领域开始应用。如何进一步解决光波偏振态和光纤双折射随机变化造成的干涉仪输出信号随机变化，使马赫-曾德尔干涉型光纤扰动传感器不受光源偏振态和光纤双折射随机变化的影响，仍是目前需解决的技术问题。

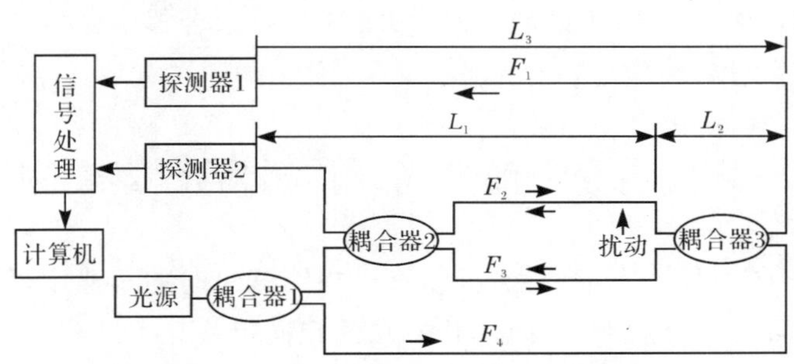

图 2.6　马赫-曾德尔干涉型光纤扰动传感器

2.2.3　马赫-曾德尔干涉型光纤传感器用光电子器件的技术特点

由于马赫-曾德尔干涉型光纤传感器和迈克耳孙干涉型光纤传感器在结构上相近，光的传输过程相似，因此两者对光电子器件的要求也基本相同，如对光源的要求两者几乎没有差别。

为了解决马赫-曾德尔干涉型光纤传感器的干涉信号“偏振诱导衰落”问题，获得稳定的干涉信号，马赫-曾德尔干涉型光纤传感器可以采用全保偏光路方案、非保偏光路的偏振态调制方案。此外还有便于信号解调的基于 3×3 光纤耦合器的方案。

1. 全保偏光路器件特点

全保偏光路的马赫-曾德尔干涉型光纤传感器，光路由保偏耦合器和保偏光纤构成。为了降低偏振噪声，对保偏光纤器件的偏振消光比有较高的要求。全保偏光路的马赫-曾德尔干涉型光纤传感器具有干涉信号稳定的优势，但是保偏耦合器和保偏光纤的成本较高。

2. 非保偏光路器件特点

由普通单模光纤耦合器和普通单模光纤构成的马赫-曾德尔干涉型光纤传感器需要对光源的偏振态进行调制，要求偏振态的调制频率远大于信号的带宽，从而抑制偏振态调制带来的干扰。非保偏光路马赫-曾德尔干涉型光纤传感器的干涉信号虽然稳定性较差，但是干涉仪的光路成本较低，所以通常用于对测量精度要求不高的场合。

3. 基于 3×3 光纤耦合器的光路器件特点

当马赫-曾德尔干涉型光纤传感器采用基于 3×3 光纤耦合器的无源零差解调技术时，由于 3×3 光纤耦合器的结构不对称，3 路干涉信号之间的相位差不是严格的 120°，同时耦合器的分光比和相位还存在随环境因素和光波偏振态变化的问题，导致系统测量误差，所以需要改进 3×3 光纤耦合器的制备和封装工艺，提高耦合器的对称性和稳定性。

2.3 萨格纳克干涉型光纤传感器及其典型应用

虽然萨格纳克效应表明环形干涉仪可以检测其法向的角速度，但萨格纳克干涉型传感器并不仅限于测量角速度，任何在两相向传输光束之间引入非互易相移的外界物理量都可以被检测。萨格纳克干涉型光纤传感器除了光纤陀螺，还有光纤电流互感器和分布式光纤传感器等。

2.3.1 干涉型光纤陀螺仪

光纤陀螺是一种利用萨格纳克效应来敏感旋转角速率的惯性仪表，具有长寿命、全固态、重量轻、功耗低等优点。它不仅能测量载体旋转角速率，而且通过对输出角速率进行积分后可以得到载体的旋转角度。根据工作原理不同，光纤陀螺可以采用干涉型方案或谐振型方案，其中干涉型光纤陀螺是工程实际中广泛采用的方案。根据光路的偏振控制方式不同可分为保偏、消偏、混偏光纤陀螺，根据信号检测方法不同，干涉型光纤陀螺可以采用开环方案和闭环方案。

典型的开环光纤陀螺如图 2.7 所示。通常采用正弦波信号对压电陶瓷调制器(PZT)进行调制，采用相敏检波解调信号。开环光纤陀螺虽然成本较低、可以实现较小的体积，但零偏精度低、标度因数非线性大、测量范围小，只能用于对测量精度和测量范围要求低的场合。

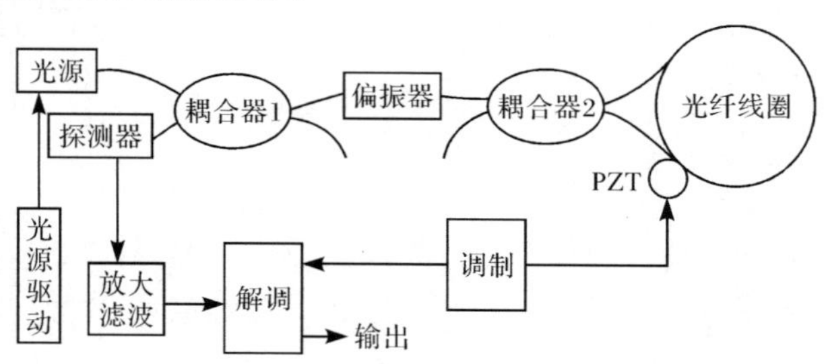

图 2.7 开环光纤陀螺方案的原理图

闭环光纤陀螺在全范围内具有线性而稳定的标度因数。闭环光纤陀螺有数字闭环与模拟闭环两种电路方案。在模拟闭环方案中，为了获得高的标度因数稳定性与线性度，需要相位反馈的模拟斜波具有很短的回扫时间；目前，模拟闭环方案已较少采用。全数字闭环光纤陀螺的偏置调制采用数字方波，其闭环控制的信号处理部分由数字逻辑电路实现，不需要相位斜波的快速回扫，降低了对模数转换器漂移与数模转换器线性度的要求，同时具有标度因数与光纤折射率基本上无关等优点，是目前应用最成功的方案。典型数字闭环光纤陀螺系统结构如图 2.8 所示。

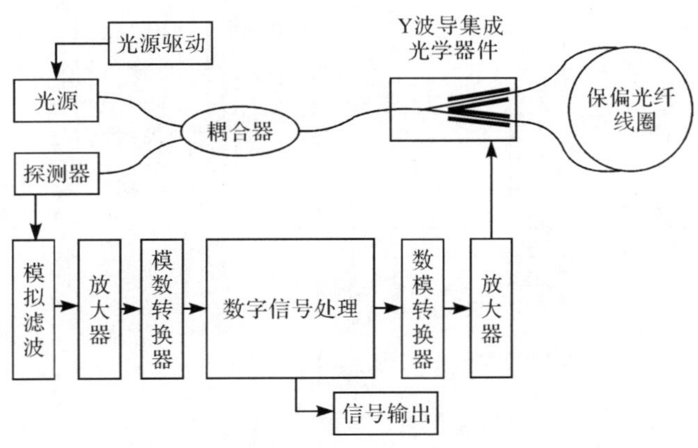

图 2.8　数字闭环光纤陀螺原理示意图

探测器接收的光强与光纤陀螺旋转产生的相位差呈余弦关系，当光纤陀螺没有输入转动速率信号时，萨格纳克干涉仪的相位差 $\phi_s=0$，系统灵敏度最低。为了获得高灵敏度，需要施加调制信号，使其工作在响应斜率最大的点上。

施加调制信号时，两束光波受到相同的相位调制 $\phi_m(t)$，但存在时间间隔 $\Delta\tau_g$（光在光纤线圈中的渡越时间），则在两束光波之间引入的相位差偏置调制为

$$\Delta\phi_m(t)=\phi_m(t)-\phi_m(t-\Delta\tau_g) \tag{2-1}$$

经调制后的干涉信号经光电转换后输出为

$$V(t)=\frac{1}{2}P_0R\{1+\cos[\phi_s+\Delta\phi_m(t)]\} \tag{2-2}$$

式中，P_0 为光源输出功率；R 为和光电转换以及光路和电路增益相关的系数。通常采用的调制方法为方波调制，即 $\phi_m=\pm\frac{\phi_b}{2}$，$\phi_b$ 为相位偏置值，方波的半周期为 $\Delta\tau_g$，则产生的偏置调制为

$$\Delta\phi_m(t)=\pm\frac{\phi_b}{2}-\left(\mp\frac{\phi_b}{2}\right)=\pm\phi_b \tag{2-3}$$

图 2.9 为光纤陀螺的偏置调制。静止时，方波的两种调制态给出的电压信号为

$$V(0,\phi_b)=V(0,-\phi_b)=\frac{1}{2}P_0R(1+\cos\phi_b) \tag{2-4}$$

当旋转时，电压信号分别变为

$$V(\phi_s,\phi_b)=\frac{1}{2}P_0R[1+\cos(\phi_s+\phi_b)] \tag{2-5}$$

$$V(\phi_s,-\phi_b)=\frac{1}{2}P_0R[1+\cos(\phi_s-\phi_b)] \tag{2-6}$$

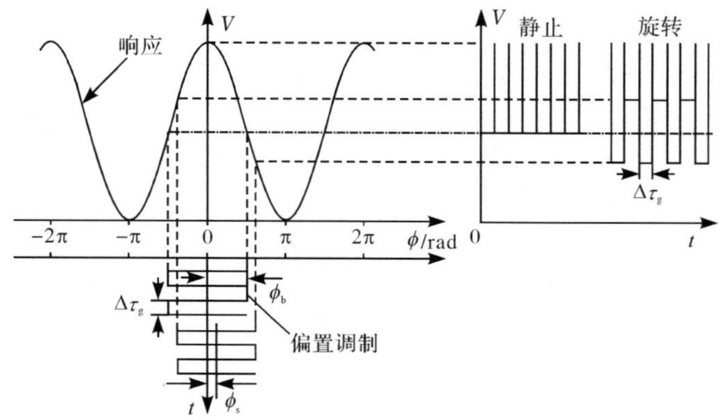

图 2.9　光纤陀螺的偏置调制

两种调制态电压差为

$$\begin{aligned}\Delta V(\phi_s,\phi_b)&=\frac{1}{2}P_0R[\cos(\phi_s+\phi_b)-\cos(\phi_s-\phi_b)]\\&=-P_0R\sin\phi_b\sin\phi_s\end{aligned} \tag{2-7}$$

用锁相放大器对光电探测器组件输出信号进行解调，可测量偏置的电压信号 ΔV，当 $\phi_b=\frac{\pi}{2}$ 时，响应灵敏度最大。

闭环系统通过将解调出的偏置信号作为误差信号反馈到系统中，使反馈的相位差与旋转引起的相位差相互抵消，从而使总的相位差被伺服控制在零位上。由于系统始终工作在斜率非常大的工作点上，所以闭环光纤陀螺具有很高的灵敏度。

消偏光纤陀螺光路中不再使用保偏光纤线圈，而是采用消偏器和单模光纤线圈的组合来实现偏振控制，如图 2.10 所示。消偏光纤陀螺通过光纤消偏器将偏振光转化为非偏振光，降低了单模光纤中偏振扰动造成的误差。保证输出光在偏振器处的损耗稳定在 3dB，避免了偏振耦合引起的功率衰落。

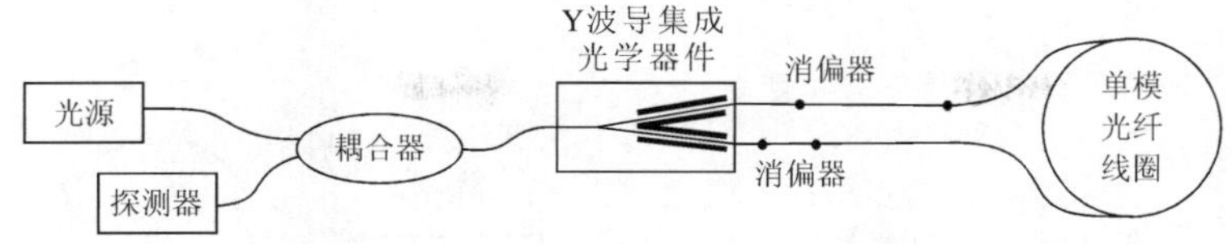

图 2.10　采用 Y 波导的消偏光纤陀螺最小互易性结构

2.3.2　光纤电流互感器

光纤电流互感器是萨格纳克干涉仪的另一典型应用。早期的光纤电流互感器的光路结构如图 2.11 所示。光源发出的光经耦合器到达 Y 波导集成光学器件，光束被集成光学器件起偏并分为两束，两束光分别经过延迟线圈后到达 $\lambda/4$ 波片，线偏振光被 $\lambda/4$ 波片转化为圆偏振光，两束圆偏振光在光纤线圈中分别沿顺时针和逆时针方向传输，当导线中有电流通过时，由于磁光效应，电流产生的磁场在两个圆偏振光之间引入相位差，两束圆偏振光由线圈输出后被 $\lambda/4$ 波片重新转化为线偏振光，两束线偏振光沿光路反向传输并在集成光学器件中发生干涉，干涉信号被探测器探测。导线中的电流和两干涉光束之间的相位差成比例，电流的变化将导致两干涉光束之间相位差的变化，并反映到干涉信号的光强变化。

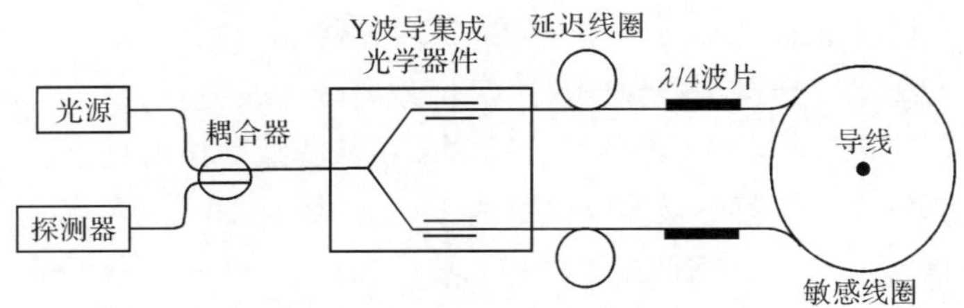

图 2.11　萨格纳克干涉型光纤电流互感器光路结构

图 2.12 是一种目前广泛采用的光纤电流互感器光路结构，光路中两干涉光束沿同一路径传输，具有完全的空间互易性和优良的时间互易性，因此对温度、振动等环境扰动的抵抗能力明显增强[10]。在该光路中探测器接收到干涉光强信号为

$$I_d = \frac{I_s}{2} K\{1 + \cos[4VNI + \phi(t)]\} \tag{2-8}$$

式中，I_s 为光源的光强；K 是与光路损耗有关的系数；V 为传感光纤的韦尔代(Verdet)常数；N 为传感光纤环的匝数；I 为待测电流；$\phi(t)$ 为调制信号。当采用闭环控制时，反馈调制信号和电流诱导相位差抵消，即 $4VNI + \phi(t) = 0$，则由调制信号可计算被测电流

$$I = -\frac{\phi(t)}{4VN} \tag{2-9}$$

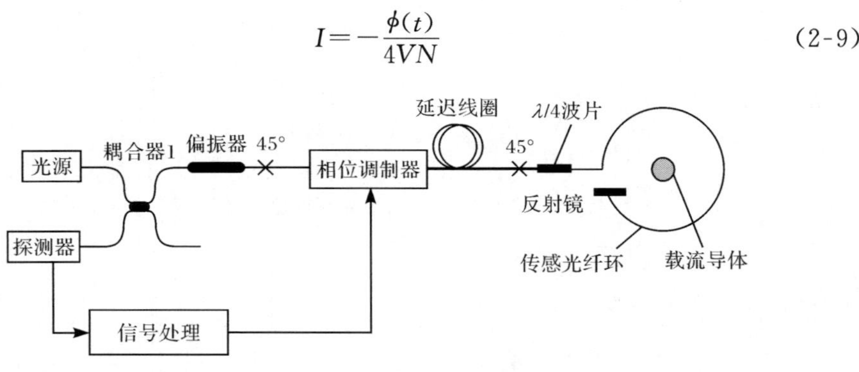

图 2.12　共线型电流互感器光路结构

2.3.3　萨格纳克干涉型分布式光纤传感器

萨格纳克干涉仪的两束相向传输的光波经过敏感线圈某一点的时间不同，当敏感线圈某一点受到外界参量（如温度、应变）的作用时，两束光波受到的调制时间不同，因此根据干涉信号随时间的变化，能够确定萨格纳克干涉仪的敏感线圈上受到调制的位置。萨格纳克干涉型分布式光纤传感器通常采用单模光纤来作为传感介质，由于干涉仪光路的互易性，输出信号不受“偏振诱导衰落”的影响。萨格纳克干涉仪在无输入时的光程差为零，对光源相干性要求低，可使用高功率的宽带光源，结合白光干涉测量技术，用于长距离分布式传感。

萨格纳克干涉型分布式光纤传感器通常采用共线型萨格纳克干涉仪的结构，将传感臂和参考臂合一，补偿非被测物理量的干扰，如图 2.13 所示。由于采用了宽带光源，沿 A→D→B→C→B→E→A 传输的光波①和沿 A→E→B→C→B→D→A 传输的光波②之间的光程差小于光源的相干长度，能够产生干涉信号；沿 A→D→B→C→B→D→A 传输的光波和沿 A→E→B→C→B→E→A 传输的光波产生直流分量。

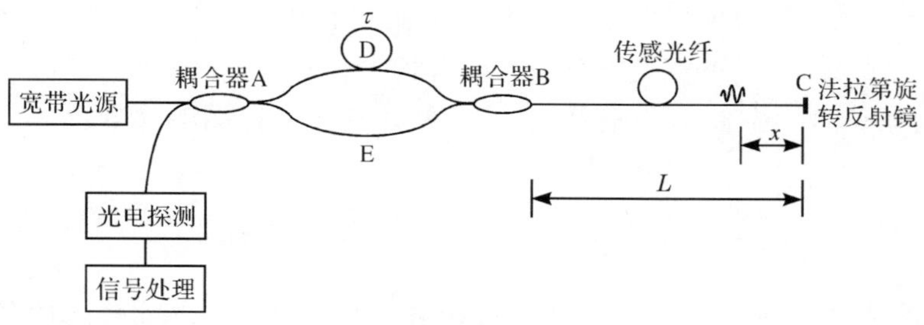

图 2.13　基于共线型萨格纳克干涉仪的分布式光纤传感器

假设在距离法拉第旋转反射镜 C 的距离为 x 的地方出现一个扰动

$$\phi(t) = \phi_A \cos(\omega t + \varphi_0) \tag{2-10}$$

式中，t 为时间；ω,ϕ_A,φ_0 分别为扰动的频率、振幅和初相位。则传输光波①在 $t+\tau+\frac{n(L-x)}{c}$ 和 $t+\tau+\frac{n(L+x)}{c}$ 时刻受到扰动，光波②在 $t+\frac{n(L-x)}{c}$ 和 $t+\frac{n(L+x)}{c}$ 时刻受到扰动，其中 n 为光纤的折射率；c 为光速；τ 为延时光纤产生的延时。

光波①、②之间的相位差为

$$\begin{aligned}\Delta\phi(t)=&\ \phi_A\cos\left\{\omega\left[t+\tau+\frac{n(L-x)}{c}\right]+\varphi_0\right\}+\phi_A\cos\left\{\omega\left[t+\tau+\frac{n(L+x)}{c}\right]+\varphi_0\right\}\\&-\phi_A\cos\left\{\omega\left[t+\frac{n(L-x)}{c}\right]+\varphi_0\right\}-\phi_A\cos\left\{\omega\left[t+\frac{n(L+x)}{c}\right]+\varphi_0\right\}\\=&-4\phi_A\sin\left(\frac{\omega\tau}{2}\right)\cos\left(\omega\frac{nx}{c}\right)\sin\left[\omega t+\omega\left(\frac{\tau}{2}+\frac{nx}{L}\right)+\varphi_0\right]\end{aligned}\tag{2-11}$$

对解调的相位信号进行频谱分析，如果距离法拉第旋转反射镜 C 的距离为 x 的扰动信号有比较宽的频谱分布，则总存在一个频率使 $\cos(\omega nx/c)$ 的值为零，即频谱信号中存在一系列等频率间隔的“陷波点”，陷波点的频率 ω_0 满足

$$\omega_0\frac{nx}{c}=(2N+1)\frac{\pi}{2}\tag{2-12}$$

式中，N 为整数。确定陷波点频率后，即可求出调制点距离法拉第旋转反射镜的位置。为了消除 $\sin(\omega\tau/2)$ 项对陷波点频率检测的干扰，需要控制延时光纤的长度，使 $\sin(\omega\tau/2)$ 的零点远离待测的陷波点频率范围。

2.3.4 萨格纳克干涉型光纤传感器用光电子器件的技术特点

1. 互易性特点

萨格纳克干涉型光纤传感器的一个重要特点是其光路具有实现互易性的可能，而实现光路互易性是实现高精度测量的重要途径。为了实现整个光路的互易性，涉及光的双向传输的器件都必须具有互易性，任何一个器件的非互易性都会在干涉信号中引入非互易相移，在输出信号中产生寄生干涉信号，引起测量误差，所以光路对元器件的互易性要求是一个基本的要求。光路互易性问题中单模互易性可通过采用单模光纤得到解决，端口互易性由光路结构和器件结构设计得以实现，只有偏振互易性问题仍需重点关注[11]。

2. 损耗特点

为了实现传感器的高信噪比，首先要保证信号光具有足够的强度。这就要求光路的损耗应尽量小、光源的功率足够大和光电转换的效率尽量高。光路总损耗包括各个器件的自身损耗和光纤熔接损耗。到达光电探测器的是光干涉信号，除了直接的光路损耗，干涉信号光强还和分束器的分光比有关。在光路损耗一定的

情况下,到达光电探测器的光功率由光源的功率决定。光路中和光功率相关的噪声有散粒噪声和光源相对强度噪声两种,这就需要控制到达探测器的光功率在合适的范围以尽量降低由光强引入的噪声。光到达光电探测器后被转化为电信号,光电探测器的光电转化效率通过量子效率来衡量,光电探测器的量子效率越高,光信号的有效利用率越高。

值得注意的是每个器件的损耗系数(包括耦合器的分光比)均为光波波长的函数,即每个器件的损耗在光源光谱范围内不是定值。如果损耗谱波动较大,就会引起相干光波的相干函数出现较大的次相干峰,从而可能引起较大的寄生干涉,因此器件的损耗在光谱范围内应尽量均匀。同理,光源的光谱也应该是光滑的,避免出现光谱调制,如果光源光谱存在调制,即使光路损耗谱是均匀的,也可能会在相干函数中引入次相干峰。光源光谱和光路损耗谱还应该具有较高的稳定性,否则会导致平均波长漂移,造成传感器的标度因数误差。

3. 偏振特点

偏振互易性要求光路中只有一个偏振态传播,然而实际光路中的偏振耦合是不可避免的。为了降低光路的偏振非互易性,采用保偏光纤进行偏振控制,单纯的保偏光纤仍然不能把偏振噪声降到足够低,还要通过偏振器的消光作用,进一步降低耦合偏振态的强度,一方面降低了耦合偏振态向主偏振态的耦合;另一方面降低了耦合偏振态之间的干涉强度。

无论是高偏振光源还是低偏振光源发出的光都是部分偏振光,而且由于光源与保偏光纤对准以及保偏光纤之间的对准问题,保偏光纤本身缺陷以及环境扰动都会导致光在两偏振态之间的平均分配趋势。高偏振光源的尾纤通常为保偏尾纤并和保偏耦合器配合使用,而低偏振光源的尾纤通常为单模光纤并和单模耦合器配合使用。为了尽量抑制交叉耦合偏振态的干扰,通常在敏感线圈的前面设置偏振器,由于偏振器的偏振消光作用,光进入敏感线圈前首先经过了一次偏振滤波,偏振器输出的光是偏振度非常高的线偏振光,通过和保偏光纤对准,敏感线圈中几乎只有一个偏振态传输,在很大程度上避免了耦合偏振态耦合到主偏振态。另外,光在敏感线圈传输过程中仍会有一部分光由主偏振态耦合到耦合偏振态,由敏感线圈产生的耦合偏振态回到偏振器时,同样被过滤,使得最后发生干涉的信号中,耦合偏振态的光尽量少。为了将干涉信号中耦合偏振态之间的干涉和寄生波以及主波之间的干涉降低到最低程度,偏振器的偏振消光能力即消光比应比较高。

4. 调制解调特点

萨格纳克干涉型光纤传感器的闭环控制要求对光信号进行一定频率的调制,

并且该频率的信号能被光电探测器分辨和检测出来。目前闭环控制传感器的光信号调制通常采用数字调制。加在调制器上的电信号，通过电光效应或弹光效应，转化为光的相位，器件的这种转化效率通过半波电压来衡量，即实现 π 相位误差所需施加的电压。出于控制电路设计以及功耗限制，调制器的半波电压不宜太高。经过调制的光信号被光电探测器检测，为了保证具有调制频率的光信号能够被分辨，并且不在检测信号中引入附加噪声，这就要求光电探测器的调制带宽要足够大，但随着带宽增大，对信号的增益降低，信噪比下降，灵敏度下降，为了达到传感器性能的最佳，需要对这些器件参数进行综合考虑。

除了上述 4 个主要方面外，各个器件的背向反射、背向散射都会在传感器输出中引入寄生干涉，敏感线圈相连分束器的分光比误差还会产生克尔（Kerr）效应，在采用宽谱光源的情况下，这些影响可被有效抑制。

2.4　法布里-珀罗干涉型光纤传感器及其典型应用

根据法布里-珀罗干涉型光纤传感器的结构的不同，可以分为本征法布里-珀罗干涉型（IFPI）光纤传感器和外腔（或非本征）法布里-珀罗干涉型（EFPI）光纤传感器。IFPI 光纤传感器的谐振腔由一段光纤以及这段光纤两端的反射镜组成，两个反射镜之间的光纤作为敏感元件感知外界信息，如图 2.14(a)所示。EFPI 光纤传感器的谐振腔由两个反射镜以及反射镜之间的空气组成，如图 2.14(b)所示。法布里-珀罗干涉型光纤传感器的反射镜的反射率通常较低，如直接利用光纤端面和空气间的约 4.0%的菲涅耳反射，同时测量后向反射光，这样探测的干涉信号近似为双光束干涉的余弦型信号。

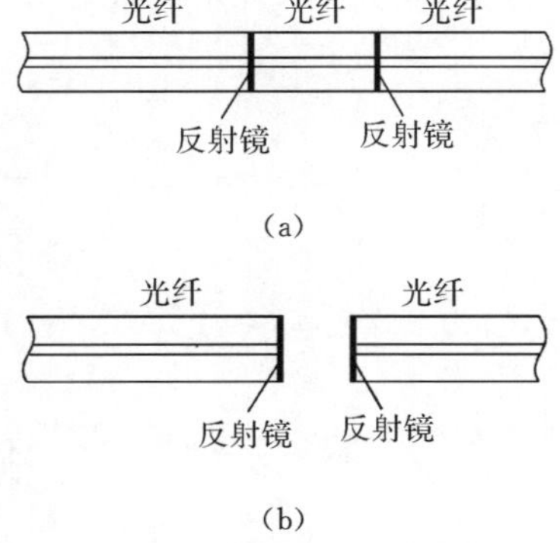

图 2.14　本征型(a)和非本征型(b)法布里-珀罗干涉型光纤传感器谐振腔的基本结构

法布里-珀罗干涉型光纤传感器的信号解调技术主要分为两类:干涉条纹(强度)解调技术和光谱域白光干涉解调技术。

法布里-珀罗干涉型光纤传感器通过光学腔长的变化来感知外界参量。法布里-珀罗干涉型光纤传感器的敏感部分的长度可以根据实际使用要求灵活设计,从几微米至数百米,可以满足高空间测量分辨率、小型化或高灵敏度等不同的测量要求。法布里-珀罗干涉型光纤传感器的敏感部分(传感头部分)的结构设计非常灵活,通过将谐振腔的介质选择为空气,可以使干涉信号几乎不受光波偏振态变化的影响,通过设计补偿结构可以获得很小的交叉敏感性。法布里-珀罗干涉型光纤传感器通常采用机械加工、熔接等方法制备,具有较优良的耐高温、水汽等性能。法布里-珀罗干涉型光纤传感器的信号调制解调方法灵活,结合光谱域白光干涉测量技术可以实现光学腔长的高精度、大范围、绝对测量,实现对准静态量的高精度测量;采用强度测量或干涉信号解调,可以实现对动态信号的高灵敏度测量。

法布里-珀罗干涉型光纤传感器在温度、应变、压力、磁场、振动等多种参量的测量中得到研究和应用。

2.4.1 法布里-珀罗干涉型光纤温度传感器

法布里-珀罗干涉型光纤温度传感器采用干涉测量或白光干涉测量技术,具有精度高的优点;采用机械加工、熔接方法制备,具有工作范围广的优点。采用蓝宝石光纤还可以构成耐高温的法布里-珀罗干涉型光纤温度传感器,如图 2.15 所示。将一段蓝宝石光纤熔接在单模光纤的尾端,蓝宝石光纤和单模光纤之间存在折射率差,形成法布里-珀罗干涉仪的第一个反射镜;蓝宝石光纤的另一个端面和空气之间形成第二个反射镜。外界温度引起蓝宝石光纤的折射率和长度发生变化,改变法布里-珀罗干涉仪的光学腔长,从而实现对温度的感知,构成耐高温的法布里-珀罗干涉型光纤温度传感器[12]。

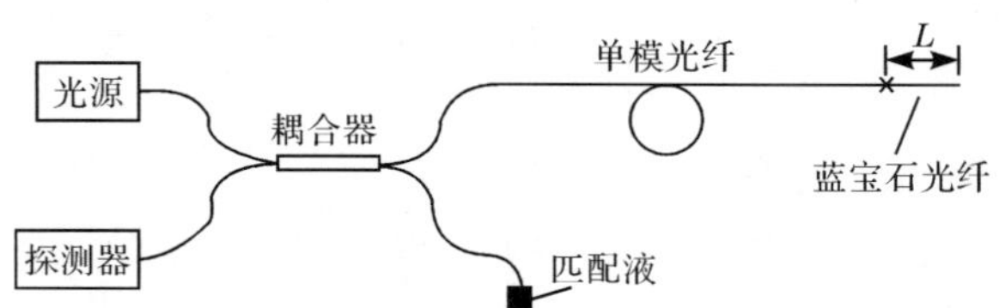

图 2.15　法布里-珀罗干涉型光纤温度传感器

2.4.2 法布里-珀罗干涉型光纤应变传感器

典型的法布里-珀罗干涉型光纤应变传感器如图 2.16 所示。通过将两根端面经过处理的光纤分别从两端插入玻璃毛细管构成,玻璃毛细管内径和光纤外径之间的紧密配合，从而实现光纤的对准，以及保证两个光纤端面之间的平行度。将法布里-珀罗干涉型光纤应变传感器的毛细管粘贴在待测结构上，结构的应变作用在毛细管上造成毛细管的长度发生变化，进而改变两个光纤端面之间的距离。采用宽谱光源，通过检测法布里-珀罗干涉型光纤应变传感器的输出白光干涉光谱，计算出两个光纤端面之间的距离，从而实现对应变的测量。通过匹配玻璃毛细管和光纤之间的热膨胀系数和长度，可以使法布里-珀罗干涉型光纤应变传感器具有较低的温度交叉灵敏度，从而抑制环境温度变化对应变测量的影响。法布里-珀罗干涉型光纤应变传感器在桥梁、混凝土、智能结构等的应变监测中取得了重要的应用[13,14]。

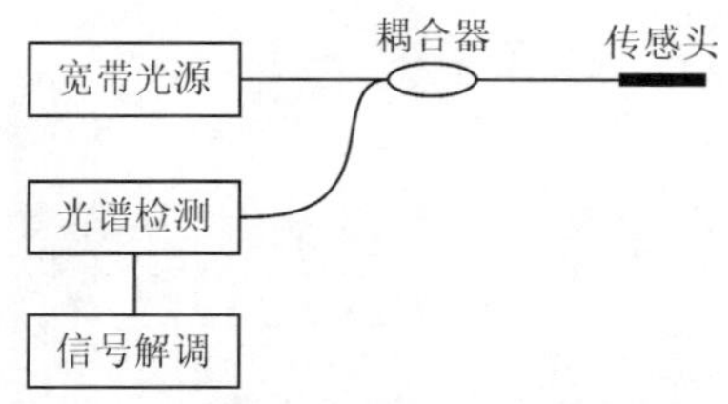

图 2.16　法布里-珀罗干涉型光纤应变传感器

2.4.3　法布里-珀罗干涉型光纤压力传感器

光纤压力传感器通常采用的方案主要包括光纤光栅压力传感器和法布里-珀罗干涉型光纤压力传感器。和光纤光栅压力传感器相比，外腔法布里-珀罗干涉型光纤压力传感器对压力信号的反应更灵敏，通过选用不同的结构参数可以满足不同测量灵敏度和量程的需要；通过材料匹配，可以较好地消除外腔法布里-珀罗干涉型光纤压力传感器的温度交叉敏感；外腔法布里-珀罗干涉型光纤压力传感器通常采用机械加工、熔接等方法制备，在耐高温、长期稳定性方面具有一定的优势。

法布里-珀罗干涉型光纤压力传感器可以采用毛细管式的结构，如图 2.17(a)所示。压力作用在毛细管的端面上，使毛细管发生轴向变形，从而实现对压力的感知[15]。法布里-珀罗干涉型光纤压力传感器的另一种结构，就是采用压力敏感的膜片构成法布里-珀罗干涉仪的一个反射镜，如图 2.17(b)所示。压力作用在膜片上使膜片发生弹性变形，从而改变法布里-珀罗干涉仪的腔长，实现对压力的感知。通过改变膜片的材料、厚度、面积等参数，满足不同灵敏度、量程和响应速度的要求。采用微机械技术、微纳加工技术等，还可以直接将压力敏感膜片制备在光纤端面上，构成小型化的法布里-珀罗干涉型光纤压力传感器[16]。目前，法布里-珀罗干涉型光纤压力传感器在涡轮机压力测试、内燃机压力测试、油井压力测试、声压测试、人体血压测试等多个领域得到了研究和应用。将法布里-珀罗干涉型光纤压力传感器用于液体压力的测量，通过液体的压力还可以反推出液面的高度，从而构成光纤液位传感器[17]。

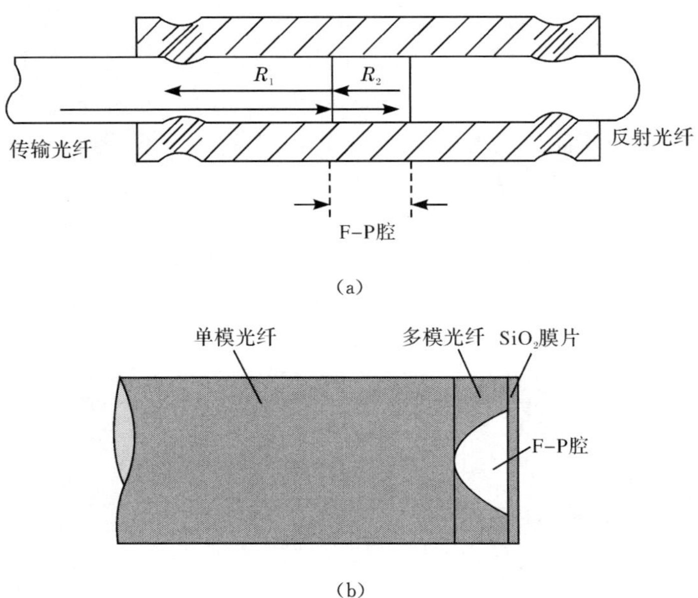

图 2.17　法布里-珀罗干涉型光纤压力传感器的典型结构

2.4.4　法布里-珀罗干涉型光纤传感器用光电子器件的技术特点

1. 光源特点

采用干涉强度测量的多光束法布里-珀罗干涉型光纤传感器，要求光源的谱宽远小于输出谱谐振峰的宽度。对于腔长较大、精细度较高的法布里-珀罗干涉型光纤传感器，需要采用窄线宽的激光光源，对线宽的要求较高，一般采用分布反馈(DFB)激光器、光纤激光器、半导体外腔式激光器等。而对于腔长较短、精细度较低的法布里-珀罗干涉型光纤传感器，也采用窄线宽的激光光源，但对线宽的要求相对较低，一般采用光纤光栅滤波器、介质膜滤波器对宽带光源滤波来产生传感器测量所需的光源。采用干涉强度测量的双光束法布里-珀罗干涉型光纤传感器，要求光源相干长度大于两倍的腔长即可，一般采用 SLD 等宽谱光源，可以有效抑制反射噪声、偏振噪声、非线性噪声等。

采用白光干涉测量的法布里-珀罗干涉型光纤传感器，要求光源的谱宽大、光谱功率密度高、光谱较平坦、光谱形状稳定性好。

2. 谐振腔特点

法布里-珀罗干涉型光纤传感器通常采用玻璃毛细管来实现光纤的对准，要求玻璃毛细管内径与光纤外径紧密配合以减小对准误差；组成法布里-珀罗腔的光纤之间的模式和谐振腔中的模式应该尽量匹配，否则会引入较大的损耗；在测量温度以外的其他参量时，为了减小温度的干扰，要求玻璃毛细管和光纤的热膨胀系数尽量一致。

在研制小型化法布里-珀罗干涉型光纤传感器时，需要采用空芯光纤、空芯光子晶体光纤等特殊的光纤。在研制耐高温法布里-珀罗干涉型光纤传感器时，需要采用蓝宝石光纤。对于本征法布里-珀罗干涉型光纤传感器，通常在光纤中制备光纤光栅来作为反射镜，要求光纤光栅的反射谱的线宽足够大、在工作波长范围内反射谱具有较高的平坦度；当制备高精细度本征法布里-珀罗干涉型光纤传感器时，还要求光纤光栅具有高的反射率和低的损耗。

3. 偏振特点

外腔法布里-珀罗干涉型光纤传感器对光源偏振态变化不敏感，通常采用普通单模光纤和非保偏光纤器件；本征法布里-珀罗干涉型光纤传感器对光源偏振态和光纤双折射敏感，为了获得良好的干涉信号，需要采用保偏光纤来制备法布里-珀罗干涉仪，同时采用保偏光源。

2.5　白光干涉型光纤传感器及其典型应用

白光干涉型光纤传感器是指采用白光干涉测量技术的干涉型光纤传感器。白光干涉型光纤传感器采用低相干的宽带光源输入干涉仪，从干涉型光纤传感器的输出白光干涉信号中解调出光程差。白光干涉型光纤传感器的精度一般对光源功率波动和光纤传输损耗的变化不敏感，在应变、压力、距离等测量领域具有应用。

根据白光干涉信号处理方法不同可以将白光干涉型光纤传感器分为基于扫描干涉仪解调的白光干涉型光纤传感器和光谱域白光干涉型光纤传感器。

2.5.1　基于扫描干涉仪的白光干涉型光纤传感器

采用窄线宽光源的干涉型光纤传感器，由于干涉信号为周期性信号，只能测量出干涉仪的光程差相对于测量开始时的变化量，不能测量光程差的确切值；当光程差变化超过干涉信号的一个单调区间时，存在不能分辨出光程差增加还是减小的问题；所以通常用于振动、声波等交变信号的测量。当需要测量干涉光束间光程差的确切值时，尤其是当光程差的变化范围大于光源半波长时，需要采用白光干涉型光纤传感器。基于扫描干涉仪的白光干涉型光纤传感器采用低相干的宽带光源输入干涉型光纤传感器，宽带光源的相干长度远小于干涉型光纤传感器的光程差；干涉型光纤传感器的输出光强为直流信号，不随光程差的变化而变化。将干涉型光纤传感器的输出光输入到扫描干涉仪，如图2.18(a)所示。干涉型光纤传感器和扫描干涉仪的光程差均远大于光源的相干长度，仅当它们的光程差相匹配，其差异小于光源的相干长度时，才能在扫描干涉仪的输出观察到干涉现象；当两个干涉仪的光程差相等时，扫描干涉仪的输出干涉条纹幅度出现极大值，干涉条纹中心极大位置直接反映了干涉型光纤传感器的光程差，如图2.18(b)所示。

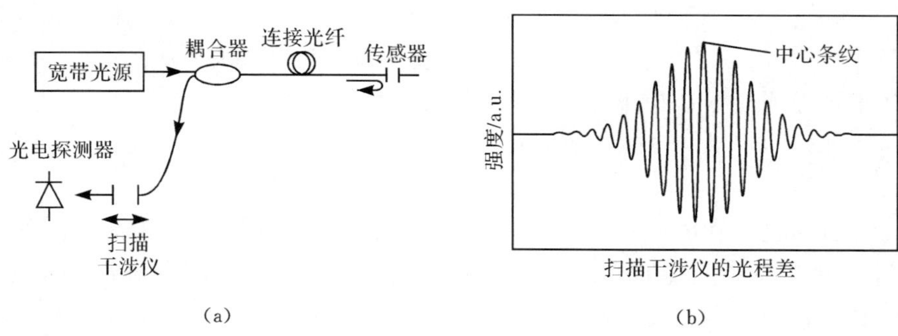

图 2.18　基于扫描干涉仪的白光干涉型光纤传感器系统结构(a)和输出信号图形(b)

基于扫描干涉仪的白光干涉型光纤传感器的典型应用之一就是光纤偏振态特性分布测试系统，如图 2.19 所示。一列偏振光波列沿着被测元件主轴入射，若被测元件中某一点存在偏振交叉耦合，则偏振光波在传输经过该点时将有一部分能量耦合到与主轴正交的传输轴上，从而导致在被测元件的输出光波中将有两个偏振方向正交的光波列，二者的光程差 L 等于线双折射差Δn 与耦合点到输出端的距离 l 的乘积Δnl。当两个输出光波列通过一个不平衡干涉仪时，如果不平衡干涉仪的两臂光程差等于 L，则两个波列之间的光程刚好得到补偿从而可以发生干涉。通过测量不平衡干涉仪中两臂的光程差，可以检测出被测元件中耦合点的位置，通过测量干涉信号可以得到偏振交叉耦合的大小。

假设被测元件中偏振交叉耦合对应的角度为 θ，发生偏振交叉耦合之前的光功率为 I_0，则在不平衡干涉仪的输出端产生的干涉信号可以表示为

$$\begin{aligned} I(\theta) &= I_0\sin^2\theta + I_0\cos^2\theta + I_0\sin\theta\cos\theta\cos\phi \\ &= I_0 + \frac{I_0}{2}\sin2\theta\cos\phi \end{aligned} \tag{2-13}$$

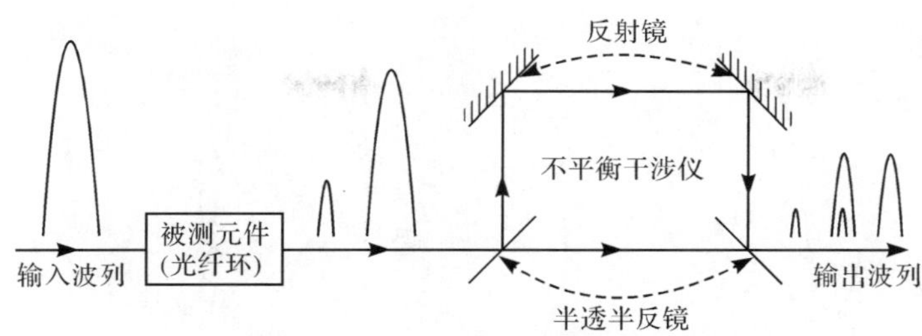

图 2.19　光纤偏振态特性分布测试系统原理图

式中，ϕ 为发生干涉的两束光波之间的相位差。移动平移台使两臂光程差 L 刚好等于Δnl，此时上式中的 $\cos\phi=1$，从而可以求出对应的偏振交叉耦合为

$$\varepsilon=20\cdot\lg\sin\left\{\frac{1}{2}\arcsin\left[2\,\frac{I(\theta)-I_0}{I_0}\right]\right\} \tag{2-14}$$

式中，I_0 为 $I(\theta)$ 的平均值，即两光波列不能发生干涉时的输出光功率，可以通过探测器准确测量得到。而与耦合点对应的干涉信号 $I(\theta)$ 的测量分辨率则受限于探测器的噪声。

2.5.2　光谱域白光干涉型光纤传感器

光谱域白光干涉型光纤传感器采用低相干的宽带光源输入干涉型光纤传感器，光源的相干长度远小于干涉型光纤传感器的光程差，干涉型光纤传感器输出光的强度几乎不随光程差的变化而变化，但是对干涉型光纤传感器的输出光的光谱进行分析，可以发现光谱分布同光程差一一对应，根据光谱分布可以计算出光程差。

现有的光谱分析设备，如基于衍射光栅和 CCD 阵列(或 InGaAs 探测器阵列)的微型光谱仪、基于可调谐滤波器(或可调谐激光器)的解调仪，技术成熟、性能稳定、可靠性高，为光谱域白光干涉型光纤传感器的发展提供了有力的支持。因此，光谱域白光干涉型光纤传感器获得了广泛的研究和成功的应用。

干涉型光纤传感器输出的白光干涉光谱具有明显的周期性，每个谱峰都对应一定的干涉级次，从干涉级次和对应波长可以计算出干涉型光纤传感器的光程差[18]，如图 2.20 所示。干涉型光纤传感器的白光干涉光谱中一个特定干涉级次 m 的谱峰对应的波长 λ_m 和干涉型光纤传感器的光程差$\Delta(nL)$之间的关系为

$$\frac{2\pi\Delta(nL)}{\lambda_m}+\varphi_0=2m\pi \tag{2-15}$$

式中，φ_0 为干涉条纹的初相位。根据白光干涉光谱中两个不同干涉级次的谱峰对应的波长 λ_m、λ_{m-1}，可以计算出干涉型光纤传感器的光程差

$$\Delta(nL)=\frac{\lambda_m\lambda_{m-1}}{\lambda_{m-1}-\lambda_m} \tag{2-16}$$

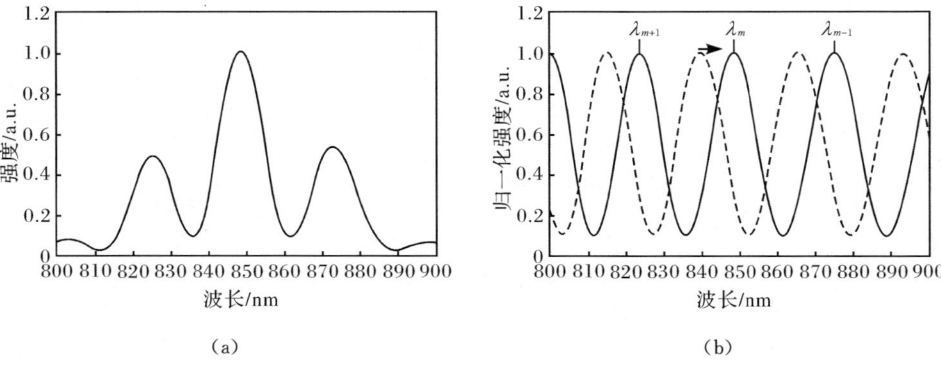

图 2.20　谱峰追踪测量示意图

(a) 原始白光干涉光谱;(b) 归一化白光干涉光谱和谱峰移动

迈克耳孙干涉型光纤传感器、马赫-曾德尔干涉型光纤传感器、低精细度的法布里-珀罗干涉型光纤传感器,其输出白光干涉光谱近似为余弦曲线

$$g(\lambda)=a(\lambda)\left\{1+b(\lambda)\cos\left[\frac{2\pi\Delta(nL)}{\lambda}+\varphi_0\right]\right\} \tag{2-17}$$

式中,$a(\lambda)$为光源光谱轮廓引入的背景值;$b(\lambda)$为白光干涉光谱的对比度;φ_0 为初相位。白光干涉光谱的周期由传感器的光程差决定,如图 2.21(a)所示。对传感器输出的白光干涉光谱作傅里叶变换,傅里叶谱如图 2.21(b)所示。傅里叶谱的低频直流分量以外的峰值频率 f_0 和白光干涉型光纤传感器光程差$\Delta(nL)$之间的关系为

$$f_0=\frac{\Delta(nL)}{\lambda_1\lambda_2} \tag{2-18}$$

式中,λ_1、λ_1分别为白光干涉光谱的起始波长和终止波长[19,20]。

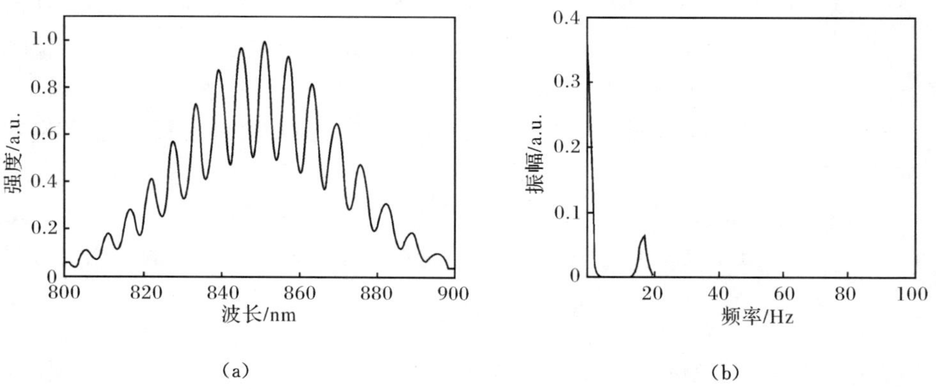

图 2.21　傅里叶变换白光干涉测量原理图

(a) 白光干涉光谱;(b) 傅里叶变换谱

目前,光谱域白光干涉测量技术已成为法布里-珀罗干涉型光纤传感器在高精度测量时应用最成功和最普遍的方法。采用光谱域白光干涉测量技术来解调获得法布里-珀罗干涉型光纤传感器的光学腔长,然后根据其灵敏度,计算出待测的温度、应变、位移或压力等参量。

2.5.3　白光干涉型光纤传感器用光电子器件的技术特点

白光干涉型光纤传感器要求采用宽谱光源,同时要求光谱具有平滑和稳定的谱型,减小光源光谱形状对测量结果的影响。

1. 基于扫描接收干涉仪的白光干涉型光纤传感器器件特点

基于扫描干涉仪的白光干涉型光纤传感器,为了实现扫描干涉仪的小型化设计,需要采用光纤准直器代替传统的透镜耦合系统,要求光纤准直器的工作距离满足光程扫描的要求,同时要求光纤准直器具有良好的偏振保持能力。当扫描干涉仪采用迈克耳孙干涉仪时,为了减小光路调节的难度,需要采用角锥棱镜来代替普通的反射镜。

2. 基于光谱域白光干涉测量技术的白光干涉型光纤传感器器件特点

基于光谱域白光干涉测量技术的光纤传感器,信号光谱的高精度检测是实现待测参量高精度测量的基础。光谱域白光干涉测量通常采用的光谱测量设备,包括基于可调谐光学滤波器(或可调谐光纤激光器)的光纤传感分析仪,以及基于衍射光栅和探测器阵列的小型光谱分析仪。对于可调谐滤波器,要求滤波器的自由光谱区范围大于宽谱光源的光谱范围,滤波器的线宽对应的相干长度大于干涉型光纤传感器的光程差,在波长扫描范围内滤波器具有平坦的损耗曲线。对于可调谐激光器,要求激光器具有宽的波长扫描范围,具有稳定的光谱曲线,在扫描过程中具有低的强度噪声。对于衍射光栅和探测器阵列,要求光栅的波长分辨率对应的相干长度大于干涉型光纤传感器的光程差,同时具有小型化和易于同光路系统耦合的优点;由于通常采用 1310nm 波段或 1550nm 波段的光源,这就要求探测器阵列采用 InGaAs 探测器阵列,并且衍射光栅的波长分辨率、波长采样间隔远小于干涉型光纤传感器传输光谱的波长周期。

参考文献

[1] 张仁和,倪明. 光纤水听器的原理与应用. 物理,2004,33(7):503-507

[2] 罗洪. 拖曳线列阵用光纤水听器研究. 长沙:国防科学技术大学博士学位论文,2007

[3] 刘鹰,李玉深,徐大伟,等. 迈克耳孙干涉型光纤水听器研究与实现. 传感器技术,2005,24(11):30-32

[4] 邹琪琳,王利威,庞盟,等.3 维 VSP 光纤检波器井下地震采集系统.光子学报,2008,37(1):77-81

[5] 丁桂兰,刘振富,崔宇明,等.顺变柱体型全光纤加速度检波器.光学学报,2002,22(3):340-343

[6] 罗洪,熊水东,胡永明,等.三分量全保偏光纤加速度传感器的研究.中国激光,2005,32(10):1382-1386

[7] 李志能,沈梁,叶险峰.偏振无关的 Michelson 光纤传感器的研究.浙江大学学报(工学版),2002,36(1):44-46

[8] 梁迅.光纤水听器系统噪声分析及抑制技术研究.长沙:国防科学技术大学博士学位论文,2008

[9] 李琛,张春熹,梁生,等.干涉型光纤安防系统偏振误差机理分析.北京航空航天大学学报,2010,30(9):1099-1102

[10] Wang W,Wang X F,Xia J L. The nonreciprocal errors in fiber optic current sensors. Optics and Laser Technology. 2011,43(8):1470-1474

[11] 丁衡高,王巍.光纤陀螺误差机理研究若干问题探讨.中国惯性技术学会第六届学术年会特邀报告,2008

[12] Wang A,Gollapudi S, Murphy K A, et al. Sapphire-fiber-based intrinsic fabry-perot interferometer. Optics Letters,1992,17(14):1021-1023

[13] 杨建春,陈伟民,徐谋,等.光纤法布应变传感器在桥梁状态监测中的应用.传感器与微系统,2006,25(7):76-78

[14] Leng J S,Asundi A. Structural health monitoring of smart composite materials by using EFPI and FBG sensors. Sensors and Actuators A:Physical,2003,103(3):330-340

[15] 荆振国,于清旭.用于高温油井测量的光纤温度和压力传感器系统.传感技术学报,2006,19(6):2450-2452

[16] Donlagic D, Cibula E. All-fiber high-sensitivity pressure sensor with SiO_2 diaphragm. Optics Letters,2005,30(16):2071-2073

[17] 吕涛,刘德森,何开华.非本征敏感法布里珀罗腔高精度光纤液位传感器输出特性.光学学报,2006,26(11):1614-1618

[18] Qi B,Pickrell G R,Xu J,et al. Novel data processing techniques for dispersive white light interferometer. Optical Engineering,2003,42(11):3165-3171

[19] 戴霞娟,王鸣,贲玉红.快速傅里叶变换与线性调频 Z 变换联合算法在光纤法布里-珀罗传感器解调中的应用.光学学报,2008,28(7):1241-1246

[20] Jiang Y. Fourier transform white-light interferometry for the measurement of fiber-optic extrinsic fabry-pérot interferometric sensors. IEEE Photonics Technology Letters,2008,20(2):75-77

第3章　光纤及其在干涉型光纤传感中的应用技术

光纤是光导纤维的简称，是一种光信号传输的媒介。光纤种类很多，用途不同，其功能和性能也有差异。干涉型光纤传感器中应用最广的是石英光纤，主要有单模光纤、保偏光纤和掺铒光纤等。在干涉型光纤传感中应用的光纤主要分两类，一类是作为光信号的传输介质，尽量避免自身及外界环境对光信号固有特性(如光功率、偏振、相位等)的影响；另一类是以光纤为主体形成的光纤器件作为光信号处理功能元件或部件使用，如光纤耦合器、光纤偏振器、光纤相位调制器、光纤环等。

3.1　光纤的结构与分类

光纤由纤芯、包层和涂覆层构成，如图3.1所示。光纤传感用光纤多以石英玻璃为基质，纤芯中掺杂锗等元素以提高折射率，是传导光功率的核心部分。包层为紧贴纤芯的材料层，包层材料也主要是二氧化硅，其中掺杂微量硼和氟等元素，以降低包层的折射率，纤芯和包层的组合形成波导结构。涂覆层材料一般为丙烯酸酯或硅酮，根据需要，涂覆层可以为一层或多层，起到提高光纤强度和保护光纤的作用。

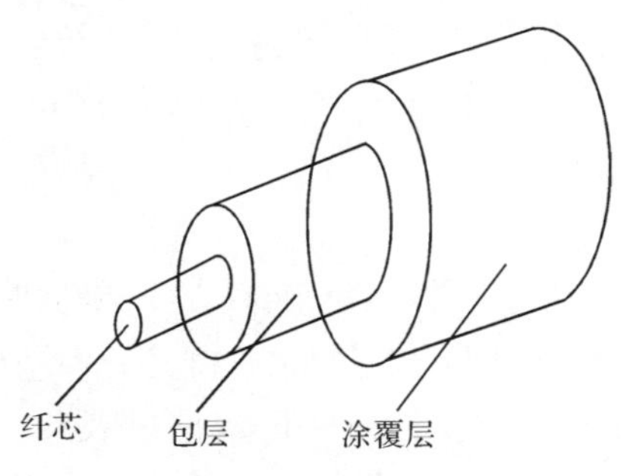

图3.1　光纤结构图

光纤的分类方法很多，可以按折射率分布、纤芯材料、传输模式数量、传输波长、用途等分类。

(1) 根据光纤截面折射率分布形状可分为阶跃光纤、梯度光纤和W光纤等。

(2) 根据纤芯材料不同可分为石英光纤、多组分玻璃光纤、氟化物光纤、硫化物光纤和塑料光纤(聚合物光纤)等。

(3) 根据传输模式数量不同可分为单模光纤和多模光纤。单模光纤根据能否保持传输光信号偏振态又可分为偏振保持光纤(保偏光纤)和非偏振保持光纤,通常所说的单模光纤一般是指非偏振保持光纤。

(4) 根据光纤传输波长可分为不同工作波长的光纤。

(5) 根据用途不同可分为通信光纤、特种光纤和传像光纤等。特种光纤有保偏光纤、器件专用光纤、传能光纤、紫外光纤、耐高温光纤、抗辐照光纤、掺稀土光纤、微孔光纤、光子晶体光纤等。

石英光纤具有带宽大、温度性能好、损耗低、寿命长等优点,但也有剪切强度不高、抗挠曲性能差、抗辐射性能差等弱点。塑料光纤具有柔韧性好、强度好、重量轻、加工容易和成本低等优点,但也存在损耗大、几何尺寸较大、温度性能差、偏振保持光纤工艺相对复杂和长期稳定性差等缺点,在干涉型光纤传感中很少应用[1]。随着石英光纤技术的逐渐成熟和成本的不断降低,其在干涉型光纤传感中的优势更加明显。光子晶体光纤是新一代基于新的导光原理的微结构光纤,具有温度稳定性高、抗弯曲、抗辐照、设计灵活等优点,其研究正在不断深入。

3.1.1 单模光纤

1. 单模传输条件

根据光纤模式理论分析,阶跃光纤中所支持的传导模式的数量由光纤的归一化频率 V 决定,其值为

$$V=\frac{2\pi a}{\lambda}\sqrt{n_1^2-n_2^2}=\frac{2\pi a}{\lambda}n_1\sqrt{2\Delta} \tag{3-1}$$

式中,a 为纤芯半径;λ 为工作波长;n_1 为纤芯折射率;n_2 为包层折射率;$\Delta=\frac{n_1^2-n_2^2}{2n_1^2}\approx\frac{n_1-n_2}{n_1}$。

光纤的归一化频率与光纤纤芯半径、工作波长和相对折射率差有关,随着 V 值的增大,光纤中传导的模式数量将增加。单模光纤中基模 LP_{01} 模的归一化截止频率可以为零,次最低阶模 LP_{11} 模的归一化截止频率为 2.405。单模光纤的归一化工作频率 V 应满足

$$0<V<2.405 \tag{3-2}$$

定义使 LP_{11} 模截止的波长为单模光纤的截止波长 λ_c,单模光纤的理论截止波长 λ_c 可由式 $(2\pi a/\lambda_c)(n_1^2-n_2^2)^{1/2}=2.405$ 计算得到

$$\lambda_c=\frac{2\pi a}{2.405}\sqrt{n_1^2-n_2^2}=2.612n_1a\sqrt{2\Delta} \tag{3-3}$$

只有当光纤的工作波长大于截止波长时,才能处于单模工作状态。由式

(3-3)可知，当光纤纤芯和包层折射率差确定时，光纤的截止波长 λ_c 与纤芯半径 a 成正比。对于工作波长为1310nm的单模光纤，假设 $n_1=1.47$，$\Delta=0.003$，则纤芯半径应小于4.4 μm，才能保证单模工作。当光纤传感中采用1310nm SLD宽带光源时，通常要求单模光纤的截止波长低于1270nm，纤芯直径一般为5～7 μm。

由于在单模光纤中，有一小部分基模场进入包层作为消逝波沿边界传播，如果包层没有足够厚，这部分场将到达包层的最外边并泄漏出去，产生衰减。为了降低光纤损耗，通常在设计时，单模光纤的包层直径至少是纤芯直径的10倍，常用石英单模光纤的包层直径有80 μm和125 μm两种规格。

当 $V=2.405$ 时，可以计算得到 LP_{01} 模传输的总功率中，纤芯中的功率占84%，包层中的功率占16%。V 值越小，包层中的功率就越多，如 $V=1$ 时，纤芯中的功率占30%，包层中的功率占70%。实际的单模光纤归一化频率 V 通常选在2.0～2.4，这样既可保证单模传输条件，又可保证大部分的光功率在纤芯中传输，降低传输损耗。

2. 单模光纤的双折射

在单模光纤中，LP_{01} 模可分解为两个正交的线偏振模，记为 LP_{01}^x 模和 LP_{01}^y 模。如果光纤为理想的圆对称光纤，这两个相互正交的线偏振模是完全简并的，具有相同的传输常数，即 $\beta_x=\beta_y$。而在实际的单模光纤中，由于存在残余内部应力、纤芯的不对称性、光纤的弯曲、扭转、外加电场、磁场等原因导致 LP_{01}^x 模和 LP_{01}^y 模失去简并性，即 $\beta_x\neq\beta_y$，从而引起两个正交的偏振模式在传输过程中产生附加的相位差，存在双折射现象。双折射将引起单模光纤的偏振模色散，并使得 LP_{01} 模的偏振状态随传输距离发生变化。

可用模式双折射 $\Delta\beta$、归一化双折射 B 和拍长 L_b 来表征光纤的双折射[2,3]。

模式双折射 $\Delta\beta$ 定义为单模光纤中两个正交的偏振模沿光纤轴向传输时的传播常数差。

$$\Delta\beta=\beta_x-\beta_y=\frac{2\pi}{\lambda}(n_x-n_y) \tag{3-4}$$

式中，λ 为光在自由空间的波长；n_x、n_y 分别是两正交线偏振模的有效折射率。

归一化双折射 B 定义为

$$B=\frac{\Delta\beta}{\beta_{xy}}=\frac{\beta_x-\beta_y}{(\beta_x+\beta_y)/2}=\frac{n_x-n_y}{(n_x+n_y)/2}=\frac{\Delta n_b}{n_{eq}} \tag{3-5}$$

式中，$\Delta n_b=n_x-n_y$；$n_{eq}=(n_x+n_y)/2$；$\beta_{xy}=(2\pi/\lambda)n_{eq}$。归一化双折射 B 直接反映了单模光纤中双折射的大小。一般单模光纤的 B 值为 10^{-5}～10^{-6}，当 $B<10^{-6}$ 时为低双折射光纤，$B>10^{-5}$ 时为高双折射光纤。

由于双折射，单模光纤中传输的两个正交偏振模随着传输长度的不同，两者之间的相位差也不同。拍长 L_b 就是两个正交的线偏振模在光纤中传播产生 2π 相位差时所对应的光纤长度。其定义为

$$L_b=\frac{2\pi}{\Delta\beta}=\frac{\lambda}{n_{eq}B} \tag{3-6}$$

显然拍长越短，双折射越强，一般高双折射光纤的拍长 L_b 值为 1～10mm。

3.1.2 保偏光纤

保偏光纤除了具备普通单模光纤的一些特性以外，同时还具有保持光波偏振态稳定的功能，在干涉型光纤传感器中广泛应用。

1. 光纤的双折射

光纤中产生双折射的原因大致有两类，一种是由于光纤纤芯截面的非圆形对称引起的双折射，称为几何双折射或形状双折射，如椭圆芯光纤、哑铃纤芯光纤等；另一种是由于侧向不对称应力，产生折射率的不对称分布，引起光纤的双折射，称为应力双折射。增加应力双折射，通常是在光纤包层中制备对称的应力区，这种应力区由掺杂硼或铝的石英光纤构成，如熊猫型光纤、领结型光纤、椭圆包层型光纤。另外，光纤在弯曲、扭转、外加电场、磁场等外部因素影响时，也会产生附加双折射[2-4]。

1) 形状双折射

利用形状双折射的典型光纤为椭圆芯光纤，其截面如图 3.2 所示，a 为椭圆纤芯长轴半径，b 为短轴半径，由纤芯椭圆度引起的形状双折射可按式(3-7)近似计算得到。

$$B_{sh}=\frac{\beta_y-\beta_x}{\beta}\approx\Delta^2 e_1^2 f(V) \tag{3-7}$$

式中，$f(V)$ 为与光纤归一化频率有关的常数，在实际的应用范围内 $(1<\lambda/\lambda_c<1.5)$，大约等于 0.2；$e_1=[1-(b/a)^2]^{\frac{1}{2}}$ 为纤芯的椭圆度；Δ 为纤芯和包层的相对折射率差。形状双折射与 Δ 的平方成正比，其快轴平行于椭圆纤芯的短轴方向，慢轴平行于椭圆纤芯的长轴方向。

2) 应力双折射

光纤中的应力双折射是由于弹光效应引起的。石英玻璃本身为各向同性介质，不同方向的折射率均相同，设为 n。当光纤受到应力时，引起弹性形变，通过弹光效应引起折射率的变化，从而在光纤中产生双折射。若两个正交方向之间的应力差为 $\Delta\sigma$，则在该两个方向上的折射率差和模式双折射分别为

$$\Delta n=\frac{n^3}{2E}(1+\nu)(p_{12}-p_{11})\Delta\sigma \tag{3-8}$$

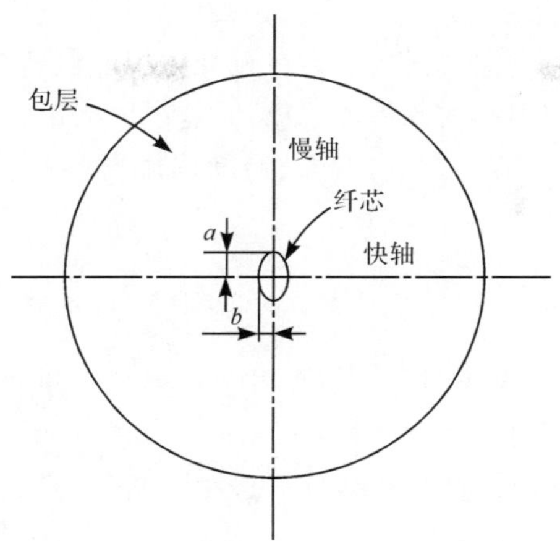

图 3.2　椭圆芯保偏光纤

$$\Delta\beta=k_0\Delta n=\frac{k_0 n^3}{2E}(1+\nu)(p_{12}-p_{11})\Delta\sigma \tag{3-9}$$

式中，n 为纤芯的折射率；E 为弹性模量；ν 为泊松比；p_{11}、p_{12} 为弹光系数；$k_0=\frac{2\pi}{\lambda}$ 为传播常数。

应力型保偏光纤的双折射来源于具有更大热膨胀系数的掺杂应力区，光纤在拉丝过程中，光纤材料从熔融温度 T_g 降至室温 T_a，在高温熔融状态时，应力区膨胀较大，光纤拉丝后，温度急剧降至室温，这时应力区的收缩又大于包层部分，对纤芯产生拉应力，引起光纤的双折射。应力型保偏光纤的归一化双折射可以表示为

$$B_s=\frac{\Delta\beta}{\beta}=n^2(\alpha_2-\alpha_1)(T_g-T_a)\frac{p_{12}-p_{11}}{2} \tag{3-10}$$

式中，α_2、α_1 分别为纤芯和应力区的热膨胀系数；n 为受应力之前纤芯材料的折射率；T_g、T_a 分别为光纤的制备温度和环境温度；p_{11}、p_{12} 为弹光系数。

3）弯曲引起的双折射

光纤在弯曲的情况下，也是通过弹光效应引起双折射。设光纤外径为 r，光纤弯曲半径为 R，由弯曲引起的双折射为

$$\Delta\beta=k_0\Delta n=\frac{2\pi}{\lambda}\frac{n^3}{4}(1+\nu)(p_{12}-p_{11})\left(\frac{r}{R}\right)^2 \tag{3-11}$$

或归一化弯曲应力双折射为

$$B_b=\frac{\Delta\beta}{\beta}=\frac{n^2}{4}(1+\nu)(p_{12}-p_{11})\left(\frac{r}{R}\right)^2 \tag{3-12}$$

式中，n 为纤芯的折射率；ν 为泊松比；p_{11}、p_{12} 为弹光系数。

4）扭转引起的双折射

光纤扭转时，由于剪应力的作用，会在光纤中引起圆双折射（左右旋圆偏振光在光纤中传播速度不同引起的双折射现象）。这说明在扭转光纤中不再存在 x（或 y）方向的线偏振光，而是存在左旋（或右旋）圆偏振光。由扭转引起的归一化圆双折射为

$$B_c=\frac{\Delta\beta}{\beta}=\frac{n^2}{2}(p_{12}-p_{11})2\pi N=g2\pi N \tag{3-13}$$

式中，N 为每米光纤的扭转数；g 为常数，对于石英光纤，g 的理论值为 0.16。

5）电场引起的双折射

横向电场在光纤中引起的克尔效应会产生双折射，其折射率差值和归一化双折射为

$$\Delta n=\frac{n^3}{2}(p_{12}-p_{11})E_k^2 \tag{3-14}$$

$$B_K=\frac{\Delta\beta}{\beta}=KE_k^2 \tag{3-15}$$

式中，E_k 为外加横向电场的振幅；K 为材料归一化克尔（Kerr）效应常数，对于石英来说，$K\approx2\times10^{-22}\,\mathrm{m^2/V^2}$。

6）磁场引起的双折射

纵向磁场在光纤中引起的法拉第效应会产生圆双折射，其折射率差和相应的归一化圆双折射为

$$\Delta n=n-n_F=\frac{\lambda}{2\pi}2VH \tag{3-16}$$

$$B_F=\frac{\Delta\beta}{\beta}=\frac{\lambda}{\pi n}VH \tag{3-17}$$

式中，H 为沿光纤轴的外加磁场分量；V 为光纤材料的韦尔代常数，与 λ^{-2} 成正比。对于石英光纤，当 $\lambda=0.85\mu\mathrm{m}$ 时，$V=2.5\times10^{-6}\,\mathrm{rad/A}$，A 表示电流强度的单位安培。

2. 保偏光纤的分类及结构

保偏光纤的主要作用是保持光纤中基模的偏振态在传输过程中不发生变化，一般有两种实现方法，一是在光纤中引入较大的双折射，使两个偏振态的传播常数相差很大，不易发生耦合，这种光纤称为高双折射光纤；另一种方法是让光纤中只传播一种偏振态，另一种偏振态被截止或损耗掉，这种光纤称为单模单偏振光纤，这两种光纤都称为保偏光纤。干涉型光纤传感中较多使用前一种保偏光纤，单偏振光纤可作为偏振器使用。

1）高双折射光纤

在制备光纤时，有意引入高双折射，使两个正交线偏振基模的传播常数 β_x 和 β_y 相差较大，由于传播常数不匹配，两正交线偏振基模之间的耦合很弱，从而使光纤具有很强的保偏能力。高双折射光纤的归一化双折射 B 一般在 $10^{-3} \sim 10^{-4}$（拍长为 mm 量级）。常见的几种高双折射保偏光纤端面结构如图 3.3 所示。

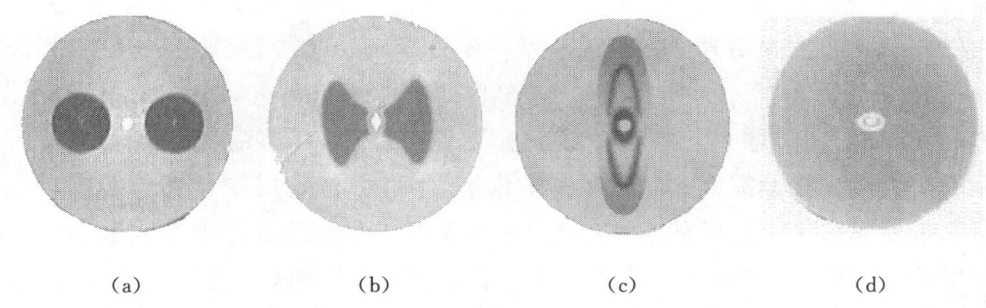

(a) (b) (c) (d)

图 3.3 四种不同结构类型保偏光纤

(a) 熊猫型；(b) 领结型；(c) 椭圆包层型；(d) 椭圆芯型

保偏光纤应力区尺寸大小和应力区与包层的折射率的差值均会影响制备保偏光纤耦合器的性能。匹配型保偏光纤的应力区通常尺寸较小，应力区与包层之间的折射率比较接近，因此在制备应力区时，需要掺杂提高应力区折射率的物质。

(1) 熊猫型保偏光纤。熊猫型保偏光纤通过在纤芯相对两侧的两个圆形高掺杂应力区对纤芯产生应力，引起高双折射。应力区的掺杂物质为 B_2O_3（三氧化二硼），掺杂浓度一般在 15%以上，纤芯的主要成分为 SiO_2（二氧化硅）和 GeO_2（二氧化锗）。可通过调整应力区的成分、应力区的大小、应力区与纤芯之间的距离来改变光纤的双折射大小。当应力区与纤芯的距离 d 一定时，应力区半径 r 越大，拍长越小；r 一定时，d 越小，拍长越小[5]。目前熊猫型保偏光纤的偏振串音可达到 −30dB/km 以下。

(2) 领结型保偏光纤。领结型保偏光纤是在纤芯的两侧有高膨胀系数的扇形应力区，如图 3.3(b)所示，纤芯应力分布非常均匀，不同方向的双折射分布规律也很一致。领结型保偏光纤的纤芯有圆形和椭圆形两种，纤芯为椭圆的领结型保偏光纤的模式双折射要比同等条件下的圆芯领结型保偏光纤大，这主要是因为光纤的双折射是由纤芯的形状双折射和应力双折射叠加而成。通过优化应力区扇形的内外半径和扇形角，可对保偏光纤的双折射特性和性能参数进行优化，一般随着应力区内半径的增大，光纤的双折射减小。

(3) 椭圆包层型保偏光纤。椭圆包层型保偏光纤由于椭圆包层的几何形状的不对称，所产生的内应力是各向异性的，通过弹光效应引起双折射。优化设计椭圆应力区的形状来设计保偏光纤的双折射和其他性能参数。椭圆包层型保偏光纤纤芯的应力分布非常均匀，各向双折射分布规律一致性好，光纤纤芯的应力双折射和光纤的模式双折射都随着应力区的椭圆度的增大而增大。椭圆包层型保偏光纤的生产工艺相对简单，成本较低。图 3.3(c)为椭圆包层型保偏光纤的截面图。

(4) 椭圆芯型保偏光纤。椭圆芯型保偏光纤属于波导形状双折射型，光纤截面形状如图 3.3(d)所示。由式(3-7)可知通过增大纤芯和包层的相对折射率差和纤芯的椭圆度，能够增大双折射。然而在制备过程中，纤芯的椭圆度和相对折射率差的增大受到接续损耗和本征损耗的限制，因此只通过增加纤芯的椭圆度来得到高双折射光纤是很困难的，所以椭圆芯保偏光纤的双折射通常要比前面三种应力型保偏光纤低。另外，由于纤芯形状的差异，椭圆芯型保偏光纤和圆芯光纤（如普通单模光纤、熊猫型保偏光纤等）熔接损耗大。模场匹配的圆芯光纤熔接损耗通常小于 0.1dB，而椭圆芯型保偏光纤和圆芯光纤熔接损耗一般在 0.3～0.5dB。椭圆芯型保偏光纤的纤芯采用纯石英材料时，其抗辐照性能较强。

2) 单模单偏振光纤

在单模单偏振光纤中，基模 LP_{01}^x 和 LP_{01}^y 的截止波长不同。图 3.4 给出了这类光纤的两个正交偏振模的 β-V 曲线，LP_{01}^x 和 LP_{01}^y 模的归一化截止频率分别为 V_{cx} 和 V_{cy}，如果光纤的归一化截止频率 V 值取在 V_{cx} 和 V_{cy} 之间，则只有 LP_{01}^y 一个线偏振模传输，LP_{01}^x 模被截止。

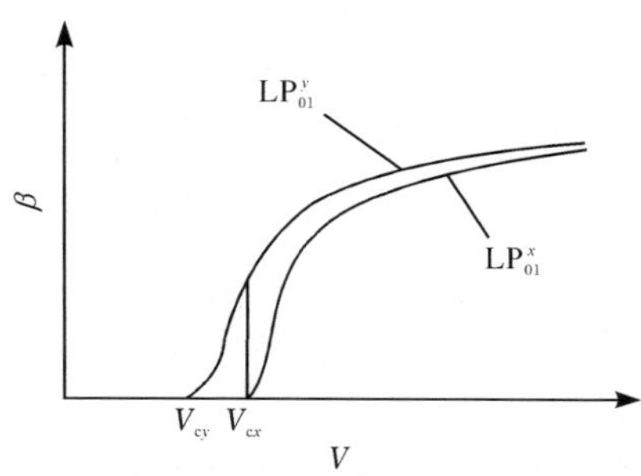

图 3.4　单模单偏振光纤的 β-V 曲线

另一种单模单偏振光纤两个正交轴具有不同的截止波长，如图 3.5 所示，在一定的波长范围内，一个轴的传输损耗大大增加，另一个轴损耗变化很小，从而起到保持单一偏振态的作用。典型的单模单偏振光纤是鞍槽型光纤和鞍通道光纤，这两种光纤都是依靠纤芯折射率分布的非轴对称性来得到所需的特性。

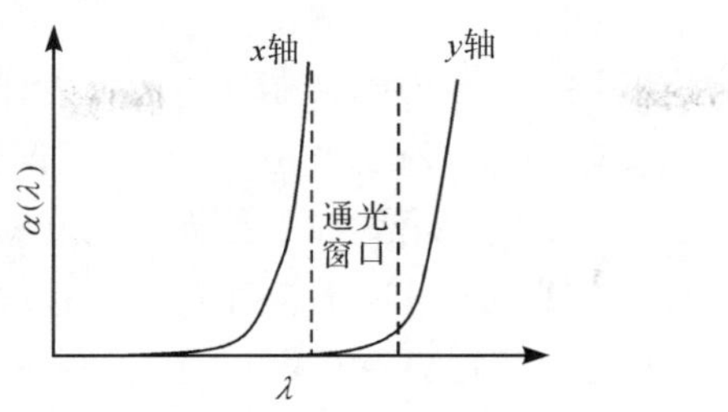

图 3.5　单模单偏振光纤的损耗与波长的关系图

3.2　光纤性能参数及测试方法

光纤的性能参数主要包括光学特性参数、几何特性参数和机械特性参数三个方面。光纤的光学特性参数有损耗、色散、偏振模色散、截止波长、模场直径、偏振串音、拍长等;光纤的几何尺寸参数有纤芯直径、包层直径、纤芯不圆度、包层不圆度、芯包同芯度、涂覆层直径、涂覆层不圆度、涂覆层与包层同芯度等;光纤的机械特性参数有筛选强度、疲劳参数、抗拉强度等。光纤的主要性能参数及测试方法如下[6-10]。

3.2.1　光学特性参数

1. 损耗

光纤损耗表征光能在光纤中传输时的衰减程度,通过光功率的损失来度量。一段光纤的损耗 IL 定义为

$$\mathrm{IL}=-10\lg\frac{p_{\mathrm{out}}}{p_{\mathrm{in}}}(\mathrm{dB}) \tag{3-18}$$

式中,p_{in}为注入光纤的光功率;p_{out}为输出端光功率。若光纤的长度为 L,则定义单位长度光纤引起的损耗为光纤的衰减系数 $\alpha(\lambda)$,即

$$\alpha(\lambda)=-\frac{10}{L}\lg\frac{p_{\mathrm{out}}}{p_{\mathrm{in}}}(\mathrm{dB/km}) \tag{3-19}$$

光纤损耗测试方法有截断法、插入损耗法和背向散射法三种。截断法是测试光纤损耗的基准方法,测试精度高,误差可低于 0.1dB。截断法只能测试整段光纤的总损耗,在确定总长度的前提下,可计算出平均衰减系数,而不能获得光纤不同位置处衰减的变化情况,从而无法知晓光纤的衰减均匀性情况。另外在测试时,必须在输入端截断光纤,在某些情况下是破坏性的。插入损耗法类似于截断法测试原理,只是在光信号输入端和接收端采用活动连接器来代替截断光纤进行测试,因此连接器的损耗会带来测试误差,但它具有非破坏性,不需要截断光纤进行

测试，操作简单，适合长距离光纤损耗测试。

采用背向散射法测试光纤衰减时，使用光时域反射计（OTDR）测试仪器，只需在光纤的一端进行，是一种非破坏性测试方法，该方法不仅能测试光纤的衰减，而且还能提供光纤损耗与长度关系的详细信息，包括光纤的衰减均匀性、光纤的缺陷、断裂点位置、接头损耗及位置信息等，同时还能对光纤的长度进行测试。一般从光纤两端测得的衰减系数有所差异，因此可取两方向测试值的平均值作为光纤的衰减系数。这种方法测试简单，效率高，不需要截断光纤，但测试精度不如截断法。

2. 色散

色散是指不同波长的光波，在光纤中以不同群速度传输所引起的时延差，用 ps/nm 表示。它由光纤的色散特性和长度决定。时延差越大，色散越严重。定义光纤的色散系数 $D(\lambda)$ 为单位长度光纤的波长色散，单位是 ps/(nm · km)。若在波长 λ 下，长度为 L 的光纤群时延为 $\tau(\lambda)$，则波长色散系数 $D(\lambda)$ 为

$$D(\lambda)=\frac{\mathrm{d}\tau(\lambda)}{\mathrm{d}\lambda}\cdot\frac{1}{L} \tag{3-20}$$

光纤的色散主要包括材料色散、波导色散、模式色散和偏振模色散，但单模光纤中不存在模式色散。在光纤通信中，色散导致传输信号畸变，限制了光纤的传输容量和传输距离。在光纤传感器中，若使用较短光纤或工作波长在光纤零色散波长（1300nm）附近，光纤色散则可忽略。

单模光纤色散的测试方法有相移法、干涉法和脉冲时延法，其中相移法是基准试验方法，试验装置如图 3.6 所示。相移法的测量原理是测量不同波长的光信号通过光纤后产生的相移量，计算出不同波长间的相对群时延，再根据时延得到最佳拟合时延曲线，通过数学运算得到光纤的色散系数曲线。相移法适用于测量长度大于 1km 的单模光纤的色散。

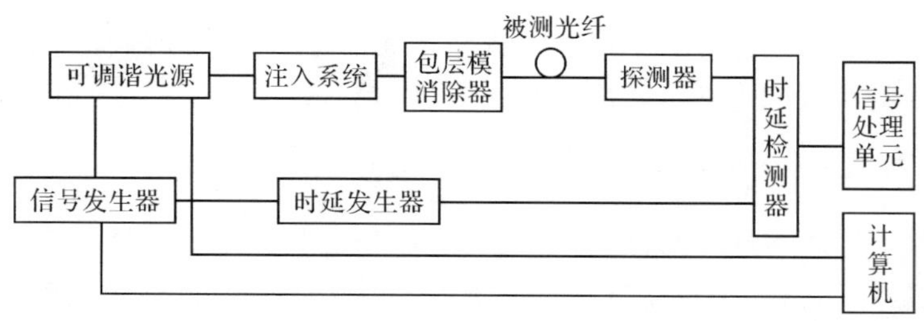

图 3.6 相移法测量光纤色散试验装置示意图

3. 偏振模色散

偏振模色散（PMD）是指单模光纤中两个正交偏振模之间的时延差。PMD 的

单位为皮秒(ps),光纤的PMD系数表示的单位为ps/$\sqrt{\text{km}}$。测试单模光纤偏振模色散的方法主要有斯托克斯(Stokes)参数分析法、偏振态法、干涉法、波长扫描周期计数法和傅里叶变换的波长扫描法。斯托克斯参数分析法作为测试单模光纤PMD的基准试验方法,偏振态法是测试单模光纤PMD的第一替代试验方法,干涉法是第二替代方法。这三种测试方法均与偏振模耦合程度无关,适用于各种长度的光纤,限于波长大于或等于光纤单模工作波长的情况。

1) 斯托克斯参数分析法

斯托克斯参数分析法的测试原理如图3.7所示,在一定的波长范围内,以一定的波长间隔测试输出偏振态随波长的变化,采用琼斯矩阵本征分析或邦加球上输出偏振态矢量的旋转来表征,最后通过分析和计算出PMD结果,有时需要进行多次重复测试以获得满意的测试精度。

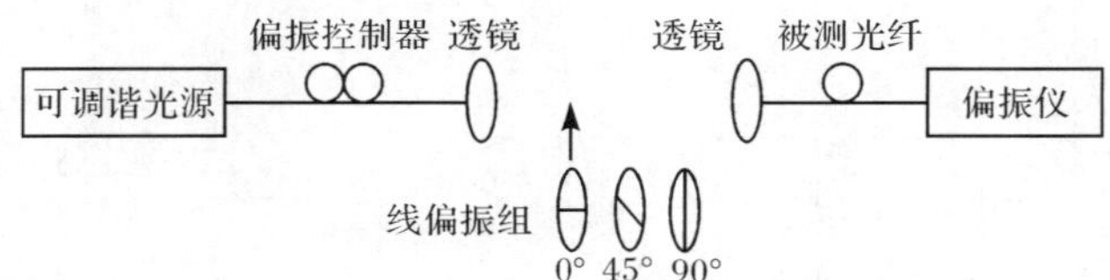

图3.7　斯托克斯参数分析法测试装置示意图

测试时,选择步进波长$\Delta\lambda$间隔,依次插入每一个线偏振器,用偏振仪记录相应的斯托克斯参数,完成测试数据的收集,最后由琼斯矩阵本征分析法或邦加球法算出PMD。$\Delta\lambda$最大允许值应满足

$$\Delta\tau_{\max}\Delta\lambda\leqslant\frac{\lambda_0^2}{2c} \tag{3-21}$$

式中,$\Delta\tau_{\max}$为测试波长范围内预计的最大差分群时延数值;λ_0为可调光源波长范围内的中心波长;c为真空中的光速。

2) 偏振态法

偏振态法的测试原理如图3.8所示,输入固定的偏振态,改变光波长(频率)时,在斯托克斯参数空间里,邦加球上被测光纤输出偏振态会发生演变,它们环绕与主偏振态方向重合的轴旋转,旋转速度取决于PMD时延,时延越大,旋转越快。通过测试相应角频率变化$\Delta\omega$,测出邦加球上偏振态点的旋转角度$\Delta\theta$,就可以算出PMD时延,即

$$\delta_\tau=\left|\frac{\Delta\theta}{\Delta\omega}\right| \tag{3-22}$$

偏振态法直接给出被测光纤主偏振态间差分群时延与波长或时间的函数关系,然后通过在时间或波长范围内取平均值得到PMD。此方法还可给出有关差分群时延统计的整个信息。

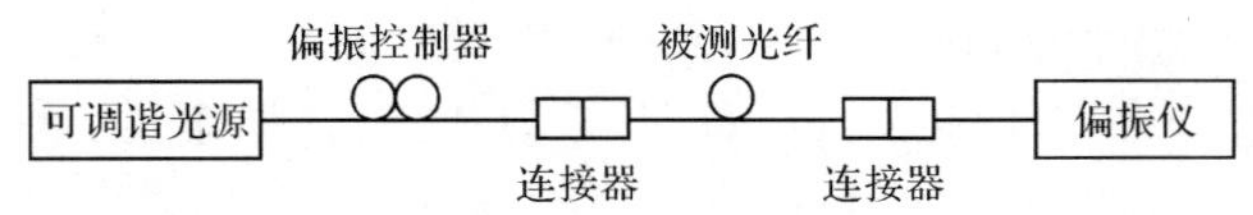

图 3.8 偏振态法测试 PMD 示意图

3）干涉法

干涉法的测试原理是当光纤一端输入宽带光波时，在输出端测试电磁场的自相关函数或互相干函数，从而确定 PMD。干涉法的主要优点是直接测试 PMD、测试速度快、精度较高、设备体积小和成本低。

干涉仪可以是迈克耳孙干涉仪或马赫-曾德尔干涉仪，干涉仪的参考通道可以是一段单模光纤或空气通道。图 3.9～图 3.11 是三种典型的干涉法测试 PMD 的试验装置示意图。

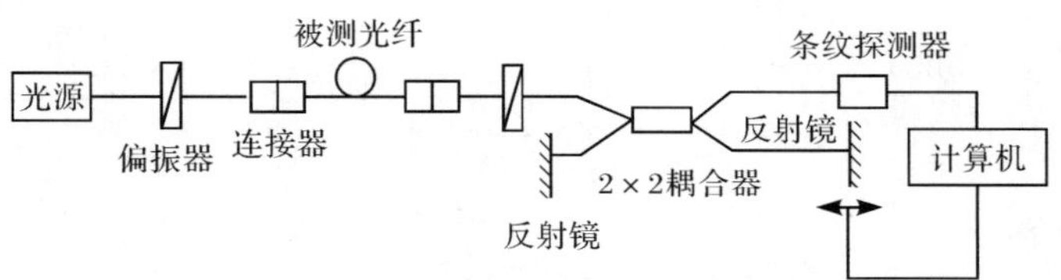

图 3.9 采用光纤通道的迈克耳孙干涉仪法测试 PMD 示意图

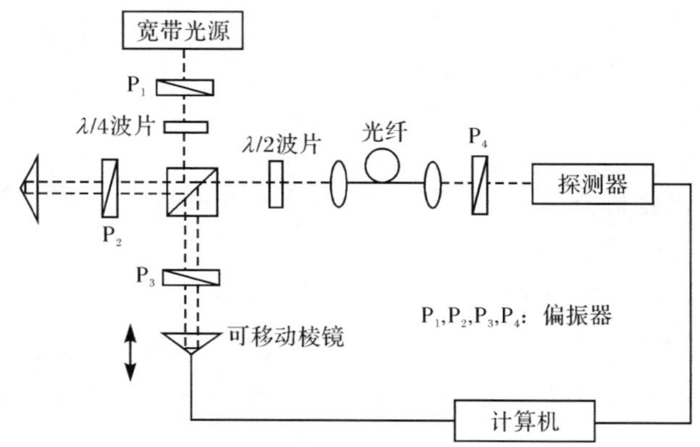

图 3.10 采用空气通道的迈克耳孙干涉仪法测试 PMD 示意图

4. 模场直径

模场直径是单模光纤的重要参数，可描述光纤内光强度的分布范围，由它可估算光纤的连接损耗、弯曲损耗和有效面积等参数。模场是光纤中基模 LP_{01} 的电场在空间的强度分布。单模光纤中的场并不完全集中在纤芯中，而是有一部分的

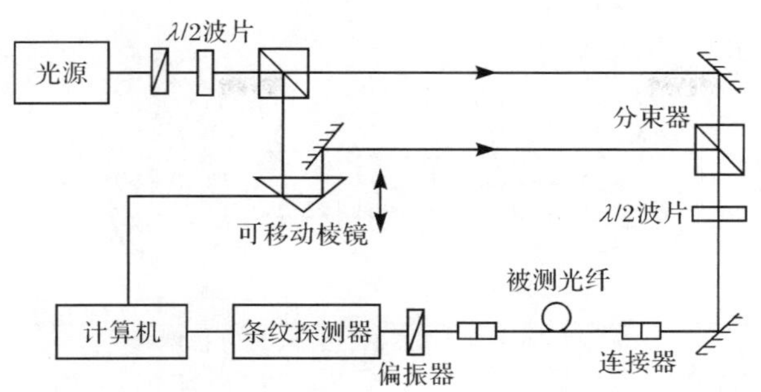

图 3.11　采用空气通道的马赫-曾德尔干涉仪测试示意图

能量在包层中传输，所以不能用纤芯的几何尺寸作为单模光纤的特性参数，而是用模场直径来描述光能量集中的程度。单模光纤的模场直径测试结果与测试、计算方法有关。

模场直径 $2w$ 表示光纤横截面基模电场强度横向分布的度量，模场直径可由远场强度分布 $F(\theta)$ 来定义，θ 为远场角，模场直径定义为

$$2w=\frac{\lambda}{\pi}\left[\frac{2\int_0^{\frac{\pi}{2}}F^2(\theta)\sin\theta\cos\theta\mathrm{d}\theta}{\int_0^{\frac{\pi}{2}}F^2(\theta)\sin^3\theta\cos\theta\mathrm{d}\theta}\right]^{\frac{1}{2}} \tag{3-23}$$

模场直径的测试方法有远场扫描法、可变孔径法、近场扫描法、双背向散射差法和横向位移法等。

1）远场扫描法

远场扫描法是测试单模光纤模场直径的基准方法，是直接按照模场直径的定义，由远场光强分布 $F(\theta)$ 来测试模场直径的。

2）可变孔径法

可变孔径法是测试模场直径的第一替代方法，测试装置如图 3.12 所示。其测试原理是将光信号耦合到被测光纤中，经滤模和剥除包层模后，将光纤的输出端面对准检测光学系统的光轴(中心轴)。光学系统由微调架、透镜系统和光探测器组成。在光纤输出端面与透镜系统之间，装有一个与光学系统主轴垂直的转盘，转盘上开有 12 个以上不同直径的圆孔，测试时，依次转动转盘，测试通过每一个孔的光功率 $p(x)$，求出互补传输系数 $a(x)$。

$$a(x)=1-\frac{p(x)}{p_{\max}} \tag{3-24}$$

式中，$p_{\max}$ 为通过最大孔径的光功率；x 为孔的半径。再由式(3-25)来计算出模场直径为

$$2w=\frac{\lambda}{\pi D}\left[\int_0^{\infty}a(x)\frac{x}{(x^2+D^2)^2}\mathrm{d}x\right]^{-\frac{1}{2}} \tag{3-25}$$

式中，D 为光纤端面到孔的距离。

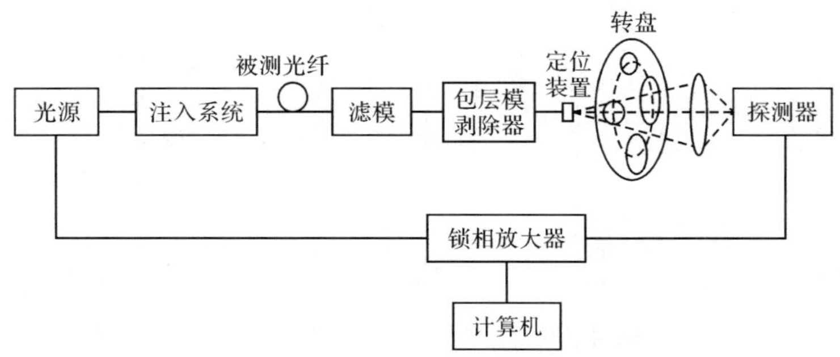

图 3.12　可变孔径法测试装置示意图

3）近场扫描法

近场扫描法的测试原理是使用具有针孔的扫描光电探测器或 CCD 摄像机，在近场图上进行扫描，测试出近场光强度分布 $f(r)$，再由式(3-26)计算出被测光纤的模场直径。近场是指距离输出端轴向不远处的垂直轴向横场光强度分布情况，与远场扫描法试验装置所不同的是扫描组件，它通过一个光学放大系统来放大光纤端面近场图像，并将其聚焦到探测器或 CCD 平面上，如图 3.13 所示。

$$2w = 2\left[2\frac{\int_0^{\infty} rf^2(r)\mathrm{d}r}{\int_0^{\infty} r\left[\frac{\mathrm{d}f(r)}{\mathrm{d}r}\right]^2\mathrm{d}r}\right]^{\frac{1}{2}} \tag{3-26}$$

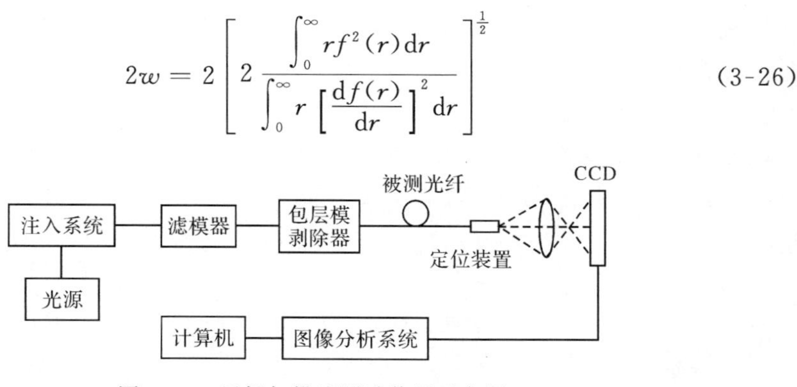

图 3.13　近场扫描法测试装置示意图

5. 截止波长

单模光纤的理论截止波长仅与光纤的结构参数有关，实际测得的截止波长与光纤长度和光纤所处状态等有关。测试截止波长的方法有传输功率法、模场直径法、偏振分析法、传导近场法和折射功率法等。其中，传输功率法是测试截止波长的基准测试法，模场直径法是替代测试法。

1）传输功率法

传输功率法的测试原理是在规定的试验条件下，通过一段被测光纤传输的功率随波长变化与参考传输功率之比来确定截止波长，测试精度可以达到±5nm 以上。由于光纤纤芯与包层边界的缺陷、纵向不均匀性、弯曲等因素都会引起附加损耗，尤其在截止波长附近，当工作波长稍低于理论截止波长时，光纤中激励的 LP_{11} 模急剧衰减，传输功率法就是利用这个急剧衰减的位置来确定截止波长。传输功率法测试装置如图 3.14 所示。图 3.15 是用单模光纤作参考试样的衰减谱 $\alpha(\lambda)$ 曲线，右侧 $\alpha(\lambda)=0.1$dB 所对应的最大波长为截止波长 λ_c。

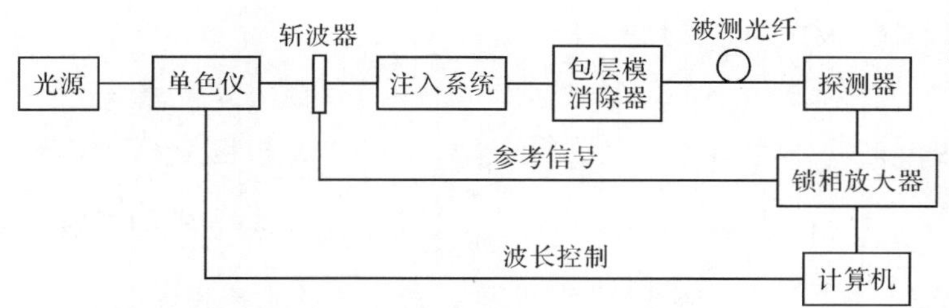

图 3.14　传输功率法测试装置示意图

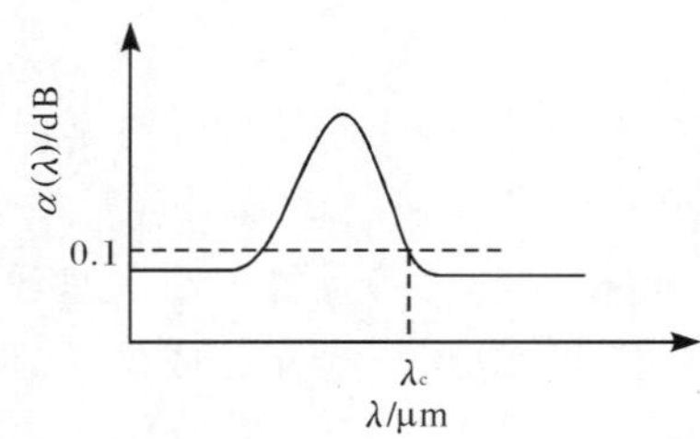

图 3.15　用单模参考光纤测试的 $\alpha(\lambda)$ 曲线

2）模场直径法

模场直径法的测试原理是在工作波长大于截止波长的一定范围内，模场直径 $2w$ 基本随波长降低而线性的减小，在截止波长附近，特别是稍小于截止波长的一侧，光纤处于单模和双模传输的过渡阶段，在此过渡区内，随着波长的降低，光纤中高阶模 LP_{11} 的成分急剧增加，因此在截止波长附近模场直径 $2w$ 会突然增大，利用这种突变可以测试光纤的截止波长。图 3.16 是模场半径与波长的关系曲线，$w(\lambda)$ 为波长为 λ 时对应的模场半径，λ_c 为截止波长。

6. 数值孔径

数值孔径（NA）是单模光纤的一个重要参数，它是表征光纤收集光线能力的大小，同时对光纤连接损耗、弯曲损耗、衰减温度特性等都有影响，通常根据折射

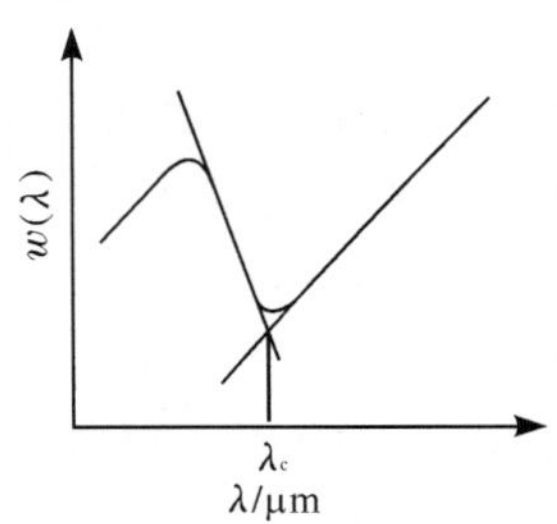

图 3.16　$w(\lambda)$与 λ 的关系测试曲线

率分布测试计算最大理论数值孔径 NA_{th}为

$$NA_{th}=\sqrt{n_1^2-n_2^2}\approx n_1\sqrt{2\Delta} \tag{3-27}$$

式中，n_1 为纤芯折射率；n_2 为包层折射率；Δ 为纤芯和包层相对折射率差，$\Delta=\frac{n_1^2-n_2^2}{2n_1^2}\approx\frac{n_1-n_2}{n_1}$。由式(3-27)可知，光纤的数值孔径只与光纤的折射率分布有关，与光纤的几何尺寸无关。因此，光纤折射率分布的测试方法也就是光纤最大理论数值孔径的测试方法，有折射近场法、远场法、远场光斑法等多种方法，其中折射近场法为基准测试方法。

1）折射近场法

折射近场法是根据光纤中折射光的功率与折射率成正比的关系建立起来的测试方法。它能直接测试光纤纤芯和包层横截面折射率变化的两维分布图，经定标可测出折射率绝对值，再根据式(3-27)计算出最大理论数值孔径值。折射近场法的优点是：方法简单而直接，无需复杂的计算或修正，测试精度高，空间分辨率高。测试装置如图 3.17 所示。

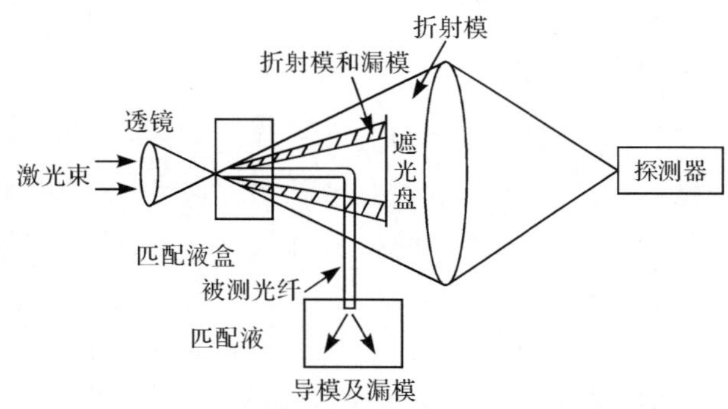

图 3.17　折射近场法测试装置示意图

2）远场光斑法

远场光斑法是一种最简易的测试方法，直接测试光纤出射光的发散角，求出理论数值孔径。测试装置如图 3.18 所示，测出光纤端面与观察屏的距离 D 和观察屏上光斑直径 $2R$ 后，由式(3-28)计算出最大理论数值孔径 NA_{th}。

$$NA_{th} \approx \sin\theta = \left[\left(\frac{D}{R}\right)^2 + 1\right]^{-\frac{1}{2}} \tag{3-28}$$

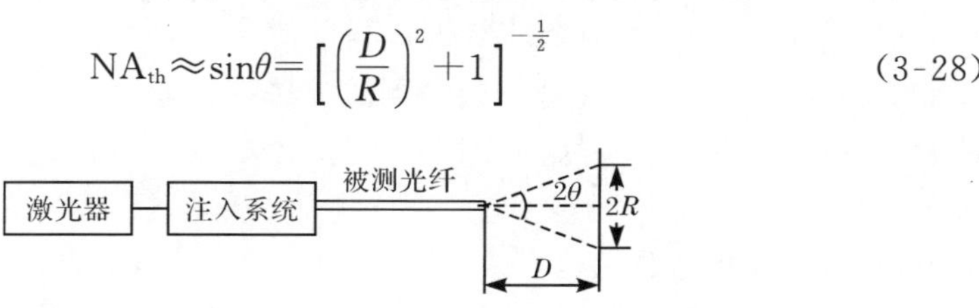

图 3.18　远场光斑法测试装置示意图

7. 偏振串音

偏振串音(CT)指标是衡量保偏光纤偏振特性的主要性能参数。沿保偏光纤快轴或慢轴方向只激励 HE_{11}^{x} 模时，由于在传输过程中存在偏振耦合，在输出端有两个正交的偏振模 HE_{11}^{x} 模和 HE_{11}^{y} 模，定义偏振串音为

$$CT = 10\lg\frac{P_y}{P_x + P_y}(\mathrm{dB}) \tag{3-29}$$

式中，P_x 为偏振模 HE_{11}^{x} 的输出光功率，单位为 mW；P_y 为交叉耦合产生的偏振模 HE_{11}^{y} 的输出光功率，单位为 mW。

定义消光比(ER)为

$$ER = -10\lg\frac{P_y}{P_x}(\mathrm{dB}) \tag{3-30}$$

当 $P_y \leqslant 10P_x$ 时，偏振串音和消光比的绝对值基本相等。偏振串音的测试如图 3.19 所示。

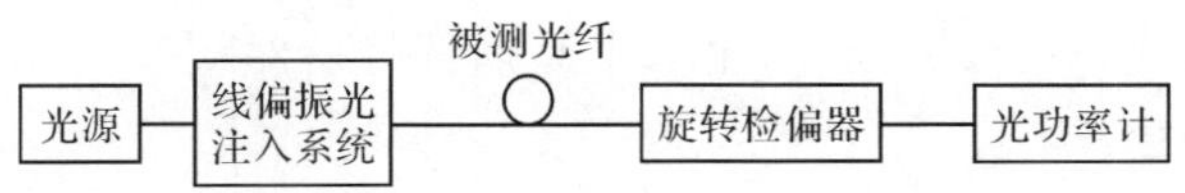

图 3.19　偏振串音测试示意图

测试系统中对线偏振光注入系统要求较高，注入被测光纤线偏振光自身的消光比要大于被测光纤的固有偏振串音的绝对值，根据目前保偏光纤的偏振串音值水平，通常注入线偏振光的消光比大于 35dB。测试系统对光源的功率大小和光功率计的测试精度、线性度和灵敏度均有很高的要求，光源功率偏低会影响测试误差。在实际测试过程中，均需要在光纤两端夹持光纤，且采用微弱的夹持力。通常情况下，保偏光纤的偏振串音绝对值和消光比值比较接近，实际测试时，可用消光比测试仪直接测出消光比值来代替偏振串音值。

8. 拍长

拍长 L_b 是表征保偏光纤双折射程度的参数，同时也能反映保偏光纤抗外界环境应力干扰的能力。光纤拍长的测试方法有侧向压力法、扭转法、侧向散射法、剪断法、磁光调制法、偏振光时域反射计法、波长扫描法和萨格纳克干涉仪法等[3,11-16]。

1）侧向压力位移法

侧向压力位移法是基于弹光效应原理，当在光纤侧向施加压力时，将产生附加双折射，改变压力施加位置时，也即是外力沿光纤轴移动时，输出光偏振态也随之周期性变化，通过检偏系统测试输出光功率的周期性变化，由此可测得拍长。侧向压力位移法测试保偏光纤拍长原理简单，测试时不需要确定被测光纤的快慢轴方向，测试速度快，精度高，且对光纤无损伤，只与压力作用段光纤放置状态有关，压力作用区之外部分可以弯曲、扭转、夹持，给实际测试带来了便利。侧向压力位移法测试装置如图 3.20 所示，激光束经过 $\lambda/4$ 波片、起偏器和聚光透镜耦合进被测光纤，输出光经过检偏器进入光电探测器。将待测光纤平直放置在压力装置的测试面上(注意光纤不能扭曲)，通过步进电机带动压力装置沿光纤的轴向移动，由探测器采集和记录输出结果。输出波形为正弦周期函数，为减小测试误差和消除光纤纵向不均匀性引起的误差，一般测试 10 个周期左右，最后算出平均拍长即为光纤的拍长。设入射光为沿 x 方向的线偏振光，由于在光纤 z 轴方向施加了周期性外力，光纤中 y 方向也产生耦合光，经检偏器输出的光强为

$$P=E^2\cos^2\theta+kE^2\sin^2\theta\sin[(\beta_x-\beta_y)(L-z)] \tag{3-31}$$

式中，E 为电场强度；θ 为检偏器特征轴方向与光纤 x 方向的夹角；β_x、β_y 分别为光纤 x 和 y 轴的传播常数；k 为光纤受力后的耦合系数；L 为被测光纤总长；z 为压力移动距离。由式(3-31)可知，输出一个周期信号所对应压力装置移动的距离 z 即为被测光纤的拍长 L_b。

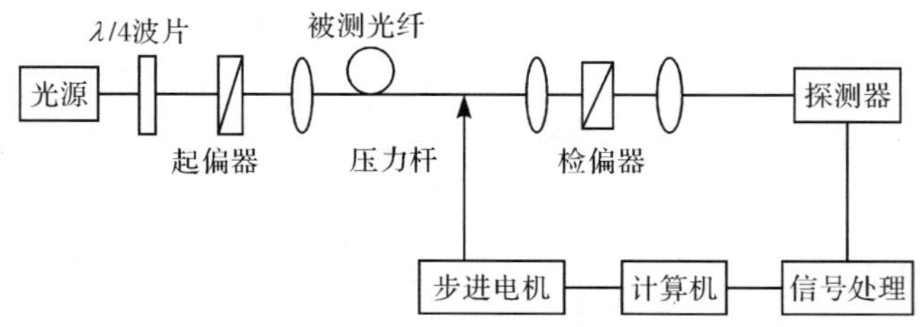

图 3.20　侧向压力位移法测试装置示意图

2）扭转法

扭转法测试保偏光纤拍长的原理是在各种扭转角下，测出光纤输出的偏振

态，然后用理论推导出的含有 $\Delta\beta$ 和弹光系数 g 的关系式去拟合测试数据，从而算出 $\Delta\beta$，同时还可以得到光纤材料的弹光系数 g。

假定一段短光纤(1m 左右)，其双折射为 $\Delta\beta$，扭转角为 χ，且单位长度的扭转角恒定，则这根直的扭转光纤的两个本征偏振模的偏振度 ε 就取决于这两个模的输出相位差 $\Delta\varphi$，并满足

$$\varepsilon^2=\cos^2(\Delta\varphi)=\left[\frac{1+\eta^2\cos(2\psi)}{1+\eta^2}\right]^2 \tag{3-32}$$

式中

$$\eta=\frac{\Delta\beta L}{|\chi|(2-g)},\quad \psi=\frac{1}{2}\left[\chi^2\ (2-g)^2+(\Delta\beta L)^2\right]^{\frac{1}{2}} \tag{3-33}$$

式中，L 为待测光纤长度；g 为弹光系数。弹光系数为张量，对光纤而言，g 实际上是某种概念下的平均值。只要知道不同扭转角 χ 下的 $\Delta\varphi$，就可利用式(3-32)，通过最小二乘法拟合实测数据，得出 $\Delta\beta$ 和 g。

确定 $\Delta\varphi$ 有两种方法，即采用线偏振光和圆偏振光注入法。线偏振光注入时，假设光的振动方向与光纤的快轴方向夹角为 θ，则输出光的偏振度为

$$\varepsilon^2=\left[\cos^2(2\theta)+\sin^2(2\theta)\cos^2(\Delta\varphi)\right]^{\frac{1}{2}} \tag{3-34}$$

当 $\theta=\frac{\pi}{4}$ 时，$\varepsilon=|\cos(\Delta\varphi)|$。当采用圆偏振光注入时，$\varepsilon$ 和 $\Delta\varphi$ 的关系满足 $\varepsilon=|\sin(\Delta\varphi)|$。采用圆偏振光注入方式测试 ε 时，无需确定光纤的快慢轴，因此，常采用圆偏振光注入法来测试拍长，测试装置如图 3.21 所示。

图 3.21　采用圆偏振光注入扭转法测试拍长装置示意图

测试时通过带刻度的转盘使整根光纤均匀扭转，扭转角为 χ，连续改变检偏器方向，由检偏器找出极大值 I_{max} 和极小值 I_{min}，利用下式求出偏振度 ε。

$$\varepsilon=\frac{I_{max}-I_{min}}{I_{max}+I_{min}} \tag{3-35}$$

由 $\varepsilon=|\sin(\Delta\varphi)|$，做出 $\sin(\Delta\varphi)$-χ 曲线，然后选取 $\Delta\beta$ 和 g 来拟合这条曲线，在最佳拟合下的 $\Delta\beta$ 和 g 值即为待测光纤的双折射和弹光系数，再由式(3-6)计算出拍长 L_b。

3）偏振光时域反射计法

普通光时域反射计只能反映出沿光纤长度方向各点的光强度信息，其检测原理是利用背向瑞利散射光返回信号的时间可分性来确定沿光纤长度的损耗分布

情况。利用光时域反射计加上偏振元件即构成了偏振光时域反射计(POTDR)。偏振光时域反射计不仅能反映单模光纤中各点的强度信息,还能够反映出沿光纤各点的偏振信息。由瑞利散射的特性可知,单模光纤在背向散射过程中保持光的偏振态不变。

设一线偏振光在 $z=0$ 处耦合进被测光纤,在传播过程中受到瑞利散射,一部分散射光返回到 $z=0$ 处,保持偏振态不变。背向散射光通过偏振分束器反射到光电探测器,检测到的是一个正弦平方变化的光信号

$$I_{\mathrm{B}}(z)=C(a,b)\exp(-2az)\sin^2(\Delta\beta z) \tag{3-36}$$

式中,$C(a,b)$是由 a(光纤的衰减常数)和 b(与光波的偏振方向有关的常数)决定的常数。正弦平方的变化周期 Δz 依赖于光纤的双折射 $\Delta\beta$,且有

$$\Delta z=\frac{\pi}{\Delta\beta}=\frac{L_{\mathrm{b}}}{2} \tag{3-37}$$

3.2.2 几何特性参数

光纤的几何特性参数是表征光纤截面结构形状的参数,它主要包括纤芯直径、包层直径、纤芯不圆度、包层不圆度、芯包同心度、涂覆层直径、涂覆层不圆度、涂覆层与包层同心度等。这些参数对光纤的传输、接续损耗、机械性能、弯曲特性等方面均有影响。光纤几何特性参数的测试方法有折射近场法、近场扫描法、反射法、侧视法等。

1. 折射近场法

折射近场法测试光纤几何参数的原理是通过直接测试光纤横截面上的折射率分布曲线,然后根据曲线的信息,计算出光纤的几何尺寸参数。折射近场法的测试原理见图 3.17。

当纤芯和包层均为圆对称时,由折射率分布测试结果就可直接得到纤芯和包层的直径。若纤芯和包层为椭圆,则需要测试长短轴两个方向的折射率分布,求出长短轴的值,然后取平均值作为纤芯和包层的直径。而实际光纤截面形状可能是不规则的,这时需要对整个光纤截面进行分行扫描,再对测试结果进行最佳拟合,算出纤芯直径。

2. 近场扫描法

近场扫描法测试装置如图 3.22 所示,先对光纤输出端面近场图上各点的强度进行扫描,再通过计算机对图像进行分析处理,得到光纤的几何尺寸参数。测试时需要对整个近场像面以合适的分辨率进行扫描,提供近场光强分布的整个扫描场图,然后对测试结果进行最佳拟合和定标,得到纤芯和包层直径、纤芯不圆

度、包层不圆度和芯包同心度误差等几何参数。

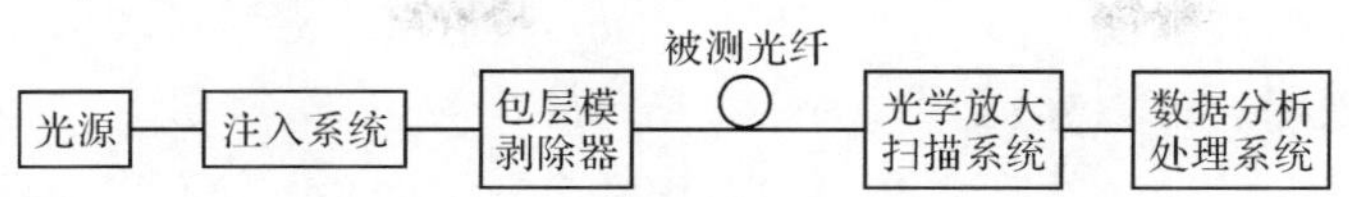

图 3.22　近场扫描法测试装置示意图

3. 反射法

光从空气中入射到光纤端面上时，由于端面菲涅耳反射，垂直入射时的反射系数与光纤端面的折射率有关，通过测试参考点的反射功率和偏离参考点反射功率的变化量，就可得出光纤折射率分布的变化，从而确定光纤的几何参数。反射法测试装置如图 3.23 所示。测试时，将激光束聚焦到光纤端面上，并沿直径进行扫描，测试各点反射光功率的相对变化，从而得出光纤剖面径向的折射率分布。若光纤包层不规则，则需要从不同径向多次测试求取平均值，作为光纤几何参数。反射法测试光纤端面几何参数的主要缺点是：测试时要严格处理光纤端面，测试重复性差，精度低。

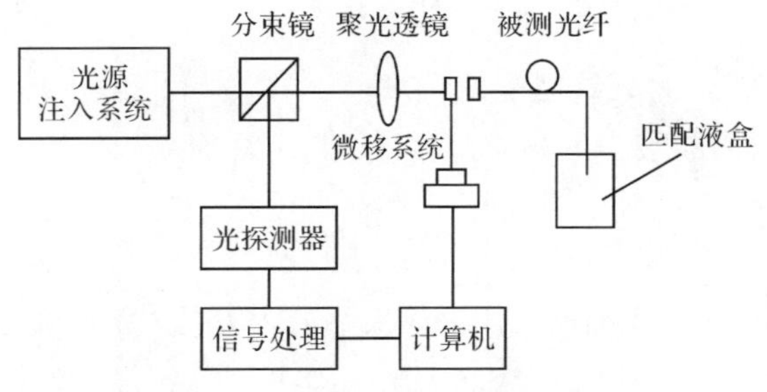

图 3.23　反射法测试装置示意图

3.2.3　机械特性参数

1. 光纤强度理论

光纤强度是衡量光纤可靠性的一项重要指标，光纤中石英玻璃的理论强度是由 SiO_2 分子之间的键合力决定的，石英光纤的理论断裂强度 σ 为

$$\sigma=\sqrt{\frac{E\cdot\gamma}{A}} \tag{3-38}$$

式中，E 为石英玻璃的弹性模量，为 7200kgf/mm^2[①]；γ 为石英玻璃的表面能量，为

① 1kgf=9.806 65N

7×10^{-5} kgf/mm；A 为 Si—O 化学键的键长，为 2×10^{-7} mm。由式(3-38)计算石英光纤的理论断裂强度为 1.587×10^3 kgf/mm^2，包层直径为 125 μm 和 80 μm 石英光纤的理论断裂拉力分别为 191N 和 78.4N。

实际光纤中的玻璃体存在微小的不均性、表面应力分布不均匀性、表面裂纹、内部缺陷、杂质、气泡等因素导致光纤抗拉强度降低，光纤强度主要与微裂纹数量、大小和分布有关。在光纤使用中，涂覆层对光纤强度也有很大的影响，涂覆层的黏附力越大，致密性越好，对光纤微裂纹的保护作用就越明显，光纤强度就越高。因此，涂覆的材料、工艺、厚度、同芯度以及光纤的拉丝工艺、环境洁净度等都会影响光纤的最终强度。在光纤传感应用中，当光纤长期处于弯曲状态或叠加有附加张力时，选用涂覆层剥离力较大的光纤，有利于提高光纤的耐疲劳性能和使用寿命。

由于光纤在制备和使用过程中，光纤表面的微裂纹扩张会导致光纤强度下降甚至断裂。根据格里菲斯(Griffith)的脆性材料断裂理论，光纤表面微裂纹形状可用一个 U 形结构模拟，外界应力将集中在裂纹的尖端。假设所施加的外部应力 S 垂直于裂纹，裂纹尖端的应力 σ 为[9]

$$\sigma=S\left(1+\frac{2L}{a}\right) \tag{3-39}$$

式中，L 为裂纹长度；a 为裂纹宽度的一半值。

玻璃脆性材料的断裂强度 σ_B 与裂纹长度 L 关系为

$$\sigma_B=\left(\frac{2E\gamma}{\pi L}\right)^{\frac{1}{2}} \tag{3-40}$$

式中，E 是弹性模量；γ 是表面能。用裂纹尖端的应力场表示应力强度因子 K_1，则有

$$K_1=\sigma_B\sqrt{\pi L} \tag{3-41}$$

将式(3-40)代入式(3-41)，可得到玻璃光纤的断裂条件为

$$K_2=\sqrt{2E\gamma} \tag{3-42}$$

K_2 为应力强度因子的最大值，称为断裂韧度。当裂纹应力强度因子由 K_1 增加到 K_2 时，光纤上的微裂纹将会生长、扩张直至断裂。

在惰性环境条件下(如低温、湿度为零、高真空)，裂纹不会生长。仅当外界施加的应力增加到光纤的断裂韧度时，光纤才会断裂。

在非惰性环境(如高温、潮湿、化学腐蚀等)条件下使用的光纤，施加任何应力都会使裂纹生长，被称为应力腐蚀。裂纹生长速率 V 与应力强度因子有关的经验公式如下

$$V=\frac{dL}{dt}=AK_1^n \tag{3-43}$$

式中，n 为裂纹应力腐蚀敏感性参数(耐疲劳参数)；A 为与材料有关的参数。A

与 n 都与实际环境有关。n 值可表明裂纹生长速度快慢，n 值越大，裂纹生长越慢。

长期高温储存环境会造成光纤老化，强度降低，对应关系为

$$\sigma_w = \sigma_0 e^{-at^{1/2}} \tag{3-44}$$

式中，σ_w 为老化后强度；σ_0 为初始强度；t 为老化天数；a 为老化参数，温度为 85℃、65℃、45℃时，a 值分别为 0.093、0.047、0.04。按照式(3-44)计算，光纤在 65℃环境下存储 1 年，光纤强度降低为初始强度的 41%。

2. 光纤的强度表征参数及测试

1) 威布尔(Weibull)分布和抗拉强度试验

一定长度的光纤，在应力 σ 的作用下，断裂累积概率可用威布尔分布来描述。

$$F(L,\sigma) = 1 - \exp\left(-\frac{L\sigma^m}{L_0\sigma_0^m}\right) \tag{3-45}$$

式中，F 为小于或等于 σ 的应力下光纤断裂的累积概率；L_0 和 L 分别为标准试样长度和试样长度；m 为威布尔分布指数。σ_0 是在标准长度 L_0 下测得的，与36.8%的累积断裂概率相对应的强度；L_0、σ_0 和 m 均为常数。

对式(3-45)取二次对数可得到

$$\ln\left[\ln\left(\frac{1}{1-F}\right)\right] = m\ln(\sigma) + \left[\ln\left(\frac{L}{L_0}\right) - m\ln(\sigma_0)\right] \tag{3-46}$$

试验时，光纤试样长度相同，L_0、L 和 σ_0 均为常数。令

$y=\ln\{\ln[1/(1-F)]\}$，$x=\ln(\sigma)$，$b=\ln(L/L_0)-m\ln(\sigma_0)$，则有

$$y = mx + b \tag{3-47}$$

为了得到不同长度光纤断裂累积概率的威布尔分布，必须对光纤试样做拉伸试验，将光纤试样拉断，记下断裂的应力值，最后根据记录统计光纤在不同拉力强度下断裂累积概率分布，作出威布尔分布曲线图，如图 3.24 所示，来判断光纤抗拉强度。光纤断裂的累积概率分布是一条直线，直线的斜率 m 代表威布尔分布指数。

威布尔指数 m 值是衡量光纤强度的一个重要参数，m 值越小，表示光纤低强度点的微裂纹越少，光纤强度就越好。另外，光纤高强度断裂点的强度水平越高，离散度越小；低强度断裂点越少，则说明光纤的强度越大。

2) 强度筛选参数和筛选试验

强度筛选试验的目的是将整盘光纤长度上的强度低于或等于筛选应力的点去掉，以保证剩余光纤的使用强度，筛选检验是一种最有效的方法，光纤均要进行100%的强度筛选。筛选试验的基准试验方法为纵向张力筛选法。图 3.25 是光纤筛选示意图，A 轮和 B 轮是驱动轮，C 轮为自由移动轮，通过在 C 轮上施加载

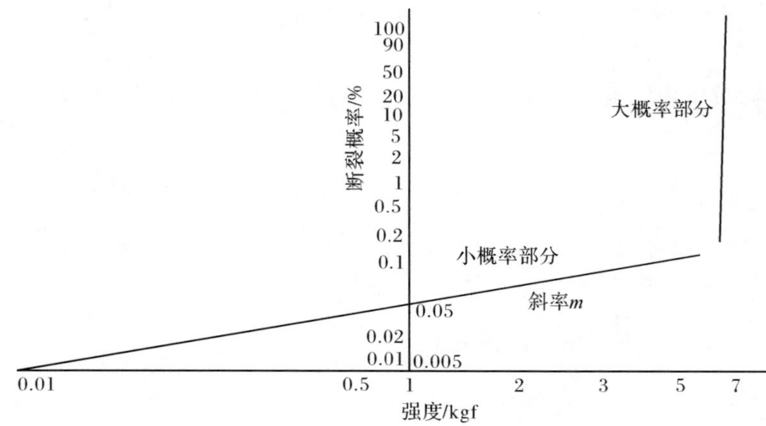

图 3.24　光纤抗拉强度的威布尔分布曲线

荷，使光纤所受的拉力为 F。放纤和收纤时的张力应不超过筛选应力的 10%。筛选中，施加张力的持续时间约为 1s。

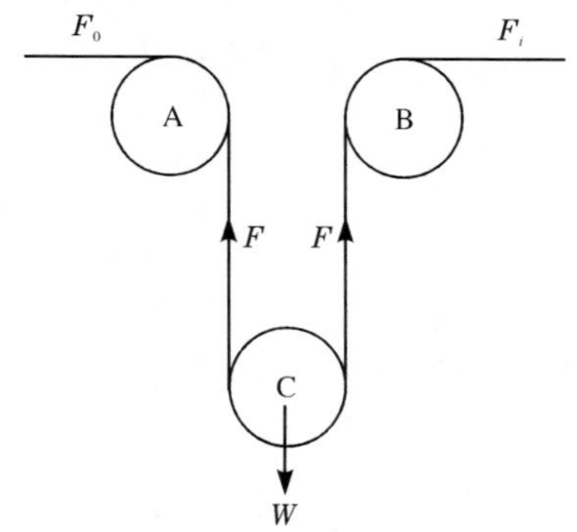

图 3.25　光纤纵向张力筛选试验示意图

光纤的应力 σ 与应变 ε 的关系为

$$\sigma = E(1 + c\varepsilon)\varepsilon \tag{3-48}$$

式中，E 为零应力下的石英光纤弹性模量；c 为常数。应力 σ 与光纤所受的张力 F 的关系为

$$\sigma = \frac{F}{S} = \frac{F}{\pi b^2} \tag{3-49}$$

式中，S 为光纤截面面积；b 为光纤的包层半径。表 3.1 给出了常用的表示光纤筛选强度的试验数据。

表 3.1　光纤筛选强度的试验数据

筛选强度	国　标			CCITT G652～G654		
	A	B	C	Ⅰ	Ⅱ	Ⅲ
应力 σ/GPa	0.81	0.41	0.33	0.35	0.70	1.4
应变 ε/%	～1.2	～0.59	～0.47	0.5	1.0	2.0
张力 F/N	10	5	4	4.3	8.6	17.2

对于普通光纤，其筛选应变一般不小于 1%，而对于特殊用途的高强度光纤，其筛选应变应不低于 2%。

筛选试验中，筛选断纤率 N_p（每公里光纤的断纤次数）也是衡量光纤强度水平的另一个重要参数。通过对已筛选过的光纤进行再次筛选，可以求出威布尔分布图中的低强度点分布斜率 m 值，计算公式为

$$\frac{n-2}{m}=\frac{\ln\left(1+\sigma_2^n t_2/\sigma_1^n t_1\right)}{\ln\left(1+N_{p2}/N_{p1}\right)} \tag{3-50}$$

式中，n 为光纤的耐疲劳参数（应力腐蚀因子）；σ_1，σ_2 分别为第一、二次筛选时的筛选张力；t_1，t_2 分别为第一、二次筛选时的光纤受力时间；N_{p1}，N_{p2} 分别为第一、二次筛选时的断纤率。

若两次筛选的条件完全一样，则式(3-50)变为

$$\frac{n-2}{m}=\frac{\ln 2}{\ln(1+N_{p2}/N_{p1})} \tag{3-51}$$

由式(3-51)可知，假设第一次筛选断纤率为 0.01 次/km，同样筛选条件下，第二次筛选断纤率为 0.001 次/km，当 $n=20$ 时，可求得 $m\approx 2.475$。光纤筛选断纤率 N_p 和低强度点的威布尔分布斜率 m 值是衡量光纤强度的两个关键参数。

3）疲劳参数和疲劳试验

光纤的疲劳参数 n 是衡量光纤表面微裂纹随着受应力大小和受力时间而变化的指标。在一定的应力作用下，光纤表面微裂纹生长扩大至光纤断裂的过程称为光纤的疲劳，根据施加应力方式不同，光纤的疲劳可分为静态疲劳和动态疲劳。获取光纤动态疲劳参数的试验方法有轴向张力法、两点弯曲法和四点弯曲法；获取光纤静态疲劳参数的试验方法有轴向张力法、两点弯曲法和均匀弯曲法。

静态疲劳就是对试样光纤施加一个恒定的应力 σ_a，测试其断裂时间。试验时，观察最弱的裂纹扩展至断裂所需要的时间 $t_f(\sigma_a)$。断裂时间可表示为

$$t_f(\sigma_a)=A_1\sigma_a^{-n_s} \tag{3-52}$$

式中，A_1 为常数；n_s 为光纤的静态疲劳参数，可从断裂时间与施加应力的关系中求得。

动态疲劳即施加一个具有恒定速率增长的应力，测试加载和断裂时间。在恒

定外加应力速率 σ_b 的作用下，断裂时间 t_{fd} 和断裂应力 σ_f 之间存在如下的关系

$$\sigma_f = \sigma_b t_{fd} \tag{3-53}$$

$$\sigma_f(\sigma_b) = A_2 \sigma_b^{\frac{1}{n_d+1}} \tag{3-54}$$

式中，A_2 为常数；n_d 为光纤的动态疲劳参数。

(1) 静态疲劳参数的轴向张力测试法。轴向张力法测试光纤静态疲劳参数的原理是通过改变施加的应力大小来检测光纤的静态疲劳性能。由于光纤静态疲劳参数试验所需时间周期较长，较少采用此测试方法。

每个标称应力水平下，至少有 15 根光纤试样，应选至少 5 种不同的应力水平进行试验。标称应力的选择应使光纤的中值断裂时间大约为 1 小时～30 天，对标准石英光纤，施加的张力负载范围一般为 30～50N。由于光纤断裂时间取决于光纤的断裂应力和疲劳参数，样品安装到试验装置上，监测并记录每根光纤断裂的时间。对任一样品组在给定的同一应力水平下进行试验时，光纤断裂数量达到一半时，就可终止试验。根据不同应力水平下的光纤断裂时间，按照式(3-55)作图，求出光纤的静态疲劳参数 n_s

$$\lg t_f = -n_s \lg \sigma_a + b \tag{3-55}$$

(2) 动态疲劳参数的轴向张力测试法。动态疲劳参数 n_d 的轴向张力测试法是通过改变应力速率对光纤进行抗拉试验，确定光纤的动态疲劳性能，求出不同应力速率下的光纤断裂应力，然后根据式(3-56)作图，求出光纤的动态疲劳参数

$$\lg \sigma_f = \frac{\lg \sigma_b}{1+n_d} + b \tag{3-56}$$

式中，σ_b、σ_f 分别为应力速率和光纤在该应力速率下的断裂应力；b 为截距。在实际计算中，可以直接作断裂应力和拉伸速率的关系曲线，求出的 n_d 结果是一样的。

测试动态疲劳参数时，拉伸速度通常在 0.5～250mm/min 至少取 5 个值，每个应力拉伸速率水平下的样本至少为 15 根，然后取其断裂强度中值按照式(3-56)作图，求出 n_d，如图 3.26 所示。光纤的动态疲劳参数 n_d 一般不小于 20。

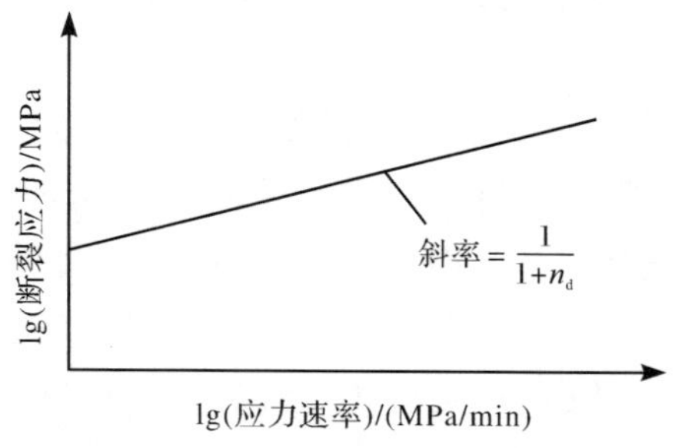

图 3.26 断裂应力与应力速率的动态疲劳参数曲线

3.3　光纤制备工艺

3.3.1　单模光纤制备工艺

单模石英光纤的主要成分是 SiO_2，如果在石英中掺入锗(Ge)等元素，可提高其折射率，制备光纤的纤芯。同样，若在石英中掺入使折射率降低的元素，就可以制备包层的材料。单模光纤的制备工艺主要包括制备光纤预制棒和拉丝涂覆两个过程。

1. 光纤预制棒的制备

预制棒的制备是光纤生产过程中的重要环节。光纤预制棒在物理和材料结构上与要获得的光纤是相同的，但是尺寸则要大得多，其尺寸决定了拉丝的光纤总长度。生产预制棒的工艺主要有两步，先是制备预制棒的棒芯，然后在棒芯外制备包层。目前光纤预制棒的制备方法主要有改进的化学气相沉积法(MCVD)、外部气相沉积法(OVD)、轴向气相沉积法(VAD)和等离子体化学气相沉积法(PCVD)。

2. 拉丝和涂覆

图 3.27 为光纤拉丝示意图，在拉丝塔上，预制棒由送棒机构以一定的速度均匀地送往加热炉中，预制棒的底部受热熔化，靠自身重量逐渐下垂成丝，通过光纤卷绕轴的转速控制拉丝速度。拉丝速度决定光纤的粗细，包层直径在线监测仪通过反馈控制拉丝速度。通信用单模光纤的拉丝速度通常很高，可达 1000m/min 以上，而保偏光纤的拉丝速度一般较低。另外光纤出炉后，立即被涂覆上涂覆层，一般采用两次涂覆，内涂层较软，起到缓冲外界应力作用；外涂层较硬，有利于提高强度和防止磨损。涂层材料及涂覆固化工艺可影响光纤的损耗和强度。涂料一般是丙烯酸酯，采用紫外固化方式。影响涂覆质量和涂层固化度的原因主要有紫外光固化炉功率的匹配、紫外灯管的选用、拉丝速度、固化炉内温度的控制、固化炉中心管中气体组分的调节、固化炉之间的间距 6 个方面。

3.3.2　保偏光纤制备工艺

保偏光纤的制备工艺包括光纤预制棒制备和拉丝涂覆两步工艺过程，保偏光纤光纤预制棒的制备过程不同于单模光纤，拉丝工艺过程基本一致，只是在拉丝速度控制和涂覆工艺上不完全一样。

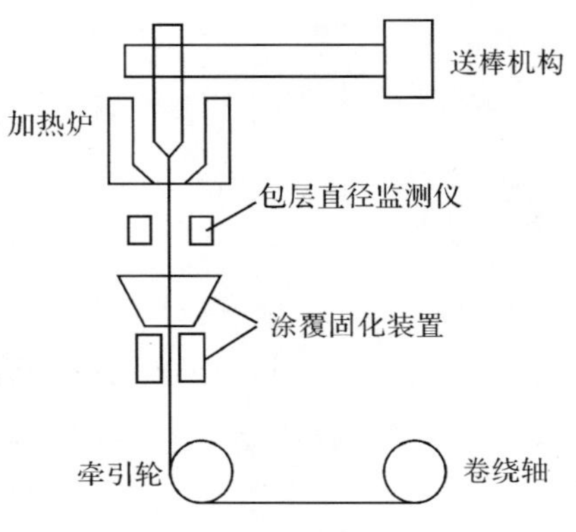

图 3.27 光纤拉丝示意图

1. 熊猫型保偏光纤制备工艺——打孔组合法

采用打孔嵌入应力棒组合法制备熊猫型保偏光纤预制棒的工艺流程如图 3.28所示。打孔嵌入组合法,容易保证光纤应力区结构的对称性和一致性。工艺难点是打孔精度、对称性和平行度的控制,另外,还要降低打孔造成的孔壁裂纹和缺陷,避免造成棒体开裂报废。

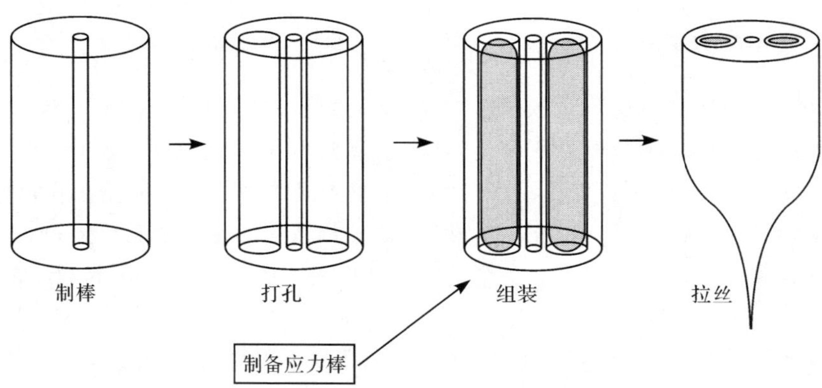

图 3.28 熊猫型保偏光纤制备工艺流程

2. 领结型保偏光纤制备工艺——腐蚀法

领结型保偏光纤预制棒的制备工艺流程如图 3.29 所示,包括沉积外包层—沉积应力层—蚀刻应力层—沉积内包层—沉积芯层—缩棒成预制棒—拉丝。

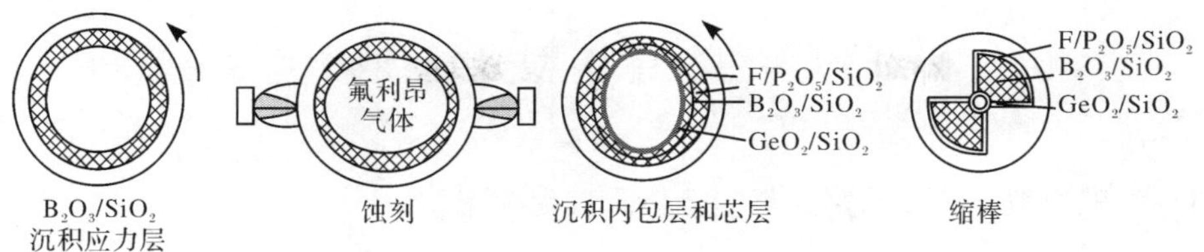

图 3.29　领结型保偏光纤的制备工艺流程

3. 椭圆包层型保偏光纤制备工艺——研磨法

椭圆包层型保偏光纤的制备工艺是在 MCVD 沉积包层和芯层之前，先把石英衬底管相对两侧边磨扁平，然后再沉积包层和芯层，高温缩棒时，表面张力使预制棒外表面成圆形，而包层成椭圆形，这种方法就称为石英管研磨法。

3.3.3　抗辐照保偏光纤制备工艺

保偏光纤在有些应用场合（如空间应用）需要具备一定的抗辐照性能。抗辐照保偏光纤的工艺技术是从辐照感生损耗产生机理出发，采取一些针对性的工艺技术来提高其抗辐照性能，主要有以下几种技术途径。

(1) 采用纯石英芯和掺氟包层或掺氮石英纤芯和纯石英包层的光纤结构来制备保偏光纤[17]。纯石英芯光纤的基础损耗接近理论值，而且具有很好的抗辐照性能，包层掺氟的作用是降低二氧化硅的折射率，获得合适的纤芯与包层的相对折射率差，形成波导结构。

(2) 控制纤芯中着色离子的含量，掺入无色离子成分（如铈）。在外包层中有意地掺入着色离子，使得照射在光纤上的辐射被外包层所吸收，从而提高纤芯的抗辐照性能。

(3) 从光纤本身结构出发，采用形状双折射实现光纤的保偏性能，如椭圆芯型保偏光纤，椭圆芯采用纯石英。

(4) 光纤的外涂层对其抗辐照性能也有一定的影响，如果在光纤包层外涂覆含氟聚合物，或在光纤涂覆层外再加保护套（如铜网），也可提高其抗辐照性能。

光纤辐照后通常都有光褪色效应，即辐照引起的损耗在一定温度下随着时间的延长而渐渐消退。采用大功率半导体激光器对保偏光纤进行光褪色，可以减缓辐照环境下光纤的损耗增加量，激光器功率越大，光褪色效果越明显。

3.4 光纤的特性及干涉型光纤传感应用要求

3.4.1 干涉型光纤传感用光纤的分类及应用要求

光纤在干涉型光纤传感中应用主要有以下三类。

(1) 器件尾纤制备材料:主要有激光器、探测器、相位调制器、光纤隔离器等器件尾纤。

(2) 光纤元器件制备材料:主要有光纤耦合器、波分复用器、光纤相位调制器、光纤偏振器、光纤偏振控制器、光纤消偏器、光纤光栅、光纤滤波器、光纤反射镜、光纤环、光纤敏感单元等器件。

(3) 掺稀土有源光纤器件制备材料:主要有 ASE 宽带光源、光纤放大器、光纤激光器等器件,使用掺稀土元素有源光纤。

干涉型光纤传感用光纤的特性及应用要求如下:

(1) 单模传输特性。干涉型光纤传感中较多采用基模干涉,单模信号能够保证光路传输和干涉信号的稳定性。

(2) 传输损耗低。低损耗光纤可降低光信号的衰减程度,提高光路信噪比,对于使用长距离光纤(大于 1km)而言,优势更明显。目前,单模光纤的损耗已经达到小于 0.2dB/km;保偏光纤的损耗小于 0.5dB/km。

(3) 色散性能要求不高。色散可导致光信号(如光谱、脉冲)经过一段光纤传输后发生畸变,检测质量下降。色散是光纤通信中非常关注的一项指标,而在干涉型光纤传感中,一般所用光纤较短(如低于 5km),色散对光路信号质量的影响通常可忽略。石英光纤的零色散波长在 1310nm 附近,改进单模光纤结构和参数设计,可以得到在 1310nm 和 1550nm 两个光纤传感器常用波长的色散接近为零的色散平坦光纤。

(4) 模场直径小、数值孔径大。小模场直径、大数值孔径光纤抗弯曲性能较好,适合小尺寸应用场合。另外,对于光源耦合用光纤,数值孔径越大,耦合效率则越高。对于准直、对接传输应用,光纤数值孔径大,可降低损耗和对准容差。目前,常用石英光纤的模场直径为 5～7 μm@1310nm,数值孔径≥0.2。

(5) 抗弯曲性能好。在一定的弯曲半径下,光纤应保持良好的传输性能和可靠性,对于包层直径为 125 μm 的光纤,应用时,光纤弯曲半径一般不得低于 20mm;包层直径为 80 μm 的光纤使用弯曲半径不得低于 10mm。

(6) 光纤扭转小。包层扭转影响光纤中光信号传输的偏振特性,同时给光纤加工和操作增加难度,尤其是针对较长光纤盘绕使用。另外,光纤扭转程度严重,易造成失效。应用中,一般要求裸光纤的扭转低于 2 周/米。对于保偏光纤线圈,为降低磁场对偏振信号的影响,要求光纤的扭转低于 0.5 周/米。

(7) 较宽的工作温度范围。石英光纤的工作温度可达到−45～75℃,甚至更宽。采用耐高温涂覆层材料,可使光纤的高温工作温度达到 300℃以上。

(8) 良好的偏振保持特性。干涉型光纤传感用保偏光纤的偏振串音一般要求低于−25dB/km,且在工作温度范围内(−45～75℃)偏振串音的变化量小于 3dB/km。

(9) 较高筛选强度和高可靠性。要求光纤强度筛选应变一般不低于 1%;高强度光纤的筛选应变甚至达到 2%及以上。

有的应用还要求光纤具备一定的抗辐照性能。

单模光纤、偏振保持光纤、掺稀土元素光纤已在干涉型光纤传感中广泛应用。目前光纤传感用石英光纤研究主要是提高产品可靠性和一致性,同时高强度保偏光纤、抗辐照保偏光纤、掺稀土光纤和低双折射光纤等特种光纤也在进一步研究。光子晶体光纤作为新型光纤,已成为研究热点。

3.4.2　三种应力型保偏光纤的特点

保偏光纤要求获取尽可能高的保偏性能之外,还要在弯曲及温度应力等使用环境下保持偏振串音性能的良好稳定性。熊猫型、领结型和椭圆包层型保偏光纤均在干涉型光纤传感中广泛使用。在归一化结构参数相同的条件下,三种类型的保偏光纤的双折射比值为[18]

B(领结型)∶B(熊猫型)∶B(椭圆包层型)=1.45∶1.27∶1.0,以下列出了这三种应力型保偏光纤在干涉型光纤传感中的应用特点。

1. 熊猫型保偏光纤

熊猫型保偏光纤的优点主要有:

(1) 光纤参数优化简易,设计、制备的扩展性好,可适用于制备常用工作波长的保偏光纤。

(2) 光纤的结构对称性好,保偏性能好,偏振串音低;目前熊猫型保偏光纤的偏振串音可达到−30dB/km 以下。

(3) 纤芯和模场的圆度好,熔接损耗小。

(4) 定轴精度高,适合用于器件尾纤;熔接时,熔接点可保证高消光比。

(5) 损耗低。目前,1310nm 和 1550nm 工作波长的熊猫型保偏光纤的损耗可以做到小于 0.5dB/km,接近普通单模光纤的损耗水平。

(6) 单根预制棒拉丝长度可达 50km 以上,光纤的一致性好。

其缺点有:

(1) 应力区所占截面总面积比例较大,熊猫型保偏光纤的应力区一般占到截面总面积的 20%以上。

(2) 抗弯曲性能偏差。由于应力区较大,弯曲产生的应变也大,对纤芯中的应力场产生的干扰也就越大。

(3) 温度性能偏差。也是因为应力区尺寸大,高低温下热胀冷缩相差大,造成纤芯中的应力场变化大,引起保偏光纤的偏振串音在高低温下波动较大。

(4) 打孔研磨制备工艺较为复杂。尤其是大尺寸预制棒,要保证两孔的平行度,避免内部打孔缺陷难度大。

2. 领结型保偏光纤

领结型保偏光纤的优点主要有:

(1) 保偏性能高,偏振串音低。

(2) 光纤参数优化简易,设计制备的扩展性好。

(3) 兼备一定的单偏振性能。

领结型保偏光纤的缺点与熊猫型保偏光纤相似,另外,其应力区的一致性和对称性稍差。

3. 椭圆包层型保偏光纤

椭圆包层型保偏光纤的应力区面积所占光纤截面总面积一般仅有 6%左右,是熊猫型和领结型保偏光纤应力区所占比例的 1/4~1/3。该光纤的优点主要有:

(1) 保偏性能温度稳定性较好。

(2) 应力区小,有利于提高光纤强度。

(3) 抗弯曲性能好。

(4) 生产工艺相对简单,成本较低。

其缺点有:

(1) 应力区的形状一致性较难控制。

(2) 光纤的侧向定轴精度低,与领结型、熊猫型保偏光纤熔接难度大,熔接质量较低。

(3) 纤芯和模场的圆度及一致性稍差。

3.4.3 光纤的应用环境适应性

1. 弯曲与光纤性能的关系

在光纤传感器中,光纤经常处于弯曲使用状态,尤其是在一些尺寸要求较小的场合,光纤处于小曲率弯曲半径下,较大的弯曲应力不仅造成光纤光学传输性能的劣化,还会影响光纤的使用可靠性。光纤的弯曲性能是其一项重要指标,可通过减小光纤的模场直径和增大数值孔径来提高光纤的抗弯曲性能。

1）弯曲与损耗的关系

弯曲将会引起光纤的弯曲损耗，光纤通常有一个曲率半径临界值，当光纤弯曲半径大于临界值时，因弯曲而引起的附加损耗很小，可以忽略不计；当弯曲半径小于临界值时，因弯曲引起的附加损耗按指数规律迅速增加。光纤弯曲半径的临界值与光纤的几何尺寸、模场直径和数值孔径值有关。包层直径为 125 μm 单模光纤的弯曲半径临界值一般为 6～9mm；包层直径为 80 μm 单模光纤的弯曲半径临界值为 3～6mm，80 μm 单模光纤的弯曲性能明显优于 125 μm 单模光纤。

2）弯曲与截止波长的关系

当光纤绕制成光纤环圈后，光纤的截止波长一般会降低数十个纳米，甚至更多。图 3.30 是光纤截止波长与弯曲半径之间的关系示意图。光纤传感用 1310nm SLD 光源的中心波长一般为 1290～1320nm，谱宽在 30nm 以上，要求光纤的截止波长低于 1270nm 时，光纤在弯曲情况下，其截止波长一般均会降低到 1250nm 以下，可以保证光源信号的主体成分单模传输条件。

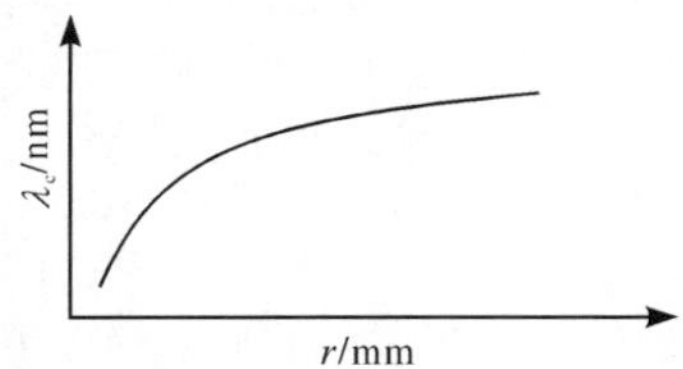

图 3.30　截止波长与弯曲半径关系

3）弯曲与传输光谱的关系

当光纤的弯曲半径过小时，输出光谱的形状会发生改变，通过下面的试验就可以验证，同时还可以确定光纤的最小弯曲半径。光纤弯曲光谱传输性能测试如图 3.31 所示，通过开有不同半径槽的平板工装来改变光纤的弯曲半径。

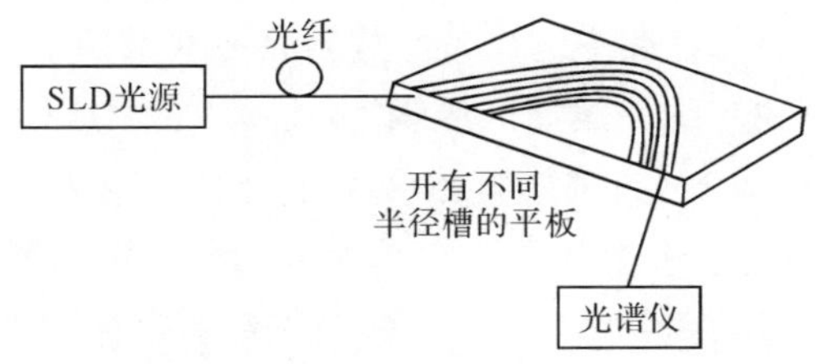

图 3.31　光纤弯曲光谱传输性能测试示意图

图 3.32 为 125 μm 单模光纤在不同弯曲半径下的光谱测试结果，从测试结果可以看出，当弯曲直径小于 12mm 时，光谱劣化严重。

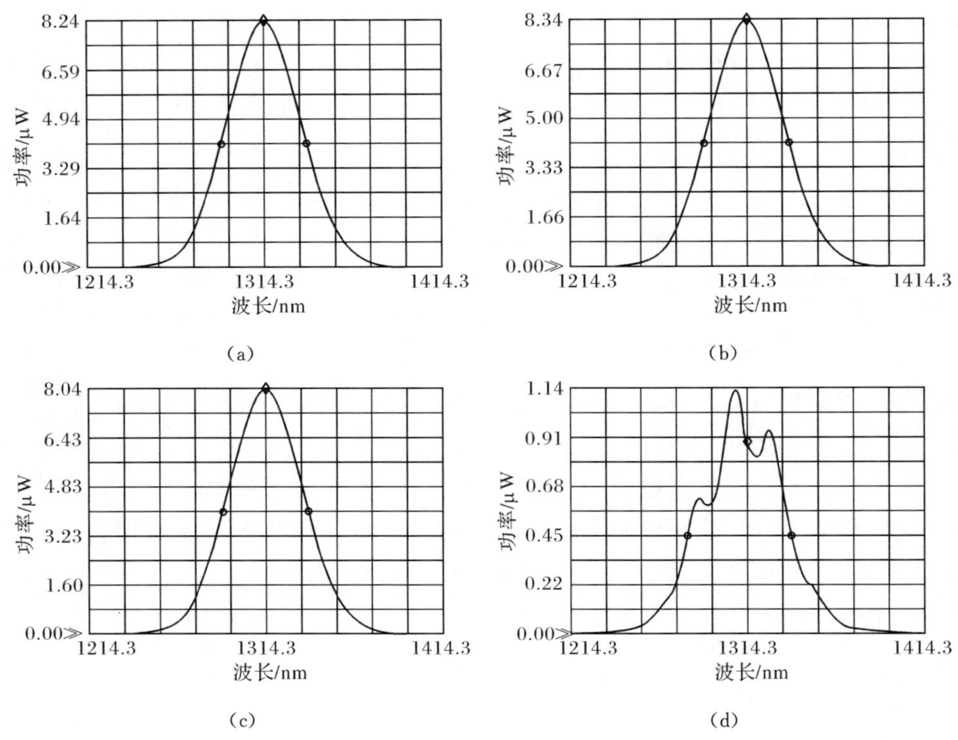

图 3.32 光纤在不同弯曲直径下的输出光谱

(a) 光纤不弯曲的光谱;(b) 弯曲直径为 20mm 的光谱;
(c) 弯曲直径为 12mm 的光谱;(d) 弯曲直径为 10mm 的光谱

4) 弯曲与偏振串音的关系

保偏光纤弯曲或绕成环形后,偏振串音指标一般都会下降,尤其是弯曲半径较小时,下降更明显。保偏光纤的偏振串音弯曲性能测试方法如图 3.33 所示,首先在光纤松散不受张力的情况下测出整根光纤的偏振串音值,然后在光纤末端将一定长度(10m 左右)的光纤按照规定的张力(0.049～0.098N)要求绕制在不同半径(10～30mm)的圆柱体上,测试偏振串音的下降值。表 3.2 为某类型包层直径为 125 μm 和 80 μm 保偏光纤的偏振串音弯曲特性测试对比表,可以看出,在弯曲半径小于 15mm 时,包层直径 80 μm 细径保偏光纤的偏振串音抗弯曲性能明显优于包层直径 125 μm 保偏光纤。

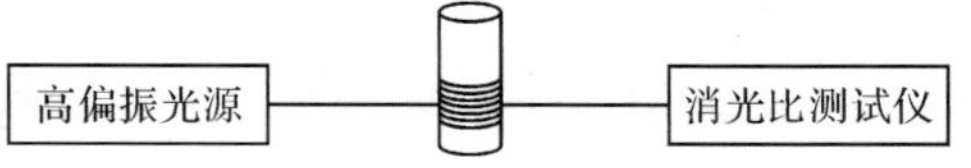

图 3.33 保偏光纤偏振串音弯曲特性测试示意图

表 3.2　保偏光纤偏振串音弯曲特性测试表

弯曲半径/mm	偏振串音/dB	
	125 μm 保偏光纤	80 μm 保偏光纤
40	−34.92	−32.06
30	−34.85	−31.86
20	−34.27	−31.63
15	−30.22	−31.42
10	−22.58	−29.56

2. 温度与光纤性能的关系

温度环境适应性是石英光纤的一项重要性能。高低温下，光纤的折射率、材料内部应力分布特性等均会产生变化，导致传输光信号的特性发生改变。由材料的热光效应导致光纤材料的折射率变化，可改变传输光信号的相位。此外，温度对光纤的损耗和偏振保持特性也会有较大影响。目前，干涉型光纤传感用普通单模和保偏石英光纤，温度在 −45～70℃，损耗的稳定性一般优于 0.1dB/km；1310nm 和 1550nm 保偏光纤偏振串音的温度稳定性可优于 3dB/km。保偏光纤在使用中，由于存在弯曲应力、载体材料热胀冷缩产生附加应力等影响，偏振串音的温度稳定性更加劣化。石英光纤长期处于高温环境下，涂覆层材料老化和微裂纹扩展速度均加快，光纤的强度和可靠性逐渐降低。

3. 水汽与光纤性能的关系

水汽对光纤性能的影响主要体现在可靠性方面，以石英玻璃为基础的光纤表面上总是会存在微小的裂纹，在水汽对光纤表面长期侵蚀的作用下，微裂纹逐渐扩大，当微裂纹增大到超过临界值时，光纤就会断裂。光纤遇水汽发生断裂失效的原因是由于水汽破坏了玻璃中原来的化学键结构。在纯石英中，硅原子和氧原子是以桥键相互连接构成四面体结构的形式存在的。在有水汽的环境下，石英表面吸附水汽后会慢慢发生水解反应，造成某些硅氧键断裂，使得石英表面的微裂纹在应力作用下变大，化学式如下

$$\mathrm{{>}Si{<}^{O}_{O}{>}Si{<}} + H_2O \longrightarrow \mathrm{{>}Si(OH){-}O{-}Si(OH){<}} \tag{3-57}$$

石英光纤在存储和使用环境中，湿度会影响光纤的强度，高湿环境会降低光纤的疲劳因子 n，计算公式为

$$n=\frac{10}{-0.9-0.093\lg Z+\frac{RT}{400}}+1 \tag{3-58}$$

式中，Z 为相对湿度；R 为摩尔气体常量；T 为热力学温度。

光纤拉丝后，包层需要马上进行涂覆保护，阻止水汽侵入，另外还可降低微裂纹的生长速度。光纤和无源光电子器件，通常在储存、运输和使用等环节中，也需要进行温湿度控制或采取隔湿处理措施。在光纤传感应用中，一定要注意保护光纤的涂层，有时需要在光纤涂覆层之外，增加塑料套管保护层。这样不仅可提高光纤传感系统高湿环境的适应性，还提高了光纤的强度和系统的可靠性。

4. 辐照与光纤性能的关系

石英光纤在高能辐照作用下会产生各种缺陷（如点缺陷、位错、色心），最主要的表现为形成“色心”，产生吸收辐照感生损耗，从而使光纤的传输性能恶化，最终导致光路系统不能正常工作。光纤辐照感生损耗主要与光纤结构类型、初始损耗、辐照剂量率和累积总剂量相关，通常采用 Co^{60} 对光纤进行总剂量辐照试验。图 3.34 为三种不同保偏光纤在辐照剂量率为 50rad(Si)/s 和总剂量为 53krad(Si)时的γ射线辐照损耗曲线，C 保偏光纤初始损耗低，抗辐照能力最强。

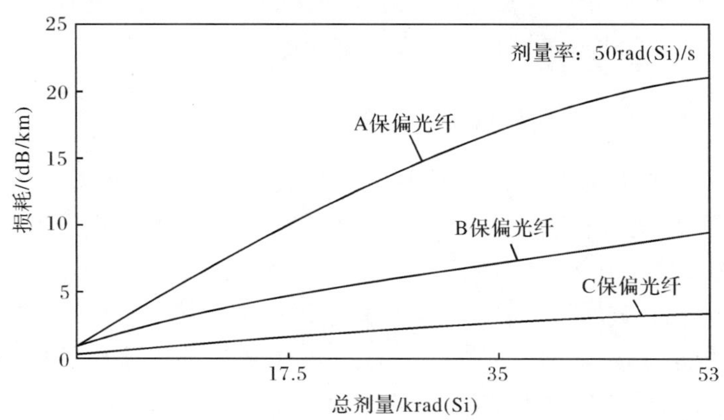

图 3.34 保偏光纤辐照损耗曲线

在空间辐照环境中，γ射线辐照剂量率较低，小于 0.1rad(Si)/s。地面试验时一般采用增大剂量率加速试验方法获得光纤的抗辐照性能。图 3.35 为保偏光纤在两种不同辐照剂量率下损耗曲线，辐照剂量率越大，辐照感生损耗增加越快。

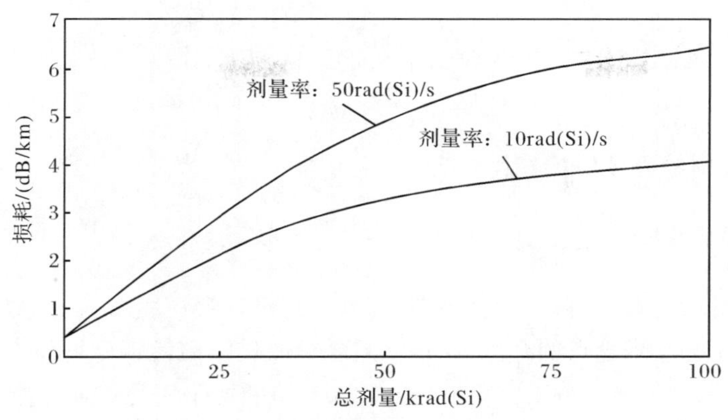

图 3.35　光纤辐照损耗与剂量率关系曲线

另外，保偏光纤在辐照后，随着时间的推移，其损耗性能会逐渐恢复，这种现象称为光纤褪色效应。图 3.36 为三种保偏光纤在经历剂量率为50rad(Si)/s、总剂量为 53krad(Si)辐照后，随着时间的推移，损耗恢复情况。从图中可以看出，刚开始阶段光纤损耗恢复较快，最终趋于稳定，但不能恢复到辐照前的损耗水平。

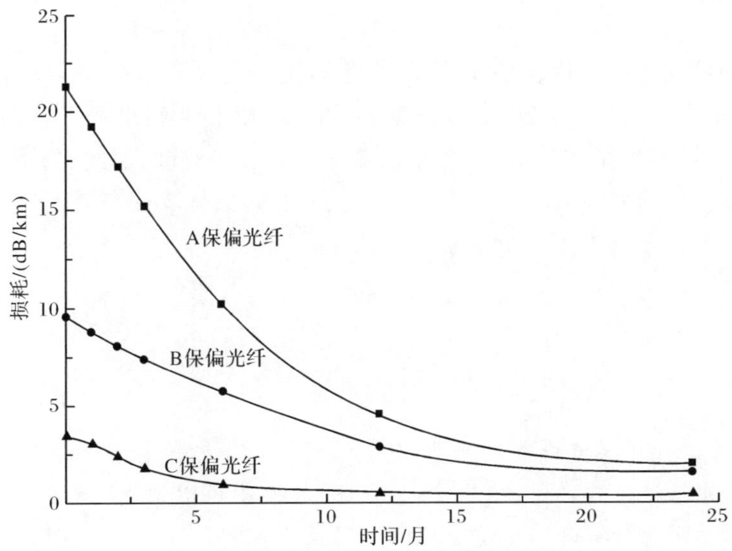

图 3.36　保偏光纤辐照后损耗恢复曲线

3.5 光纤在干涉型光纤传感中应用的主要物理效应

3.5.1 光纤中的光波偏振交叉耦合

1. 单模光纤中的光波偏振交叉耦合

单模光纤的弯曲、扭曲以及外界施加的应力，不仅会产生较大的双折射，还会导致一系列偏振交叉耦合点的产生，使单模光纤中的偏振交叉耦合增加。假设在单模光纤的输入端，选取光功率最大(I_{max})和最小(I_{min})的两个正交方向分别作为 x 轴和 y 轴；把单模光纤中的一系列交叉耦合点合成看成一个耦合点的作用，假设在该点处由 x 轴到 y 轴的功率交叉耦合率与由 y 轴到 x 轴的功率交叉耦合率分别为 η_{xy} 与 η_{yx}。若单模光纤输入端消光比为 ε，则在输出端，光波的消光比 ε′变为[19]

$$\varepsilon' = -10\times\lg\left(\frac{10^{-\varepsilon/10}+(1-10^{-\varepsilon/10})\cdot\eta_{xy}}{1-(1-10^{-\varepsilon/10})\cdot\eta_{xy}}\right) \tag{3-59}$$

$$\Delta\varepsilon = \varepsilon-\varepsilon' = 10\times\lg\left(\frac{1+(10^{\varepsilon/10}-1)\cdot\eta_{xy}}{1-(1-10^{-\varepsilon/10})\cdot\eta_{xy}}\right) \tag{3-60}$$

单模光纤功率交叉耦合率 η_{xy} 的取值范围为 0～1。当 $\eta_{xy}=0$ 时，$\varepsilon'=\varepsilon$，$\Delta\varepsilon=0$；当 $\eta_{xy}=1$ 时，$\varepsilon'=-\varepsilon$，$\Delta\varepsilon=2\varepsilon$；也即是对于线偏振光而言，输出消光比的绝对值不变，偏振轴方向发生了 90°旋转。当 $\eta_{xy}=0.5$ 时，输出光波的消光比 ε′将恒为 0，且与输入消光比 ε 的大小无关。当输入消光比 ε 的数值从 0 逐渐增大时，输出光波的消光比 ε′将逐渐趋近于一个与 η_{xy} 相关的值

$$\varepsilon'_{max} = \lim_{\varepsilon\to\infty}\left[-10\times\lg\left(\frac{10^{-\varepsilon/10}+(1-10^{-\varepsilon/10})\cdot\eta_{xy}}{1-(1-10^{-\varepsilon/10})\cdot\eta_{xy}}\right)\right] = -10\times\lg\left(\frac{\eta_{xy}}{1-\eta_{xy}}\right) \tag{3-61}$$

假设当 $\eta_{xy}=0.1$，单模光纤输出光波的消光比 ε′随输入消光比 ε 的变化曲线如图 3.37 所示，此时对应的 $\varepsilon'_{max}=9.54$dB。从图 3.37 中可以看出，当输入消光比 ε<10dB 时，输出消光比 ε′ 近似呈线性变化；当输入消光比 ε>20dB 时，输出消光比 ε′近似呈一条水平直线(大小接近于 ε'_{max})。

2. 保偏光纤中的光波偏振交叉耦合

保偏光纤中可以传输两个偏振方向相互垂直的正交偏振模，两个正交偏振模的传播常数存在一定的差异，在光纤结构理想且没有外界干扰的情况下，两个偏振模可以独立传播，相互之间不会影响。由于光纤结构存在缺陷，或者是在使用

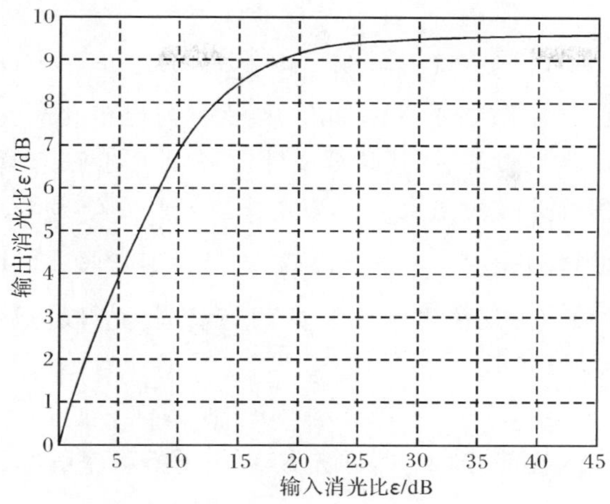

图 3.37　单模光纤输出消光比 ε′随输入消光比 ε 的变化曲线

时受到弯曲、扭转及温度等外界应力时，两个正交偏振模的传播常数会发生变化，偏振交叉耦合会显著增强，导致传输模的消光比下降，引起光纤传感器中的偏振噪声。

保偏光纤的偏振保持特性可用两个正交的偏振模式和随机的耦合点来解释，在耦合点处，光可以由一种偏振模式部分转换成另一种正交偏振模式，由于偏振交叉耦合具有随机性，一般用耦合模式转换的平均转换率，也称为偏振保持参数(h 参数)来衡量总的耦合程度，有

$$hL=\frac{P_y}{P_x} \tag{3-62}$$

式中，P_x、P_y 分别表示输入到保偏光纤偏振主轴的光功率和耦合至交叉偏振轴的光功率；L 为保偏光纤长度。h 参数与保偏光纤偏振串音指标的关系为

$$\mathrm{CT}=10\lg(hL) \tag{3-63}$$

干涉型光纤传感用保偏光纤的 h 参数典型值为$(10^{-6}\sim10^{-5})\mathrm{m}^{-1}$，对应的偏振串音为－30～－20dB/km。

3.5.2　光纤的非线性效应

光在介质中的传播过程也是光与物质相互作用的过程，介质在电场矢量作用下会发生电极化。由于光场矢量可以分解为电场矢量与磁场矢量，且起作用的主要是电场矢量，因此在强光场的作用下，光纤折射率会发生非线性变化，即非线性克尔效应，这种材料折射率的变化反过来又影响光纤中光波的传播相位误差。

光纤折射率的非线性是由三阶电极化率 $\chi^{(3)}$ 引起的，因为材料的非线性与电场作用下束缚电子的非谐振运动有关，电偶极子的极化强度 P 对于电场强度 E 是

非线性的，其关系为[20]

$$P=\varepsilon_0\left(\chi^{(1)}E+\chi^{(2)}E^2+\chi^{(3)}E^3+\cdots\right) \tag{3-64}$$

式中，ε_0为真空中的介电常数；$\chi^{(j)}(j=1,2,\cdots)$为 j 阶电极化率。其中线性电极化率的作用是主要的，光场较弱时，其高阶项可忽略，此时介质表现为线性。只有当光场较强时，其非线性才表现出来。石英光纤的主要成分为 SiO_2，其分子结构具有反演对称性，二阶电极化率 $\chi^{(2)}$ 为零，因而光纤中通常没有二阶非线性效应，光纤中的主要非线性效应由三阶电极化率 $\chi^{(3)}$ 引起。将光纤看成各向同性介质，则光纤的折射率表示为

$$n=n_1+\Delta n_{NL}=n_1+n_2E^2 \tag{3-65}$$

式中，n_1表示折射率线性部分；Δn_{NL}，即 n_2E^2 项表示折射率的非线性部分；n_2 是与 $\chi^{(3)}$ 有关的非线性折射率系数，表示为

$$n_2=\frac{3}{8n_1}\chi^{(3)} \tag{3-66}$$

由于光纤折射率具有非线性部分，因而光波在传播过程中的相位变化必然受到此非线性折射率的影响，相位变化与传播距离 L 之间的关系可以表示为

$$\phi(L)=k_0nL=k_0(n_1+n_2E^2)L \tag{3-67}$$

干涉型光纤传感用光纤的芯径较小，仅为几微米，所以光纤纤芯中的光功率密度较大，非线性效应中非线性折射率是由光强引起的。光纤中的非线性效应的表现形式主要有自相位调制和交叉相位调制两种。自相位调制指的是光场在光纤中传输时光场本身引起的相移，主要在光功率较大时考虑。交叉相位调制指的是不同波长、不同传输方向或不同偏振态的光波共同传播时，一种光场引起的另一种光场的非线性相移。由于干涉型光纤传感两通道光波难以实现绝对相同，尤其是在使用环境条件下更难，光波之间功率差更大，从而引起光路的非线性相位误差。降低光功率可以减小该误差，但是又会降低系统的信噪比，引起系统噪声增大，影响测量精度。在干涉型光纤传感器中，可以通过适当控制光路中的光功率，采用低相干光源抑制干涉驻波引起的折射率非线性等方法减小非线性效应对系统的影响。

3.5.3 光纤的法拉第效应

在干涉型光纤传感应用中，磁场可通过改变光纤中的光波参数引起系统误差。当一束线偏振光通过非旋光材料时，如果在材料中沿光传播方向施加一外磁场，则线偏振光通过该材料一段距离后，输出处线偏振光的偏振面会发生一定角度的旋转，这种现象称为磁致旋光效应或磁光法拉第(Faraday)效应。对于顺磁材料和抗磁材料，在磁场不是很强时，偏振面的法拉第旋转角 θ 与光在材料中通过的路程 L 和外加磁场强度在光传播方向上的分量 H(A/m)成正比，即[2]

$$\theta = V_{\mathrm{d}} H L \tag{3-68}$$

式中，V_{d} 为韦尔代常数，随材料、入射光波长及温度不同而改变。

对于给定材料，偏振面的旋转方向仅由磁场 $\boldsymbol{H}$ 的方向决定，与光的传播方向和磁场是同向还是反向无关。通过让光波在材料中往返多次可增大旋转角度，这是法拉第效应与物质固有旋光效应的重要区别。光纤属于抗磁材料，沿光纤轴向存在磁场时，通过光纤的线偏振光将会产生一定角度的旋转。对于圆偏振光，磁场改变圆偏振光的相位，当磁场使偏振矢量的旋转与圆偏振光的矢量旋转方向一致时，圆偏振光的相移为正，否则其相移为负。利用磁光法拉第效应进行测量的典型光纤传感器是光纤电流互感器。而在光纤陀螺中，则需要抑制法拉第效应，降低光纤陀螺的磁场敏感性。如采用软磁材料（如铁镍合金）对光纤线圈进行磁屏蔽，单层磁屏蔽可以将光纤陀螺的磁场灵敏度降低 1～2 个数量级[19]。

3.5.4 光纤的弹光效应

当光纤材料中存在弹性应变时，材料的光学性质会发生变化，即光纤的折射率发生变化，从而影响光在材料中的传播特性，称为弹光效应。弹光效应引起的光纤折射率变化可以用折射率椭球方程中系数的改变来表示，即

$$\Delta n_{ij} = -\frac{n_{ij}^{3}}{2} \Delta \chi_{ij}, \quad i, j = 1, 2, 3 \tag{3-69}$$

式中，Δn_{ij} 为光纤中特定方向上的折射率变化；$\Delta \chi_{ij}$ 为折射率椭球特定方向上的系数变化；Δn_{ij} 和 $\Delta \chi_{ij}$ 均为相应二阶张量的一个元。而 $\Delta \boldsymbol{\chi}$ 是由应变在弹光效应的作用下引起的，可以表示为

$$\Delta \boldsymbol{\chi} = \boldsymbol{p} \boldsymbol{S} = \boldsymbol{p} \boldsymbol{E}^{-1} \boldsymbol{\sigma} \tag{3-70}$$

式中，$\boldsymbol{p}$ 为弹光系数张量；$\boldsymbol{S}$ 为应变张量；$\boldsymbol{E}$ 为弹性模量张量；$\boldsymbol{\sigma}$ 为应力张量。将式(3-70)代入式(3-69)中，可以得到弹光效应引起的折射率变化为

$$\Delta \boldsymbol{n} = -\frac{1}{2} n^{3} \boldsymbol{p} \boldsymbol{E}^{-1} \boldsymbol{\sigma} \tag{3-71}$$

若光纤横向受到应力 σ 时，考虑到二阶张量的对称性，折射率变化可以表示为

$$\Delta n = \frac{n^{3} \sigma}{2E} (1 + \nu)(p_{12} - p_{11}) \tag{3-72}$$

式中，ν 为泊松比；p_{11} 和 p_{12} 为弹光系数。对于石英光纤，$n = 1.456$，$E = 7 \times 10^{10}\,\mathrm{Pa}$，$\nu = 0.17$，$p_{11} = 0.121$，$p_{12} = 0.270$。

在干涉型光纤传感器中，弹光效应可引起光纤折射率变化，产生相位误差，影响系统的稳定性和测量精度。

3.5.5 光纤的热光效应

温度均可影响光纤中传输光信号的参数变化，如损耗、光谱、偏振和相位变化等。温度变化时，光纤的折射率也会随着温度发生变化，这种现象称为热光效应，热光效应引起的光纤折射率变化可以表示为

$$\Delta n=\frac{\mathrm{d}n}{\mathrm{d}T}\cdot\Delta T=\alpha_n\Delta T \tag{3-73}$$

式中，α_n 为材料的热光系数；ΔT 为温度变化量；对于石英光纤，$\alpha_n=0.86\times10^{-5}$℃$^{-1}$。

干涉型光纤传感器是通过检测相干光信号强度的变化来进行敏感物理量测量的，干涉信号强度的变化是由相干光信号的相位差引起的，相干通道光纤折射率受温度的改变势必产生相位误差，影响测量精度。

对于干涉仪而言，环境温度还会影响光纤中的随机热相位噪声。当环境温度处于绝对零度以上时，在干涉仪中，相向传播的两束光波干涉时，热相位噪声的标准偏差可以表示为[19]

$$\sigma_{\varphi}(l)=\sqrt{\frac{4\pi kT^2Dl}{k\lambda^2\omega_0^2}\left(\frac{\mathrm{d}n}{\mathrm{d}T}+n\alpha_L\right)}\cdot\left[1-\left(\frac{2.405\omega_0}{2a}\right)^2\right]^{\frac{1}{2}} \tag{3-74}$$

式中，ω_0、a 分别为光纤模场半径和光纤直径；k 为光纤的热导系数；α_L 为光纤的热膨胀系数；D 为光纤的热扩散系数；l 为光纤长度；$\mathrm{d}n/\mathrm{d}T$ 为光纤折射率的温度系数；n 为光纤折射率；k 为玻尔兹曼常量；T 为热力学温度。随着光纤长度的增加和温度的升高，热相位噪声不断增大。

3.6 光纤环技术

光纤环是光纤传感中的重要元件，通常有三种工作方式。一种是外界物理量作用后，光纤本身几何和物理参数不发生改变，光纤环中传输的光信号参量发生变化，如光纤陀螺中光纤环敏感角速率，光纤电流互感器中光纤环敏感电磁场等；另一种是外界物理量作用光纤后，引起光纤几何或物理参数变化，从而改变传感光信号，如温度、压力等改变光纤长度、折射率等参数引起传输光信号变化；还有一种是光纤环直接作为传感器光路中时间延迟等功能器件使用。

3.6.1 光纤陀螺仪光纤敏感环

1. 光纤环设计

光纤环是光纤陀螺仪的敏感部件，当光纤环沿轴向转动时，导致在光纤环中

相向传播的两束光信号到达同一点时产生一个萨格纳克相位差，可由式(1-7)表示[19]，光纤环的光纤长度越长、平均直径越大，则陀螺的标度因数越大、灵敏度越高，而动态范围越小。

在闭环光纤陀螺仪中，调制频率为光路 2 倍时延(光波经过整个光纤线圈传输的时间)的倒数，因此光纤环所用光纤的最小长度一方面受到测量灵敏度的限制，另一方面受到调制频率可实现性的限制。

光纤环本身的热胀冷缩和骨架的热膨胀会引起其长度 L 和平均直径 D 乘积的变化，光纤环的长度越长，光纤环的互易性越难以保证，光纤环的热平衡时间越长，因此在满足精度要求的一定范围内，光纤环长度是越短越好，这样可以减小光纤环受温度、力学、磁场等环境的干扰。

光纤环的直径和光纤长度对陀螺的性能影响在萨格纳克效应表达式中有明确的体现，但在工程实际中，光纤环的径向截面尺寸对陀螺的性能也有明显的影响。为此，可以引入窗口比概念，用 h 和 l 分别表示光纤环圈截面窗口的高度和宽度，如图 3.38 所示，则窗口比为[19]

$$\rho=\frac{h}{l} \tag{3-75}$$

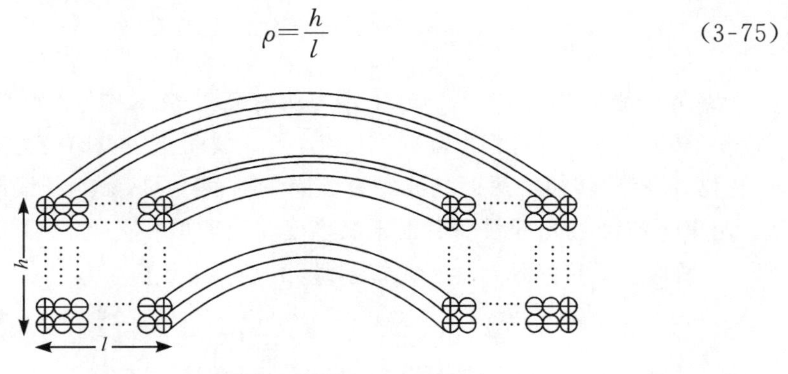

图 3.38　光纤环圈截面的窗口示意图

假设光纤的直径为 d，则有 $h=Md$ 和 $l=Nd$，M 表示每层的匝数，N 表示总的层数。以窗口比 ρ 为关键设计参数，可以优化光纤环的温度和力学环境适应性。

光纤环窗口比 ρ 是光纤环设计的重要内容，骨架的材料、形状、尺寸都是需重点考虑的因素，除此之外，光纤的长度、尺寸等自身参数也是设计关注的对象。

2. 光纤环工艺

光纤环工艺技术是光纤陀螺仪的一项关键技术，尤其是针对高精度光纤陀螺仪，光纤环的重要性更为突出。光纤环制备工艺主要包含光纤退扭、绕制、固化和时效等，图 3.39 给出了光纤环的典型制备工艺流程。

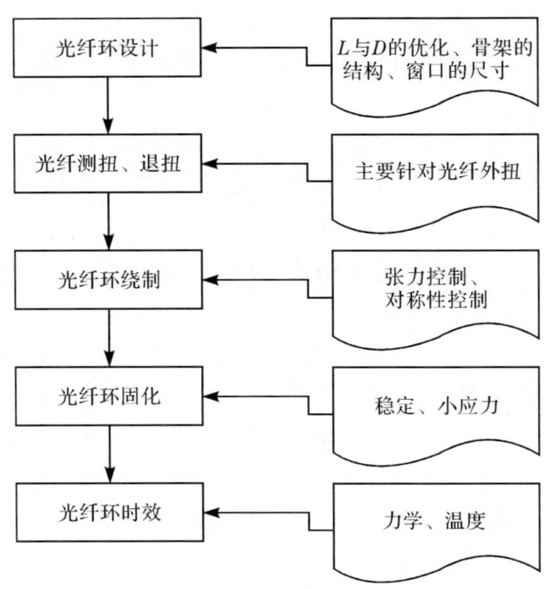

图 3.39　光纤环工艺流程图

光路对称的理念贯穿于光纤环的所有工艺技术中，目的是减小光纤环的Shupe效应。由于外界温度随时间变化，光纤线圈每一点的折射率都随温度变化而变化，而相向传播的两束光波经过该点的时间不同(除光纤线圈中点以外)，因此，两束光波经过光纤线圈后由于温度变化引起的相位变化不同，这个效应称为Shupe效应。采用四极对称工艺绕制时，由Shupe效应引起的相位误差为[19]

$$\Delta\phi_e(t)=\frac{2\pi}{\lambda}\frac{\mathrm{d}n}{\mathrm{d}T}\int_0^L\frac{\mathrm{d}T}{\mathrm{d}t}(z,t)\frac{L-2z}{v}\mathrm{d}z \tag{3-76}$$

式中，λ 为光源平均波长；$\mathrm{d}n/\mathrm{d}T$ 为光纤的折射率随温度的变化率；L 为光纤环总长度；$\frac{\mathrm{d}T}{\mathrm{d}t}(z,t)$ 为距离分束器为 z 处光纤经受的温度变化率；z 为到线圈分束器的距离；v 为光波在光纤中的速度。

从式(3-76)可以看出，越靠近光纤的两端，Shupe效应引入的误差越大。为了降低Shupe效应引起的相位误差，要尽量保证到光纤环中点距离相等的两小段光纤具有相同的温度，此时有

$$\Omega_e(z)=-\Omega_e(L-z) \tag{3-77}$$

整个光纤环理论上就不受温度变化的影响。

1）保偏光纤退扭工艺

由于法拉第效应的存在，保偏光纤偏振主轴的扭转会引起光纤环磁场灵敏度的增加，影响光纤陀螺仪的精度。光纤的扭转表现在内扭转和外扭转两个方面，

内扭转是指光纤预制棒制备或光纤拉丝过程中造成的光纤偏振主轴旋转，即光纤包层的扭转；外扭转是指光纤拉丝收纤过程中引入的光纤扭转，表现为一定长度的光纤在从光纤盘轴上放下时会扭转。对于外扭转，在绕环时可以采取退扭工艺措施进行退扭；对于内扭转，无法采用退扭的方法减小，只能在光纤制备(拉丝)过程中采取措施控制。由于光纤扭转通常存在不均匀性，退扭时则需要在线检测和在线退扭。

2) 光纤环绕制方法

光纤环的绕制方法有对称和非对称两种。非对称绕制，即从光纤一端绕制到另外一端；对称绕法有两极、四极、八极等。四极对称绕法是应用最普遍的绕制工艺方法，以下从 Shupe 效应的角度来分析每种绕制方法。

(1) 单极绕法。单极绕法首先将所需长度的光纤从光纤大盘上倒到一个放纤轮上，然后从光纤的一端开始绕，直到将所有光纤绕制到光纤环骨架上，图 3.40 是单极绕法的示意图，在单极绕法中，Shupe 效应引起的相位误差可表示为

$$\Delta\phi_e=\beta_T L^2/6 \tag{3-78}$$

式中，$\beta_T=(\mathrm{d}n_c/\mathrm{d}T+n_c\alpha)\beta/c$；$n_c$ 为光纤折射率；α 为光纤的热胀系数；$\beta=kn_c$；$k=2\pi/\lambda$；λ 为波长；c 为真空中光速；L 为光纤总长度。

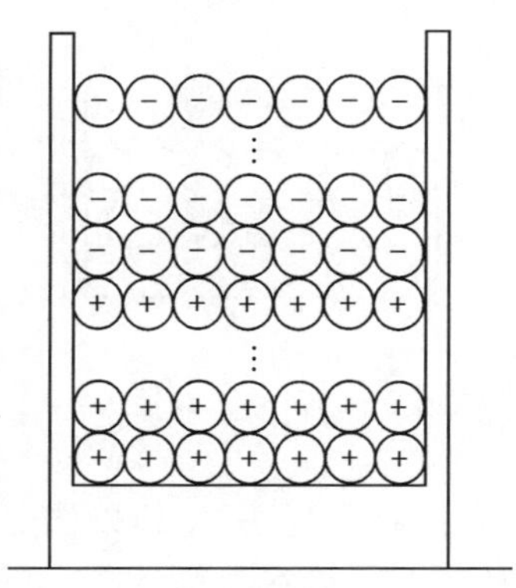

图 3.40　单极绕法示意图

(2) 双极对称绕法。首先将所需长度的光纤缠绕在其中一个放纤轮 1 上，然后将一半长度的光纤从放纤轮 1 绕到放纤轮 2 上，找到光纤的中点，由光纤中点将光纤分为首尾两部分。绕制时从光纤的中点开始绕，然后分别将首尾两部分光纤沿相反方向缠绕到光纤环上。

双极对称绕法中，首尾两部分光纤以层为单位交替绕制，在图 3.41 中，首先由放纤轮 1 放纤，在光纤环上沿逆时针方向绕制 1 层，然后是放纤轮 2 放纤，在光纤环上沿顺时针绕制 1 层，完成一个二极，然后重复这个过程，绕制的光纤层数是 $2n$ 层，n 为正整数。双极对称绕制的光纤环的轴向剖面图如图 3.42 所

示，其中“＋”表示光纤首端，“－”表示光纤尾端。通常情况下，光纤环的总长度为几百米到几千米，光纤环的内径和外径的差别很小，光纤环的径向温度场可以近似认为是线性的。双极对称绕法使顺时针传播的光波和逆时针传播的光波经历的温度场基本相同，减小了非互易相位差，但相对光纤中心对称的两段光纤经历的温度场总存在一个差异，并且光纤越长，这种差异越明显。比如在光纤环径向方向存在由高到低的温度梯度时，尾端的光纤经历的温度始终高于首端光纤经历的温度，从而引入非互易相位差。在双极对称绕法中，Shupe 效应引起的相位误差可表示为

$$\Delta\phi_e=\beta_T lL/4 \tag{3-79}$$

式中，l 为一层光纤的长度。

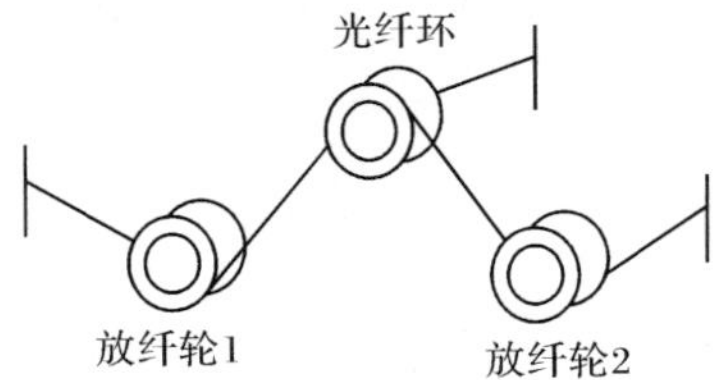

图 3.41　对称绕制示意图

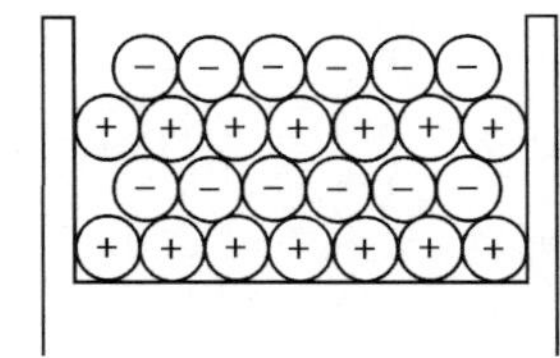

图 3.42　双极对称轴向剖面图

(3) 四极对称绕法。在四极对称绕法中，仍以图 3.41 所示为例，首先由放纤轮 1 放纤，在光纤环上沿逆时针方向绕制 1 层，然后是放纤轮 2 放纤，在光纤环上沿顺时针绕制 2 层，然后又是放纤轮 1 放纤，在光纤环上沿逆时针方向绕制 1 层，完成一个四极，然后重复这个过程，绕制的光纤层数是 $4n$ 层，n 为正整数。四极对称绕制的光纤环的轴向剖面图如图 3.43 所示，当存在径向温度梯度时，光纤经历的温度场如图 3.44 所示。

从图 3.44 中可以看出，虽然每一层光纤经历的温度场不同，但在一个四极内，可以认为相对光纤中点对称的两段光纤所受温度场的作用相同，从而有效减小温度带来的误差。四极对称绕法中，Shupe 效应引起的相位误差可表示为

$$\Delta\phi_e=\beta_T l^2/2 \tag{3-80}$$

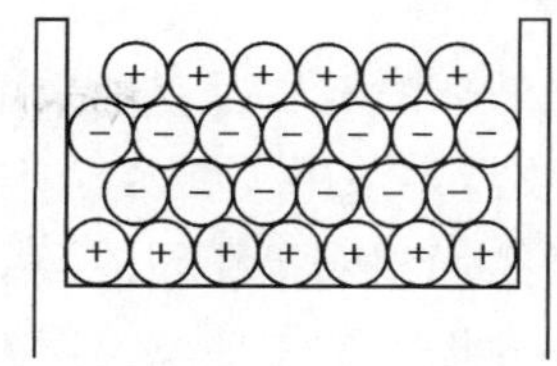

图 3.43　四极对称轴向剖面图

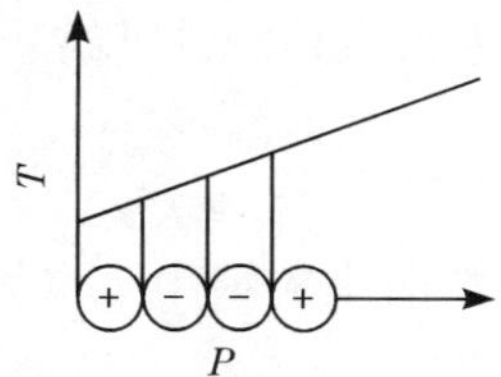

图 3.44　四极对称光纤环各层经历的温度梯度

从式(3-80)中可以看出,对四极对称绕法来说,光纤环每层的长度越长,Shupe 效应越明显,光纤环采用窗口比大的结构不利于改善光纤陀螺仪的温度稳定性。

在以上三种绕法中,单极绕法最容易实现,但由于不具有对称性,光纤环只能应用于精度要求很低的场合,而且通常采用的光纤较短。双极对称绕法中,由于存在温度梯度,总是光纤中点的某一边光纤首先经历温度梯度,因而对称性还不理想,较少采用。四极对称绕法是一种比较理想的工艺,被广泛采用,由 Shupe 效应引起的相位误差相对最小。另外,类似的八极对称绕法的层数是 8 的整数倍,适合于光纤较长、层数多的光纤环绕制,与四极对称绕法相比,其绕制工艺难度加大。

3）光纤环固化工艺

为了保证光纤环的环境性能适应性,尤其是力学环境性能方面,在绕制过程中或成环后通常采用胶固化工艺,一般有三种固化工艺方式。

(1) 浸胶固化工艺。浸胶固化工艺即在光纤环绕制完成后,将光纤环整个浸没在选定的固化胶中。这本应该是一种固化均匀、一致性好的工艺,但由于光纤环绕制紧密,层数较多的情况下,胶液往往较难均匀渗透到最里层。另外,如果胶中存在气泡,则固化后会影响光纤环的性能,因此,需要在真空环境下进行浸胶处理。

(2) 涂胶固化工艺。涂胶固化工艺即在光纤环绕制过程中,每绕制一层或多层时,在光纤环的表面涂胶。该工艺比较容易实现,但工艺一致性较差,而且在绕环过程中,胶容易沿着光纤下沉,导致光纤涂胶不均匀,应力分布不均,光纤环在应用中易受温度环境影响，性能下降。

(3) 喷胶固化工艺。在光纤环的绕制过程中采用一定结构的喷嘴，将胶液喷到光纤环表面，进行固化。喷胶需要采用专门的工具，对胶液要求较高。

光纤环的固化工艺也是绕制无骨架光纤环的必备工艺，光纤环固化后将光纤环骨架取下来。无骨架光纤环的优势是在环境温度发生变化时，光纤环不会受到骨架的热胀冷缩施加的应力，具有更好的温度环境性能。

光纤环固化胶的选型很重要，非溶剂型胶在高低温特性上具有一定优势。为降低胶体的热胀系数可以填充无机填料，还可以填充增韧剂以改善光纤环成型后应力传递特性。

4) 光纤环时效处理工艺

光纤环绕制完成后或固化后的时效处理工艺对其性能有重要的影响。光纤环的绕制、填胶、固化都是影响光纤环应力和偏振耦合分布的环节，需要进行时效处理，使光纤环中应力分布均匀，减小偏振串扰。时效处理工艺要根据光纤长度、光纤环的厚度、固化胶的应力传递特性等特点综合考虑温度、力学和时间三要素，通常采用高温储存、温度循环和随机振动工艺处理方式。

3. 光纤环主要性能参数及测试方法

光纤环的性能参数主要包括所用光纤本身的性能参数、光纤环总长度、损耗、偏振串音、应变分布、偏振耦合分布参数等。在光纤陀螺仪系统应用中，更应关注光纤环中的应力、偏振耦合的分布特性，通过测试这两项参数可以反映光纤环的互易性，本节主要介绍这两项参数的测试。

1) 应力分布测试

光纤上应力对光纤环性能影响的根本原因在于附加应力改变了光纤中原始的应力分布，进而影响了光纤的折射率分布，引起光纤中的双折射变化，改变光纤中的光信号传输特性。通过应力分布检测可以判断光纤环的应力分布水平参数，如应力大小、应力分布的对称性和均匀性情况。目前检测光纤环应力分布的设备是光纤应力分布测试仪(也称为布里渊时域反射计)，如图 3.45 所示，它是通过测试光纤中的布里渊散射光波的频率移动来测试光纤某一位置的应力状态。由于光纤布里渊散射本身与所处的环境温度成一定的比例关系，在实际测试光纤环上的静态应力分布时，应当注意消除温度变化对测试结果的影响，尤其在测试过程中应保持测试区温度的恒定。不同温度下的光纤环应力分布也是光纤环性能测试的一项重要内容，尤其是在高温环境下，其应力水平和应力分布的对称性均会发生明显的变化，通过高低温下的应力分布性能测试，可判断光纤环温度性能的优劣。

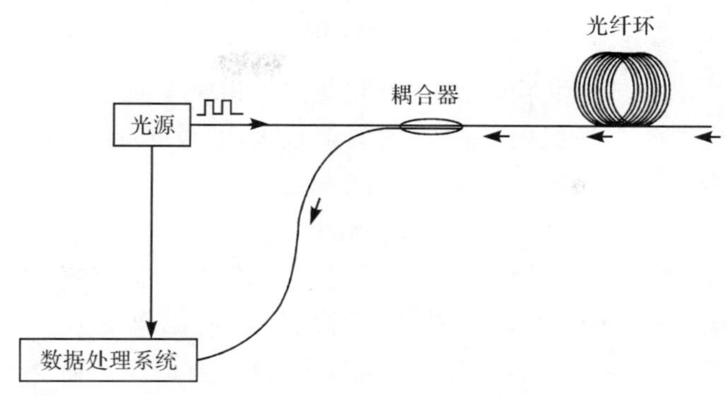

图 3.45　光纤环应力分布测试示意图

2）偏振耦合分布测试

光纤环中偏振交叉耦合分布采用光相干域偏振计（OCDP）进行测试，即通过耦合光波和主波之间的相干性来测试光纤环中的偏振交叉耦合分布。光相干域偏振计的组成如图 3.46 所示[21]，宽带光源发出的光经过起偏器后进入被测光纤环，被测光纤环的一个偏振轴与起偏器平行，被测光纤环另一端光纤偏振主轴与偏振器成 45°角。光经过偏振器后从端口 1 进入单模耦合器，单模耦合器的第 3 端口接有法拉第旋转反射镜，第 4 端口接有延迟器与法拉第旋转反射镜。第 3 端口与第 4 端口的反射光回到单模耦合器后干涉，由连接到第 2 端口的探测器转换为电信号进行处理。

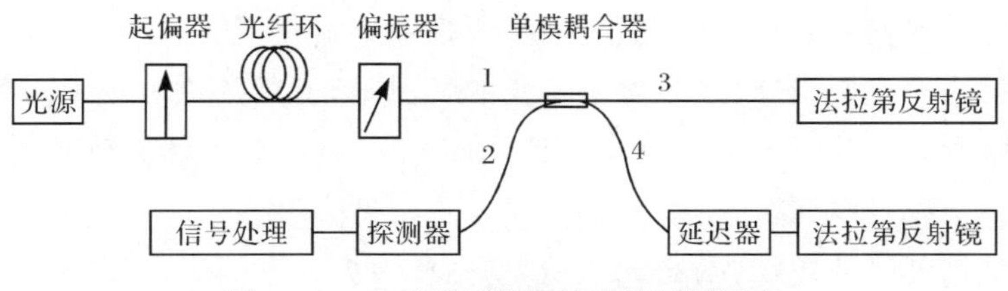

图 3.46　光相干域偏振计光路测试原理

4. 光纤环主要性能参数与光纤陀螺性能的关系

1）光纤环长度与光纤陀螺性能的关系

光纤陀螺的精度与光纤环的长度 L 和平均直径 D 的乘积 LD 成正比，而动态范围与 LD 成反比，故通过改变光纤环的结构尺寸就可以改变陀螺的精度和动态范围，这正是光纤陀螺结构设计灵活的体现。

以陀螺工作在单条纹干涉模式计算，假设系统可检测的最小相位差为 1 μrad，相应的角速度即陀螺的灵敏度为 Ω_μ，理想情况下，陀螺的动态范围为 $\Omega_\mu \sim \Omega_\pi$，$\Omega_\pi$ 为萨格纳克相移为 π 时对应的角速度，则 LD 的范围为

$$\frac{1\times10^{-6}\lambda c}{2\pi\Omega_{\mu}}<LD<\frac{\lambda c}{2\Omega_{\pi}} \tag{3-81}$$

在确定 LD 的取值范围后，一般根据陀螺的体积要求，首先给出光纤环骨架直径 D 的值，然后推算 L 的范围。在 L 的取值范围内，并不能任意取值，而是受到陀螺系统调制所采用晶振频率的限制，需要满足

$$c/nL=2f_{\mathrm{m}} \tag{3-82}$$

式中，c 为光速；n 为光纤折射率；f_{m}为晶振分频后的频率，即系统的调制频率。

另外，由式(3-76)可知，随着光纤环长度增加，温度升高，热相位噪声增大，甚至大于散粒噪声，成为限制光纤陀螺检测阈值的主要因素。试验表明，在室温下当光纤长度超过 2km 时，温度相位噪声取代散粒噪声成为主要的噪声源。

2）光纤环损耗与光纤陀螺噪声的关系

光子散粒噪声是光纤陀螺的一种基本噪声，干涉型光纤陀螺的灵敏度受光子散粒噪声的限制。光纤环损耗是构成光纤陀螺光路总损耗的一部分，光路总损耗影响到达探测器的功率，进而影响探测器的散粒噪声大小。假设光纤环总损耗为 α，则陀螺可检测到的最小角速度极限值为[19]

$$\Omega_{\min}=\frac{\lambda c}{2\pi LD}\frac{\sqrt{2e(1+\cos\phi_{\mathrm{b}})\Delta f}}{\sqrt{R_{\mathrm{D}}P\,10^{-\frac{a}{10}}\sin(\phi_{\mathrm{b}})}} \tag{3-83}$$

式中，e 为电子电量；a 为光纤环总损耗；ϕ_{b} 为偏置相位；P 为假设光纤环损耗为零时探测器接收到的光功率；Δf 为计数带宽；R_{D} 为探测器的响应度；λ 为平均波长；c 为光速；L 为光纤环长度；D 为光纤环平均直径。

由式(3-83)可知，在输入光功率不变的情况下，光纤环的总损耗每增加 3dB，探测器接收到的光功率相应地减小为原来的 1/2，对应的陀螺随机游走增加为原来的$\sqrt{2}$倍。

在中低精度光纤陀螺中，光纤环长度较短，一般小于 1km，光纤环的总损耗通常小于 1dB，对陀螺精度的影响不大。但在高精度光纤陀螺中，光纤环的损耗对陀螺精度的影响较为明显。例如，光纤环长度为 300m 的中低精度陀螺和 3000m 的高精度陀螺，光源功率不变的情况下，光纤损耗若为 1dB/km，则总损耗分别增加了 0.3dB 和 3.0dB，损耗引起的随机游走分别增加了 3.5％和 41％，可以看出光纤环总损耗对高精度陀螺影响较大。因此对于高精度光纤陀螺，应尽量采用低损耗光纤。

3）光纤环偏振串音与光纤陀螺偏振误差的关系

偏振串音反映了光路中总的偏振交叉耦合，表示保偏光纤总的偏振保持能力。用一个简单的模型来计算光纤环中的偏振交叉耦合效应，沿光纤环的随机耦合可以认为是一些离散的耦合点产生的，每一个耦合点对应着一段消偏长度 L_{d}，

强度耦合为 $h \cdot L_d$。假设光纤环长度为 L,则共有 $N=L/L_d$ 个耦合点和 $N/2$ 个对称的点。每一对产生两个二阶波列,这两个二阶波列引起的相位偏置误差 $\Delta\phi_{ei}$ 相同。那么总的效应是以零为中心的独立随机变量 $\Delta\phi_{ei}$ 的和,因此总的相位误差 $\Delta\phi_e$ 的均值为零,均方根偏差的平方等于每个变量的均方根偏差的平方和,即

$$\sigma_{\Delta\phi_e}=\sqrt{N\,(\sigma_{\Delta\phi_{ei}})^2/2}=\varepsilon^2 hL/\sqrt{N} \tag{3-84}$$

式中,hL 为沿光纤环总的偏振耦合。又根据式(3-63),式(3-84)可写成

$$\sigma_{\Delta\phi_e}=\varepsilon^2\,\frac{10^{\frac{CT}{10}}}{\sqrt{N}} \tag{3-85}$$

式中,CT 为光纤环的偏振串音。可见,保偏光纤环的偏振串音越小(绝对值越大),偏振保持能力越强,交叉耦合模式功率越小,则光纤陀螺强度型偏振偏差越小,精度越高。

4) 光纤环应力分布与光纤陀螺性能的关系

光纤环绕制过程中,相邻的两层光纤存在的交叉接触点以及每一层光纤环贴紧骨架的边缘处,由于附加的机械应力改变原始的应力分布,影响了该处光纤的折射率。如果光纤上某点应力为固定值,则由于相向传播两束光波经过该点时的相移相同,不会引起误差。

光纤环应力分布越均匀,应变越小,则产生的相位误差均方根偏差就越小。实际中,由于光纤环骨架或光纤线圈自身受热胀冷缩的影响,或受机械应力的影响,引起折射率发生变化,而其变化沿光纤长度分布是随时间变化的。由于相向传播的两束光波经过某一点的时间不同,因此累积的相移也不同,从而产生非互易相位误差。

5) 光纤环对称性与光纤陀螺性能的关系

光纤环的对称性对其中相向传播的光波的互易性影响较大。当光纤环中一段光纤上存在时变温度扰动时,除非这段光纤位于光纤环中点,否则由于两束反向传播光波在不同时间经过这段光纤,会引起非互易误差,误差大小与该段光纤上的温度变化率成正比,距光纤环中点越远,影响越大;但是如果相对光纤环中点对称的两段光纤上的扰动相同,则温度引起的相位被抵消。光纤环的绕制工艺方法不同,其对称性也差异较大。单极绕法由于距光纤环中点距离最远的两端所受到温度扰动差异最大,热对称性最差。而四极对称绕法由于关于光纤环中点对称部分紧贴在一起,且每四层相位扰动能够相互抵消得比较好,热对称性最好,可有效地抑制温度漂移。对于一个 N 层的光纤环来讲,相对于单极绕法,四极对称绕法由温度梯度引起的漂移改善因子约为 N^2[19]。理想情况下,四极对称绕法的对称性可以满足陀螺的高精度要求。但实际情况下,四极对称绕法也存在着光纤中点偏差等非理想情况,使光纤环的热对称性变差,从而引起光纤陀螺的温度漂移。

3.6.2 光纤电流互感器光纤敏感环

光纤电流互感器是通过磁光法拉第效应原理来测量电流强度，光纤环作为其敏感元件，光路中传播的左右旋圆偏振光受到磁场作用产生相位差，从而引起干涉信号光强变化。但电流敏感环中的光纤自身线性双折射同电流产生的法拉第效应一样，也会造成偏振光偏振方向的旋转，产生一个与法拉第效应无法区分的误差信号，因此会影响测量精度。线性双折射效应与光纤形变、光纤内部应力、温度、弯曲、扭转、振动等许多因素有关。敏感环绕制过程应保持低张力或无张力绕制，减小附加双折射的产生。

通常电流互感器的光纤敏感环长度只有几米到十几米，每米单模光纤只有几度的线性双折射，当线性双折射的波动幅度小于 5.5°时，光纤电流互感器的精度可高于 0.3%，满足多数电力应用场合需求。因此通常选用低线性双折射的单模光纤绕制光纤电流互感器的敏感线圈。光纤的线性双折射随环境温度的相对变化率约为 0.001℃$^{-1}$，导致输出信号在不同温度条件下输出不稳定，采取的具体改善措施有以下几个方面。

(1) 对光纤做退火处理。电流敏感环在绕制过程中会引入应力双折射，通过将光纤加热到一定温度，然后缓慢冷却至室温，可减小绕制过程中光纤弯曲引入的双折射。

(2) 缠绕光纤时扭曲光纤。将光纤沿轴向扭转多圈，形成扭光纤(twisting fiber)。这种方法通过增大光纤自身的圆双折射(圆双折射对传感器影响较小)来削弱自身线性双折射或者外界干扰引入的线性双折射。这样，电流磁场产生的法拉第旋转将叠加在其固有圆双折射上。但这种方法的主要问题是扭转产生的圆双折射随温度变化，因此需要复杂的温度稳定措施来恒定工作区的温度或者对敏感光纤进行精密的温度标定。

(3) 选用旋光纤材料。拉制光纤过程中高速旋转坯棒形成旋光纤(spun fiber)，与扭光纤相比，旋光纤的线性双折射与圆双折射都受到了有效抑制，其偏振特性与理想的各向同性圆单模光纤基本一致，这种制备方法没有剪切应力，环境温度变化对其应力双折射影响小。

3.6.3 光纤水听器光纤敏感环

干涉型光纤水听器的工作原理是将声信号产生的压力变化转化为一定长度的光纤上传输光的相位变化，将光纤引入水听器探头的干涉仪臂中就可以对这种相移进行测量。光纤水听器探头的一个关键性能参数是水听器的响应度，其定义为单位压强下的光学相移(rad/P)。一个有效的光纤水听器设计应当是实用且简单的高效压力-相位转换装置。

在实际应用中，干涉型光纤水听器探头的敏感环通常采用缠绕线圈式设计。光纤中单位压力变化 ΔP 引起的相位变化，即响应度，可以表示为

$$\frac{\Delta\phi}{\Delta P}=\frac{\phi}{\Delta P}\left\{\varepsilon_z-\frac{n_{\text{eff}}^2}{2}\left[\varepsilon_r(p_{11}+p_{12})+\varepsilon_z p_{12}\right]\right\} \tag{3-86}$$

式中，ε_z、ε_r 分别为形变的轴向和径向分量；p_{11}、p_{12} 为弹光系数；$\phi=n_{\text{eff}}kL$ 为总相位，$k=2\pi/\lambda$；λ 为波长；L 为光纤长度。

式(3-86)中，第一项与光纤物理长度变化相关，而第二项则与弹光效应引起的反射系数变化相关。因此，水听器的响应度与光纤长度和压力-相位转换效率有关。例如，对于一个单臂光纤长 100m 的迈克耳孙干涉仪，采用气背式芯轴设计可以达到的响应度约为 1rad/Pa，相对于 1m 的裸露光纤，响应度增加约 95dB。当然，光纤水听器敏感环的长度并非越长越好，其最大光纤长度还受其他因素的限制，如时分复用系统中的采样频率的限制等。

为有效提高水听器探头的响应度，可采用气背芯轴式的柔顺性结构设计来进一步提高光纤水听器的响应度。图 3.47 是一种典型气背芯轴式光纤水听器探头的结构设计。该光纤水听器探头包括一个起中央支撑作用的刚性骨架，一个气背式芯轴和一层缠绕在芯轴上的光纤，通常光纤上涂有一薄层密封材料。空气层的存在显著提高了整个结构的柔顺性，从而也增加了光纤的长度变化。响应度的增加与芯轴的厚度、所用材料的特性，以及探头的密封材料有关。芯轴材料可以选择金属、塑料。采用薄塑料芯轴可以得到比金属芯轴更高的响应度，但是在探头的频率响应以及谐振特性方面较差。

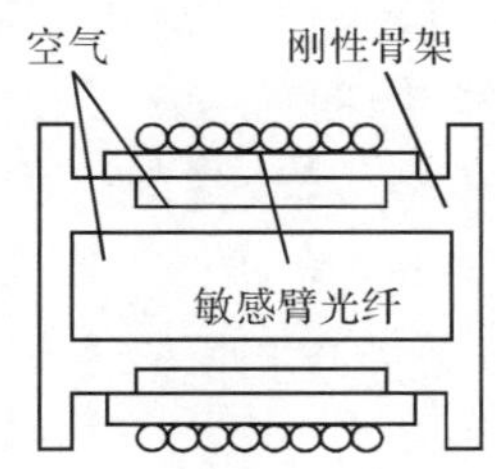

图 3.47　气背芯轴式光纤水听器探头结构示意图

干涉型光纤水听器通常采用标准单模光纤作为传感光纤，在绕制光纤敏感环时，需要采用低张力绕制，降低光纤中线性双折射的产生，避免偏振诱导衰落现象产生的误差。对于拖曳式光纤声呐，要求光纤水听器探头小型化，探头直径一般在 20mm 左右。如果采用标准单模光纤，由于敏感环的曲率半径太小，光纤环的插入损耗过大。另外，光纤弯曲应力过大，容易造成光纤断裂失效，可靠性降低。因此较多采用直径为 80 μm 抗弯曲细径单模光纤作为传感光纤，该种细径单模光纤的纤芯直径为 5～6 μm，包层直径为 80 μm，数值孔径(NA)大于 0.21。光纤敏

感环绕制完成后，通常还需在敏感线圈上浇铸一薄层聚氨酯材料以达到水听器透声、防水的目的。

3.6.4 光纤延时环

在干涉型光纤传感器中，为了满足信号处理的需要，有时需要在光路中接入一种增加光路光程，延长光波传播时间的光纤器件，称为光纤延时环，它是由一定长度的光纤按照一定的工艺要求绕制而成的多匝线圈，通常不需要采用对称绕制方法。光纤延时环要求满足时间延时的同时，损耗应尽量低，以减小对信号的衰减。

在图 2.12 所示光路中，保偏光纤延时环连接在耦合器和 1/4 波片之间，在光路中延长了光波的传播时间，降低了系统的本征频率，减小了传感信号的调制解调难度。忽略光路中连接光电子器件的物理长度，光纤延时环长度 L 设计如下

$$L=\frac{c}{2n_1 f}-\frac{n_2}{n_1}L_2 \tag{3-87}$$

式中，c 为真空中光速；n_1 为延时环光纤折射率；n_2 为光纤敏感环光纤折射率；L_2 为光纤敏感环长度；f 为信号处理电路能实现的高质量调制解调频率。

光纤电流互感器用保偏光纤延时环在光路中起延时作用的同时，两束相互垂直的偏振光分别在光纤快慢轴中传播，应降低相互偏振交叉耦合，因为在外界环境干扰较大时会导致大的测量误差。因此，在设计、制备和使用过程中要注意以下方面：

(1) 保证光纤长度准确，以使系统本征频率满足信号处理要求。

(2) 选择低损耗和保偏性能良好的保偏光纤，减少信号衰减和偏振串扰。

(3) 确保足够的绕制弯曲半径、尽量低的绕制张力，以减小对光纤保偏性能带来的不利影响和提高光纤的使用可靠性。

(4) 无需对称绕制，可降低绕制工艺难度。

3.7 光子晶体光纤

光子晶体光纤是一种基于石英材料的微结构光纤，与传统阶跃折射率分布石英光纤相比，其独到之处在于它把微米级甚至纳米级结构引入光纤剖面设计中，依靠微结构不同于一般均匀石英光纤的导光特性，使得光子晶体光纤在光纤传感领域应用中具有传统石英光纤不具备的优良特性。光子晶体光纤的结构设计参数灵活可调，种类众多，其研究仍在持续深入，是光纤光学领域的一个研究热点。近年来，光子晶体光纤在新型光无源器件和光纤传感领域的应用不断拓展[22,23]。

3.7.1　光子晶体光纤的概念和工作原理

光子晶体的概念最早由 Yablonovitch 和 John 于 1987 年分别提出[24,25]。与电子对应于半导体带隙材料类似，光子也对应于一种光子带隙材料——光子晶体(photonic crystal)。光子晶体就是将不同介电常数的介质材料在一维、二维或三维空间内组成具有光波长量级的周期结构，使得在其中传播的光子形成光子带隙。所谓光子带隙是指不能在某些物质结构中存在和传播的电磁波频率范围，频率落于此带隙中的光子将被禁止在光子晶体中传播。而当在光子晶体中引入缺陷使其周期性结构遭到破坏时，光子带隙就形成了具有一定频宽的缺陷态或局域态，而具有特定频率的光波可以在这个缺陷区域中传播。

1992 年，Russell 等根据光子晶体传光原理提出了光子晶体光纤(PCF)的概念，并在 1996 年由 Knight 等首先制备成功[26]。光子晶体光纤是一种沿轴向均匀排列着气孔的石英光纤，因此又被称为微结构光纤(micro-structured fiber)或多孔光纤(holey fiber)[27]。

根据光子晶体光纤纤芯成分的不同，将它的导光机理分为两类：折射率导光机理和光子带隙导光机理。对于纤芯为实芯(石英)的光子晶体光纤，包层的有效折射率为石英和空气折射率的体平均值，小于纤芯石英的折射率，这种光纤称为改进的全内反射光子晶体光纤(TIR-PCF)。对于纤芯为空气孔的光纤，中间空气孔破坏了光子晶体的周期性结构，在光子禁带中产生局域态，受周围光子禁带的限制，一定频率范围的光无法横向传输，只能利用局域态沿光纤孔方向导光，这种结构的光纤称为光子带隙光子晶体光纤(PBG-PCF)。两种光纤的端面结构如图 3.48 所示。

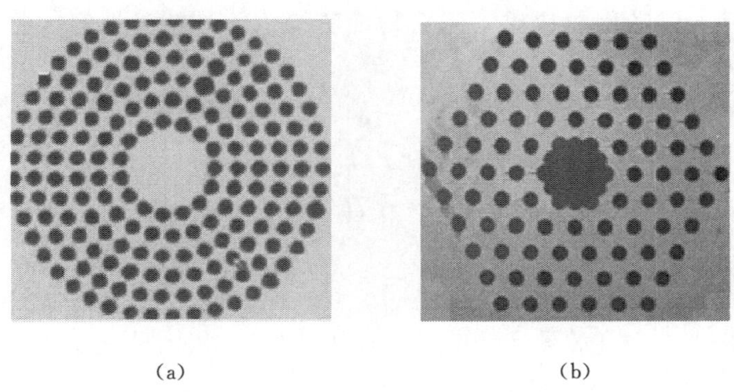

(a)　　(b)

图 3.48　光子晶体光纤端面结构示意图

(a) 改进的全内反射光子晶体光纤；(b) 光子带隙光子晶体光纤

3.7.2　光子晶体光纤的主要特性

光子晶体光纤的性能特性与其结构密切相关，两种不同折射率的物质(通常为石英和空气)分布不同，即空气孔的尺寸大小、空气孔之间的距离、空气孔排布的形状、中间芯径的尺寸与形式(空芯或实芯)等，决定了光子晶体光纤的一些特性。

1. 改进的全内反射光子晶体光纤特性

1) 无限单模传输特性

如果设计合理，光子晶体光纤具备在所有波长上支持单模传输的能力，即无限单模传输特性，说明光子晶体光纤可以不存在截止波长[25]。

2) 良好的色散特性

通过设计改进光子晶体光纤的波导结构就可以实现各种期望的色散特性，如控制波导色散、移动零色散波长、在极宽的波段范围内平坦色散等[28]。

3) 高双折射特性

只要破坏光子晶体光纤截面的圆对称性使其成为二维结构，即可实现光子晶体光纤的高双折射，且双折射特性耐受外界温度环境影响[29]。高双折射光子晶体光纤还具有良好的弯曲性能，在很小的弯曲半径时，弯曲损耗和偏振串音变化较小。

4) 较强的光学非线性效应

通过改变空气孔间距即可实现对非线性效应大小的调节，如果在空气孔中填充合适的非线性材料，还会显著提高光子晶体光纤的非线性。

5) 易于实现多芯传输

光子晶体光纤的堆积拉丝工艺使得多芯结构能被精确地定位且具有良好的轴向均匀性，而无需额外工艺。

2. 光子带隙光子晶体光纤特性

由于导光原理的不同，光子带隙光子晶体光纤具有一些改进的全内反射光子晶体光纤所没有的特性。

1) 易于高效率耦合

光被耦合进入空气波导光纤中时没有菲涅耳反射，因此光子带隙光纤可以用作高效率的光耦合器件。

2) 低弯曲损耗和色散

光子带隙光子晶体光纤的导光机理决定了允许出现小于直角的光路弯曲，甚至于可以在弯曲曲率半径小于波长的条件下传播。另外还可以消除传统光纤所存在的材料色散和波导色散，它可以在更宽的频率范围内支持单模传输。

3.7.3 光子晶体保偏光纤的设计、制备及特点

严格六重旋转对称的光子晶体光纤中不存在双折射，但光纤中空气与石英之间的巨大折射率差意味着结构的微小变化就会引起双折射的显著变化。光子晶体光纤本身具有结构设计灵活的特点，使其更加适合于制备保偏光纤，通常只需要改变纤芯的形状或者包层中空气孔的形状及排列方式，从而破坏光纤的对称性就可以得到很高的双折射。传统保偏光纤的双折射在 10^{-4} 量级，而光子晶体光纤可以实现高出其一个量级的双折射[30]。

1. 光子晶体保偏光纤的设计与制备

与传统石英光纤的制备过程类似，光子晶体光纤的制备过程大体上也可以分为两个步骤，首先是光子晶体光纤预制棒的制备，然后将预制棒拉制成光子晶体光纤。气相沉积工艺在传统光纤预制棒制备过程中的应用已经相当成熟，但不能满足结构复杂的光子晶体光纤预制棒的制备要求，经过科研人员的努力，有多种方法被提出来用于光子晶体光纤预制棒的制备，其中最早采用且应用最广泛的是毛细石英管“堆-拉”技术。

光子晶体保偏光纤预制棒是由毛细石英管按照特定排列方式堆叠形成的，为了实现特定的保偏性能，需要对毛细石英管的内外径比例、内外孔形状及堆叠排列方式进行设计，最常见的实现方式是通过改变纤芯周围相互垂直的两个方向上毛细石英管的内外径比例，达到破坏光纤六重旋转对称性的目的，使光波在这两个方向上的横向传播性质产生差异，实现高的双折射，满足保持偏振的要求。另外，将毛细石英管的内孔设计成椭圆形并使椭圆的排列方向一致，或者将毛细石英管沿不同方向按不同的周期进行排列都可以使光纤具备保偏性能。

在毛细石英管准备好之后，将其按设计排列方式堆积在一起，再把堆积好的毛细石英管放到尺寸合适的薄壁石英套管中，并使毛细石英管和石英套管的两端熔在一起以使结构固定，制成光子晶体光纤预制棒。在预制棒完成以后，就可以将其放入光纤拉丝塔中进行光纤的拉制。在拉丝过程中，由于熔融材料流动的黏滞性、表面张力及压力等因素的影响，光纤的结构会发生变形，导致最终的光纤与设计光纤存在偏差。为了保证光纤的拉制质量，需要对光纤的加热温度、预制棒的供给速度、拉丝速度及气流的流速等参数进行严格的控制。对于最常用的纯石英材料，温度一般控制在1700～2000℃，低于传统光纤的熔融加热温度，这样做主要是为了防止空气孔的塌缩。

2. 光子晶体保偏光纤的特点

与传统保偏光纤相比，光子晶体保偏光纤不仅具有更高的保偏能力，还具备

一些独特的优势，在很多光纤传感应用中尤为重要。

1）优越的温度性能

传统保偏光纤是由应力区引起的弹光效应而产生高的双折射，由于传统光纤至少由两种材料组成，它们的热膨胀系数不一致，光纤的保偏性能会随温度和弯曲应力发生变化，而光子晶体保偏光纤是由单一材料制成，温度对其保偏能力的影响很小。其温度敏感性在很大程度上比传统石英光纤低，这在干涉型光纤传感等对偏振度要求较高的场合应用是非常重要的。

2）良好的抗辐照性能

在传统石英光纤中，高折射率纤芯是通过在纯石英材料中掺锗实现的，光信号的能量主要集中在纤芯中传播。在辐照条件下，纤芯中的锗离子等掺杂离子会使光纤产生“着色”效应，导致光信号的损耗大幅增加。光子晶体光纤由单一材料构成，纤芯中没有对辐照敏感的杂质离子，使得其抗辐照能力明显增强。

3）独特的损耗性能

在光子晶体光纤中，材料的吸收损耗与模场在光纤材料中的分布比例密切相关，通过对光纤设计和拉制过程的严格控制，这一比例可以在改进的全内反射光子晶体光纤的接近100%到空芯光子带隙光子晶体光纤的不足1%之间灵活调节，光子晶体光纤的材料吸收损耗可以降到极低的水平。空芯光子带隙光子晶体光纤不仅具备成为具有超低损耗光纤的潜力，而且其靠光子带隙效应导光，对弯曲不敏感，使其在弯曲半径要求较小的应用领域具有重要的价值。在文献[30]中，两种结构类型的光子晶体保偏光纤，在弯曲半径为5mm情况下，其偏振串音变化量小于0.2dB。

由于光子晶体保偏光纤具有一系列优异的性能，其在光纤传感领域具有很好的应用前景。由于其结构的特殊性，为确保光子晶体保偏光纤良好的性能得以发挥，在处理和使用过程中要保证空气孔不被污染或堵塞。在与其他光纤熔接过程中，应选择合适的熔接参数，避免或减少空气孔的塌缩。

3.7.4 光子晶体光纤在光纤传感中的应用

1. 光纤温度传感应用

随着光子晶体光纤传感技术的发展，人们设计出不同结构的光子晶体光纤，利用不同的测量原理实现了温度传感和测量。采用光子晶体光纤进行分布式布里渊温度传感时，散射光谱中存在多个布里渊谐振峰，不同的布里渊谐振峰对应的温度变化系数不同，通过对多个谐振峰的同时测量可以实现较大范围温度的测量。此外，基于光子晶体光纤的表面等离子体共振传感器也可用于温度的测量。

2. 光纤应变传感应用

光纤光栅是一种在光纤传感领域有重要应用的光纤器件，采用光子晶体光纤光栅进行应变传感测量具有新的特点。采用空间周期性的电弧放电法在光子晶体光纤中写入长周期光纤光栅，利用该光栅可以实现对温度不敏感的弯曲和应变的同时测量。

3. 光纤弯曲传感应用

光子晶体光纤可以很容易实现多纤芯传光，多个纤芯相互靠近，在利用光波干涉原理进行传感测量时，具有很好的抗干扰能力。Blanchard 等于 2000 年使用单根三芯光子晶体光纤完成了原来需要三个传感器的二维弯曲测量，通过单波长干涉技术提取传感信号，把这一传感结构用于大桥在载荷情况下形变的测量。2001 年，MacPherson 等提出了一种全光纤曲率传感器，采用双芯光子晶体光纤作为双光束干涉仪，两光束的相位差是两纤芯所在平面内的弯曲曲率的函数，采用宽带光源照明，并对远场干涉图在某一点的光谱进行记录，利用三波长相位恢复算法得到相位信息，进而实现了对曲率的传感[31]。

4. 光纤角速率传感应用

采用传统石英光纤的光纤陀螺仪中，克尔效应、偏振误差和 Shupe 效应等引起的误差限制了光纤陀螺精度的提高。由于光子晶体光纤具有更低的温度灵敏度、磁场灵敏度和应力敏感性，更低的非线性克尔效应，以及极低的弯曲损耗。采用光子晶体光纤可以减小瑞利背向散射、克尔效应和磁场造成的陀螺零偏漂移。

采用光纤晶体保偏光纤代替传统的双折射石英保偏光纤可以得到更稳定的光纤线圈，其抗辐照性能也优于石英芯保偏光纤，更适合在空间领域及辐照环境中应用。采用光子晶体光纤掺铒光纤光源代替传统的掺铒光纤光源可以得到更稳定的光源，有利于提高光纤陀螺的稳定性。目前，光子晶体光纤陀螺尚处于实验室研究阶段[19]。

5. 光纤微量物质检测应用

光子晶体光纤的多孔结构为光场与物质的相互作用提供了充分的空间，利用这一优势可以对气体、液体及微量化学物质的种类及含量进行测量，在生化检测、环境监测及泄露预警等领域极具发展潜力。在光子晶体光纤纤芯处增加一个小空气孔，在小空气孔中充入微量液体或气体，光波在纤芯中传播时可以显著改善光波与样品的交叠效率，通过小孔中的倏逝波可实现对微量液体或气体的检测。另外，直接在光子晶体光纤包层的大量空气孔中充入化学物质同样可以实现高灵敏检测。

总之,与传统石英光纤相比,光子晶体光纤具有更低的温度和应力敏感性、抗弯曲和抗辐射性能好、拉伸强度高等优点。可以预见,光子晶体光纤材料的出现,对解决光纤传感技术发展中的问题提供了一种新的方案。目前,光子晶体光纤价格昂贵限制了其进一步应用,随着光子晶体光纤产品技术的日渐成熟和成本降低,光子晶体光纤有望在高精度光纤陀螺仪、其他光纤传感器及环境适应性要求高的应用领域获得应用。

参考文献

[1] 丁东发,王巍. 两种新型光纤在光纤陀螺中的应用探讨. 全国第二届塑料光纤、聚合物光子器件研究、生产和应用会议文集,2006:51-55

[2] 廖延彪. 光纤光学. 北京:清华大学出版社,2000

[3] 廖延彪. 偏振光学. 北京:科学出版社,2003

[4] Lefèvre H C. The Fiber-Optic Gyroscope. Boston:Artech House,1993

[5] 蔡春平. 偏振保持光纤的模式双折射. 应用光学,2004,25(1):39-42

[6] Itu-T G. 650. 1 definitions and test methods for linear, deterministic attributes of single-mode fiber and cable,2002

[7] Itu-T G. 650. 2 definitions and test methods for statistical and non-linear attributes of single-mode fibre and cable,2002

[8] IEC 62349 Tr Ed 1. 0:Guidance for polarization crosstalk measurement of optical fibre,2005

[9] 胡先志,刘泽恒. 光纤光缆工程测试. 北京:人民邮电出版社,2001

[10] Cancellieri G, Ravaidi U. Measurements of optical fibers and devices: Theory and experiments. Dedham,M A,1984

[11] Takada K. Precision measurement of model birefringence of highly birefringent of fibers by periodic lateral force. Applied Optics,1985,24(24):4387-4391

[12] Legre M,Wegmuller M,Gisin N. Investigation of the ratio between phase and group birefringence in optical single-mode fibers. Journal of Lightwave Technology,2003,21:3374-3378

[13] Zhang P G,Halliday D I. Measurement of the beat length in high birefringent optical fiber by way of magneto-optic modulation. Journal of Lightwave Technology, 1994, 12(4): 597-602

[14] Wegmuller M,Legre M,Gisin N. Distributed beatlength measurement in single-mode fibers with optical frequency-domain reflectometry. Journal of Lightwave Technology,2002,20: 828-835

[15] 王韩毅,任立勇,张亚妮,等. 基于波长扫描调制法测量保偏光纤的偏振特性. 光电子·激光,2007,18(11):1336-1339

[16] Zhou K,Ngo N Q,Tjin S C,et al. A simple Sagnac interferometric technique for measuring the beat length of linearly birefringent fibers. Optics Communication,2004,231:187-190

[17] Dianov E M, Golant K M, Khrapko R R, et al. Nitrogen doped silica core fibres: A new type of radiation-resistant fibre. Electronics Lttters, 1995, 31(17): 1490-1491

[18] Tasai K, Kim K, Morse T F. General solution for stress induced polarization in optical fibers. IEEE Journal of Lightwave Technology. 1991, 9: 7-17

[19] 王巍. 干涉型光纤陀螺仪技术. 北京: 中国宇航出版社, 2010

[20] Govind P Agrawal. 非线性光纤光学原理及应用. 贾东方, 余震虹译. 北京: 电子工业出版社, 2002

[21] Wang X F, Wang W. Scanning interferometer for measurement of polarization cross-coupling in fiber-optic gyroscope. Pro. SPIE, 2006: 6357

[22] 赵勇. 光纤传感原理与应用技术. 北京: 清华大学出版社, 2007

[23] 刘德明, 孙军强, 鲁平, 等. 光纤光学(第二版). 北京: 科学出版社, 2008

[24] Cregan R F, Mangan B J, Knight J C, et al. Single-mode photonic band gap guidance of light in air. Science, 1999, 258 (5433): 1537-1539

[25] Birks T A, Knight J C, Russel P St J, et al. Endlessly single-mode photonic crystal fiber. Optics Letters, 1997, 22 (13): 961-963

[26] Knight J C, Birks T A, Atkin D M, et al. All-silica single-mode fiber with photonic crystal cladding. Optics Letters, 1996, 21: 1547-1549

[27] Hoo Y L, Jin W, Ju J, et al. Design of photonic crystal fibers with ultra-low, ultra- flattened chromatic dispersion. Optics communication, 2004, 242(4-6): 327-332

[28] Ferrando A, Silvestre E, Andres P, et al. Designing the properties of dispersion-flattened photonic crystal fibers. Optics Express, 2001, 9(13): 687-697

[29] Chen D, Shen L. Ultra-high birefringent photonic crystal fiber with ultra-low confinement loss. IEEE Photonics Technology Letters, 2007, 19(4): 185-187

[30] Suzuki A, Tanaka M, Yamaguchi S, et al. Polarization maintaining photonic fibers. Pro. SPIE, 2003, 5246: 366-374

[31] Macpherson W, Gander M J, Mcbrder, et al. Remotely addressed optical curvature sensor using multicore photonic crystal fibre. Optics communication, 2001, 193: 97-104

第 4 章　光纤耦合器

光纤耦合器是一种在干涉型光纤传感中广泛应用的光无源器件，通常是由两根或多根光纤波导构成的耦合系统，其作用主要是将光信号进行分束和合束。在干涉型光纤传感中，主要使用 2×2(1×2)、3×3(1×3)单模和保偏光纤耦合器。熔锥型光纤耦合器损耗低、温度稳定性好、结构简单坚固、尺寸小、可靠性高、易于批量生产、成本较低，适合光纤传感应用。对于干涉型光纤传感来说，通常使用单窗口窄带光纤耦合器，目前，常用的工作波长有 1310nm 和 1550nm 两种。

4.1　光纤耦合器工作原理

光波在光纤中利用全反射原理进行传输，在全反射时光波不是在界面上被全部反射回纤芯的，而是透入包层介质中并沿界面传播一段距离(波长量级)，最后返回纤芯，透入到包层中的这个波场，称为消逝场。也即光在光纤波导传输过程中，部分光能量集中在纤芯中，少部分光能量存在于包层中，当两波导靠近时，将会通过消逝场进行能量交换，产生两波导之间的横向耦合，光纤耦合器的工作原理就建立在波导横向耦合理论的基础上。由两根光纤构成的熔锥型光纤耦合器如图 4.1 所示，不同归一化频率光纤中光功率的分布如图 4.2 所示。当导模进入熔锥区时，随着纤芯的不断变细，光纤的归一化频率 V 值逐渐减小，有越来越多的光功率渗入光纤包层中；在输出端，随着纤芯的逐渐变粗，V 值重新增大，光功率被两根纤芯以特定的比例“捕获”，在熔锥区，两光纤包层合并在一起，纤芯足够逼近，形成弱耦合。

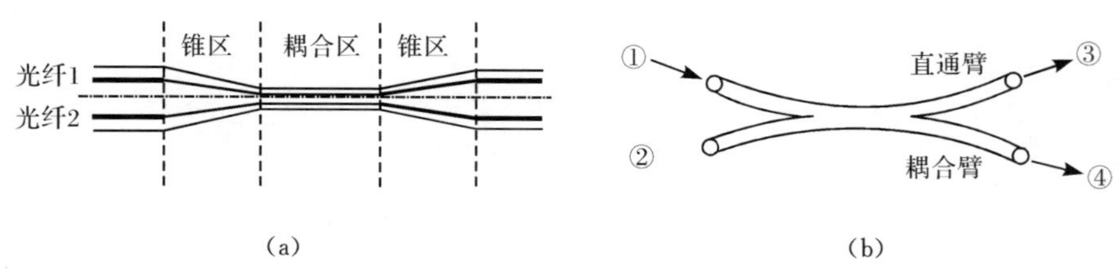

图 4.1　熔锥型光纤耦合器的结构示意图

假定两个圆形光纤波导为无损耗的对称结构，两波导中的光功率分别为

$$\left.\begin{aligned} p_1(z) &= |a_1(0)|^2\cos^2(KL) \\ p_2(z) &= |a_1(0)|^2\sin^2(KL) \end{aligned}\right\} \tag{4-1}$$

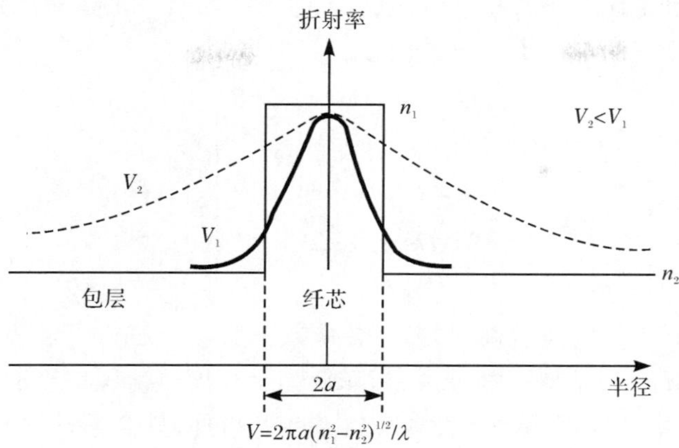

图 4.2　单模光纤耦合器的消逝场耦合示意图

式中，$a_1(0)$为波导 1 中注入光信号的幅值；K 为耦合系数；L 为耦合距离。式(4-1)表明光功率在两波导之间随 L 周期性地交替变化，如图 4.3 所示。由于实际拉锥制备光纤耦合器时，随着光纤熔融拉伸长度的增加，波导越来越细，耦合系数越来越大，所以功率交换周期逐渐缩短。当波导中传输的两光波相位差为 $\pi/2$ 时，光功率完全由波导 1 耦合到波导 2 中，则耦合距离应满足

$$\sin^2(KL)=1,\quad L=m\frac{\pi}{2K}\quad (m\text{ 为奇数})\tag{4-2}$$

一般情况下，两波导的传播常数不相等，光功率不可能达到 100％交换。在熔融拉锥制备光纤耦合器时，通过控制拉伸长度停止点就可得到所需任意分光比的光纤耦合器。

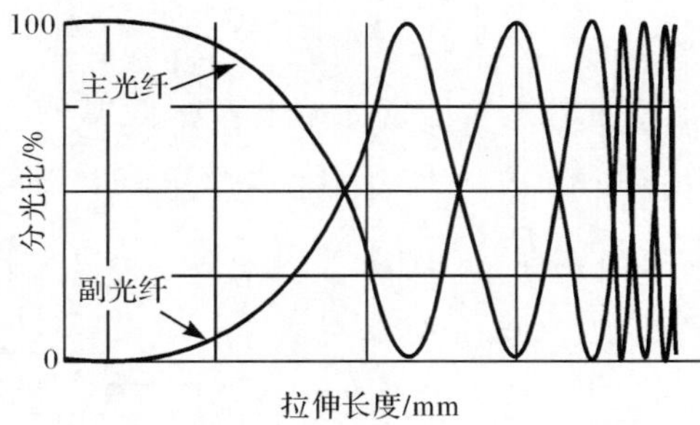

图 4.3　无损耗两耦合光纤的功率交换与拉锥长度的关系

两根光纤波导耦合区均匀一致时，耦合系数 K 为[1,2]

$$K=\frac{(2\Delta)^{1/2}U^2K_0(Wd/r)}{rV^3K_1^2(W)}\tag{4-3}$$

式中，r 为光纤纤芯半径；d 为两光纤中心的间距；n_1、n_2 分别为纤芯和包层的折射

率;U、W 分别为光纤的纤芯和包层参量;V 为光纤的归一化频率常数;K_0、K_1分别为零阶和一阶修正的第二类贝塞尔函数。其中

$$\left.\begin{aligned} U &= r\,(k^2 n_1^2 - \beta^2)^{1/2} \\ W &= r\,(\beta^2 - k^2 n_2^2)^{1/2} \\ \Delta &= (n_1^2 - n_2^2)/2n_1^2 \\ V &= krn_1\,(2\Delta)^{1/2} \\ k &= 2\pi/\lambda \end{aligned}\right\} \tag{4-4}$$

由式(4-3)可知,当光纤参数确定时,耦合系数主要与纤芯的半径和两光纤中心间距相关。减小 d 有利于提高耦合系数,降低耦合长度。工程中可通过提高火焰温度,减少两光纤中心的间距来增大耦合器系数。另外,耦合系数还与波长相关,利用这一特性,还可以制备光纤波分复用器。

4.2　光纤耦合器主要性能参数及测试方法

光纤耦合器的主要光学性能参数有分光比、插入损耗、附加损耗、回波损耗、偏振相关损耗、方向性、波长相关损耗(带宽特性)、偏振串音。其中,偏振相关损耗是单模光纤耦合器特有的参数指标;偏振串音是保偏光纤耦合器特有的参数指标。

1. 分光比

分光比(CR)定义为光纤耦合器各输出端口的输出光功率 $P_{\mathrm{out}i}$ 的比值。

$$\mathrm{CR} = \left(\frac{P_{\mathrm{out1}}}{\sum_i P_{\mathrm{out}i}} \times 100\right) : \left(\frac{P_{\mathrm{out2}}}{\sum_i P_{\mathrm{out}i}} \times 100\right) : \cdots : \left(\frac{P_{\mathrm{out}i}}{\sum_i P_{\mathrm{out}i}} \times 100\right) \tag{4-5}$$

对于 2×2 耦合器,分光比参数测试如图 4.4 所示,从耦合器 1 端注入光功率,测出光纤耦合器两输出端的光功率 P_3、P_4,可得光纤耦合器的分光比为

$$\mathrm{CR} = \left(\frac{P_3}{P_3 + P_4} \times 100\right) : \left(\frac{P_4}{P_3 + P_4} \times 100\right) \tag{4-6}$$

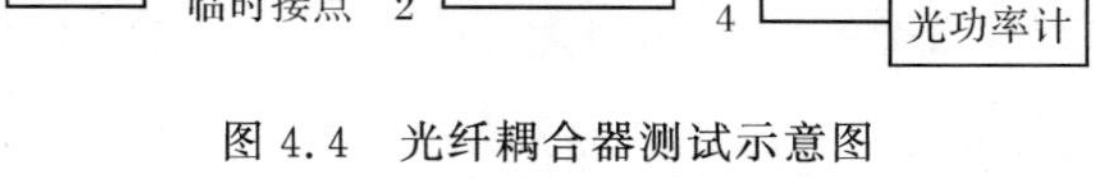

图 4.4　光纤耦合器测试示意图

测试单模光纤耦合器用光源为低偏振光源,要求偏振度小于 5%;而测试保偏光纤耦合器时,则需要采用高偏振的线偏振光源,线偏振光源的消光比一般要求大于 35dB,测试时,务必确保注入光的偏振轴与保偏光纤耦合器的工作轴一致,否

则,分光比的测试结果差异较大。

2. 插入损耗

插入损耗(IL)定义为指定输出端口的光功率 P_{outi} 相对输入端光功率 P_{in} 的减小值,该值通常以分贝(dB)表示,数学表达式为

$$IL_i = -10\lg \frac{P_{outi}}{P_{in}} (dB) \tag{4-7}$$

插入损耗的测量方法一般为截断法,对于 2×2 光纤耦合器先测量光纤耦合器两输出端的光功率 P_3 和 P_4,然后在输入端临时接点后截断光纤,测出截断处的光功率 P_1 即可。在没有损耗的理想情况下,分光比为 50∶50 的 2×2 光纤耦合器的插入损耗为 3dB,故也称该种光纤耦合器为 3dB 耦合器。

3. 附加损耗

附加损耗(EL)定义为所有输出端口的光功率总和相对于输入光功率 P_{in} 的减小值,该值以分贝(dB)表示的数学表达式为

$$EL = -10\lg \frac{\sum P_{outi}}{P_{in}} (dB) \tag{4-8}$$

对于光纤耦合器来说,附加损耗是体现光纤耦合器制备工艺质量的指标,反映的是光纤耦合器制备过程带来的固有损耗。保偏光纤耦合器的附加损耗不仅与制备工艺相关,还与保偏光纤的性能参数和结构参数密切相关。

4. 回波损耗

回波损耗(RL)也称为背向反射损耗。光在光纤耦合器中传播时,绝大多数光信号都从光纤耦合器的输出端输出,只有很少的一部分光信号沿输入端反射回去,回波损耗就是衡量后向反射光功率大小的参量。假定光纤耦合器输入端的光功率为 P_1,沿 1 端返回的光功率为 P',则定义回波损耗为

$$RL = -10\lg \frac{P'}{P_1} (dB) \tag{4-9}$$

以下介绍两种光纤耦合器回波损耗测试方法。

1) 测试方法一

以 2×2 光纤耦合器为例,测量如图 4.5 所示。先测出 2 端光功率 P_1,然后在 3 端剪断被测光纤耦合器,同时测出 3 端光功率 P_3,最后将 3 端放入匹配液中,测出 2 端光功率 P_2。则被测光纤耦合器的回波损耗为

$$RL = -10\lg \frac{2(P_1 - P_2)}{P_3} (dB) \tag{4-10}$$

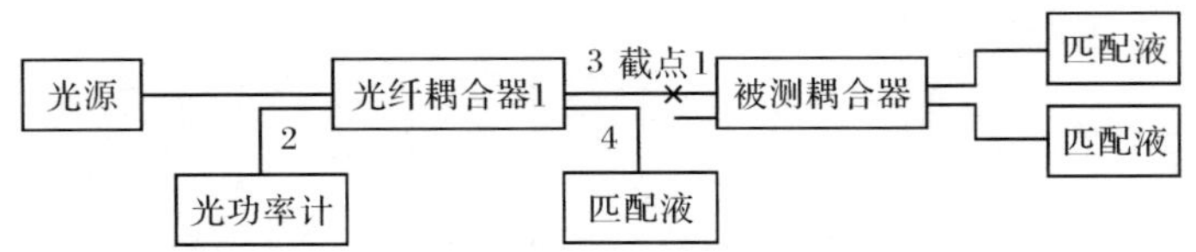

图 4.5 光纤耦合器回波损耗测试示意图

在图 4.5 的测试系统中，通常要求光纤耦合器 1 的分光比为 49∶51～51∶49，附加损耗小于 0.10dB，图 4.5 中 1 和 3 处光纤的连接损耗小于 0.20dB。测试中，光纤耦合器的空端需要采取浸渍匹配液、小曲率弯曲光纤等方式消除端面反射。

2）测试方法二

直接采用背向反射测试仪测试，如图 4.6 所示，测试中要注意被测器件末端的终止处理以及和背向反射测试仪的连接，减小这些因素对测试结果的影响。

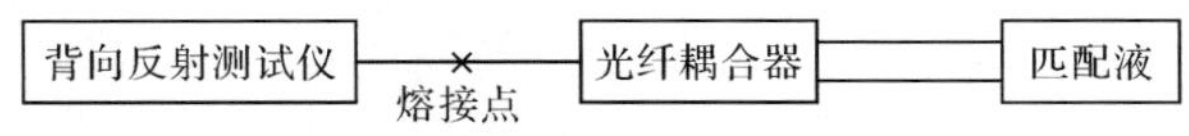

图 4.6 背向反射损耗测试示意图

5. 偏振相关损耗

偏振相关损耗（PDL）是单模光纤耦合器特有的参数指标。定义为在输入功率 P_0 不变的条件下，输出支路的功率 P_i 随着输入偏振态改变时的最大相对变化量，称为此输出支路的偏振相关损耗，计算公式如下

$$\mathrm{PDL}=-10\lg\frac{P_{i\min}}{P_{i\max}}(\mathrm{dB}) \tag{4-11}$$

偏振相关损耗的测试方法有两类：扫描法和固定态法。扫描法是最基本的方法，重复性较好；固定态法又分为三态法（琼斯（Jones）矩阵法）、四态法（穆勒（Mueller）矩阵法）和六态法。

基于扫描法的一种测试 2×2 单模光纤耦合器偏振相关损耗的示意图如图 4.7所示，通过调节偏振控制器，测出 3 端的光功率最大值和最小值，即可按照式(4-11)计算出 3 端的偏振相关损耗；同样可测出 4 端的偏振相关损耗。测试系统中偏振光源的消光比一般要求在 20dB 以上，功率稳定性要优于 0.002dB/半小时。另外，要求偏振控制器在改变偏振态时，不能造成插入损耗变化，由偏振控制器引起的插入损耗变化不应超过 0.005dB。

6. 波长相关损耗

波长相关损耗实际上反映的是光纤耦合器的带宽特性指标，耦合器的插入损耗随着工作波长的不同会产生变化，通过测量不同工作波长时的插入损耗，就可

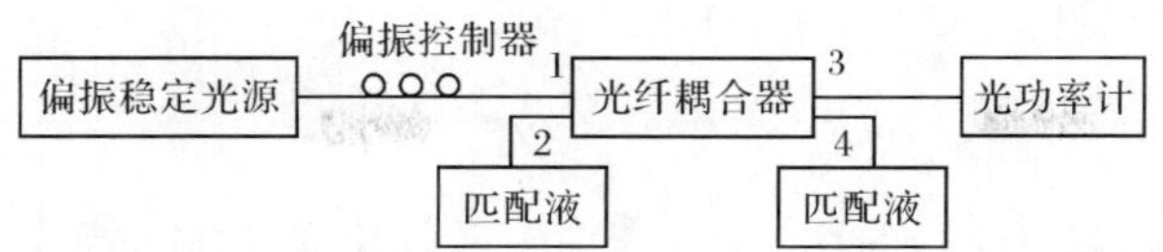

图 4.7　单模光纤耦合器的偏振相关损耗测试示意图

以确定耦合器插入损耗的波长相关程度。通常定义在工作带宽范围内测得的插入损耗差值除以带宽，所得结果为波长相关损耗值，单位为 dB/nm。2×2 光纤耦合器波长相关损耗测试如图 4.8 所示。

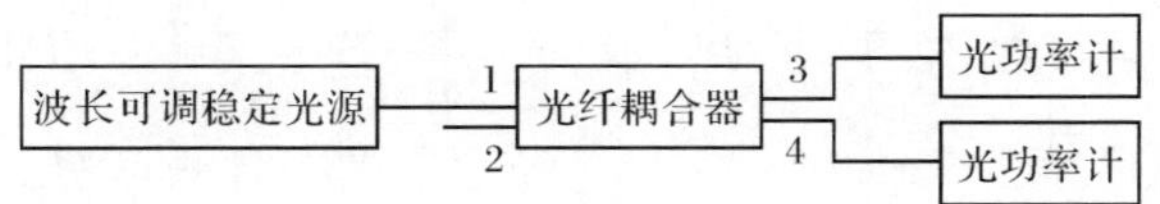

图 4.8　光纤耦合器波长相关损耗测试示意图

7. 偏振串音

偏振串音是保偏光纤耦合器的重要性能参数。保偏光纤耦合器中，由于保偏光纤本身有限的保偏性能、定轴存在误差、熔融拉锥过程中造成的双折射变化、残余应力等难以消除的因素，当线偏振光沿某主轴注入时，会在正交轴方向上激发起偏振模。要绝对消除正交偏振模是不可能的，实际中要将这些不利因素限制在允许的范围内，保证器件有尽可能高的偏振串音指标。

偏振串音测试方法如图 4.9 所示，沿被测保偏光纤耦合器输入端的工作轴注入线偏振光，其强度为 P_0，测量一个输出端工作轴和其正交方向的输出光强分别为 P_1 和 P_2，按照式(3-29)计算出偏振串音。测试时一般应保证输入端沿其工作轴注入光信号的消光比不低于 35dB。

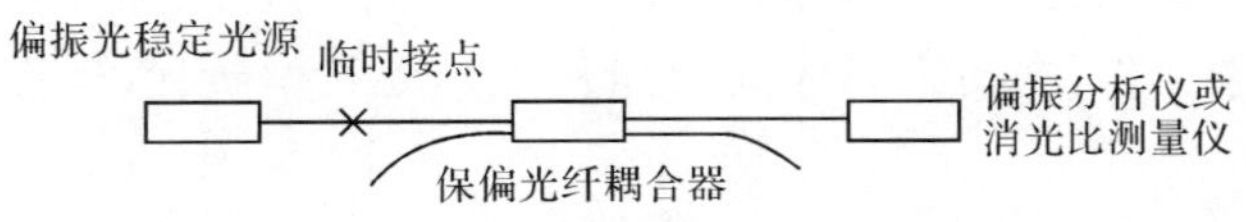

图 4.9　保偏光纤耦合器偏振串音测试示意图

4.3　2×2 光纤耦合器性能参数设计与制备工艺

4.3.1　光纤耦合器主要光学性能参数设计

1. 分光比设计

在干涉型光纤传感中广泛使用 3dB 耦合器。由式(4-2)可知，当式(4-12) 成

立时,可实现 50：50 分光比要求,即[3]

$$KL=\frac{\pi}{4}+n\pi,\quad n=0,1,2,\cdots \tag{4-12}$$

式中,K 为耦合系数;L 为耦合长度。采用熔融拉锥工艺制备光纤耦合器时,熔锥区域不同位置处的光纤几何参数不一样,因此耦合系数 K 值不是一个固定值,越接近耦合区中间位置,耦合系数越大。随着拉锥长度的增大,耦合效率越来越快,耦合长度越来越小。考虑制备光纤耦合器时总的拉伸长度,对于包层直径为 125 μm的单模光纤,耦合系数 K 平均值一般为$\frac{\pi}{60\text{mm}}\sim\frac{\pi}{20\text{mm}}$;包层直径为 80 μm 的单模光纤,耦合系数 K 平均值一般为 $\frac{\pi}{40\text{mm}}\sim\frac{\pi}{20\text{mm}}$。当耦合器分光比为 50：50时,包层直径为125μm 和 80 μm 光纤对应的拉伸长度分别为 5～15mm 和 5～10mm。在同样的工艺条件下,采用包层直径为 80 μm 的细径光纤制备光纤耦合器时,拉伸长度较短,耦合器尺寸较小。

2. 附加损耗设计

用于制备单模光纤耦合器的光纤本身损耗通常小于 0.5dB/km,而耦合器用光纤的总长度一般仅为几米,对应的理论损耗不大于 0.003dB。实际制备的光纤耦合器损耗通常要比理论值大,主要是耦合区的损耗引起的,与熔融拉锥工艺和耦合器结构相关。熔锥型光纤耦合器的模型如图 4.10 所示,把耦合器熔锥过渡区看成圆锥型光纤,光纤直径随着光纤拉伸长度呈线性变化。随着光纤直径的逐渐减小,首先是光波逐渐从纤芯进入包层中传播,光纤包层与周围环境介质(如空气)形成二次波导,在包层中传输的光波在边界处的反射角随着反射次数的增加而不断减小,全反射条件易被破坏,可能会出现不满足全反射的情况,从而造成部分光波泄漏,引起耦合器附加损耗增大。

根据全反射条件,要使入射光线都能从锥形光纤中传播,如图 4.10 所示,需保证光纤长度 l 满足

$$l\geqslant\frac{(a_2-a_1)\cos\theta}{\frac{a_1}{a_2}\left[1-\left(\frac{n_2}{n_1}\right)^2\right]^{\frac{1}{2}}-\sin\theta} \tag{4-13}$$

式中,n_1为光纤的折射率;n_2为外界介质的折射率;a_2、a_1分别为锥形光纤入射端和出射端的半径;θ 为入射角。如果锥区光纤长度较短,则会造成损耗增大。耦合器锥区光纤长度的控制由拉锥工艺参数(如火焰温度、加热区宽度、拉伸速度等)决定,制备小尺寸耦合器时,由于锥区光纤长度较短,损耗相对较大。当干涉型光纤传感用单模光纤耦合器的封装长度为 25～30mm 时,其典型附加损耗为 0.3dB;封装长度为 20mm 时,其拉锥距离更短,δ 锥角更大,附加损耗通常达到 0.5dB 以上。

对于光纤通信和某些对器件尺寸要求宽松的应用而言，耦合器的封装长度通常在 40～60mm，单模耦合器的附加损耗可低于 0.1dB。

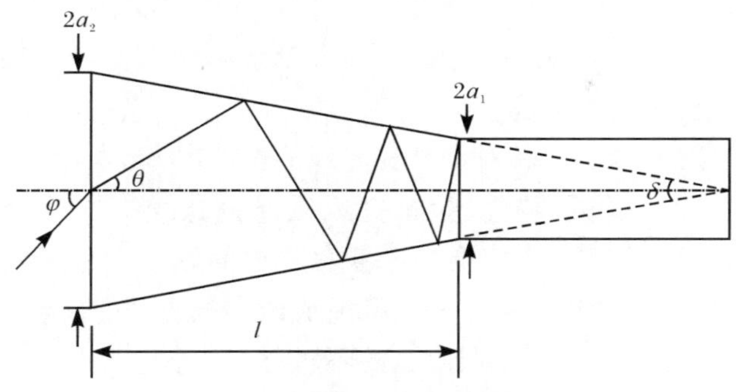

图 4.10 锥形光纤中子午光线传播示意图

3. 回波损耗设计

不考虑光纤耦合器输出光纤端面反射时，回波损耗主要由光纤自身的后向瑞利散射引起，其值一般大于 60dB。在干涉型光纤传感器中，要避免光纤耦合器空置端的端面反射。光纤端面处理工艺直接决定回波损耗大小，通常有三种处理光纤端面工艺方法，可使器件回波损耗达到 55dB 以上，一是将光纤端面切割后，使端面与光纤轴向的夹角小于 82°；二是将光纤末端加热熔融成球形；三是在光纤端面上涂抹折射率匹配胶，将光波引出。

4. 偏振相关损耗设计

制备单模光纤耦合器过程中，由于光纤中残留的双折射和熔锥区光纤几何形状非圆对称引起的双折射，都会影响偏振相关损耗指标。单模光纤耦合器的耦合状态通常有弱熔和强熔两种，弱熔状态下耦合区截面形状为哑铃形，这种形状产生较大的双折射，造成器件偏振相关损耗较大；而强熔状态下耦合区截面形状接近圆形，降低了形状双折射对偏振相关损耗性能的影响。另外，采用扭烧工艺要比平烧工艺制备的单模耦合器偏振相关损耗大，主要原因是扭烧工艺中，两个扭结点处不对称应力影响明显。扭烧弱熔工艺制备的单模光纤耦合器的偏振相关损耗通常在 0.1～0.2dB，而平烧强熔工艺制备的单模光纤耦合器的偏振相关损耗一般小于 0.1dB。在平烧强熔工艺基础上，通过优化工艺参数，可制备偏振无关型单模光纤耦合器，其偏振相关损耗低于 0.05dB。

5. 偏振串音设计

保偏耦合器的工作原理与波导耦合理论一致，沿保偏光纤的某一偏振轴注入线偏振光时，由于快慢轴的传播常数差异，造成相位失配，这样光在沿快慢轴的正交偏振态间不发生耦合，而平行偏振轴之间发生耦合，从而既能分光又能保持光沿某一光轴的偏振态不发生改变。实际制备保偏光纤耦合器的过程中，对轴误差、拉锥工艺造成保偏光纤双折射性能下降等都会影响保偏光纤耦合器的偏振串音性能指标，其主要影响因素有：

(1) 对轴精度的影响，尤其对耦合臂光纤的偏振串音影响大；

(2) 光纤本身的双折射特性、拉锥完成后保偏光纤结构及形状双折射的影响，采用强熔工艺可降低耦合锥区形状双折射造成的偏振串音性能劣化；

(3) 光纤包层自身的扭转程度和拉锥造成的偏振主轴的旋转；

(4) 封装材料对保偏光纤包层附加的不对称应力。

以熊猫型保偏光纤制备保偏光纤耦合器为例，如图 4.11 所示。当耦合区内两根熊猫型保偏光纤的偏振主轴夹角为 $\Delta\theta$ 时，根据光纤耦合理论可知，耦合端光纤 2 中沿偏振主轴 x 和 y 方向的输出功率分别为

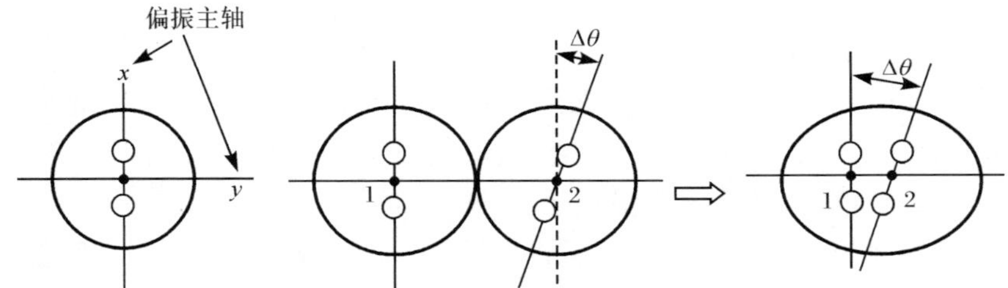

图 4.11　两保偏光纤偏振主轴失配时保偏光纤耦合器截面示意图

$$\left.\begin{aligned} p_{2x}&=|a_1(0)|^2\cos^2\Delta\theta\sin^2(Kz)\\ p_{2y}&=|a_1(0)|^2\sin^2\Delta\theta\sin^2(Kz)\end{aligned}\right\} \tag{4-14}$$

式中，K 为耦合系数；z 为耦合长度；$a_1(0)$为输入光振幅。

当 $\Delta\theta$ 较小时，保偏光纤耦合器 2 端光纤偏振串音为

$$\eta=10\lg\frac{p_{2y}}{p_{2x}+p_{2y}}\approx 10\lg\tan^2\Delta\theta \tag{4-15}$$

定轴误差($\Delta\theta$)与保偏光纤耦合器理论偏振串音 η 绝对值的函数关系如图 4.12 所示。

在干涉型光纤传感应用中，一般要求保偏光纤耦合器的偏振串音小于 −20dB，理论上要求定轴误差不大于 5°。在实际制备保偏光纤耦合器过程中，还有其他一些因素影响两根光纤偏振主轴的失配，如熔融拉锥过程中温度场的不均匀和气流的影响，造成保偏光纤偏振主轴的扭转，导致保偏性能下降，所以制备保偏光纤耦合器时，通常要求偏振主轴的定轴误差小于 3°。

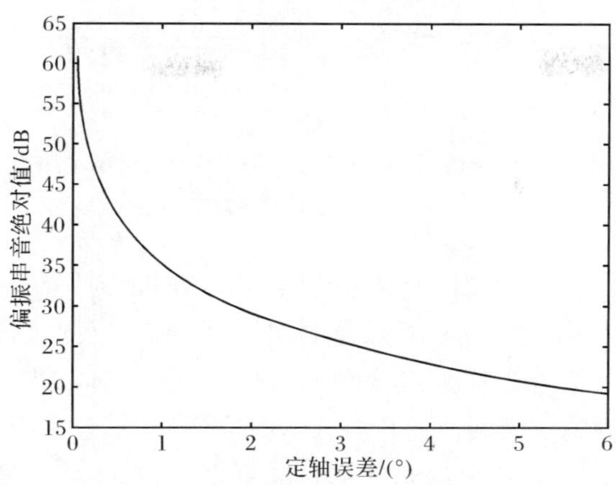

图 4.12　定轴误差与保偏光纤耦合器理论偏振串音绝对值的关系

4.3.2　光纤耦合器制备工艺

1. 单模光纤耦合器制备工艺

单模光纤耦合器的制备方法主要有磨抛法、腐蚀法和熔锥法三种，目前普遍采用的是熔锥法。

熔融拉锥法(熔锥法)制备 2×2 单模光纤耦合器如图 4.13 所示，将两根除去涂覆层的光纤以一定的方式并靠在一起，利用氢氧焰在高温下加热使光纤熔融，同时以一定的速度沿轴向拉伸，在加热区形成拉锥形状，消逝场向外扩展而实现传输功率的耦合。熔融拉锥法具有易于批量生产、控制方法简单、环境性能好、附加损耗低等优点，但是熔拉装置需要精密的微调机构和良好的控制系统，否则工艺的一致性难以保证。熔融拉锥烧结方法有扭烧和平烧两种，如图 4.14 所示。扭烧工艺是将两根光纤相互扭绞 360°，使两根光纤进行靠拢，该工艺一致性较差，扭结应力较大，因此，耦合器制备过程中裸光纤长度不宜过小，否则器件的可靠性会下降。平烧工艺是将两根光纤平行放置，利用辅助工具将两根光纤相向靠拢，该工艺具有可操作性强、一致性好等特点，小尺寸耦合器的制备通常采用该工艺。采用扭烧工艺制备光纤耦合器时，左右两个扭结点之间的距离通常不能低于 10mm，否则会造成光纤内部扭应力过大，器件偏振相关损耗指标降低。

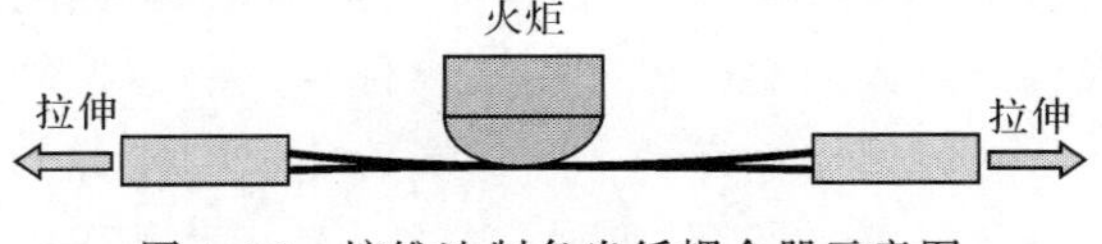

图 4.13　熔锥法制备光纤耦合器示意图

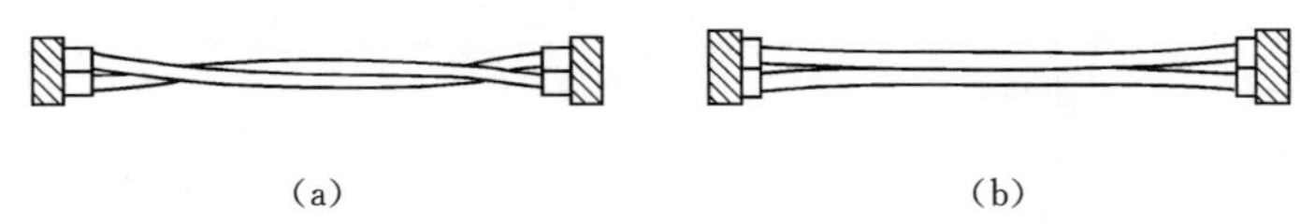

(a) (b)

图 4.14 扭烧和平烧工艺制备光纤耦合器示意图
(a) 扭烧工艺;(b) 平烧工艺

根据熔融加热方式的不同,分成直接加热法和间接加热法。直接加热法是使火焰直接与光纤接触,其优点在于热量利用率高,加热速度快,装置简单,但拉锥过程中,由于喷灯火焰与光纤直接接触,会带来一些不利之处。该法对室内洁净度要求高,来自喷灯的气流会使光纤熔区弯曲或形变,不容易控制熔锥区,影响器件的性能指标,尤其对制备保偏光纤耦合器更不利,在烧结拉锥过程中会造成光纤偏振轴的旋转。间接加热法是让火焰加热套在光纤外的石英管,光纤是通过受热石英管的热辐射来熔融的。此方法可克服直接加热的缺点,但必须提高火焰的温度,并增设石英管旋转装置以保证光纤均匀受热,但给固化封装增大了难度,增加了工艺的复杂性,一般不使用这种方法加热。另外还可采用激光加热方式,比较安全方便,且热场的均匀性好,容易控制[4]。可通过缩短加热区长度来制备小尺寸光纤耦合器。

熔融拉锥法制备光纤耦合器主要包括以下几个步骤:光纤涂层剥离、光纤安置、加热熔融拉锥和固化封装。

采用熔融拉锥法制备光纤耦合器过程中,火焰温度、火焰尺寸、拉伸速度、环境温湿度、固化封装工艺方式等均会影响光纤耦合器的性能和可靠性,尤其是火焰温度、加热区光纤宽度和拉伸速度三个工艺参数会影响光纤耦合器的形状、几何尺寸、光学性能、光纤表面及内部结构特征、光纤内应力分布等。

2. 保偏光纤耦合器制备工艺

采用熔锥法制备保偏光纤耦合器,首先要将两根保偏光纤高精度定轴,使两根光纤的偏振主轴保持平行,定轴误差会直接影响保偏光纤耦合器的偏振串音性能指标。

1) 保偏光纤定轴方法

根据保偏光纤的物理特性和应力结构特征,保偏光纤的定轴方法有两类:一类是纵向观测法,就是指沿保偏光纤芯轴方向观测确定偏振轴方位的方法。纵向观测法仅能确定保偏光纤入射端或出射端端口位置上的偏振轴方位,而制备保偏光纤耦合器时需要从一段保偏光纤的中间位置确定保偏光纤的偏振主轴,因此纵向观测法不适用于制备保偏光纤耦合器的定轴。另一类是横向观测法,即指从垂直于保偏光纤芯轴的方向上观测确定偏振轴方位的方法,它主要是利用保偏光纤的应力结构特征(或快慢轴折射率分布特性)来确定其偏振轴方位。横向观测法主要有横向双折射观测法、显微成像定轴法和激光衍射定轴法。

(1) 横向双折射观测法。横向双折射观测法是通过快慢轴折射率分布不同这一特性确定主轴的位置。当平行光从一侧照射光纤,光束进入光纤后将在各个界面处发生折反射,穿过光纤后,将会在显微镜成像平面上呈现出明暗相间的条纹带,如图 4.15(a)所示。该方法装置简单,操作方便,缺点是定轴精度不高,对光纤的一致性要求较高,匹配液不易处理,很难与拉锥设备集成在一起等。图 4.15(b)、图 4.15(c)分别表示熊猫型保偏光纤 X/Y 轴透射条纹成像图。

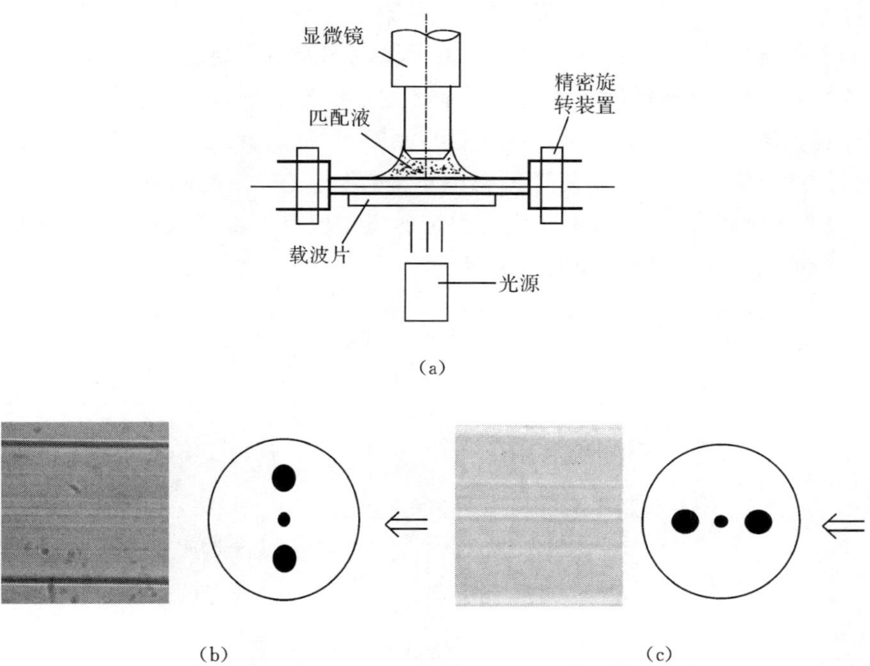

图 4.15　定轴装置(a)及熊猫型保偏光纤 X/Y 轴透射条纹成像图(b)、(c)

(2) 显微成像定轴法。显微成像定轴方法是在横向双折射观测法的基础上,采用显微成像系统观测快慢轴的成像特性。当平行光从一侧光纤照射,光束进入光纤后将在各个界面处发生折反射,光通过光纤后将会在显微镜成像平面上呈现出一定的光强分布,这一光强分布中就包含有保偏光纤快慢轴空间方位的信息。旋转光纤,根据不同方位角情况下的光强分布加以比较,就可以对保偏光纤的偏振轴进行定位。这种方法可实现自动化,且定轴精度较高。显微成像定轴系统如图 4.16 所示。成像系统、光纤的均匀性、光纤应力区结构的对称性以及应力区与包层折射率之差会影响光纤定轴精度。

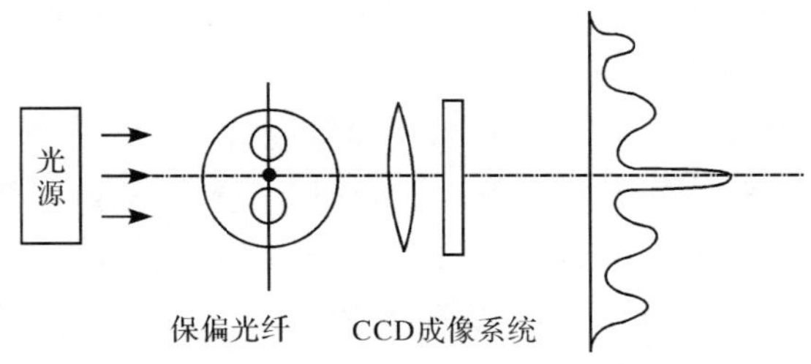

图 4.16　保偏光纤显微成像定轴系统示意图

(3) 激光衍射定轴法。激光衍射定轴方法如图 4.17 所示,激光器发出的红色激光束垂直入射到保偏光纤表面上,由于保偏光纤内部结构的不同导致反射时衍射条纹的差异,旋转保偏光纤通过观察衍射条纹的特征及变化趋势来确定快慢轴的位置。该定轴方法适用于任何类型的保偏光纤,定轴效率高,属非接触式,不易对光纤造成影响。其缺点是定轴精度不高,且受光纤一致性和应力区大小、形状、折射率影响很大,应力区和包层之间折射率差值要求不能太小,否则快慢轴衍射条纹特征差异小,光纤快慢轴不易辨别。

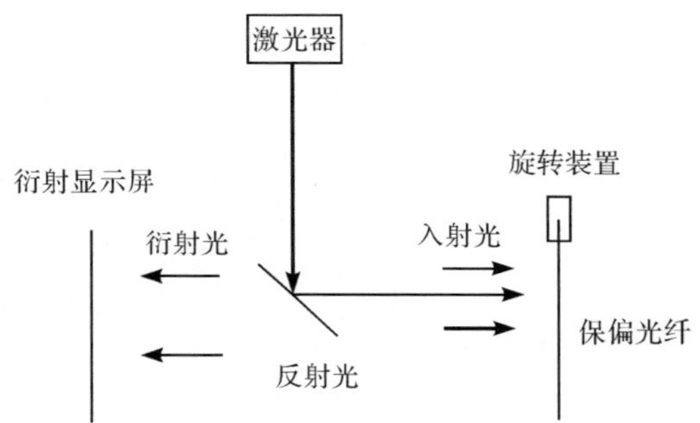

图 4.17　激光衍射定轴系统示意图

为降低保偏光纤耦合器的附加损耗,通常采用匹配型保偏光纤来制备保偏光纤耦合器。匹配型保偏光纤应力区和包层之间的折射率差一般为 0.001～0.003。如果两者之间折射率差过小,则保偏光纤快慢轴特征不明显,定轴误差较大,耦合器偏振串音性能不易保证,且使用时光纤熔接对轴较难。

2) 保偏光纤耦合器的熔融拉锥制备工艺

熔锥法制备保偏光纤耦合器和单模光纤耦合器的不同在于拉锥前要对保偏光纤进行对轴。熔锥型保偏光纤耦合器制备工艺流程如图 4.18 所示,熔锥型保偏光纤截面示意图如图 4.19 所示。为了保证保偏光纤耦合器良好的偏振串音性能指标,需要在拉锥和封装工艺上优化。另外,拉锥装置需要十分精密的微调机构和良好的控制系统。制备保偏光纤耦合器的关键工艺技术为保偏光纤偏振主轴的对中、火焰控制和固化封装技术。耦合区光纤的形状和结构对器件的温度性能也有很大影响。

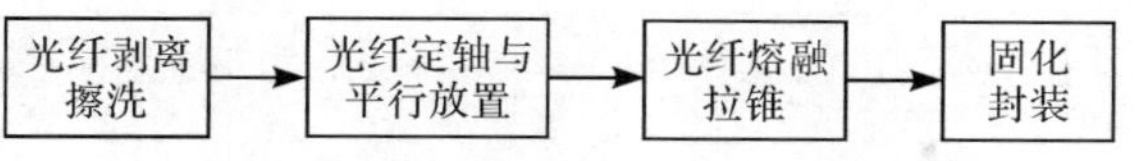

图 4.18　熔锥型保偏光纤耦合器制备工艺流程

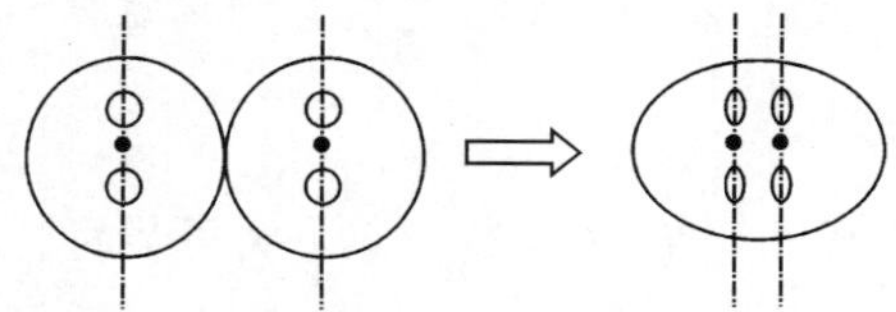

图 4.19　熔锥型保偏光纤耦合器截面示意图

影响熔锥型保偏光纤耦合器性能的主要原因有：

(1) 保偏光纤偏振主轴平行失配。其原因一方面是由定轴误差引起，另一方面是在熔融拉伸过程中，由于温度场的不均匀引起保偏光纤主轴发生旋转，使主轴失配程度增大引起。

(2) 由于在熔融拉锥时，光纤变细，释放了一部分应力，使得保偏光纤的模式双折射下降，造成保偏性能退化。

(3) 应力区与包层之间的折射率匹配程度会影响扩散到熔锥区包层中的光波，引起偏振模式的正交耦合，而且会增大耦合器的附加损耗。

(4) 胶固化时对光纤产生附加应力，导致器件参数漂移，温度性能不稳定，因此采用合适的固化胶和固化工艺至关重要。

(5) 封装材料与光纤的热匹配性影响保偏光纤耦合器温度性能稳定性。

3. 光纤耦合器封装及结构分析

光纤耦合器的结构包括结构件、功能件和黏结剂。结构件主要功能是固定耦合锥区并对其进行保护，一般包括不锈钢管(外层结构)、石英管或热缩套管(中层结构)和石英槽(内层结构)；功能件是能够完成光信号输入/输出、分束/合束功能的光纤组件；黏结剂具有黏结、填充、密封等功能。光纤耦合器内部封装结构如图 4.20所示。光纤耦合器封装主要是利用黏结剂将功能件黏结在结构件的内部并进行密封，使功能件在各种应用环境下保持性能稳定可靠。制备成品光纤耦合器有两次封装，一次是拉锥完成后，利用黏结剂将光纤耦合器锥区固定在石英槽内；二次封装是将一次封装的半成品套上石英圆管或热缩套管后，密封在不锈钢管内。衡量光纤耦合器环境适应性的指标主要包括温度性能、机械性能和耐湿性能。

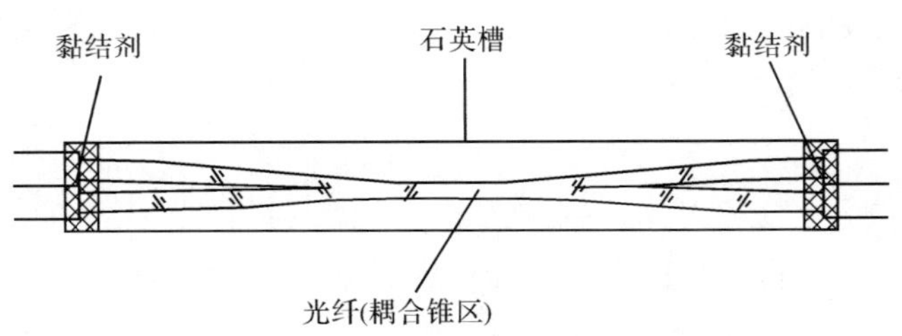

图 4.20 光纤耦合器内部封装示意图

1）封装与温度性能

光纤耦合器温度性能的优劣主要取决于一次封装材料自身的特性以及各材料之间的匹配性。通常采用分光比、附加损耗、插入损耗等光学性能参数随温度的变化趋势、变化量来判断器件的温度性能优劣。一次封装结构设计的重点有两个：①黏结剂的选择；②黏结剂点胶位置。为保证两项指标的温度性能，需选用硬度大、玻璃化温度高、热膨胀系数小的黏结剂，这种黏结剂在一定温度范围内不软化、变形小，能够保持耦合区的耦合状态。另外，考虑黏结的牢固性和稳定性，点胶位置通常选在涂覆层与裸光纤交界处，该位置的光纤强度没有被破坏、能够承受黏结剂对其施加的应力，同时还能保证裸光纤、石英槽和黏结剂充分黏合，提高器件的温度稳定性。

2）封装与机械性能

拉锥完成的光纤耦合器，需要采用固化胶将其黏结在石英槽内，该种工艺的优点是易于批量生产、结构牢固和温度性能好等；但其缺点是耦合器内部光纤悬空固定在石英基板内，形成弦结构。目前光纤通信用光纤耦合器的耦合锥区长度(弦长)一般大于 30mm，成品封装长度大于 40mm，这种器件所承受的机械冲击量级一般为 500g/1ms，一阶谐振频率小于 2000Hz。光纤耦合器弦结构的固有谐振频率与石英槽内部光纤长度(弦长 l)相关。当光纤耦合器在受到垂直于光纤轴向的冲击力作用下，采用材料力学悬臂梁理论对其受力模型进行分析。为简化模型，将石英槽内光纤耦合器等效成一根均匀的长度为 l 的两端固定的光纤悬臂梁，其能够承受的理论加速度为[3]

$$\alpha=\frac{3}{2}\frac{\sigma_b}{\rho l} \tag{4-16}$$

式中，σ_b 为光纤材料的强度极限(屈服强度)(单位为 MPa)；ρ 为光纤材料密度；l 为悬臂梁光纤长度(单位为 m)。

光纤耦合器承受的冲击加速度水平与悬臂梁长度成反比。实际上由于光纤在熔融拉锥过程中，材料特性发生变化，其抗冲击性能会低于理论值。通过对2×2型不同弦长的光纤耦合器固有频率进行仿真分析，所用光纤的包层直径规格为

125 μm,可得到 2×2 光纤耦合器固有频率与光纤弦长的对应关系,见表 4.1。

表 4.1　2×2 光纤耦合器固有频率与光纤弦长的对应关系

频率/Hz \ 光纤弦长/mm	30	25	20	15	10
一阶频率	1132	1718	1950	3243	5295
二阶频率	2768	3880	4176	6150	8948

由表 4.1 可知,当光纤耦合器内部光纤弦长小于 20mm 时,其一阶频率接近 2000Hz。通过缩短光纤悬臂梁长度,可提高光纤耦合器的抗冲击性能和一阶谐振频率。具体实现时,可以采取以下措施:

(1) 采用小尺寸火头、提高火焰温度、摆动扫描加热等方式,优化熔融拉锥工艺,缩短光纤拉锥长度,减小耦合器封装尺寸。

(2) 在封装时采用应力匹配固化胶填充两端光纤耦合臂,缩短内部光纤弦长,提高其抗冲击性能。

(3) 采用特殊的光学固化胶进行内部填充,对耦合区和耦合臂光纤进行保护和支撑,可以使其具备更高的抗冲击能力,但填充材料会影响光纤耦合器的传输性能[5]。

(4) 在石英管(热缩套管)和不锈钢管之间填充具有弹性的填充物,如芳纶或硅胶,在机械振动、冲击环境下,起到减振的作用,提高其抗冲击性能。

3) 封装与耐湿性能

存储环境中,湿度会影响光纤的强度,高湿环境会降低光纤的疲劳因子 n。当水汽侵入耦合器内部,光纤石英表面吸附水汽后会慢慢发生水解反应,使某些硅氧键断裂,使得石英表面的微裂纹在应力作用下变大,最终可导致耦合器失效。

提高光纤耦合器耐湿性能可借鉴光纤的"密封被覆技术",对光纤耦合区进行密封保护,阻挡水分与裸光纤的接触。提高光纤耦合器耐湿性能的另外一个途径是采用防水性能好的密封胶对耦合器两端进行密封,在高湿环境下,可阻止水分进入耦合器内部。

4.4　干涉型光纤传感用光纤耦合器的特性及应用要求

4.4.1　单模光纤耦合器的主要特性

1. 对称性

光纤耦合器理论上是一种完全对称结构,具有互易性。以 3dB 光纤耦合器为例，在理想情况下，以任何一端作为输入端，耦合器的分光比、附加损耗性能指标应是一致的。实际上，由于耦合器在熔融拉锥制备过程中，火焰温场分布不均匀性、光纤扭结或并拢不对称等原因，会造成光纤耦合器的非对称性。一般情况下，单模光纤耦合器的对称性优于保偏光纤耦合器的对称性。

2. 偏振特性

单模光纤耦合器的偏振特性主要表现在器件对输入光信号偏振态的敏感性，偏振相关损耗指标是专门用来衡量器件对于传输光信号偏振态的敏感程度的参量，也称为偏振灵敏度。耦合器输入端光信号偏振态改变时，虽然各输出端的功率之和基本保持不变，但分光比会发生波动。图 4.21 是一只 3dB 单模光纤耦合器的分光比随输入光线偏振方向的周期变化情况，分光比的最大变化量约为 2.0%。

单模光纤耦合器对偏振敏感的原因主要有：

(1) 单模光纤介质波导中存在着残余双折射和外界环境变化引起的双折射。

(2) 采用熔融拉锥法制备单模光纤耦合器过程中，由于温场分布不均匀、气流波动、光纤局部弯曲、扭转、拉伸造成纤芯几何形状变形以及光纤本身的缺陷等，导致光纤耦合器锥区存在残余双折射。

(3) 封装时，固化胶对光纤产生的不对称应力也会产生部分双折射。

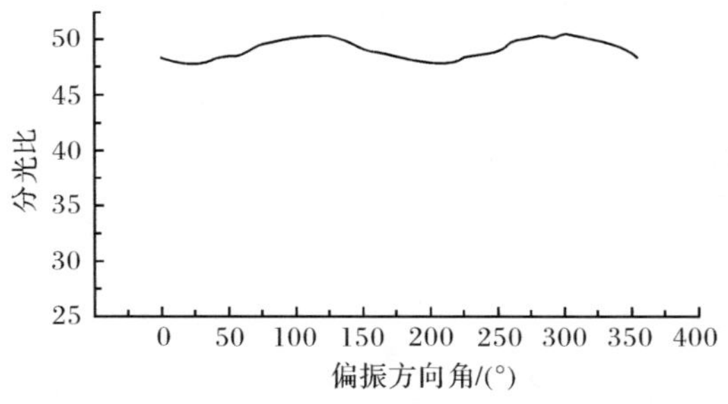

图 4.21　单模耦合器分光比与偏振方向角的关系

普通的 3dB 单模光纤耦合器的偏振相关损耗一般为 0.05～0.15dB，偏振态不稳定引起的光功率变化可达 3.4%。选择低双折射光纤和采用降低耦合器锥区双折射的拉锥工艺，可降低单模光纤耦合器的偏振相关损耗。

表 4.2 为几种不同分光比的 2×2 单模光纤耦合器的偏振相关损耗典型参考值对应关系，从表中可以看出，输出端分光比越小，偏振相关损耗反而越大。通常把偏振相关损耗低于 0.05dB 的光纤耦合器称为偏振无关型光纤耦合器。目前，最好的偏振无关型 3dB 单模光纤耦合器的偏振相关损耗可小于 0.01dB。

表 4.2 2×2 单模光纤耦合器偏振相关损耗与分光比的参考对应关系

序号	1		2		3		4	
分光比	50	50	40	60	30	70	20	80
PDL/dB	0.10	0.10	0.12	0.08	0.15	0.066	0.20	0.05

在光纤传感器中采用单模光纤耦合器时，通常要求光源是低偏振光源，由于单模耦合器的偏振依赖特性，光信号通过后，偏振度将会增大。一般采用扭烧工艺制备的单模光纤耦合器起偏效应较明显，输出端光信号的偏振度可为输入端的1～3倍；而采用平烧工艺制备的单模光纤耦合器起偏效应较低，一般为1～2倍。采用强熔平烧工艺可制备偏振无关型单模光纤耦合器。

3. 带宽特性

由式(4-3)可知，光纤耦合器的耦合系数与波长相关，因此在同样的耦合长度时，不同工作波长，分光比存在差异，利用这一特性可以用来制备光纤波分复用器，通过控制拉伸长度和周期数，可以实现两个不同波长的光信号分离，如图4.22所示。

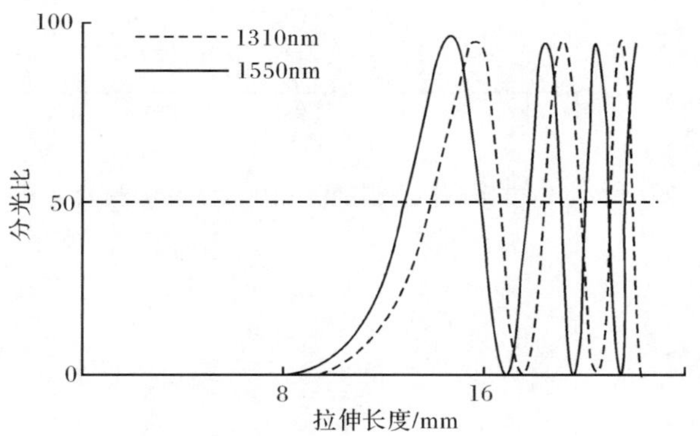

图 4.22 耦合器分光比与拉伸长度的关系

光纤耦合器的带宽特性主要是指波长依赖特性，通常所说的器件分光比和插入损耗指标，均是在某一特定工作波长下测得的。对于1310nm和1550nm单模光纤耦合器而言，附加损耗相对波长变化较小，所以光纤耦合器的带宽特性是指分光比或插入损耗与波长的相互依赖关系。

在干涉型光纤传感中采用宽带光源时，如SLD光源和掺铒光纤光源，光谱宽度通常为10～60nm，理想情况下的SLD光谱为高斯分布的对称型光谱，由于光纤耦合器的分光比与波长相关，光波经过光纤耦合器后，光谱对称性会发生一定程度的改变。

图 4.23 是 1310nm 窄带单模光纤耦合器的分光比随工作波长的变化关系图，分光比的波长相关性约为 0.1nm^{-1}；图 4.24 是 1310nm 宽带单模光纤耦合器的分光比随工作波长的变化关系图，分光比的波长相关性约为 0.03nm^{-1}。将两根同样的光纤直接熔融拉锥而成的通常是窄带光纤耦合器，制备宽带光纤耦合器有两种常用的方法[6]：

(1) 对两根相同光纤中的一根光纤进行预拉伸，改变两光纤的传播常数偏差，再和另一根光纤熔融拉锥制成宽带光纤耦合器。

(2) 直接采用两种结构参数不同的单模光纤来制备宽带光纤耦合器，通常是纤芯直径有差异。

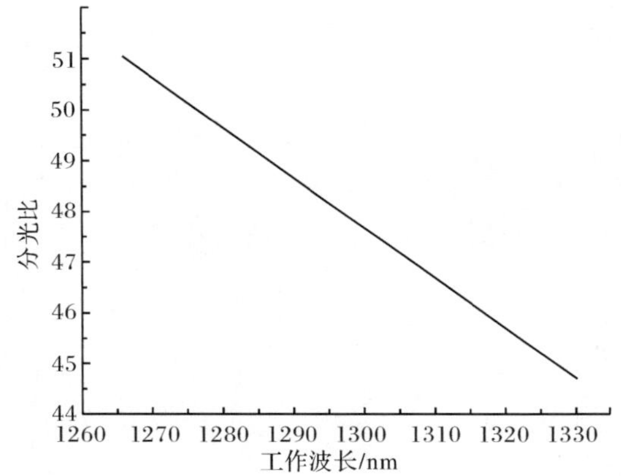

图 4.23　窄带光纤耦合器的分光比与工作波长的关系

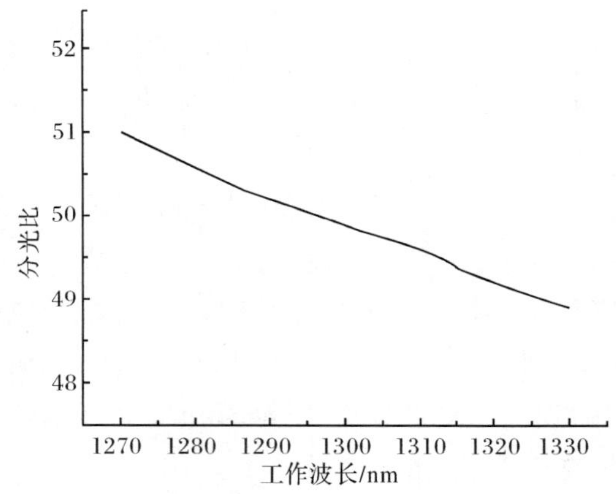

图 4.24　宽带光纤耦合器的分光比与工作波长的关系

4. 温度特性

由于光纤耦合器在制备过程中残余的内应力、光纤和封装材料之间热匹配特性不一致，在温度应力作用下，耦合区产生拉伸或收缩应力，造成耦合器锥区光纤发生微变形，从而引起光学性能发生漂移。单模耦合器的温度性能主要是与固化封装工艺技术相关。目前普通 2×2 单模光纤耦合器的温度稳定性可以达到较高水平，温度在 −50～80℃，分光比的变化量小于 2.0%，附加损耗的变化量小于 0.1dB。图 4.25 为某种 2×2 单模光纤耦合器典型的温度性能在线测试结果，可以看出耦合器在低温下（−50～−20℃）的稳定性较差，分光比变化较大；在高温下则具有良好的稳定性。

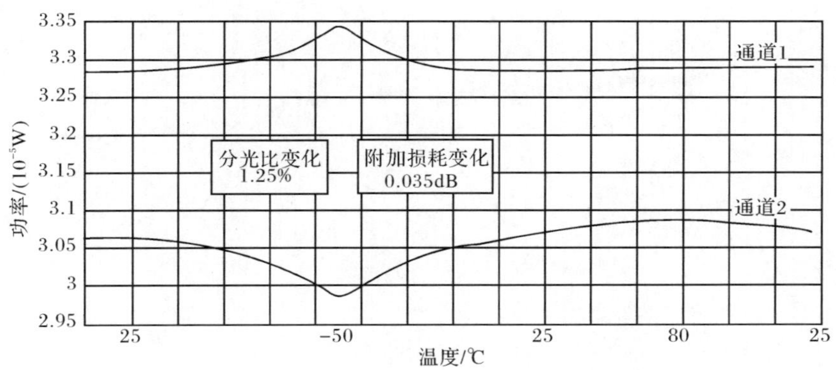

图 4.25　2×2 单模光纤耦合器温度性能测试曲线

5. 力学特性

光纤耦合器的抗冲击和振动等力学特性是反映其工程应用特性的重要方面，与制备工艺和封装方式密切相关。普通光纤耦合器由于内部为光纤悬臂梁结构，只能在低于规定的力学环境要求下使用，否则其性能和可靠性无法保证。图 4.26 为普通光纤耦合器跌落冲击试验失效率情况，从图中可以看出跌落高度超过1.5m 后，器件失效率迅速增大，跌落高度达到 2.5m 时，器件接近全部失效。图 4.27 为 1 只普通 2×2 单模光纤耦合器的扫频振动试验在线测试结果，试验条件为：频率 20Hz～2000Hz～20Hz；峰值加速度 20g，试验中测试耦合器两个输出端的光功率，分别对应通道 1 和通道 2，可以看出，在频率为 1200Hz 附近，发生了谐振，导致耦合器输出光功率异常跳变，在某些干涉型光纤传感应用中，可能会造成异常情况发生。通过采取第 4.3.2 节中的措施，可改善光纤耦合器的力学特性。

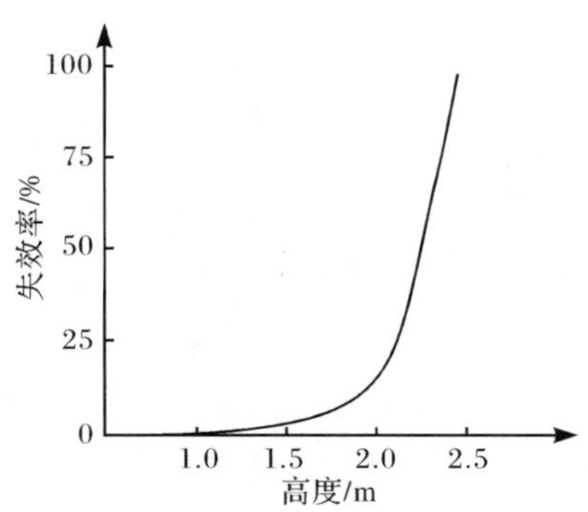

图 4.26　光纤耦合器跌落冲击试验失效率情况

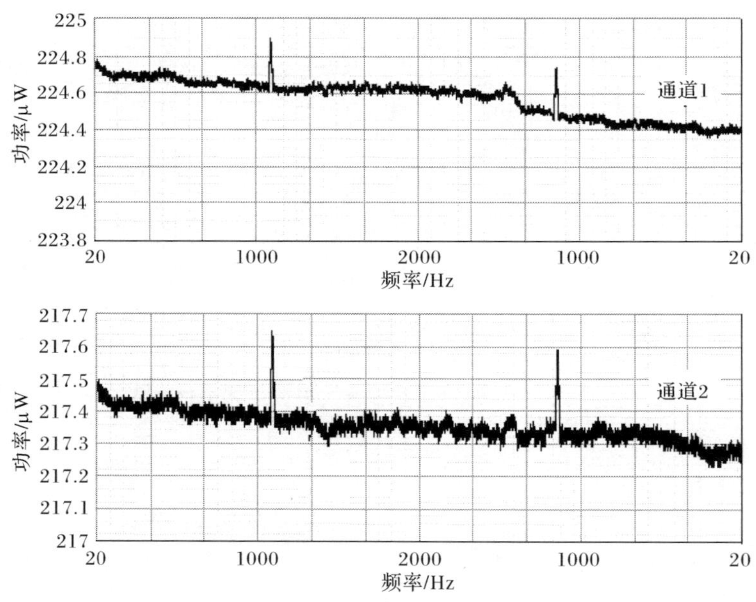

图 4.27　光纤耦合器扫频振动在线测试结果

4.4.2　保偏光纤耦合器的主要特性

1. 损耗特性

保偏光纤耦合器的附加损耗通常要比单模光纤耦合器大，较难做到小于0.1dB。保偏光纤耦合器附加损耗产生的原因主要有三个方面：

(1) 熔融拉锥时，应力区、纤芯形状发生变化，引起双折射变化，双折射的变化引起传播常数和耦合系数变化，模式间不能完全耦合，增大了附加损耗。

(2) 拉锥后，由于应力区折射率低于包层折射率，从纤芯中溢出的光不能进入应力区，导致场强发生变化，引起附加损耗增大。

(3) 附加损耗与对轴精度、拉锥速度有很大关系，在火焰参数固定的情况下，调节拉伸速度是降低附加损耗的一个有效办法。

对制备保偏光纤耦合器的保偏光纤的应力区和包层折射率差要求相对严格，折射率差不能太大，否则制备的保偏光纤耦合器附加损耗较大(可大于 1dB)；如果折射率差过小(如小于 0.001)，尽管可以降低附加损耗，但是不易定轴，给拉锥、熔接等操作工艺带来困难。因此制备保偏光纤耦合器的保偏光纤应力区和包层之间的折射率要近似匹配[7]，两者之间的折射率差通常为 0.001～0.003。

2. 快慢轴工作特性

由于保偏光纤中快慢轴的传播常数不一致，熔融拉锥时快慢轴的耦合系数存在一定的差异，因此，保偏光纤耦合器在快慢轴切换工作时，分光比和附加损耗均会产生较大变化，其中分光比变化明显。以 50∶50 的保偏光纤耦合器为例，切换到另一轴工作时，分光比变化通常会超过 10%，甚至会达到 40%以上。快慢轴工作分光比偏差的大小，主要是与保偏光纤的结构设计、应力区的大小、纤芯间距离以及折射率的匹配程度相关。通常是应力区与包层折射率差越小，快慢轴工作分光比偏差也越小。

3. 偏振特性

保偏光纤耦合器的重要功能是保持传输光信号偏振态稳定，而在实际制备过程中，对轴精度、温度场的均匀性、拉锥的稳定性、平行保持工艺、拉锥后耦合锥区光纤结构变形、固化封装工艺等方面，都会引起偏振保持能力的退化。封装材料热匹配性能和工艺对偏振串音温度稳定性影响很大，因此应尽量减小封装材料在温度环境下对光纤产生的应力。目前，保偏光纤耦合器的偏振串音可以达到－25dB以下，温度在－45～70℃，偏振串音可优于－20dB。许多应用场合，对直通臂的偏振串音指标及稳定性要求较高，而对耦合臂偏振串音要求较低。

4.4.3 光纤耦合器的应用要求

在干涉型光纤传感器中，当光纤耦合器作为光源耦合器使用时，根据光源的偏振度和光纤传感器精度要求，可采用单模或保偏耦合器。当光源偏振度较低(如小于 10%)时，可使用单模耦合器；而在全保偏光路中则使用保偏光纤耦合器，便于保持光路偏振信号的稳定。

1. 光学性能要求

光纤耦合器光学性能要求通常包括在室温下的静态性能指标和在环境条件下

的动态性能指标，尤其是在使用环境下，要求器件具有很高的性能稳定性和可靠性。

1）分光比

在干涉型光纤传感器中，当输入和返回光信号均经过 2×2(1×2) 光纤耦合器时，假设其分光比为 k_1（按百分制计算），回到探测器的光功率为 P_0，则当光纤耦合器的分光比由 k_1 变为 k_2 时，此时回到探测器的光功率为 P_1，则有

$$P_1=\frac{k_2(100-k_2)}{k_1(100-k_1)}P_0 \tag{4-17}$$

当光纤耦合器的分光比为 50：50 时，也即是 $k_1=50$ 时，回到探测器的光功率最大。当分光比存在 Δk 偏差时，即分光比为 $(50-\Delta k)$：$(50+\Delta k)$，此时与最佳情况相比，回到探测器的光功率是最佳情况下的 $\frac{(50-\Delta k)\times(50+\Delta k)}{50\times 50}\times 100\%$。当分光比偏差为 Δk 时，回到探测器的光功率与最佳情况下的光功率比值关系如图 4.28 所示。

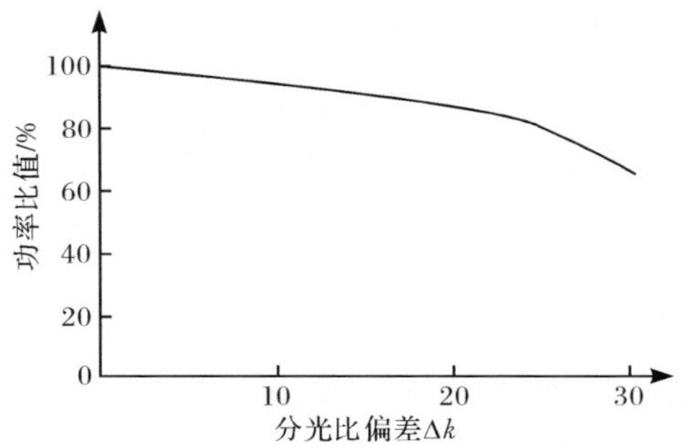

图 4.28　回到探测器的光功率随 Δk 值的变化关系

干涉型光纤传感器的信噪比主要与有效光功率相关，噪声与有效光功率的平方根的倒数成正比，假设光纤耦合器的分光比由 50：50 变化到 40：60 时，有效光功率仅相差 4%，传感器噪声为原来的 1.02 倍。目前，光纤耦合器的分光比较容易做到 50±3%，温度稳定性可优于 2%，对传感器的影响几乎可以忽略。

2）附加损耗

光纤耦合器附加损耗是构成光纤传感器光路总损耗的一部分，假设光纤耦合器附加损耗为 0 时，回到探测器的有效光功率为 P_0，则当光纤耦合器的附加损耗为 a_1 时，光信号两次经过耦合器后回到探测器的光功率 P_1 为

$$P_1=10^{-2a_1/10}P_0 \tag{4-18}$$

则光纤传感器的噪声是耦合器附加损耗为 0 时的 $10^{a_1/10}$ 倍，当附加损耗 $a_1=1\text{dB}$ 时，噪声为原来的 1.26 倍。减小光纤耦合器的附加损耗，提高其环境性能稳定性有利于提高光纤传感器的测量精度。目前光纤传感用单模和保偏光纤耦合器的

附加损耗均可做到低于 0.50dB。

3）回波损耗

光纤耦合器的回波损耗通常都在 55dB 以上，在光纤传感光电探测器的检测总光功率中，返回光功率一般仅占千分之一到万分之一，对传感器性能影响很小。在某些光纤传感器中，并不会用到耦合器的所有端口，对于闲置光纤端口需要采用斜切等方式处理，以消除端面反射，较少反射光信号对光纤传感器稳定性的影响。

4）偏振相关损耗

偏振相关损耗是单模光纤耦合器特有的一项指标，由于受单模光纤耦合器制备工艺的影响，普通单模光纤耦合器都存在偏振敏感性，单模光纤耦合器的偏振相关损耗通常在 0.02～0.15dB，因偏振随机性引起的光功率波动约为 1%～3.5%。对于干涉型光纤传感器应用，较多采用偏振光干涉信号，因此在精度较高的应用场合，采用保偏光纤耦合器有利于降低偏振噪声。在采用混偏光路的一些光纤传感中，可用低偏振度光源，如低偏振 SLD 光源和掺铒光纤光源，但如果干涉返回到探测器的光信号为高偏振光，采用保偏光纤耦合器或偏振无关单模光纤耦合器，能够降低光纤传感器偏振噪声。

5）偏振串音

保偏光纤耦合器偏振串音指标越低表示光功率利用率越高，光纤传感器信噪比越高。当保偏光纤耦合器偏振串音发生变化时，在耦合器后端有偏振器的情况下，会引起光纤传感器光路光功率的变化，从而造成传感器性能变化。假设保偏光纤耦合器为完全对称结构，P_0 为偏振串音的绝对值无穷大时，回到探测器的光功率，当偏振串音的绝对值为 k 时，则回到探测器的光功率为

$$P_1=\frac{10^{k/10}}{1+10^{k/10}}\cdot P_0 \tag{4-19}$$

引起的噪声仅为原来的 $\sqrt{(1+10^{k/10})/10^{k/10}}$ 倍。可以计算出保偏光纤耦合器偏振串音指标与光纤传感器噪声之间的对应关系（表 4.3）。从表中可以看出，保偏光纤耦合器偏振串音指标由 －30dB 变化到 －10dB 时，引起光纤传感器噪声变化较小。目前，保偏光纤耦合器的偏振串音指标典型值为 －30～－20dB。

表 4.3　保偏光纤耦合器偏振串音与光纤传感器噪声关系

偏振串音值	－10dB	－20dB	≤－30dB
实际噪声/理论噪声	1.049	1.005	≈1

2. 环境适应性要求

干涉型光纤传感用光纤耦合器环境性能要求主要包括温度、温湿度、低气压、

热真空、辐照、浸渍、盐雾、真菌、振动、冲击等，其中，温度和力学环境适应性性能是两个最重要方面。

熔锥型光纤耦合器典型的温度环境适应性要求如下：

(1) 储存温度：可达到－55～85℃。

(2) 工作温度：一般不低于－45～70℃。

(3) 极限工作温度：可达到－60～100℃。

(4) 温度循环：－55～85℃，不低于100次。

(5) 高温寿命：85℃，不低于2000h。

(6) 高温高湿：85℃，湿度85%，不低于1000h。

(7) 高温储存：－55℃，不低于1000h。

熔锥型光纤耦合器典型的力学环境适应性要求如下：

(1) 扫频振动：20～2000Hz，不低于20g，极限可达到50g以上。

(2) 机械冲击：不低于500g/1ms。

光纤耦合器内部光纤的抗冲击强度服从威布尔分布，当冲击强度超过某一阈值后，光纤断裂失效率迅速增加，最后全部失效。因此，在光纤传感器应用设计中，需要进行降额设计，确保光纤传感器的可靠性。

3. 可靠性及其他要求

1) 可靠性要求

光纤耦合器的可靠性与其使用的环境条件密切相关，机械振动和冲击、温度、湿度是关键性的环境条件。干涉型光纤传感用光纤耦合器的使用寿命通常要求10年以上，对于某些特殊应用，甚至要求达到30年以上。平均失效时间(MTTF)作为衡量光纤耦合器的基本可靠性参数，目前熔锥型光纤耦合器的MTTF可达到10^7h以上。

2) 小型化要求

小型化也是干涉型光纤传感器的一项重要应用要求[8]。光纤耦合器的小型化技术包括熔融拉锥工艺技术和封装工艺技术。采用包层直径80μm的细径光纤来制备光纤耦合器，可进一步减小器件尺寸。目前，2×2单模光纤耦合器的封装尺寸可小于Φ 2.4mm×18mm。另外，在有些应用中还可以只采用石英槽方式固定耦合器，不需要不锈钢管二次套封石英管，可进一步减小耦合器的封装尺寸。

3) 光纤参数要求

干涉型光纤传感器对光纤耦合器的光纤本身性能参数的某些要求也不同于光纤通信，如光纤的模场直径，光纤通信用光纤的模场直径一般大于9μm@1310nm，而光纤传感用光纤的模场直径一般低于7μm@1310nm。另外，为了增加使用可靠性，降低光纤损伤风险，有些应用场合还需要在光纤外面套上Φ 900μm或

Φ3mm 的塑料套管，光纤耦合器的封装长度会相应增加。

4.5　其他类型耦合器

4.5.1　3×3(1×3)光纤耦合器

1. 3×3(1×3)光纤耦合器类型及制备

3×3(1×3)光纤耦合器属于星型光纤耦合器，其结构如图 4.29 所示，它是 6 端口的无源器件，可以将一路光信号分成三路输出，在光纤传感中有一定的应用。

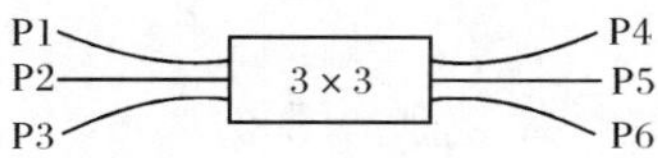

图 4.29　3×3 光纤耦合器示意图

采用熔融拉锥工艺技术制备 3×3(1×3)光纤耦合器时，需要设计专门的光纤并拢夹具，夹具的特点决定了器件的封装结构、外形尺寸、环境适应性、可靠性和生产效率。

干涉型光纤传感用 3×3(1×3)光纤耦合器有单模和保偏两种，其各自制备工艺流程如图 4.30 和图 4.31 所示。

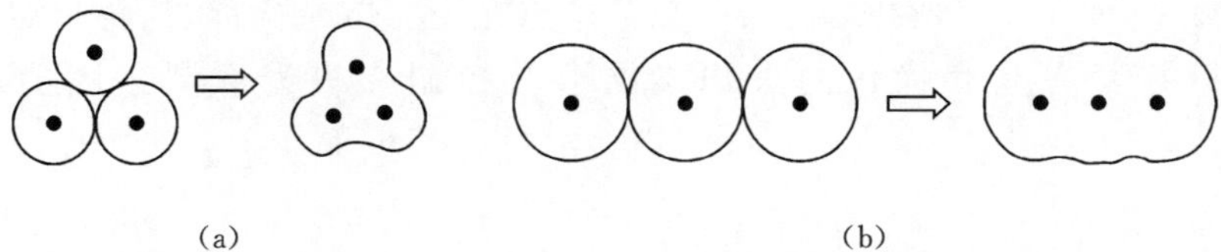

(a)　(b)

图 4.30　3×3(1×3)单模光纤耦合器制备流程示意图

(a) 3×3；(b) 1×3

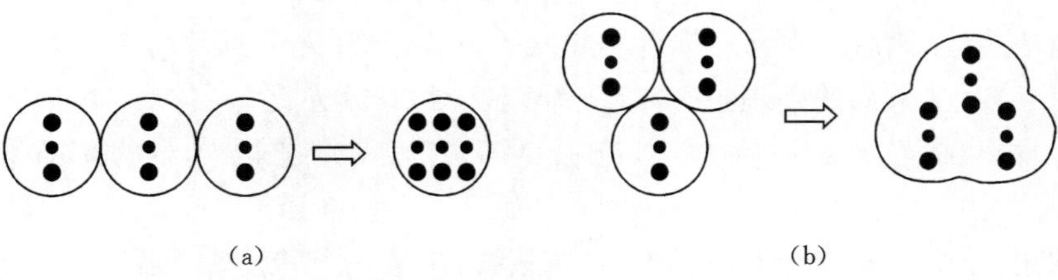

(a)　(b)

图 4.31　1×3 保偏光纤耦合器制备流程示意图

制备 3×3(1×3)单模光纤耦合器时，光纤放置有两种方式。图 4.30(a)所示结构的光纤耦合器理论上为全对称结构，即从任何一端输入，输出端分光比均为1∶1∶1。烧结拉锥过程中通常只监测直通臂和其中一个耦合臂的输出光功率，控制到达设定的分光比为 50∶50，拉锥结束，再测出第 3 路的光功率，即可计算出 3 路的分光比。这种工艺决定了 3×3 单模光纤耦合器输出端通常是两路分光比接近，而可能与第 3 路偏差较大。为了保证 3 根光纤之间的相互平行并紧，可采用两套相互垂直的并紧夹具，通过 V 型槽结构吸附第 3 根光纤，实际烧结中 3 根光纤为倒三角形状。3×3 单模光纤耦合器的夹具控制难度较大，实际上需要 4 套平行并紧夹具，左右两端各 2 个。夹具之间的距离要求光纤的剥纤长度增大，因此，3×3 单模光纤耦合器的封装长度一般要比 2×2 光纤耦合器长 5～10mm。

1×3 单模光纤耦合器的制备流程如图 4.30(b)所示，3 根光纤之间不是两两完全对称结构，该种结构形式的光纤耦合器分光比通常为 1∶X∶1，X 表示为任意可调。也即是烧结拉锥时，从中间光纤输入光信号，随着拉伸长度的增加，光能量分别耦合到左右两侧光纤中，通过控制拉伸长度，可实现分光比为 1∶1∶1 的 1×3单模光纤耦合器。针对此结构的分光比为 1∶1∶1 的 1×3 单模光纤耦合器，若从第 1 或第 3 根光纤中注入光信号，其输出端分光比将会发生较大变化。

1×3 保偏光纤耦合器的制备工艺与 3×3(1×3)单模光纤耦合器相似，只需在拉锥前对 3 根光纤进行定轴，3 根光纤定轴后的放置方式如图 4.31 所示。

制备 3×3(1×3)光纤耦合器的工艺难点在于在熔融拉锥过程中，需通过良好的平行并紧夹具和优化的火焰烧结参数控制 3 根光纤耦合区的熔融对称状态。

2. 3×3 光纤耦合器的典型应用

采用 3×3 光纤耦合器的开环光纤陀螺的光路组成如图 4.32 所示。从光源发出的光经过 3×3 光纤耦合器的端口 2 进入光纤耦合器，分别从光纤耦合器的端口 4、5、6 出射，从端口 4、6 出射的光进入光纤线圈，分别沿顺时针和逆时针方向在光纤线圈中传输，然后返回光纤耦合器并发生干涉，干涉光分别被两个探测器检测。假设图 4.32 中采用的是理想 3×3 光纤耦合器，其分光比为 1∶1∶1，损耗为零，设光源发出的光波的振幅为 E，光强为 $I_0=E^2$，光纤耦合器的耦合相移为 $2\pi/3$[3,9,10]。

利用 3×3 光纤耦合器固有的 $2\pi/3$ 相移，陀螺在零转速时不需要偏置相位调制，就可以自动工作在灵敏度最大的工作点上[3]。

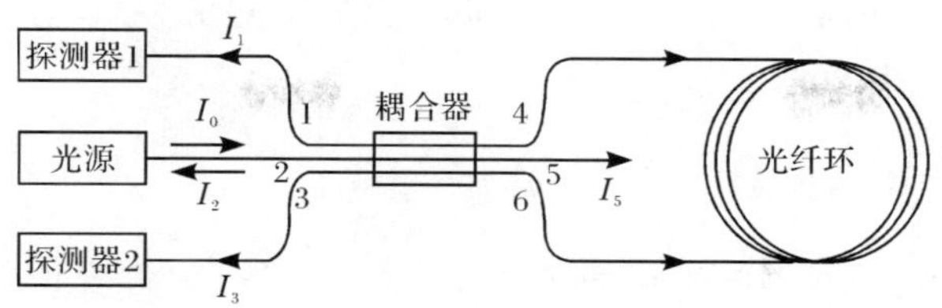

图 4.32　采用 3×3 光纤耦合器的开环光纤陀螺光路组成示意图

4.5.2　光纤波分复用器

光纤波分复用器(WDM)与光纤耦合器的区别在于前者是对光信号的波长进行再分配,后者则是对光信号的光功率进行再分配。虽然两种器件的工艺有相似之处,但是,由于两种器件的功能不同,其拉锥工艺存在较大差别。

利用熔锥型光纤耦合器的波长依赖性,改变熔融拉锥条件,增强耦合系数对波长的敏感性,可以制备波分复用器件。干涉型光纤传感器用到的光纤波分复用器主要有 980/1550nm 和 1480/1550nm 波分复用器两种。光纤波分复用器的工作原理如图 4.33 所示。

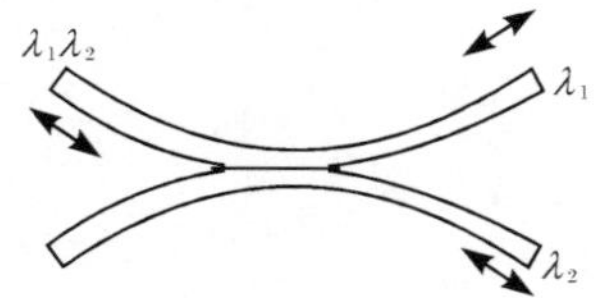

图 4.33　波分复用器工作原理

当从注入端输入波长为 λ_1 的信号时,直通臂有接近 100%的光输出,耦合臂基本无光输出;而当注入端输入波长为 λ_2 的信号时,耦合臂有接近 100%的光输出,直通臂基本无光输出。所以当输入端有 λ_1 和 λ_2 两个波长的光信号同时输入时,则 λ_1 和 λ_2 的光信号分别从直通臂和耦合臂输出。由光路信号的可逆性可知,当直通臂和耦合臂分别有 λ_1 和 λ_2 的光信号输入时,也能将其合并从一个端口输出。所以波分复用器是一种分波和合波无源器件。波分复用器的性能参数主要有插入损耗、回波损耗、偏振相关损耗和隔离度。插入损耗、回波损耗、偏振相关损耗的定义和测试方法同第 4.3 节,隔离度指标是衡量器件输出端口的光进入非指定输出端口的程度,计算如下

$$L_{12} = -10\lg \frac{P_2}{P_1}(\mathrm{dB}) \tag{4-20}$$

式中,P_1 为输出端口的光功率;P_2 为非输出端口的光功率。

熔锥型 WDM 的特点是插入损耗低，工作带宽大，插入损耗典型值小于 0.30dB，隔离度大于 20dB。

4.5.3　微光元件型耦合器

微光元件型耦合器主要采用微型透镜、半反半透镜、自聚焦透镜等一些微型光学元件组合来实现光信号的分路与合路，它不属于全光纤耦合器，光纤的耦合定位精度和微光学元件的固定方式对微光元件型耦合器的性能影响较大。微光元件型耦合器的制备工艺较复杂、成本高、温度性能差，有些微光元件型耦合器还具有单向性，因此微光元件型耦合器应用较少。图 4.34 是几种微光元件型耦合器的结构示意图[11]。

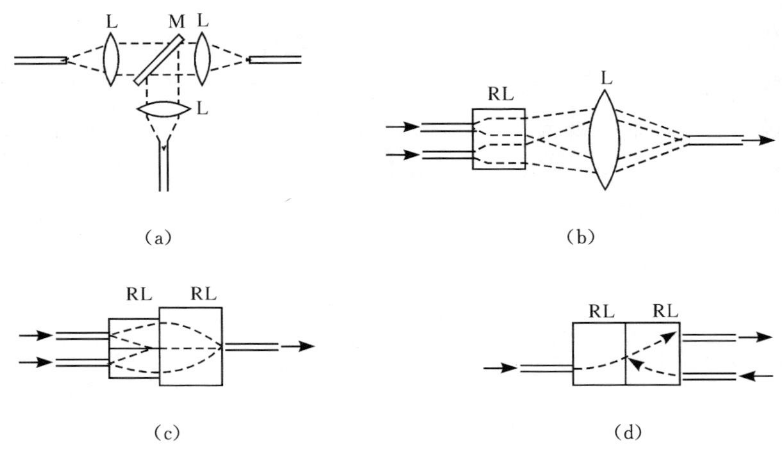

图 4.34　几种微光元件型耦合器

L：透镜；M：半反半透镜；RL：自聚焦透镜

4.5.4　集成光波导型耦合器

采用平面集成光波导工艺也能制备各种不同结构与功能的波导型耦合器，如 $LiNbO_3$ 集成光波导耦合器、聚合物光波导耦合器等。集成光波导的工艺过程主要有沉积、光刻、扩散或交换、耦合等工序过程。集成光波导型耦合器的优点是：体积小、易于集成、机械及环境稳定性好、分光比易于精确控制和带宽大等；缺点是：器件损耗较大、工艺过程复杂、大型工艺设备较多、成本高。Y 波导集成光学器件可以说是最简单的 1×2 型耦合器，如图 4.35(a)所示。质子交换 $LiNbO_3$ 集成光波导还具有单偏振特性，因此可以做成保偏耦合器。另外，将多个 1×2 分支耦合器级联可以构成 1×4、1×8 等多级树型耦合器，如图4.35(b)所示。对于分束超过 3 路时，采用光纤一次熔融拉锥工艺已较难制备，且各分路的一致性和器件带宽特性较差，平面波导工艺则是优选方案。

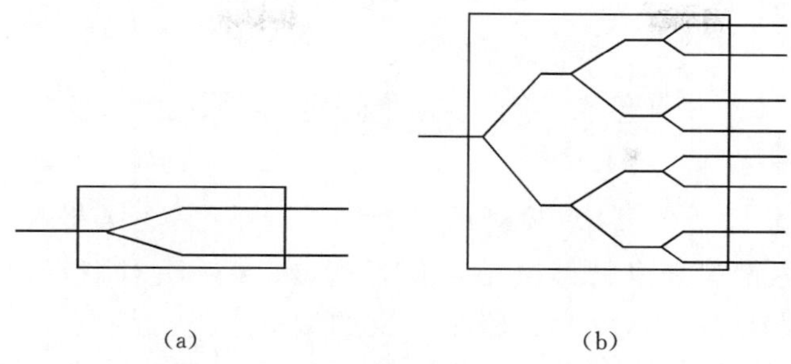

图 4.35　集成光波导型耦合器结构示意图

(a) Y 型集成光波导耦合器；(b) 1×8 型集成光波导耦合器

参 考 文 献

[1] 林学煌. 光无源器件. 北京：人民邮电出版社，1998

[2] 廖延彪. 光纤光学. 北京：清华大学出版社，2000

[3] 王巍. 干涉型光纤陀螺仪技术. 北京：中国宇航出版社，2010

[4] Humbert G J, Malki A. Two-steps fabrication of single-mode fiber couplers with a CO_2 laser source. Pro. SPIE, 2003 , 4943:25

[5] Lukasz S, Kazimierz P J. The influence of external refractive index on transmission properties in fused single-mode fiber couplers. Pro. SPIE, 2008, 7124:712408

[6] Mortimore D B. Wavelenth-flaltened couplers. Electronics Letters, 1985, 2(17):742-743

[7] Anjan Y, Habbel S. Environmental performance of fused PM fiber couplers for gyro application. IEEE Photonics Technology Letters, 1991, 3(6):578-580

[8] Anton H, Doug F, Marco A H. Miniature optic fiber couplers for fiber optic gyros applications. Pro. SPIE, 1996, 2837:324-334

[9] Sheem S K. Fiber-optic gyroscope with 3×3 directional coupler. Applied Physics Letters, 1980, 37:869-871

[10] 李晶，王巍. 采用 3×3 耦合器的开环光纤陀螺技术研究. 中国惯性技术学报，2004, 12(6):65-69

[11] 李玉权，崔敏. 光波导理论与技术. 北京：人民邮电出版社，2002

第 5 章　光纤偏振器件

在干涉型光纤传感器中，检测的是光的干涉信号，为了提高干涉信号的对比度，要求发生干涉光束的偏振态尽量相同，并保持相对稳定，这就要求通过偏振器、消偏器等偏振器件对光路中光束的偏振态进行控制。此外，为了实现光的单向传输及光的简单路由，还要用到光隔离器、光纤环行器等光纤偏振器件。

5.1　光纤偏振器

偏振器是将自然光变成偏振光的一种器件，光学偏振器一般可分为晶体型和光纤型。闭环光纤陀螺中使用的 Y 波导集成光学器件具有偏振器的功能，实际上是一种晶体型的偏振器，而在光纤传感器中普遍采用的是光纤偏振器。无论哪种形式的偏振器，其在干涉型光纤传感器光路中的作用都是类似的，即将不必要的偏振分量消光。

5.1.1　光纤偏振器工作原理

光纤偏振器的结构类型较多，从原理上可分为模式衰减型和模式截止型两类。模式衰减型就是两个正交偏振模式传输衰减相差较大，传输一定距离后，只剩下一个模式。最常见的方法是采用一定长度的特种光纤(如单偏振光纤)，这种光纤对于其中的一种偏振模式有很高的损耗，而对另一种偏振模式传导损耗较小。另一类光纤偏振器是让其中的一个模式(TE_0模)截止，如双折射晶体包层光纤偏振器。金属包覆波导光纤偏振器既可以利用金属覆盖层对 TE_0、TM_0模的不同吸收作用来实现，也可以让 TE_0 模因截止而辐射进入衬底，让 TM_0模继续在波导内传输。金属包覆波导型偏振器和金属包覆光纤型偏振器的结构示意图如图 5.1 所示。以下从金属包覆介质波导理论角度分析偏振器的工作原理[1-3]。

1. 模式截止型偏振器原理

单面金属包覆介质波导结构是一种非对称金属包覆介质波导，其结构如图 5.2所示。ε_1、ε_2、ε_3 为介质的介电常数，n_1 为波导芯层的折射率，n_2 为衬底(下包层)的折射率，d 为波导芯层厚度，$\varepsilon_1=n_1^2$，$\varepsilon_2=n_2^2$。除了包覆层是金属之外，就波导本身的几何结构而言,非对称金属包覆介质波导与介质平面波导没有差别。两者的模式(TE模和TM模)特征方程在形式上是一致的,即有

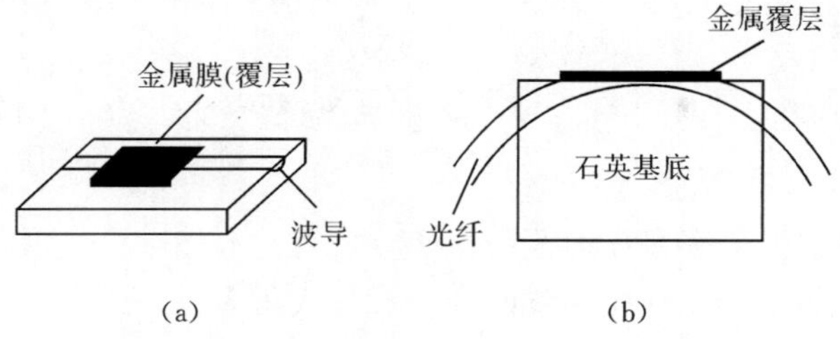

图5.1　金属包覆型偏振器示意图

(a) 金属包覆波导型偏振器;(b) 金属包覆光纤型偏振器

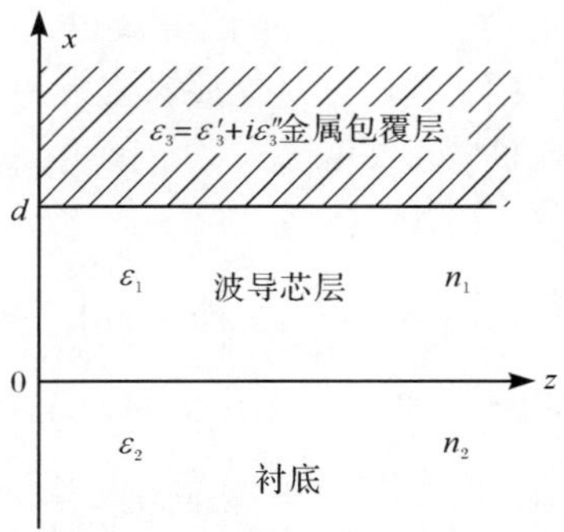

图5.2　单面金属包覆介质波导结构

$$\left.\begin{aligned}\kappa_1^2&=k_0^2\varepsilon_1-\beta^2\\ a_2^2&=\beta^2-k_0^2\varepsilon_2\\ a_3^2&=\beta^2-k_0^2\varepsilon_3\\ \kappa_1 d&=\phi_{12}+\phi_{13}+m\pi\end{aligned}\right\}\tag{5-1}$$

式中,$k_0=2\pi/\lambda$;λ为波长;β为传播常数;d为波导芯层厚度;$m=0,1,2,\cdots$。

对于TE模

$$\left.\begin{aligned}\phi_{12}&=\arctan\left(\frac{a_2}{\kappa_1}\right)\\ \phi_{13}&=\arctan\left(\frac{a_3}{\kappa_1}\right)\end{aligned}\right\}\tag{5-2}$$

对于TM模

$$\left.\begin{aligned}\phi_{12}&=\arctan\left(\frac{\varepsilon_1 a_2}{\varepsilon_2\kappa_1}\right)\\ \phi_{13}&=\arctan\left(\frac{\varepsilon_1 a_3}{\varepsilon_3\kappa_1}\right)\end{aligned}\right\}\tag{5-3}$$

由于金属包覆层的介电常数是复数 $\varepsilon_3=\varepsilon'_3+i\varepsilon''_3$，所以特征方程必须在复平面上求解。考虑到大多数金属的复介电常数的实部绝对值比虚部大得多，为简单起见，在分析中可以略去复介电常数的虚部，在实数域内求解模式特征方程。

设 $\varepsilon_3=\varepsilon'_3<0$，且 $|\varepsilon_3|>\varepsilon_1>\varepsilon_2$，从模式特征方程式(5-1)可以得到如下结论：

(1) 导模有效折射率存在的范围是 $\sqrt{\varepsilon_2}<\beta/k_0<\sqrt{\varepsilon_1}$，若 ε_2 层为空气($\varepsilon_2=1$)，导模有效折射率的存在范围比一般的介质波导大得多。

(2) 由于 $\varepsilon_3<0$，对于 TM 模，$\phi_{13}<0$。可以证明，对于确定的光频 ω 和波导厚度 d，第 m 阶 TE 模的 β 值小于同阶 TM 模的 β 值，这与全介质波导的情况正好相反。

(3) 基于同样的理由，与全介质波导相比，金属包覆介质波导中同阶的 TE 模和 TM 模的色散曲线分离程度较大，利用这一性质来实现制备波导偏振器。

(4) TM_0 模是一个特殊的模式，由式(5-1)和式(5-3)可得 TM_0 模的特征方程为

$$\kappa_1 d=\arctan\left(\frac{\varepsilon_1 a_2}{\varepsilon_2\kappa_1}\right)+\arctan\left(\frac{\varepsilon_1 a_3}{\varepsilon_3\kappa_1}\right) \tag{5-4}$$

因为 $\varepsilon_3<0$，所以 TM_0 模不会截止。若令 $d=0$，则有

$$\arctan\left(\frac{\varepsilon_1 a_2}{\varepsilon_2\kappa_1}\right)=-\arctan\left(\frac{\varepsilon_1 a_3}{\varepsilon_3\kappa_1}\right) \tag{5-5}$$

于是可得

$$\frac{a_3}{a_2}=-\frac{\varepsilon_3}{\varepsilon_2} \tag{5-6}$$

由于 $d=0$，在金属与介质 2 界面处存在一个表面等离子波，其传播常数为

$$\beta=k_0\sqrt{\frac{\varepsilon_2\varepsilon_3}{\varepsilon_2+\varepsilon_3}}>k_0\sqrt{\varepsilon_2} \tag{5-7}$$

当 $\beta\to k_0\sqrt{\varepsilon_1}$ 时，可求出此时的临界厚度

$$d_c=-\frac{1}{k_0\varepsilon_1}\left(\frac{\varepsilon_2}{\sqrt{\varepsilon_1-\varepsilon_2}}+\frac{\varepsilon_3}{\sqrt{\varepsilon_1-\varepsilon_3}}\right) \tag{5-8}$$

当 $0<d<d_c$ 时，TM_0 是导模，满足特征方程。

当 $d_c<d<\infty$ 时，$k_0\sqrt{\varepsilon_1}<\beta<k_0\sqrt{\frac{\varepsilon_1\varepsilon_3}{\varepsilon_1+\varepsilon_3}}$，$TM_0$ 模是金属与介质 1 界面处的表面等离子波。图 5.3 为 TM_0 模的色散曲线。

2. 模式衰减型偏振器原理

金属包覆介质波导的损耗主要由金属介电常数的虚部引起，由于实际金属

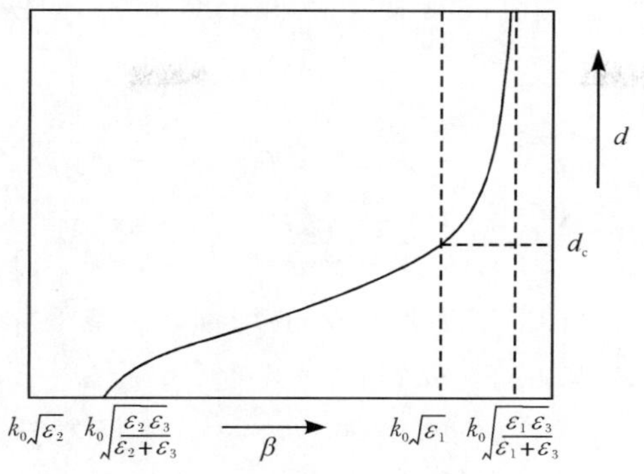

图 5.3　TM_0模的色散曲线

的电导率是有限的，因此对导体而言，电导率的有限与焦耳热密切相关，结果导致电磁能量的损耗。波导中的损耗主要由传播常数β的虚部β''来表征，β的虚部是由金属的复介电常数引起。在考虑金属介电常数虚部时，TE 模的特征方程为

$$\kappa_1 d=\arctan\left(\frac{a_2}{\kappa_1}\right)+\arctan\left(\frac{a_3'}{\kappa_1}\right)+m\pi,\quad m=0,1,2,\cdots \tag{5-9}$$

式中，

$$a_3'=\sqrt{\beta^2-k_0^2(\varepsilon_3'+\mathrm{j}\varepsilon_3'')}\approx\sqrt{\beta^2-k_0^2\varepsilon_3'}-\mathrm{j}\varepsilon_3''\frac{k_0^2}{2\sqrt{\beta^2-k_0^2\varepsilon_3'}}=a_3-\mathrm{j}\varepsilon_3''\frac{k_0^2}{2a_3} \tag{5-10}$$

于是有

$$\arctan\left(\frac{a_3'}{\kappa_1}\right)\approx\arctan\left(\frac{a_3}{\kappa_1}\right)-\mathrm{j}\varepsilon_3''\frac{k_0^2}{2a_3}\cdot\frac{\kappa_1}{\kappa_1^2+a_3^2} \tag{5-11}$$

将式(5-11)代入式(5-9)得到

$$\kappa_1 d=\arctan\left(\frac{a_2}{\kappa_1}\right)+\arctan\left(\frac{a_3}{\kappa_1}\right)+m\pi-\mathrm{j}\varepsilon_3''\frac{k_0^2}{2a_3}\cdot\frac{\kappa_1}{\kappa_1^2+a_3^2},\quad m=0,1,2,\cdots \tag{5-12}$$

将式(5-12)和无损耗的理想波导模式特征方程式(5-1)相减，并利用微分公式，可得到微扰传播常数

$$\Delta\beta^{\mathrm{TE}}=\mathrm{j}\varepsilon_3''\frac{k_0^2\kappa_1^2}{2a_3(\kappa_1^2+a_3^2)\beta d_{\mathrm{eff}}^{\mathrm{TE}}} \tag{5-13}$$

式中，$d_{\mathrm{eff}}^{\mathrm{TE}}$为波导有效厚度，

$$d_{\mathrm{eff}}^{\mathrm{TE}}=d+\frac{1}{a_2}+\frac{1}{a_3} \tag{5-14}$$

由式(5-13)可知微扰传播常数是一个纯虚数，说明金属介电常数虚部的引入仅影响波导的损耗特性。

同样,可得非对称金属包覆介质波导 TM 模相对于理想波导的微扰传播常数为

$$\Delta\beta^{\mathrm{TM}}=\mathrm{j}\varepsilon_3''\frac{2a_3^2+k_0^2\varepsilon'_3}{2a_3}\cdot\frac{\varepsilon_1\kappa_1^2}{(\varepsilon_3'^2\kappa_1^2+\varepsilon_1^2a_3^2)\beta d_{\mathrm{eff}}^{\mathrm{TM}}} \tag{5-15}$$

$$d_{\mathrm{eff}}^{\mathrm{TM}}=d+\frac{\varepsilon_1\varepsilon_2(\kappa_1^2+a_2^2)}{a_2(\varepsilon_2^2\kappa_1^2+\varepsilon_1^2a_2^2)}+\frac{\varepsilon_1\varepsilon_3'(\kappa_1^2+a_3^2)}{a_3(\varepsilon_3'^2\kappa_1^2+\varepsilon_1^2a_3^2)} \tag{5-16}$$

由式(5-13)和式(5-15)可知,随着厚度 d 的增加,$\Delta\beta$ 将下降。但对于 TM_0 模,由于$(\varepsilon_3'^2\kappa_1^2+\varepsilon_1^2a_3^2)$随 d 的增加而下降,当 $d\rightarrow\infty$ 时,有 $\varepsilon_3'^2\kappa_1^2+\varepsilon_1^2a_3^2\rightarrow0$,因此,$\Delta\beta$ 将不随 d 的增加而减小。利用式(5-13)和式(5-15)可得到 β''/k_0 与 k_0d 之间的色散关系。

图 5.4 为某 Ag 包覆高分子波导的 β''/k_0 与 k_0d 的色散关系图,对于同阶的 TE 模和 TM 模,TM 模的损耗要比 TE 模大,且 TM_0 模具有损耗较大的性质,这说明 TM 模的电磁场分布更深地渗透到了金属之中,金属包覆层对 TM 模有更强的吸收作用。选择合适的金属包覆层长度,利用两种模式的损耗差异,可以制备将 TM 模衰减除去,仅能传输 TE 模的光波导偏振器。

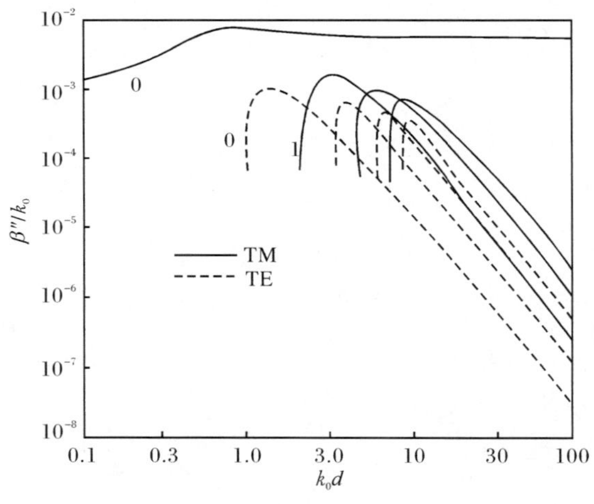

图 5.4　β''/k_0 与 k_0d 的色散关系

5.1.2　光纤偏振器分类

根据光纤偏振器的工作原理可以分为衰减型和截止型,基于这两种工作原理的多种结构光纤偏振器如表 5.1 所列。

表 5.1 光纤偏振器的分类表

原理	结构类型
衰减型	金属包覆光纤偏振器 （D 型光纤偏振器）
	环形线圈型光纤偏振器
	锥形光纤偏振器
	多层膜系包覆光纤偏振器
	微孔光纤偏振器
	偏芯型光纤偏振器
	液晶光纤偏振器
截止型	金属包覆光纤偏振器 （D 型光纤偏振器）
	双折射晶体包覆光纤偏振器
	集成光波导型光纤偏振器

另外，根据光纤偏振器起偏后能否具有保持偏振态稳定的功能，光纤偏振器又分为单模光纤偏振器和保偏光纤偏振器。单模光纤偏振器不具备保偏特性，尽管输出尾纤很短，起偏后经尾纤输出光的偏振态仍会受到环境温度及各种应力的影响而随机变化。单模光纤偏振器主要有金属包覆型、微孔型、双折射晶体包覆型、多层膜系包覆型、线圈型等结构类型[4-6]。

保偏光纤偏振器则是一种利用高双折射光纤制备成的光纤偏振器，在干涉型光纤传感器等应用领域得到了广泛的应用。保偏光纤偏振器的工作原理是：利用光纤包层中的消逝场，设法使保偏光纤中的两个偏振分量之一泄漏出去（高损耗），而另一个偏振分量以较低的损耗传输，从而在输出端获得线偏振光。保偏光纤偏振器主要有金属包覆膜型、双折射晶体包覆型、线圈型、D 型金属微孔光纤型等结构类型[7-12]。集成光波导型光纤偏振器若两端采用保偏光纤耦合，也可认为是保偏光纤偏振器。

5.1.3 光纤偏振器性能参数及测试方法

光纤偏振器包括单模光纤偏振器和保偏光纤偏振器，插入损耗和消光比是光纤偏振器最重要的两项参数指标。

1. 单模光纤偏振器性能参数及测试方法

测试如图 5.5(a)所示。光源为半导体激光器，经过准直物镜和起偏棱镜系统后，变成线偏振光注入光纤偏振控制器的单模光纤中，待测单模光纤偏振器一端与光纤偏振控制器一端的单模光纤相连，另一端接到光功率计上。调节光纤偏振控制器，记下输出光功率的最大值 P_{max} 和最小值 P_{min}，则光纤偏振器的消光比定义为

$$\text{ER}=10\lg \frac{P_{max}}{P_{min}}(\text{dB}) \tag{5-17}$$

在光纤偏振器输入端截断光纤，测出输入端光功率 P_{in}，则插入损耗的计算如下

$$\text{IL}=-10\lg \frac{P_{max}}{P_{in}}(\text{dB}) \tag{5-18}$$

可以用一只高消光比的单模光纤偏振器代替起偏棱镜，实现全光纤光路，方便测试，该方法称为偏振控制法，可同时测量消光比和插入损耗两项指标，测试如图 5.5(b)所示。

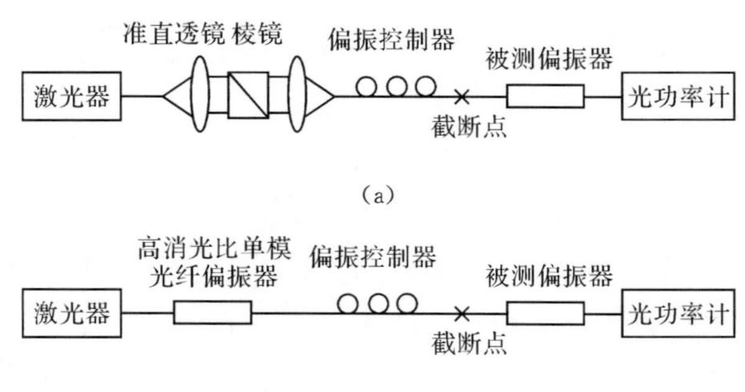

图 5.5 单模光纤偏振器消光比和插入损耗测试示意图

(a) 使用准直透镜和起偏棱镜；(b) 采用已知高消光比单模光纤偏振器

2. 保偏光纤偏振器性能参数及测试方法

根据输入光的偏振态，保偏光纤偏振器消光比和插入损耗指标的测试方法有线偏振光注入法(起偏法)和非偏振光注入法(消偏法)。起偏法使用窄谱光源，通过光纤偏振控制器调整光的偏振态。消偏法使用宽谱光源，经过消偏处理，用检偏器检测输出光的偏振态。

1) 线偏振光注入法(起偏法)

测试同图 5.5。将光路连好后，调整偏振控制器，可得到光纤偏振器输出光功率最大值 P_{max} 和最小值 P_{min}，按式(5-17)计算得到消光比值，实际上测得的消光比包括偏振器输出端尾纤的串音。最后再在输入端截断光纤，测出输入端光功率 P_{in}，按式(5-18)计算出插入损耗。

2) 非偏振光注入法(消偏法)

测试如图 5.6 所示。将被测器件连接好后，旋转检偏棱镜，得到输出光功率

的最大值和最小值，按式(5-17)计算出被测偏振器的消光比。在输入端截断光纤，测出输入光功率 P_{in}，再由式(5-18)计算出的损耗值减去 3dB 即为被测偏振器的插入损耗。

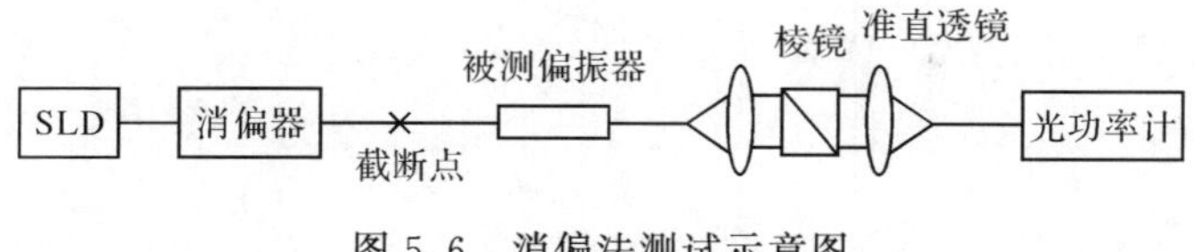

图 5.6　消偏法测试示意图

5.1.4　光纤偏振器在干涉型光纤传感中的应用要求

1. 一般性要求

光纤偏振器在干涉型光纤传感器中的应用比较广泛，一般保偏光路光纤传感器中都要用到偏振器或具有起偏/检偏功能的元件。在保偏光路中光纤偏振器发挥偏振滤波的作用，消除耦合偏振态对干涉信号的影响。由于光纤传感器中经常会出现光的双向传输，因此要求光纤偏振器具有双向的起偏作用。偏振器往往和传感器的偏振噪声有关，因此要求光纤偏振器具有高的消光比，一般要求双向消光比大于 30dB。

2. 光纤电流互感器对光纤偏振器的要求

对于如图 2.12 所示的光纤电流互感器，如果光纤偏振器的振幅消光系数为 0，则探测器的检测光强为

$$I_{out}=k_0 E_{ox}^2 [1+\cos(4\varphi_F+\phi_f)] \tag{5-19}$$

式中，E_{ox} 为通过偏振器的光场振幅；φ_F 为法拉第相移；ϕ_f 为反馈相移；k_0 为与光路损耗有关的系数。

如果光源输出的光场为 $\begin{bmatrix} E_x \\ E_y \end{bmatrix}$，光源输出光场的 x 分量和偏振器的通过轴平行，考虑到偏振器的振幅抑制比 ε，$\varepsilon \neq 0$，则上式变为

$$I_{out}=k_0\{(1+\varepsilon^2)(E_x^2+\varepsilon^2 E_y^2)+(1-\varepsilon^2)(E_x^2-\varepsilon^2 E_y^2)[1\pm\sin(4\varphi_F+\phi_f)]\} \tag{5-20}$$

由式(5-20)可以看出，偏振器的振幅抑制比 ε 会导致输出信号的交流量和直流量发生变化，图 5.7 为输入光波为非偏振光时输出信号随偏振器振幅抑制比的变化曲线。由图可知，随着振幅抑制比 ε 的增加，信号直流量振幅将增加，交流量(有效信号)振幅将减小，影响电流传感的测量精度。当光纤偏振器的消光比随温度等外界因素变化不稳定时会造成电流互感器测量精度下降。若达到输出信号变化小于 0.1%，则要求振幅抑制比 ε 小于 0.023。

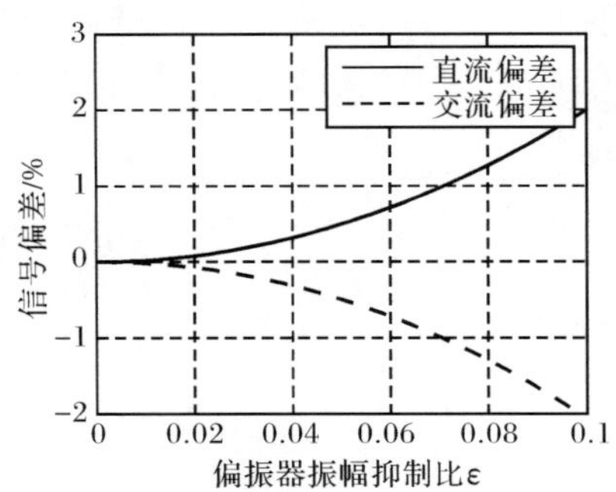

图 5.7　输出信号偏差随偏振器振幅抑制比 ε 的变化示意图

5.2　光纤消偏器

5.2.1　光纤消偏器工作原理

消偏器使输入偏振光的不同谱成分在输出端表现出不同偏振态，从而在整个光谱的平均上呈现出输出光的消偏特性，或者说没有一种偏振态占优势，即将偏振光转化为非偏振光。在光纤传感系统中，广泛采用的是洛埃特(Lyot)型光纤消偏器。洛埃特型光纤消偏器是利用沿保偏光纤两主轴传输的光的时延特性，把保偏光纤中两个正交的偏振态从时间上拉开，使出射光的两个正交偏振态的相干度为零[13-15]。

Lyot 光纤消偏器的工作原理如图 5.8 所示。当一个线偏振光源与双折射介质的主轴以 45°对准时，输入波列沿两个主轴被等分，如果经双折射介质传输后两偏振态之间的光程差大于消偏长度 L_d，在输出端两个波列不再相干。为了使任何输入偏振态消偏，一个 Lyot 消偏器实际上由两段双折射介质组成，第一段长度是 L_1，折射率差为 Δn_b；第二段被旋转 45°，长度是 L_2。作为输入偏振态的函数，波列首先沿第一段双折射介质的主轴被不均匀地分解，然后每一个二阶波列沿着旋转后的第二个双折射介质的主轴再次被分解，这一次是均匀的。如果光纤长度设计合理使四个波列不再相干，则沿每个轴有相同的去相关功率。这样一种消偏光在普通光纤中传播时，如果残余的光纤双折射(特别是弯曲引起的双折射)不能补偿消偏器产生的延迟，则仍保持消偏。

对于一个熔接点的 Lyot 光纤消偏器，假定光源输出的是线偏振光，偏振度为 d，那么总可以找到一对正交坐标轴(x_s，y_s)，映射到该坐标轴上的归一化正交场分量(E_{xs}，E_{ys})是不相关的，即有

$$\langle E_{xs}(t)\cdot E_{xs}^{*}(t)\rangle=0.5(1+d) \tag{5-21}$$

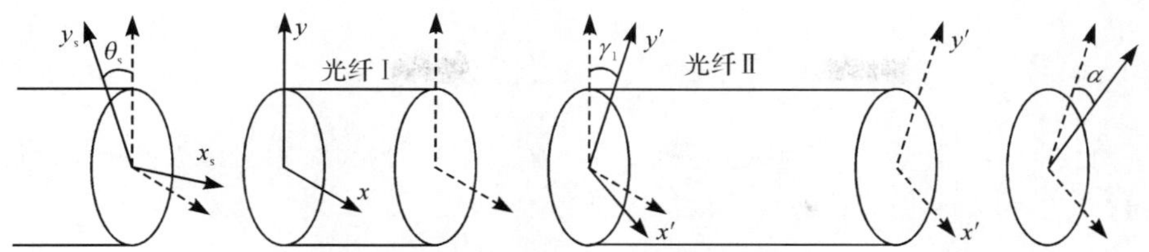

图 5.8　Lyot 消偏器的工作原理示意图

$$\langle E_{ys}(t)\cdot E_{ys}^*(t)\rangle=0.5(1-d) \tag{5-22}$$

$$\langle E_{xs}(t)\cdot E_{ys}^*(t)\rangle=\langle E_{ys}(t)\cdot E_{xs}^*(t)\rangle=0 \tag{5-23}$$

式中，$\langle\rangle$表示时间平均。定义(x_s,y_s)为光源的本征偏振轴，(x,y)为第一段保偏光纤 L_1 的偏振轴，通常(x_s,y_s)轴与(x,y)轴存在一夹角 θ_s，利用坐标转换矩阵则有

$$\begin{bmatrix}E_x(t)\\E_y(t)\end{bmatrix}=\begin{bmatrix}\cos\theta_s & -\sin\theta_s\\ \sin\theta_s & \cos\theta_s\end{bmatrix}\begin{bmatrix}E_{xs}(t)\\E_{ys}(t)\end{bmatrix} \tag{5-24}$$

假定两段保偏光纤(L_1 和 L_2)的偏振主轴夹角为 γ_1，则其琼斯矩阵 $\boldsymbol{D}$ 可表示为

$$\boldsymbol{D}=\begin{bmatrix}e^{-j\Delta\beta L_2} & 0\\ 0 & 1\end{bmatrix}\begin{bmatrix}\cos\gamma_1 & -\sin\gamma_1\\ \sin\gamma_1 & \cos\gamma_1\end{bmatrix}\begin{bmatrix}e^{-j\Delta\beta L_1} & 0\\ 0 & 1\end{bmatrix} \tag{5-25}$$

式中，$\Delta\beta=\beta_x-\beta_y$，$\beta_x$ 和 β_y 分别为保偏光纤两双折射轴的传播常数，理想情况下有 $\gamma_1=45°$，即上面所提到的 Lyot 消偏器。这样，经过两段保偏光纤后的输出场分量为

$$\begin{bmatrix}E_{x'}(t,\Delta\beta)\\E_{y'}(t,\Delta\beta)\end{bmatrix}=D\begin{bmatrix}E_x(t,\Delta\beta)\\E_y(t,\Delta\beta)\end{bmatrix} \tag{5-26}$$

于是相干矩阵 $\boldsymbol{J}$ 可表示成

$$\boldsymbol{J}=\begin{bmatrix}\langle E_{x'}\cdot E_{x'}^*\rangle & \langle E_{x'}\cdot E_{y'}^*\rangle\\ \langle E_{y'}\cdot E_{x'}^*\rangle & \langle E_{y'}\cdot E_{y'}^*\rangle\end{bmatrix}=\begin{bmatrix}J_{x'x'} & J_{x'y'}\\ j_{y'x'} & j_{y'y'}\end{bmatrix} \tag{5-27}$$

由此得到输出光波的偏振度为

$$\begin{aligned}d_T&=\sqrt{1-\frac{4\,|\boldsymbol{J}|}{(J_{x'x'}+J_{y'y'})^2}}\\&=d\cdot\{\cos^2 2\theta_s[\cos^2 2\gamma_1+\gamma^2(L_2)\sin^2 2\gamma_1]+\sin^2 2\theta_s[\gamma^2(L_2+L_1)\cos^4\gamma_1\\&\quad+2\gamma(L_2+L_1)\gamma(L_2-L_1)\sin^2\gamma_1\cos^2\gamma_1+\gamma^2(L_2-L_1)\cos^4\gamma_1]\\&\quad+\sin^2 2\theta_s\sin^2 2\gamma_1[\gamma^2(L_1)-\gamma(L_2+L_1)\gamma(L_2-L_1)]\cos^2(\Delta\beta L_1)\\&\quad-\sin4\theta_s\sin2\gamma_1[\gamma(L_2)\gamma(L_2+L_1)\cos^2\gamma_1-\gamma(L_1)\cos2\gamma_1\\&\quad-\gamma(L_2)\gamma(L_2-L_1)\sin^2\gamma_1]\cdot\cos\Delta\beta L_1\}^{\frac{1}{2}}\end{aligned} \tag{5-28}$$

式中，$|\boldsymbol{J}|$为矩阵的行列式；$\gamma(L)$为光波的相干函数，与保偏光纤的退偏长度 L_d

有关。

$$\gamma(L)=\exp\left[-\left(\frac{\pi\cdot L}{L_{\mathrm{d}}}\right)^2\right] \tag{5-29}$$

为了简化计算，假定上式满足下列条件：$\gamma(L\geqslant L_{\mathrm{d}})=0$，$\gamma(L<L_{\mathrm{d}})=1$。仅当 $\min(L_2,L_1,|L_2-L_1|)\geqslant L_{\mathrm{d}}$ 时，有

$$d_T=d|\cos2\theta_{\mathrm{s}}|\cdot|\cos2\gamma_1| \tag{5-30}$$

式(5-30)说明，输出光波的偏振度等于输入光波的偏振度 $d\cdot|\cos2\theta_{\mathrm{s}}|$ 乘上一个与熔接对准角度有关的因子 $|\cos2\gamma_1|$，γ_1 越接近 45°，偏振度 d_T 越小。

由于受保偏光纤几何一致性和熔接条件所限，很难制备性能完全理想的 Lyot 消偏器，为此可以采用几段长度递增的高双折射光纤按一定角度熔接来降低偏振度。

可以证明，如果采用 $n+1$ 段高双折射光纤进行熔接，且各段光纤的长度满足

$$\left.\begin{aligned}&L_{n+1}=2L_n=4L_{n-1}=\cdots\cdots=2^nL_1\\&L_1\geqslant L_{\mathrm{d}}\end{aligned}\right\} \tag{5-31}$$

则输出光波的偏振度变为

$$d_T=d|\cos2\theta_{\mathrm{s}}|\cdot|\cos2\gamma_1|\cdot|\cos2\gamma_2|\cdot\cdots\cdot|\cos2\gamma_n| \tag{5-32}$$

式中，γ_n 为第 n 段高双折射光纤与第 $n+1$ 段光纤熔接时偏振主轴之间的对准误差角度。该方法的优势是显而易见的，如欲使 $d_T=0.01(d=1)$，采用一个熔接点时，要求偏振主轴之间的对准误差(相对于 45°)仅为 0.3°，而采用三个熔接点时，对准误差(相对于 45°)可以放宽到 6.2°，现有设备工艺条件实现该对准精度难度不大。

经推导，沿任意方向(α)检测的归一化输出功率可表示为

$$\begin{aligned}P(\alpha)&=J_{x'x'}\cos^2\alpha+J_{y'y'}\sin^2\alpha+0.5(J_{x'y'}+J_{y'x'})\sin2\alpha\\&=0.5(1+d_T\cos2\alpha)\end{aligned} \tag{5-33}$$

在光纤熔接过程中，尽可能使 $\gamma_1,\gamma_2,\cdots,\gamma_n$ 接近 45°，则乘积 $d_T\approx0$，此时有 $P(\alpha)\approx0.5$，说明沿任意方向检偏时，输出功率都是无涨落的。

由式(5-27)和式(5-28)可知，Lyot 消偏器的双折射延迟所需的保偏光纤长度 L_1，L_2 及两段光纤的长度差 ΔL 应同时满足如下两个条件才能起到消偏的作用。

$$\left.\begin{aligned}&\min(\Delta n_{\mathrm{b}}L_1,\Delta n_{\mathrm{b}}L_2)\geqslant L_{\mathrm{dc}}\\&\Delta n_{\mathrm{b}}\Delta L\geqslant L_{\mathrm{dc}}\end{aligned}\right\} \tag{5-34}$$

式中，Δn_{b} 为组成消偏器保偏光纤两个主轴的折射率差；$L_{\mathrm{dc}}=\lambda_0^2/\Delta\lambda$ 为光源的去相干长度，λ_0、$\Delta\lambda$ 分别为光源光谱的中心波长和谱宽。严格来说，相干长度应是相干函数的均方根半宽或称为 1σ 半宽，而这里的 L_{dc} 接近于 4σ 半宽。

5.2.2　光纤消偏器在干涉型光纤传感中的应用要求

1. 一般性要求

在光纤传感器中，消偏器通常和单模光纤配合使用，单模光纤因制备过程中引入的缺陷，以及应用环境下引入的应力，不可能实现完美的单模，仍然存在双折射现象。消偏器的双折射延迟必须在抵消单模光纤中的累积双折射延迟后仍能实现消偏，因而有

$$\Delta n_b \Delta L - \Delta n L_{SM} \geqslant L_{dc} \tag{5-35}$$

式中，L_{SM}为单模光纤的长度；Δn为单模光纤的等效快慢轴折射率差。对于常用的单模光纤，弯曲是引起双折射的一个主要因素，如果光纤直径 $b=125\ \mu m$，弯曲半径 $r=30mm$，$L_{SM}=1000m$，由此得到 $\Delta L=3.3m$，这样消偏器两段光纤的长度可取 $L_1=3.5m$，$L_2=7.0m$。可见，在设计 Lyot 消偏器时，必须充分考虑到单模光纤中双折射的影响。

光纤消偏器的消偏性能通常用输出光的偏振度来衡量。输出偏振度除和消偏器的结构设计有关外，还与输入光源的光谱形状有关。在设计消偏器时，第二段光纤的长度大于第一段光纤。当 $\Delta n_b L_1 > \Delta n_b L_2 \geqslant L_{dc}$时，输出偏振度随输入光的光谱形状而不同。对于高斯型和矩形光谱，输出偏振度 d 随 L_2 的变化趋势如图 5.9 所示。

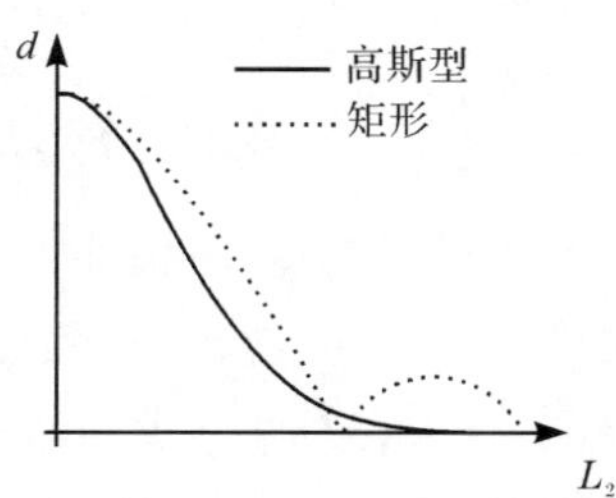

图 5.9　高斯型和矩形光谱光源经消偏器后的偏振度随第二段光纤长度的变化

对于高斯型光谱，随第二段光纤长度 L_2 增加偏振度呈单调递减趋势。而对于矩形光谱，偏振度随 L_2 呈现振荡减小的趋势。

2. 光纤陀螺对光纤消偏器的要求

单模光纤不能保持光的偏振态，在环境扰动时偏振态沿光纤传输路径随机变化，这种偏振态演变过程是由光纤本身的双折射和环境引起的双折射共同作用的结果。由于环境引起的双折射具有时变特点，因此在光纤陀螺的光纤环中双向传

输的光之间会产生非互易误差，另外，输出光偏振态的随机性会使偏振器输出功率随机波动，到达探测器的功率也相应地出现波动，偏振引起的这种误差通常称为偏振衰落。

解决以上偏振误差的途径有两种，一种是采用保偏光纤，即提高偏振态在光纤中的稳定性，降低偏振态的随机耦合；另一种途径是采用光纤消偏器。光纤消偏器在光纤陀螺光路中可能处于不同的位置，但通常的做法是在光纤环的两端各设置一个消偏器。光在输入光纤环之前先经过光纤消偏器的消偏作用，即将偏振态进行平均化，经过消偏器的光在两个正交方向上的光功率平均分配，且各分量之间由于时间延迟而去相干。输出偏振态具有随机性，且各方向的几率相同，消偏器输出光的特征近似于自然光，光纤中单纯的耦合过程并不会改变光的偏振特性，消除了偏振衰落。

消偏光纤陀螺的光路结构如图 2.10 所示。消偏光纤陀螺对消偏器的最基本要求见式(5-34)，即消偏器引入的双折射时延迟必须在抵消光纤环中的累积双折射延迟后仍能实现消偏。光波经过消偏器消偏后，由于时延迟，各偏振分量之间是不相干的；进入光纤环后，光纤中的双折射引起的时延迟可能和消偏器引入的时延迟正好相反，因此偏振分量之间的相干性可能重建。上述条件就是要求消偏器引入的时延迟不能被光纤中相反的时延迟所抵消，且两者的时延差应大于去相干时间。

消偏光纤陀螺可以使用一个光纤消偏器，也可使用双消偏器，但为了达到相同的陀螺性能，两种配置对光纤消偏器的要求存在较大差别。对于使用单消偏器，且消偏器位于光纤环的一端时，光纤陀螺的最大偏振误差为

$$\phi_e \approx \sqrt{\frac{1-d}{1+d}} \cdot \varepsilon \tan \gamma_1 \cdot \gamma(\Delta L) \tag{5-36}$$

式中，d 为光源的偏振度；γ_1 为消偏器两端保偏光纤偏振轴之间的夹角；ε 为偏振器的振幅消光系数。由式(5-35)可以看出，保证 $d=1$，$\varepsilon=0$，$\gamma_1=45^\circ$ 都是很难实现的，这些参数都受工艺限制。偏振误差的消除就需要相干度 $\gamma(\Delta L)=0$，由于光纤中偏振态演变随环境变化的时变特性，即变化频率非常高，实际操作时保持 $\gamma(\Delta L)=0$ 也是非常困难的。总之，单消偏器配置完全抑制偏振误差难度较大。

当使用两个消偏器，且两个消偏器分别位于光纤环的输入、输出端时，光纤陀螺的最大偏振误差为

$$\phi_e \approx \sqrt{\frac{1-d}{1+d}} \cdot \varepsilon \sin[2(\gamma_1-\gamma_2)] \cdot \gamma(\Delta L) \tag{5-37}$$

式中，γ_2 为第二个消偏器中两段保偏光纤偏振轴之间的夹角。由此可见，通过两个消偏器的设计，控制 $\gamma_1-\gamma_2\approx 0$ 即可消除偏振误差，控制 $\gamma_1-\gamma_2\approx 0$ 的难度大大降低，因此双消偏器的偏振误差抑制能力明显优于单消偏器。

5.3　光纤隔离器

5.3.1　光纤隔离器工作原理与结构

光纤隔离器是一种单方向传输的光无源器件，正向传输具有较低的插入损耗，而反向传输有很大衰减。在光纤传感器中，光纤隔离器通常位于光源的输出端，其作用是防止后端光路中反向传输的信号光或光路中反向传输的反射光进入光源，从而引起宽带光源的激射或窄带光源的啁啾。

光纤隔离器的工作原理主要是利用磁光晶体的法拉第效应。磁光材料引起的光偏振面旋转的方向取决于外加磁场的方向，与光的传播方向无关。迎着光观察，当线偏振光沿磁力线方向通过介质时，其偏振面向右旋转；当偏振光沿磁力线反方向通过介质时，其偏振面则向左旋转。旋转角度 θ 的大小与磁光材料的旋转特性、长度、工作波长及磁场强度相关。材料越长、磁场强度越大、工作波长越短，旋转角度将越大。温度也会对旋转角度 θ 产生影响，对大多数晶体来说，温度增加将导致旋转角的减小，从而引起高低温下隔离器插入损耗的变化。典型的法拉第旋转器旋光角度为 45°，其材料主要有两种，一种是 YIG 晶体（钇铁石榴石单晶），另一种是高性能磁光晶体（如$(YbTbBi)_3Fe_5O_{12}$石榴石单晶薄膜）。

根据光纤隔离器的偏振敏感特性可将其分为偏振相关和偏振无关型两种[16-18]。典型的偏振相关光纤隔离器由两个光纤准直器、两个偏振器和一个法拉第旋转器(FR)构成。两偏振器的透光方向夹角为 45°，当入射光经过第一个偏振器 P_1 后，变成线偏振光，经过法拉第旋转器，偏振面被旋转 45°，刚好与第二个偏振器 P_2 的通过方向一致，光信号可以顺利通过。而反向传输时，光先经过偏振器 P_2 变成线偏振光，由于法拉第旋转器的非互易性，光经过法拉第旋转器后，偏振方向与偏振器 P_1 的通光方向正交，不能通过，起到了反向隔离的作用，其典型结构图如图 5.10 所示。

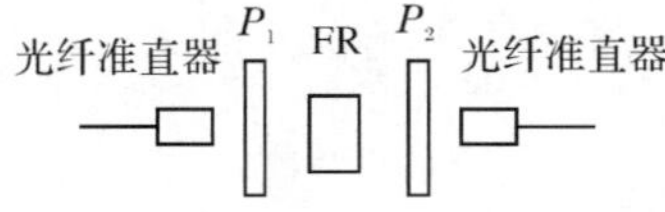

图 5.10　偏振相关光纤隔离器典型结构

偏振无关光纤隔离器是一种对输入光偏振态依赖性很小的光隔离器，其典型结构是由两块双折射晶体和法拉第旋转器构成（图 5.11）。正向传输情况下，光信号经过准直器进入双折射晶体 C_1 后，光束被分为 o 光和 e 光，其偏振方向相互垂直，传播方向呈一夹角，经过法拉第旋转器后，o 光和 e 光的偏振面各自向同一方向旋转 45°，由于第二个双折射晶体 C_2 的晶轴相对第一个晶体正好呈 45°夹角，所以 o 光和 e 光经 C_2 后，被折射到一起，经准直后可正向以较低损耗通过。由于法拉第效应的非互易性，当光束反向传输时，经过 C_2 后被分为偏振面与 C_1 晶轴成 45°角的 o 光和 e 光。这两束线偏振光经过法拉第旋转器后，振动面仍朝与正向光旋转方向相同的方向旋转 45°，相当于第一个晶体 C_1 的晶轴共旋转了 90°，出射的两束线偏振光被 C_2 进一步分开一个较大的角度，被斜面透镜偏折，不能耦合进光纤纤芯，从而达到反向隔离的目的。

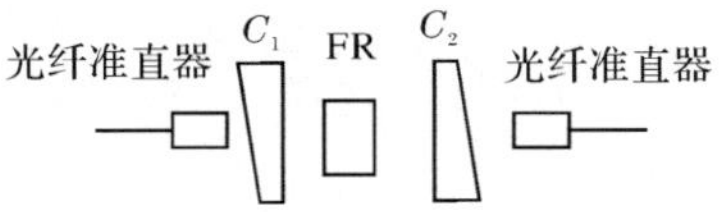

图 5.11　偏振无关光纤隔离器典型结构

偏振相关光纤隔离器中的光传输过程可以通过琼斯矩阵表示，矩阵按正向传输信号的方位表示，偏振片 P_1 的通过轴和 x 轴重合，其琼斯矩阵为

$$\boldsymbol{P}_1=\begin{bmatrix}1 & 0\\0 & 0\end{bmatrix} \tag{5-38}$$

经过偏振片 P_1 的光为

$$\boldsymbol{E}_i=\begin{bmatrix}E_{ix}\\E_{iy}\end{bmatrix}=\begin{bmatrix}1\\0\end{bmatrix} \tag{5-39}$$

法拉第旋转器的琼斯矩阵为

$$\boldsymbol{R}=\begin{bmatrix}\cos\theta & \sin\theta\\-\sin\theta & \cos\theta\end{bmatrix} \tag{5-40}$$

检偏偏振片 P_2 的传输轴和 x 轴交角为 45°，其琼斯矩阵为

$$\boldsymbol{P}_2=\frac{1}{2}\begin{bmatrix}1 & -1\\-1 & 1\end{bmatrix} \tag{5-41}$$

则正向传输光的输出光振幅和强度分别为

$$\boldsymbol{E}_\mathrm{o}=\boldsymbol{P}_2\boldsymbol{R}\boldsymbol{P}_1\boldsymbol{E}_i=\frac{\sqrt{2}}{2}\begin{bmatrix}1\\-1\end{bmatrix} \tag{5-42}$$

$$I_\mathrm{o}=E_{\mathrm{o}x}^2+E_{\mathrm{o}y}^2=1 \tag{5-43}$$

光反向传输时，经过检偏偏振片 P_2 的光场为

$$\boldsymbol{E}_i=\begin{bmatrix}E_{ix}\\E_{iy}\end{bmatrix}=\frac{\sqrt{2}}{2}\begin{bmatrix}1\\-1\end{bmatrix} \tag{5-44}$$

则反向传输光的输出光振幅和强度分别为

$$\boldsymbol{E}_\mathrm{o}=\boldsymbol{P}_1\boldsymbol{R}\boldsymbol{P}_2\boldsymbol{E}_i=\begin{bmatrix}0\\0\end{bmatrix} \tag{5-45}$$

$$I_\mathrm{o}=0 \tag{5-46}$$

5.3.2　光纤隔离器性能参数及测试方法

光纤隔离器的性能参数主要包括插入损耗、隔离度、回波损耗、偏振相关损耗、带宽等，插入损耗、回波损耗、偏振相关损耗定义及测试方法可参见第 3.2.1 节，以下介绍其他参数定义及测试方法。

1. 隔离度

隔离度是隔离器最重要的指标之一，它表征隔离器对反向传输光信号的衰减能力，理想隔离器反向光信号是完全不能传输的，实际的隔离度与偏振器距法拉第旋转器距离、光学元件表面反射率、偏振器楔角、间距、偏振器的消光比、偏振器晶轴相对角度、晶体厚度等因素相关。隔离度的计算如下

$$I_{SO}=-10\lg\frac{P_{R\text{-}OUT}}{P_{R\text{-}IN}}(\mathrm{dB}) \tag{5-47}$$

式中，$P_{R\text{-}IN}$为反向输入光功率；$P_{R\text{-}OUT}$为反向输出光功率。

图 5.12(a)是采用光功率计直接测量输入和输出光功率法；图 5.12(b)是采用光谱分析测试法，采用此方法时，光源若采用波长可调谐激光器，可同时测量隔离器的波长相关特性曲线，测出峰值隔离度及对应的波长、30dB 隔离度带宽。

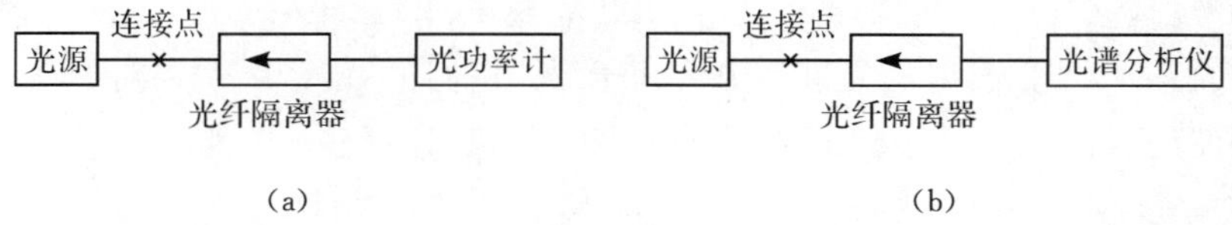

图 5.12　光纤隔离器隔离度测试示意图

2. 30dB 隔离度带宽

光纤隔离器应在一定的工作波长范围内满足隔离度要求，通常以 30dB 带宽来衡量光纤隔离器的隔离度带宽。测试如图 5.12(b)所示。光源为波长可调谐稳定光源，通过测量隔离度的输出波长响应曲线，隔离度由峰值隔离度下降 30dB 所对应的波长范围即为隔离器的 30dB 带宽。

5.3.3　光纤隔离器在干涉型光纤传感中的应用要求

干涉型光纤传感器对光纤隔离器的要求：

(1) 一般采用偏振无关型光纤隔离器。

(2) 正向插入损耗小，减小对光源输出功率的影响。

(3) 方向隔离度高，提高光源的稳定性。

(4) 宽带宽，适用于不同波长、宽谱光源的隔离。

(5) 隔离度和插入损耗温度稳定性好。

5.4 光纤环行器

5.4.1 光纤环行器工作原理

光纤环行器是一种多端口输入输出的非互易性光无源器件，具有入射光从确定端口输出而反射光由另一端口输出的特性(图 5.13)。对于 3 端口光环行器，端口 1 的输入光信号只能从端口 2 输出，而端口 2 的输入光信号只能从端口 3 输出。

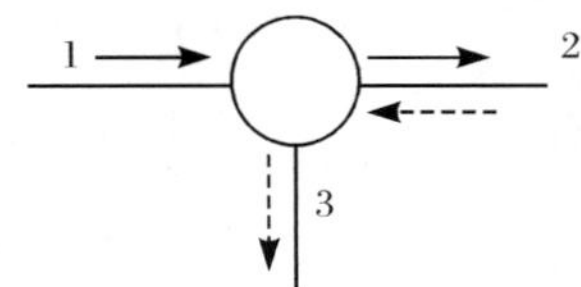

图 5.13 光环行器的传光方向

光环行器和光隔离器的工作原理类似，都是利用磁光晶体的法拉第效应。光环行器有多种设计结构，其中图 5.14(a)的结构为目前普遍使用的结构方式。以三端口为例，该环行器可等效于两个光纤隔离器串联，其中 BC 为双折射晶体，BC_1、BC_2是将入射、出射的光进行分光和合光，它们的 o 光为 Y 方向偏振，e 光为 X 方向偏振。BC_3进行光束引导，实现环行功能，BC_3中的 o 光为 X 方向偏振，e 光为 Y 方向偏振。FR 为法拉第旋光晶体，旋转角为 45°，R_{1P}，R_{2P}为 P 型半波片。R_{1N}，R_{2N}为 N 型半波片。P 型半波片和 N 型半波片的组合方式如图 5.14(b)所示，两者的光轴均和 Y 方向成 67.5°[19]。这种结构的光纤环行器可以实现从端口 1→2，2→3 的功能。

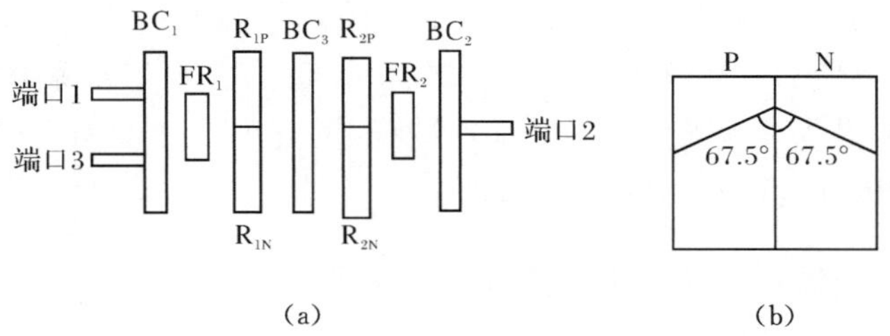

图 5.14 光纤环行器结构示意图

从端口 1 入射的任意光，通过 BC_1分为两束相互垂直的线偏振光 o 光和 e 光。这两束偏振光通过法拉第旋光晶体 FR_1后，光振幅矢量均被顺时针旋转 45°，o 光

通过半波片 R_{1P}后光振幅矢量沿顺时针旋转 45°，e 光通过半波片 R_{1N}后光振幅矢量沿逆时针旋转 45°，此时 o 光和 e 光的偏振方向相同，且对导向晶体 BC_3 而言皆为 o 光，它们通过 BC_3 后传播方向不变。然后这两束偏振光分别通过被半波片 R_{2N}，R_{2P}沿顺时针和逆时针方向旋转 45°，此时两偏振态的偏振方向再次垂直，之后两偏振态同时被法拉第旋光晶体 FR_2 沿顺时针方向旋转 45°，两偏振态偏振方向仍然垂直，再经 BC_2后两偏振态合为一束光，实现端口 1 到端口 2 的传输。类似的，当由端口 2 输入时，两束光经 BC_2、FR_2、R_{2N}、R_{2P}后，两偏振态方向相同，但其方向相对于 BC_3 为 e 光，两者通过 BC_3 时传播方向将发生向下偏转，再经过 R_{1N}、R_{1P}、FR_1、BC_1传输后由端口 3 输出。

通过 BC_1与 BC_2晶体的 o 光与 e 光的传输矩阵分别为

$$\boldsymbol{C}_o = t_c\begin{bmatrix} e_c & 0 \\ 0 & 1 \end{bmatrix} \qquad \boldsymbol{C}_e = t_c\begin{bmatrix} 1 & 0 \\ 0 & e_c \end{bmatrix} \tag{5-48}$$

通过 BC_3 晶体的 o 光与 e 光的传输矩阵分别为

$$\boldsymbol{C}'_o = t_c\begin{bmatrix} 1 & 0 \\ 0 & e_c \end{bmatrix} \qquad \boldsymbol{C}'_e = t_c\begin{bmatrix} e_c & 0 \\ 0 & 1 \end{bmatrix} \tag{5-49}$$

式中，t_c、e_c分别为 BC_1、BC_2和 BC_3晶体的透射比与消光比。

FR 琼斯矩阵表示为

$$\boldsymbol{F}(45°) = t_F\,\frac{\sqrt{2}}{2}\begin{bmatrix} 1 & 1 \\ -1 & 1 \end{bmatrix}\begin{bmatrix} 1 & -j_{e_F} \\ j_{e_F} & 1 \end{bmatrix} \tag{5-50}$$

式中，t_F、e_F分别为法拉第旋光晶体的透射比与消光比。

半波片的琼斯矩阵为

$$\boldsymbol{W}_P = \frac{\sqrt{2}}{2}t_W\begin{bmatrix} 1 & -1 \\ -1 & -1 \end{bmatrix} \tag{5-51}$$

$$\boldsymbol{W}_N = \frac{\sqrt{2}}{2}t_W\begin{bmatrix} 1 & 1 \\ 1 & -1 \end{bmatrix} \tag{5-52}$$

式中，t_W 为半波片的透射比。

端口 1→2 的传输过程可用如下琼斯矩阵表示

$$\boldsymbol{E}_o = \boldsymbol{C}_e\boldsymbol{F}\boldsymbol{W}_P\boldsymbol{C}'_o\boldsymbol{W}_P\boldsymbol{F}\boldsymbol{C}_o\boldsymbol{E}_{in} \tag{5-53}$$

$$\boldsymbol{E}_e = \boldsymbol{C}_o\boldsymbol{F}\boldsymbol{W}_N\boldsymbol{C}'_o\boldsymbol{W}_N\boldsymbol{F}\boldsymbol{C}_e\boldsymbol{E}_{in} \tag{5-54}$$

式中，$\boldsymbol{E}_o$为输出 o 光振幅；$\boldsymbol{E}_e$为输出 e 光振幅；$\boldsymbol{E}_{in}$为输入光振幅。

5.4.2　光纤环行器性能参数及测试方法

插入损耗和隔离度是光纤环形器的两项重要性能参数指标，以三端口光纤环行器为例，插入损耗包括从端口 1 到端口 2 和从端口 2 到端口 3 的插入损耗；隔离度包括端口 2 到端口 1 和端口 3 到端口 2 的隔离度，其定义和测试与光纤隔离器相似。另一个反映光纤环行器方向性的指标为串扰，端口 1 到端口 3 的串扰指当从端口 1 入射光时，在端口 3 测试所得光功率与入射光功率之比，即

$$CR=-10\lg\frac{P_3}{P_1}(\mathrm{dB}) \tag{5-55}$$

式中，P_1为端口 1 的入射光功率；P_3为从端口 3 输出的光功率。一般环形器的串扰都大于 50dB。

5.4.3 光纤环行器在干涉型光纤传感中的应用要求

光纤环行器具有隔离器和分束器的功能。图 5.15(a)为干涉型光纤传感中经常采用的光路结构，该结构中采用隔离器和耦合器的组合实现反向光信号的隔离和检测，但光信号正向、反向经过耦合器都存在 3dB 的额外功率损失(除耦合器本身附加损耗之外的功率损失)。而该结构可以通过图 5.15(b)所示的光路结构代替，即由环行器代替隔离器和耦合器，不但减少了光路的器件数，而且避免了耦合器双向 6dB 的损耗。环行器同时具备了隔离器和分束器功能，因此传感器对其要求也综合了对隔离器和分束器的要求。

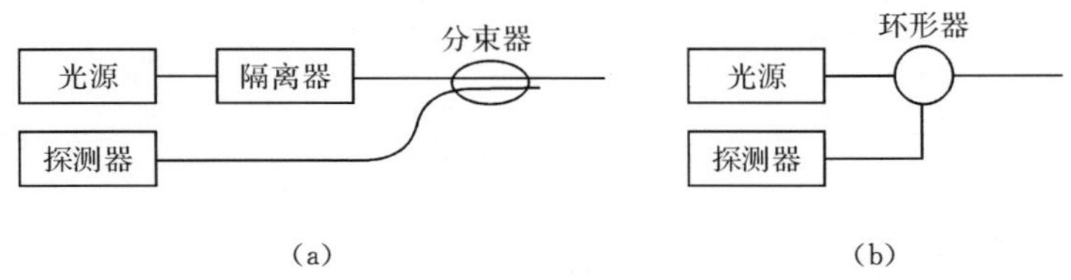

图 5.15 光纤环行器的功能示意图

(a) 隔离器+分束器的光路；(b) 采用环形器的光路

参考文献

[1] 方俊鑫，曹庄琪，杨傅子. 光波导技术物理基础. 上海：上海交通大学出版社，1987

[2] 曹庄琪. 导波光学. 北京：科学出版社，2007

[3] Yu T, Wu Y. Theoretical study of metal-clad optical waveguide polarizer. IEEE Journal of Quamtum Electronics, 1989, 25(6): 1209-1213

[4] Varnham MP, Payne D N, Brick R O, et al. Single-polarization operation of highly birfringent bow-tie optical fibers. Electronics Letters, 1983, 19(7): 246-247

[5] Eickhoff W. In-line fibre-optic polarizer. Electronics Letters, 1980, 18(20): 762-763

[6] Hosaka T, Okamoto K, Edahiro T. Fabrication of single-mode fiber-type polarizer. Optics Letters, 1983, 3(2): 124-126

[7] 关铁梁. 光纤偏振器件性能及工艺进展. 光通信技术，1995，19(3)：230-236

[8] Li L, Wylangowski G, Payne D N, et al.. Broadband metal/glass single mode fiber polarizers. Electronics Letters,1986,22(9):1021-1021

[9] Carey S, Johnstone W. Characterization of surface plasma wave polarizing devices. Electronics Letters,1991,27(1):988-991

[10] Wang A,Arya C,Manish H,et al. Optical fiber polarizer based on highly birefringent sigle mode fiber. Optics Letters,1995,20(3):230-236

[11] Chang C L. Fiber optical polarizer,USA patent,4795233,1989

[12] Rashleigh S C, Marrone M J. Polarization holding in coiled high-birefringence fibers. Electronics Letters,1983,19(22):850-851

[13] Peterman B K, Weidel E K. Performance of depolarizers with birefringent single-mode fibers. Journal of Light Technology,1983,1910:71-74

[14] Burns W K. Degree of polarization in the Lyot depolarizer. Journal of Light Technology, 1983,1930:475-479

[15] Mochizuki K. Degree of polarization in jointed fiber:The Lyot depolarizer. Applied Optics, 1984,23(19):3284-3288

[16] 葛文萍,殷宗敏,刘惊惊,等. 几种新型结构光纤隔离器. 光通信技术,2002,6:42-45

[17] 林学煌. 光无源器件. 北京:人民邮电出版社,1998

[18] 苏立国,刘振宇,董小鹏,等. 光纤隔离器隔离度偏振敏感性的实验研究. 光学仪器,2001, 23(3):27-30

[19] 向清,聂刚,黄德修. 高隔离度光学环行器偏振灵敏度分析. 仪器仪表学报,1999,20(1): 41-44

第6章　相位调制器

干涉型光纤传感器将待测物理量变化转换为光纤中光波的相位变化，通常待测物理量对相位的调制是非常微弱的，往往淹没在噪声之中，为了将微弱信号从噪声中提取出来，一般通过相位调制器对光信号进行调制。另外，干涉型光纤传感器的光强信号是相位的余弦函数，传感器的初始状态一般都不处于最大灵敏度工作点，在某些传感器中虽然通过光路的非对称设计可以将工作点移向最大灵敏度点，但很难实现传感器精确处于最大灵敏度点，即使设计上实现了，在环境扰动的情况下也难以保证工作点始终位于最大灵敏度点。为使传感器的工作点稳定在最大灵敏度点，需要对传感器进行相位偏置，这需要相位调制器来实现。对于同一光路，光的相位和光波频率呈线性正比关系，通过对输入光频率的调制也可以实现相位调制的效果。

目前干涉型光纤传感器中采用的相位调制器主要有三种：基于电光效应的$LiNbO_3$相位调制器、基于弹光效应的压电陶瓷（PZT）相位调制器和基于声光效应的声光调制器。PZT是较早被采用的相位调制器，由于其直接通过光纤调制相位，因而具有易于实现、对光路影响小的特点，但该类调制器的稳定性较差，调制频率较低，通常仅为几十千赫兹。$LiNbO_3$相位调制器是一种集成光学器件，设计加工难度较大，但性能稳定，调制频率可达几百兆赫兹，若采用行波电极可超过100GHz。声光调制器是一种移频器，通过对光频率的调制达到相位调制的目的。

6.1　相位调制原理

6.1.1　电光相位调制

1. 电光效应

外加电场引起介质折射率改变，从而影响光波在晶体中传播特性，这种物理现象称为电光效应。对于一般情况，介质折射率的变化与外加电场的关系可以写为

$$\Delta n = \gamma E + \kappa E^2 + \cdots \tag{6-1}$$

式中，E为外加电场强度；γ为泡克耳斯（Pockels）电光系数；κ为克尔（Kerr）电光系数。γ和κ由介质本身的特性决定。如果折射率的变化与电场强度的一次方成正比，则称为泡克耳斯效应或线性电光效应；如果折射率的变化与电场强度的平

方成正比,则称为克尔效应或二次电光效应。除具有反演对称中心的晶体外,大部分晶体都有线性电光效应,而二次电光效应存在于所有晶体中。与线性电光效应相比,二次效应很微弱,因此在实际应用中,常忽略二次效应。使用 $LiNbO_3$ 和 $LiTaO_3$ 晶体制成的相位调制器就是利用线性电光效应进行工作的。

电光相位调制器通常采用具有较大电光系数的晶体,在外加电场作用下,晶体的折射率椭球方程变为

$$\sum_{i,j}\left[\left(\frac{1}{n^2}\right)_{ij}+\Delta\left(\frac{1}{n^2}\right)_{ij}\right]x_i x_j = 1 \tag{6-2}$$

式中,$\Delta\left(\frac{1}{n^2}\right)_{ij}$ 是由外加电场引起的 $\left(\frac{1}{n^2}\right)_{ij}$ 的增量,在主轴坐标系中可以表示为

$$\Delta\left(\frac{1}{n^2}\right)_{ij} = \sum_{k=1}^{3}\gamma_{ijk}E_k \tag{6-3}$$

式中,E_k 为外加电场分量;γ_{ijk} 为晶体电光系数张量的元素。在电光系数张量 γ_{ijk} 中,$\gamma_{ijk}=\gamma_{jik}$,利用下标简写法(11→1,22→2,33→3,23(32)→4,31(13)→5,12(21)→6)将 3×3×3=27 个元素简写成 6×3=18 个元素。式(6-3)用矩阵形式可表示为

$$\begin{bmatrix}\Delta\left(\frac{1}{n^2}\right)_1\\ \Delta\left(\frac{1}{n^2}\right)_2\\ \Delta\left(\frac{1}{n^2}\right)_3\\ \Delta\left(\frac{1}{n^2}\right)_4\\ \Delta\left(\frac{1}{n^2}\right)_5\\ \Delta\left(\frac{1}{n^2}\right)_6\end{bmatrix}=\begin{bmatrix}\gamma_{11} & \gamma_{12} & \gamma_{13}\\ \gamma_{21} & \gamma_{22} & \gamma_{23}\\ \gamma_{31} & \gamma_{32} & \gamma_{33}\\ \gamma_{41} & \gamma_{42} & \gamma_{43}\\ \gamma_{51} & \gamma_{52} & \gamma_{53}\\ \gamma_{61} & \gamma_{62} & \gamma_{63}\end{bmatrix}\cdot\begin{bmatrix}E_x\\ E_y\\ E_z\end{bmatrix} \tag{6-4}$$

利用电光张量矩阵得到外加电场时晶体的折射率椭球方程的普遍表达式为

$$\begin{aligned}&\left[\left(\frac{1}{n^2}\right)_1+\gamma_{11}E_x+\gamma_{12}E_y+\gamma_{13}E_z\right]x^2+\left[\left(\frac{1}{n^2}\right)_2+\gamma_{21}E_x+\gamma_{22}E_y+\gamma_{23}E_z\right]y^2\\ &+\left[\left(\frac{1}{n^2}\right)_3+\gamma_{31}E_x+\gamma_{32}E_y+\gamma_{33}E_z\right]z^2+2\left[\gamma_{41}E_x+\gamma_{42}E_y+\gamma_{43}E_z\right]yz\\ &+2\left[\gamma_{51}E_x+\gamma_{52}E_y+\gamma_{53}E_z\right]xz+2\left[\gamma_{61}E_x+\gamma_{62}E_y+\gamma_{63}E_z\right]xy=1\end{aligned} \tag{6-5}$$

由于晶体的对称性,电光张量矩阵的电光系数大部分为零,只有少部分有量值,所以在实际应用中上式可得到简化。$LiNbO_3$ 和 $LiTaO_3$ 晶体的电光系数张量矩阵为

$$\begin{bmatrix} 0 & -\gamma_{22} & \gamma_{13} \\ 0 & \gamma_{22} & \gamma_{13} \\ 0 & 0 & \gamma_{33} \\ 0 & \gamma_{42} & 0 \\ \gamma_{42} & 0 & 0 \\ -\gamma_{22} & 0 & 0 \end{bmatrix} \tag{6-6}$$

相应的电光系数见表 6.1[1,2]。

表 6.1 $LiNbO_3$ 和 $LiTaO_3$ 晶体的电光系数

晶体	波长/nm	电光系数/(10^{-12}m/V)		折射率
$LiNbO_3$	633	(T)γ_{13}=9.6	(S)γ_{13}=8.9	
		(T)γ_{22}=6.8	(S)γ_{22}=3.4	n_o=2.286
		(T)γ_{33}=30.9	(S)γ_{33}=30.8	n_e=2.200
		(T)γ_{42}=32.6	(S)γ_{42}=28	
$LiTaO_3$	633	(T)γ_{13}=8.4	(S)γ_{13}=7.5	
		(T)γ_{22}=−0.2	(S)γ_{22}=1	n_o=2.176
		(T)γ_{33}=30.5	(S)γ_{33}=33	n_e=2.180
		(T)γ_{42}=22	(S)γ_{42}=20	

注:(T)表示低频值,(S)表示高频值。

只考虑电场沿 Z 轴方向的情况,$E=E_z$,$E_x=E_y=0$。$LiNbO_3$ 晶体的折射率椭球方程可表示为

$$\left(\frac{1}{n_o^2}+\gamma_{13}E_z\right)x^2+\left(\frac{1}{n_o^2}+\gamma_{13}E_z\right)y^2+\left(\frac{1}{n_e^2}+\gamma_{33}E_z\right)z^2=1 \tag{6-7}$$

式中,n_o 为寻常光(o 光)的折射率;n_e 为非寻常光(e 光)的折射率。方程(6-7)左端无交叉项,仅有 x、y、z 的二次项,所以外加电场方向沿晶体 z 轴方向时,折射率椭球只发生了形变,其主轴的方向不变,晶体仍然是单轴晶体,保持各向异性。由于 $\gamma_{13}E_z \ll 1/n_o^2$,$\gamma_{33}E_z \ll 1/n_e^2$,上式改写为

$$\frac{x^2+y^2}{(n_o+\Delta n_o)^2}+\frac{z^2}{(n_e+\Delta n_e)^2}=1 \tag{6-8}$$

式中,

$$\begin{aligned}\Delta n_o &= -\frac{1}{2}n_o^3\gamma_{13}E_z \\ \Delta n_e &= -\frac{1}{2}n_e^3\gamma_{33}E_z\end{aligned} \tag{6-9}$$

晶体折射率椭球变化后,主轴方向的寻常光折射率为 $n_o'=n_o+\Delta n_o$,非寻常光折射率为 $n_e'=n_e+\Delta n_e$。

同理，当电场方向沿 x 方向时，折射率椭球方程为

$$\frac{1}{n_o^2}(x^2+y^2)+\frac{1}{n_e^2}z^2-2\gamma_{22}E_x xy+2\gamma_{42}E_y zx=1 \tag{6-10}$$

当电场方向沿 y 方向时，折射率椭球方程为

$$\left(\frac{1}{n_o^2}-\gamma_{22}E_y\right)x^2+\left(\frac{1}{n_o^2}+\gamma_{22}E_y\right)y^2+\frac{z^2}{n_e^2}+2\gamma_{42}E_y yz=1 \tag{6-11}$$

可见在以上两种电场作用下，折射率椭球不仅发生了形变而且其主轴方向也发生了变化，通过转动坐标变换可得新主轴坐标系下的主折射率。

为了有效地利用晶体的电光效应，必须合理选择晶轴取向和电场施加方向，尽量利用数值最大的电光系数。表 6.2 为不同方向电场作用下，电光效应对在 $LiNbO_3$ 和 $LiTaO_3$ 晶体中传播的不同偏振模式光的调制作用及发挥作用的电光系数。

表 6.2 不同方向电场的调制作用及发挥作用的电光系数

晶体切向	光波传播方向	垂直电场			水平电场		
		TE 调制	TM 调制	偏振转换	TE 调制	TM 调制	偏振转换
X	Y	0	0	γ_{42}	γ_{33}	γ_{13}	0
X	Z	0	0	γ_{22}	γ_{22}	γ_{22}	0
Y	X	0	γ_{22}	γ_{42}	γ_{33}	γ_{13}	0
Y	Z	γ_{22}	γ_{22}	0	0	0	γ_{22}
Z	X	γ_{13}	γ_{33}	0	γ_{22}	0	γ_{42}
Z	Y	γ_{13}	γ_{33}	0	0	0	γ_{42}

2. 典型的电光相位调制器

基于电光相位调制原理的调制器主要包括 Si 基调制器、聚合物基调制器和 $LiNbO_3$ 基调制器等。光纤传感器中广泛采用的是波导型 $LiNbO_3$ 基电光相位调制器，这种调制器具有较高的电光调制效率和较低的驱动电压，较低的强度调制和对恶劣环境的良好适应性。图 6.1 表示条型 $LiNbO_3$ 电光波导相位调制器，图中(X,Y,Z)为晶轴取向(Z 为光轴方向)，电极位于光波导的两侧(电极也可置于光波导的上方)，当电极上施加电信号时，波导折射率因电光效应发生改变，导波光通过电极区后其相位随调制电压而变。通过在端面耦合光纤，可使光波方便地输入和输出。

$LiNbO_3$ 电光相位调制器从工艺上主要分为两大类，一类是质子交换 $LiNbO_3$ 电光相位调制器；另一类是 Ti 扩散 $LiNbO_3$ 电光相位调制器。虽然两者都是利用 $LiNbO_3$ 晶体的电光效应进行光的相位调制，但因为波导的制备工艺不同，两者的

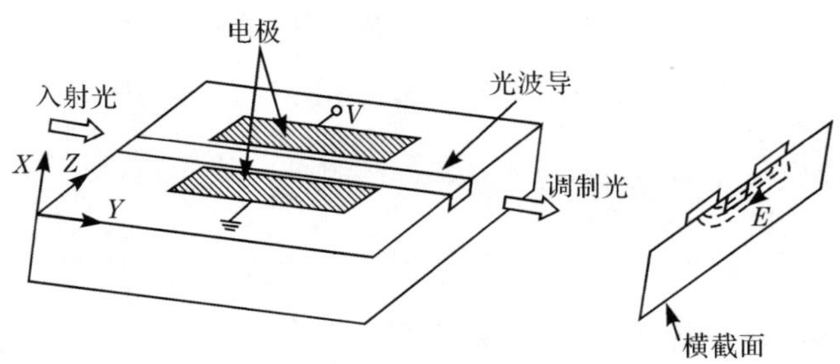

图 6.1　调制器的基本结构

调制性能存在明显的差别。

Ti 扩散 $LiNbO_3$ 电光相位调制器和质子交换 $LiNbO_3$ 电光相位调制器的区别在于 Ti 扩散进入 $LiNbO_3$ 后，两个偏振轴方向的折射率同时增大(图 6.2)[3]，所以 Ti 扩散 $LiNbO_3$ 电光相位调制器可以传输两个偏振态，可以通过电光效应对两个偏振态同时进行调制。但是电极总是以某一偏振轴为主要调制轴进行设计的，电场在两个偏振轴向的分量不同，而且两个偏振轴方向的电光系数不同，通过 Ti 扩散 $LiNbO_3$ 电光相位调制器的两个偏振态会累积不同的相位调制，所以 Ti 扩散 $LiNbO_3$ 电光相位调制器可以用于偏振态的相位调制。质子进入 $LiNbO_3$ 后非寻常折射率增大，寻常折射率降低(图 6.3)[4]，使得沿寻常轴方向偏振的光截止，波导中只能传输一个偏振态，因此质子交换波导不但具有相位调制功能，还具有起偏/检偏功能。

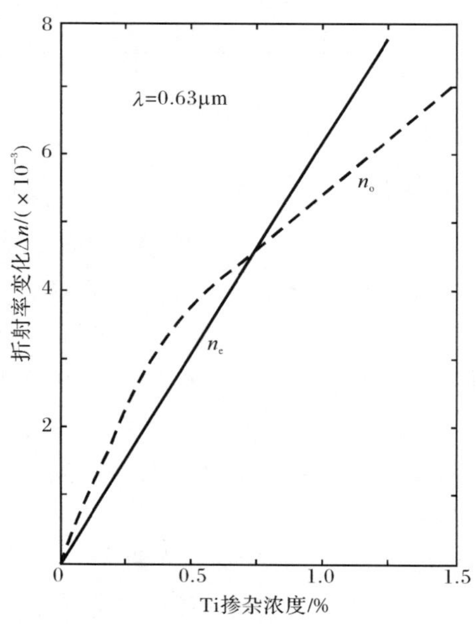

图 6.2　折射率变化和 Ti 掺杂浓度的关系

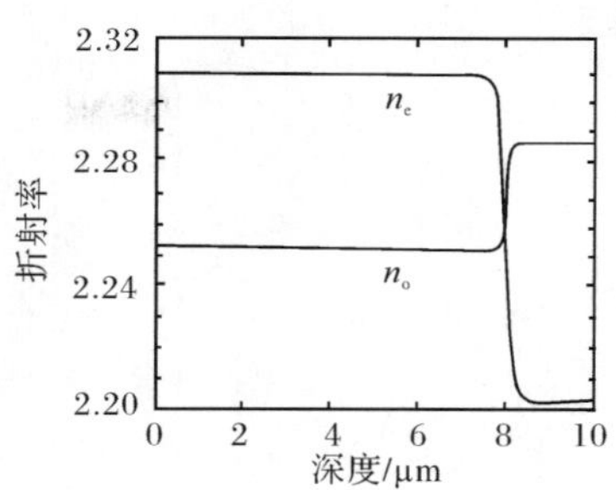

图 6.3 质子交换 $LiNbO_3$ 波导中非寻常折射率和寻常折射率的典型分布

6.1.2 弹光相位调制

1. 弹光效应

介质中存在弹性应力或应变时,介质的光学性质(折射率)将发生变化,这就是弹光效应。介质的应力 $\boldsymbol{\sigma}$ 和应变 $\boldsymbol{\delta}$ 之间满足胡克定律

$$\boldsymbol{\delta} = \boldsymbol{s} \cdot \boldsymbol{\sigma} \text{ 或 } \delta_{ij} = s_{ijkl}\sigma_{kl}, \quad i,j,k,l = 1,2,3 \tag{6-12}$$

式中,$\boldsymbol{\sigma}$ 和 $\boldsymbol{\delta}$ 都为二阶张量,有 9 个元素,对角线元素表示线应力和线应变,非对角元素表示扭应力和扭应变,由于变形后物体是静止的,非对角元素一定是对称的,即只有 6 个独立元素,以矩阵表示为

$$\begin{bmatrix} 11 \\ 22 \\ 33 \\ 12 \\ 23 \\ 13 \end{bmatrix} \tag{6-13}$$

$\boldsymbol{s}$ 为四阶顺性张量,应该有 81 个元素,考虑到 $\boldsymbol{\sigma}$ 和 $\boldsymbol{\delta}$ 的对称性,$\boldsymbol{s}$ 只有 36 个元素,以矩阵表示为

$$\begin{bmatrix} 11 & 12 & 13 & 14 & 15 & 16 \\ 21 & 22 & 23 & 24 & 25 & 26 \\ 31 & 32 & 33 & 34 & 35 & 36 \\ 41 & 42 & 43 & 44 & 45 & 46 \\ 51 & 52 & 53 & 54 & 55 & 56 \\ 61 & 62 & 63 & 64 & 65 & 66 \end{bmatrix} \tag{6-14}$$

考虑到晶体结构的对称性,独立元素的数目还要减少。对于各向同性材料只有三个独立参数:一个对应于沿正应力方向的变形;一个对应于与该正应力方向正交

的方向的变形;一个对应于扭应力下的扭变形,即

$$\begin{bmatrix} 11 & 12 & 12 & 0 & 0 & 0 \\ 0 & 11 & 12 & 0 & 0 & 0 \\ 0 & 0 & 11 & 0 & 0 & 0 \\ 0 & 0 & 0 & 44 & 0 & 0 \\ 0 & 0 & 0 & 0 & 44 & 0 \\ 0 & 0 & 0 & 0 & 0 & 44 \end{bmatrix} \tag{6-15}$$

当各向同性材料沿 x,y,z 方向均匀受压应力 P 时,则

$$\boldsymbol{\sigma} = \begin{bmatrix} -P \\ -P \\ -P \\ 0 \\ 0 \\ 0 \end{bmatrix} \tag{6-16}$$

因为没有扭应力,因此式(6-16)可以简化为

$$\boldsymbol{\sigma} = \begin{bmatrix} -P \\ -P \\ -P \end{bmatrix} \tag{6-17}$$

顺性张量元素 $s_{11}=1/E, s_{12}=-\mu/E$,其中,$E$ 为弹性模量;μ 为泊松比。将顺性张量元素和式(6-17)代入式(6-12)得

$$\boldsymbol{\delta} = \begin{bmatrix} -P(1-2\mu)/E \\ -P(1-2\mu)/E \\ -P(1-2\mu)/E \end{bmatrix} \tag{6-18}$$

当材料沿 z 向受压时,应力表示为

$$\boldsymbol{\sigma} = \begin{bmatrix} 0 \\ 0 \\ -P \end{bmatrix} \tag{6-19}$$

则应变为

$$\boldsymbol{\delta} = \begin{bmatrix} \mu P/E \\ \mu P/E \\ -P/E \end{bmatrix} \tag{6-20}$$

当材料横向均匀受压时,应力和应变分别为

$$\boldsymbol{\sigma} = \begin{bmatrix} -P \\ -P \\ 0 \end{bmatrix}, \quad \boldsymbol{\delta} = \begin{bmatrix} -(1-\mu)P/E \\ -(1-\mu)P/E \\ -2\mu P/E \end{bmatrix} \tag{6-21}$$

当横向受压不均匀时，x，y 方向的压力分别为 P_1 和 P_2，则应力和应变分别为

$$\boldsymbol{\sigma}=\begin{bmatrix}-P_1\\-P_2\\0\end{bmatrix},\quad \boldsymbol{\delta}=\begin{bmatrix}-(P_1-\mu P_2)/E\\-(P_2-\mu P_1)/E\\\mu(P_1+P_2)/E\end{bmatrix}\tag{6-22}$$

材料的折射率和应变之间满足关系

$$\Delta\left(\frac{1}{n^2}\right)_i=\sum_j p_{ij}\delta_j\tag{6-23}$$

即

$$\Delta n_i=-\frac{n_i^3}{2}\Delta\left(\frac{1}{n^2}\right)_i=-\frac{n_i^3}{2}\sum_j p_{ij}\delta_j\tag{6-24}$$

式中，$\boldsymbol{p}$ 为弹光系数张量，对于各向同性介质，它也只有三个独立参数

$$\begin{bmatrix}11&12&12&0&0&0\\0&11&12&0&0&0\\0&0&11&0&0&0\\0&0&0&44&0&0\\0&0&0&0&44&0\\0&0&0&0&0&44\end{bmatrix}\tag{6-25}$$

且 $p_{44}=1/2(p_{11}-p_{12})$。若光波沿 z 方向传输，则应变 $\boldsymbol{\delta}$ 引起的沿 x，y 方向的折射率变化为

$$\begin{aligned}\Delta n_1&=-\frac{n_1^3}{2}(p_{11}\delta_1+p_{12}\delta_2+p_{12}\delta_3)\\\Delta n_2&=-\frac{n_2^3}{2}(p_{12}\delta_1+p_{11}\delta_2+p_{12}\delta_3)\end{aligned}\tag{6-26}$$

2. 典型的弹光相位调制器

典型的基于弹光效应的相位调制器是压电陶瓷相位调制器，由压电陶瓷和均匀缠绕在其上的光纤构成，压电陶瓷一般采用机电耦合系数大的多晶体材料。这种相位调制器具有较好的线性响应和较小的插入损耗。PZT 相位调制器的外形如图 6.4 所示。光纤缠绕在中空的 PZT 圆筒上，给 PZT 相位调制器施加电压，PZT 压电陶瓷材料会产生形变，引起缠绕在其表面的光纤长度和纤芯折射率发生变化，进而实现对光纤中传输的光波信号的相位调制。

PZT 材料的形变主要有三种效应产生，分别是相变效应、电致伸缩效应、逆压电效应。前两种效应引起形变为非线性形变，逆压电效应产生形变为线性形变，如图 6.5 所示。PZT 材料总的形变为三种形变的叠加。

光纤传感器中调制电压一般在几伏左右，不会产生电诱导相变形变。当系统的温度低于相变形变的诱导温度，且系统的温度恒定，由相变效应及电致伸缩引

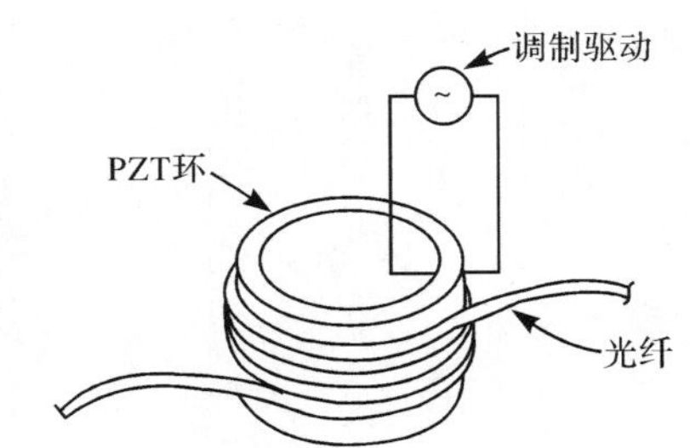

图 6.4 圆筒型 PZT 相位调制器示意图

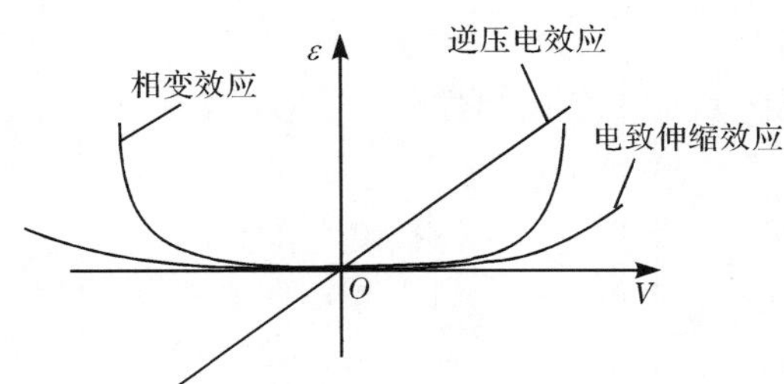

图 6.5 PZT 形变与驱动电压的关系

起的形变可以忽略。在上述三种形变中,逆压电效应产生的形变远大于其他两种形变,所以在计算 PZT 材料的变形时,主要考虑逆压电效应产生的形变。圆筒型 PZT 相位调制器沿轴向的形变可以忽略,只考虑 PZT 径向的形变。

压电陶瓷相位调制器是光纤传感器中经常采用的一种相位调制器。PZT 相位调制器具有结构简单、光路损耗小、成本低等特点。与 $LiNbO_3$ 相位调制器相比,其在光路中引入的损耗要小 6～10dB,但是 PZT 相位调制器的稳定性较差,往往用于精度较低的光纤传感器。另外,PZT 相位调制器的调制带宽很低,适用范围较窄。

6.1.3 声光相位调制

超声波是一种纵向弹性波,它在声光介质中传播时,会引起介质密度发生疏密交替的变化,使介质折射率也发生相应的周期性变化,形成光栅状折射率分布。该光栅结构导致入射光束发生衍射的现象,称为声光效应。声光效应是弹光效应的一种表现形式。

按照超声频率的高低和声光作用的超声场强度的不同,声致光衍射可分为两种类型,即拉曼-奈斯(Raman-Nath)衍射和布拉格(Bragg)衍射。当超声波频率较低,且光束垂直于声波传输方向时,产生拉曼-奈斯衍射。在这种情况下,超声光栅和普通的平面光栅类似,光栅常数就是声波波长。平行光通过光栅时产生多级衍射，且各级衍射极值对称地分布在零级极值的两侧，其强度依次递减。

当超声频率较高、声光作用长度较大、且光波与声波波面间以一定角度斜入射时，产生布拉格衍射。在这种情况下，声光介质相当于一种体光栅，只出现零级和+1 级或−1 级(视入射光方向而定)衍射光。通过适当的设计，且超声波足够强，则可使入射光能量几乎全部转移到零级、+1 级或−1 级的某一衍射级上，从而获得高的衍射效率。

对于行波声光调制，如图 6.6(a)所示。由于多普勒效应，第 m 级衍射光的频率为 $\omega+m\omega_s(m=0,1,2,\cdots)$，$\omega$ 为入射光频率，ω_s 为声波频率。当声行波传播速度为 v_s 时，第 m 级衍射光产生的频移为

$$\Delta\omega=\omega\frac{v_s\sin\theta_m}{c} \tag{6-27}$$

式中，c 为真空中的光速；θ_m 为 m 级衍射光的衍射角，且 $\sin\theta_m=m\lambda_0/\lambda_s$，$\lambda_0$、$\lambda_s$ 分别为注入光波长和超声波长。

对于驻波声光调制，如图 6.6(b)所示。偶次级衍射光中将同时出现频率为 $\omega+2m\omega_s$ 的光，奇次级衍射光中将同时出现频率为 $\omega+(2m+1)\omega_s$ 的光。

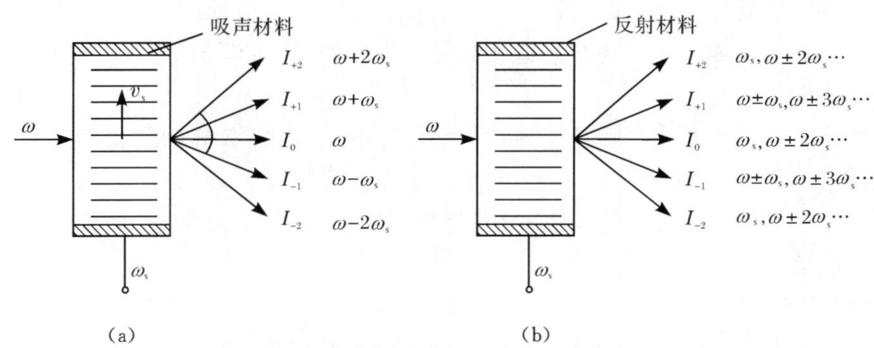

图 6.6　行波(a)和驻波(b)声光调制的频率变化

在干涉型光纤传感器的早期研究中，由于电光相位调制器尚不成熟，因而采用声光调制器作为相位调制器件，如传统的分立光学元件型的布拉格盒和工作在零基带的布拉格盒等。分立光学元件型的布拉格盒采用单模光纤进行输入输出时，要求单模光纤有极高的对准精度和稳定性，工程上较难实现。采用双折射单模光纤或椭圆芯双模光纤可研制出全光纤的声光调制器[5,6]。这种声光调制器对光谱的要求很高，频移分量的光强比其他频率分量的光强大 60dB，这样才能使光纤陀螺的相位误差小于 10^{-6} rad，这带来了很大的研制难度。因此声光调制器没有在光纤陀螺及其他干涉型光纤传感器中得到广泛应用。

6.2　Ti 扩散 $LiNbO_3$ 相位调制器

在 $LiNbO_3$ 电光相位调制器的早期研究中主要采用 Ti 扩散工艺制备波导，在材料、波导设计、波导工艺等方面都研究得较为成熟，至今 Ti 扩散 $LiNbO_3$ 相位调制器仍然是应用最广泛的电光相位调制器之一。

6.2.1　主要性能参数及设计

1. 损耗设计

插入损耗是 $LiNbO_3$ 调制器最基本的指标，对于普通直条波导型 $LiNbO_3$ 相位调制器，其插入损耗主要来源于传输损耗和光纤-波导耦合损耗。光纤-波导的耦合损耗包括光纤与波导间模场匹配损耗以及两者之间的偏离损耗。传输损耗主要与光波导材料和制备工艺有关。

1）波导传输损耗

波导传输损耗由两个因素决定：一是光在波导中的模场设计；二因素是波导的加工工艺。模场设计需要通过适当的工艺来实现，而工艺的非理想因素也会造成波导的损耗增大。

波导中的模场设计实际是波导折射率分布的设计，而波导的折射率分布是由 Ti 离子在波导中的浓度分布决定的，因此波导的模场设计是通过 Ti 离子的浓度分布设计实现的。通过设计 Ti 条的宽度和厚度、扩散的温度和时间、扩散的气氛等因素控制 Ti 离子的浓度分布。

2）光纤-波导耦合损耗

光波导中光波的输入和输出都要通过耦合光纤实现，要得到性能优良的相位调制器，就必须得到高效的光纤-波导耦合。产生耦合损耗的原因主要有：一是光纤和波导是否具有良好的对准状态；二是耦合界面的反射；三是光纤模场和波导模场之间的失配。其中，光纤-波导的模场失配损耗在耦合损耗中占主要地位。耦合界面的反射是由波导与光纤的折射率不相等引起的，采用折射率介于波导与光纤折射率之间的胶黏剂可大大减小界面反射引起的插入损耗。

光波从光纤向波导(或从波导向光纤)传输时，在突变界面光波将发生模式转换，其中一部分与波导的模式相匹配，在波导中继续传播；另一部分与波导的模式不匹配，变成辐射模而损失掉，损失掉的这部分能量称为模场失配损耗。在光波从光纤到波导或从波导到光纤的传输中，光纤与波导的耦合效率可表示为

$$\eta=\frac{\left|\int E_1(x,y)\cdot E_2^*(x,y)\mathrm{d}x\mathrm{d}y\right|^2}{\int|E_1(x,y)|^2\mathrm{d}x\mathrm{d}y\cdot\int|E_2(x,y)|^2\mathrm{d}x\mathrm{d}y} \tag{6-28}$$

式中，$E_1(x,y)$为波导中的光场分布；$E_2(x,y)$为光纤中的光场分布。对于单模保偏光纤，光强在模截面内的分布为高斯型，若模场直径为 $2w$（在 $1/e^2$ 光强处），则高斯光束的模场分布表达式为

$$E_2(x,y)=A\exp\left[-\left(\frac{x}{w}\right)^2-\left(\frac{y}{w}\right)^2\right] \tag{6-29}$$

对于 Ti 扩散 $LiNbO_3$ 单模光波导，波导模在 $LiNbO_3$ 晶体的宽度方向上，光强呈现高斯函数分布，与单模光纤内光强分布基本一致，能实现很好的匹配。在晶体的深度方向，由于波导折射率的不对称性，光强的分布可用椭圆高斯函数近似表示，光场的分布表达式为

$$E_1(x,y)=\begin{cases}B_1\exp\left[-\left(\dfrac{x}{w_x}\right)^2-\left(\dfrac{y}{w_{y1}}\right)^2\right], & y<0\\ B_2\exp\left[-\left(\dfrac{x}{w_x}\right)^2-\left(\dfrac{y}{w_{y2}}\right)^2\right], & y>0\end{cases} \tag{6-30}$$

式中，w_x为光波导的横向模场半径；w_{y1}和 w_{y2}分别为光波导的两个纵向模场半径，近似满足 $w_x=w_{y1}$，$w_{y1}=2w_{y2}$。图 6.7 是光波导输出光场的分布曲线。将式(6-29)和式(6-30)代入式(6-28)中，可得到光纤和波导的耦合效率。在光波导模场尺寸的设计中，应尽量减小与光纤模场尺寸的偏差，一般应控制在 1μm 左右。偏离损耗主要是由光纤与波导间的横向或纵向位置偏离和角度偏离引起的。当光纤和波导间不存在角度偏离，而只是在轴线间有纵向或横向的位移时，造成的耦合损耗称为轴向偏离损耗。由式(6-28)可得偏离损耗，当偏离为±1μm 时，偏离损耗很小；但当偏离为±2μm 时，偏离损耗对光纤-波导的耦合损耗影响已不能允许了。当光波导与光纤的轴向发生轴倾斜，倾斜的角度为 1°时，倾斜损耗已经大于 0.5dB。

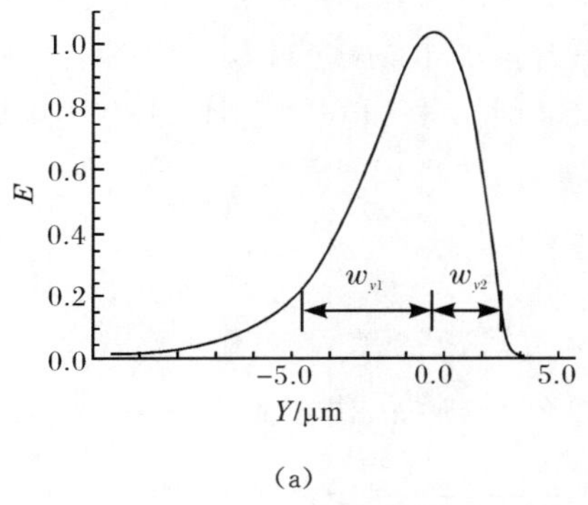

(a)

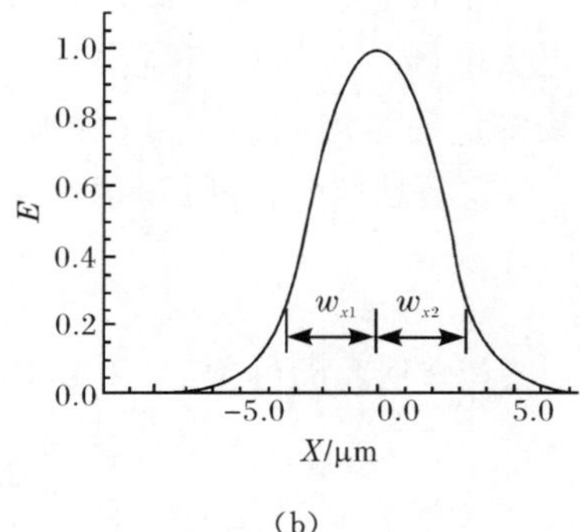

(b)

图 6.7　光波导输出光场的分布

2. 半波电压设计

对于如图 6.1 所示的 $LiNbO_3$ 波导电光相位调制器，当调制器外加电压为 V，平面电极的间距远大于波导纵向厚度时，调制电场 E_z 可表示为

$$E_z = \frac{V}{G}\Gamma \tag{6-31}$$

式中，G 为平面电极的间距；Γ 为电场和光场的重叠积分因子，取值为 0.4～0.65。根据式(6-9)，TE 模经过长度为 L 的电极调制后的相位变化可表示为

$$\Delta\phi = \Delta\beta L \approx \frac{2\Delta n_e \pi L}{\lambda} = \left(n_e^3 \gamma_{33} \frac{\pi L\Gamma}{\lambda G}\right)V \tag{6-32}$$

式中，n_e 为 TE 模(e 光)的折射率；$\Delta\beta$ 为波导传播常数的变化量。对于 TM 模，只要将 n_o、E_x、γ_{13} 代替上式中的 n_e、E_z 和 γ_{33} 即可。对于某一偏振态，$\Delta\varphi=\pi$ 时的调制电压称为半波电压，TE 模的半波电压表示为

$$V_\pi = \lambda G/(n_e^3 \gamma_{33} L\Gamma) \tag{6-33}$$

由该式可知，相位调制器的半波电压主要由电极结构和电光重叠积分因子 Γ 决定。电光重叠积分因子是描述外加电场对光波导作用效率的物理量，其表达式为

$$\Gamma = \frac{G}{V}\iint E_e(x,y)\cdot |E_o(x,y)|^2 \mathrm{d}x\mathrm{d}y \tag{6-34}$$

式中，$E_o(x,y)$ 为归一化光波电场的分布函数；$E_e(x,y)$ 为外加电场的分布函数；积分仅限于电光作用区域。由式(6-33)可知，增加电极长度和加大电光重叠积分因子 Γ 都能降低调制器的半波电压。而增加电极长度会增加器件长度和电极电容，电容与调制带宽成反比，因此在半波电压的设计中应综合考虑器件尺寸和带宽的需求，合理选择电极长度。电极长度固定后，调制器的半波电压主要受电光重叠积分因子 Γ 的影响。

用保角变换法可分析重叠积分因子 Γ 与电极结构及光波的模场尺寸之间的关系。当电极直接制备在晶体上，且电极为无限薄时，利用保角变换的方法可将平面电极电场分布的总和等效于一个平板电容内的电场，这时电容内的电场和光波电场都认为是均匀的。电极结构如图 6.8 所示，设 xOy 平面上的电势分布是 $\varphi(x,y)$，它满足拉普拉斯(Laplace)方程

$$\varepsilon_x \frac{\partial^2 \varphi}{\partial X^2} + \varepsilon_y \frac{\partial^2 \varphi}{\partial Y^2} = 0 \tag{6-35}$$

式中，ε_x、ε_y 分别为晶体中 X 和 Y 方向的介电常数，空气中 $\varepsilon_1=\varepsilon_0$。先做变换 $x=X$，$y=Y\sqrt{\varepsilon_x/\varepsilon_y}$，将 z 平面变换到 w 平面，并令 $k=h/w$，作施瓦茨(Schwarz)变换

$$z_2 = A\int_0^{z_1} \frac{k\mathrm{d}z_1}{\sqrt{(1-z_1^2)(1-k^2 z_1^2)}} + z_{20} \tag{6-36}$$

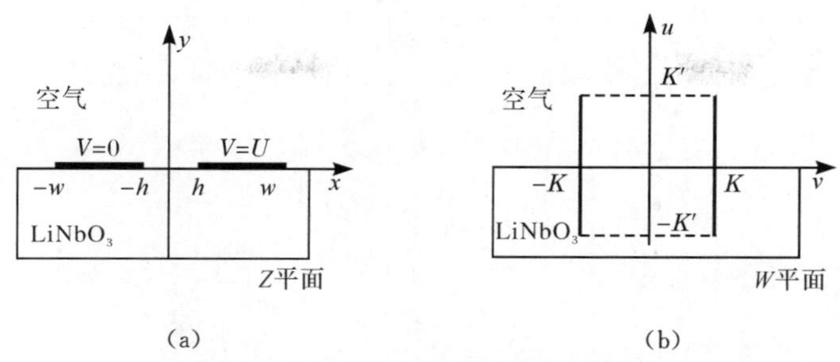

图 6.8　对称有限宽电极结构

从电场与电势的关系 $E_x=-\partial\varphi/\partial x$，经推导可求出电场分布为

$$E_x=-\frac{V\cdot w}{2K(k)}p\cos q \tag{6-37}$$

$$E_y=-\frac{V\cdot w}{2K(k)}\sqrt{\frac{\varepsilon_x}{\varepsilon_y}}p\sin q \tag{6-38}$$

式中，$K(k)$为第一类椭圆积分

$$K(k)=\int_0^t\frac{\mathrm{d}t}{\sqrt{(1-t^2)(1-k^2t^2)}} \tag{6-39}$$

$$p=\{[(h^2-x^2+y^2)^2+4x^2y^2][(w^2-x^2+y^2)^2+4x^2y^2]\}^{-\frac{1}{4}} \tag{6-40}$$

$$q=\frac{1}{2}\arctan\left(\frac{2xy}{h^2-x^2+y^2}\right)+\arctan\left(\frac{2xy}{w^2-x^2+y^2}\right) \tag{6-41}$$

单位长度的电容为

$$C=\frac{1}{2}(1+\sqrt{\varepsilon_x\varepsilon_y})\frac{K(k')}{K(k)}\varepsilon_0 \tag{6-42}$$

式中，$k'=\sqrt{1-k^2}$。将求出的电场代入式(6-34)可得到电光重叠积分因子。图6.9是用保角变换法求得在施加电压 U 时的水平电场 $E_x(x,y)$ 在晶体中的分布曲线。

根据以上电场分布，可给出 Γ 随电场间隙变化的典型关系曲线，如图 6.10 所示[7]。由图可知，对于 TE 模(对应 E_x)，当电极间距 G 与模场宽度相当时，Γ 值较大，约为 0.6，此时调制电场的利用率较高。当电极间距 G 与光模宽度之比较小时，电场的利用率较低。

3. 背向反射设计

集成光学芯片端面的背向反射光会在传感器中形成干扰，或返回光源形成振荡，或形成寄生干涉，因此在芯片设计中要尽量降低反射光对系统的干扰。减小波导端面背向反射的主要方法有：一是在光纤或波导的端面淀积一层抗反射薄膜；二是将光纤与波导的端面按一定的角度斜抛，斜抛的角度满足折射定律。第

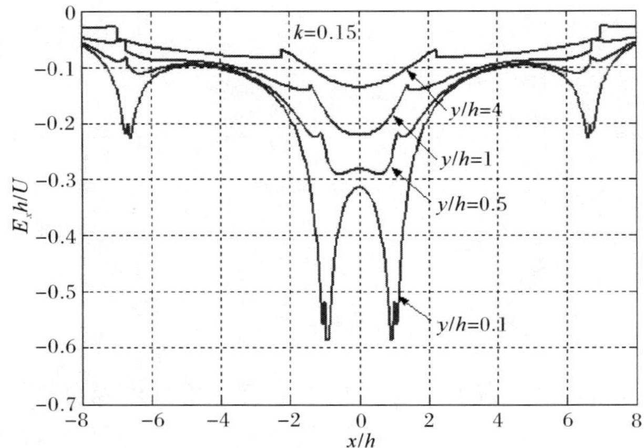

图 6.9 电场在晶体中的电场分布

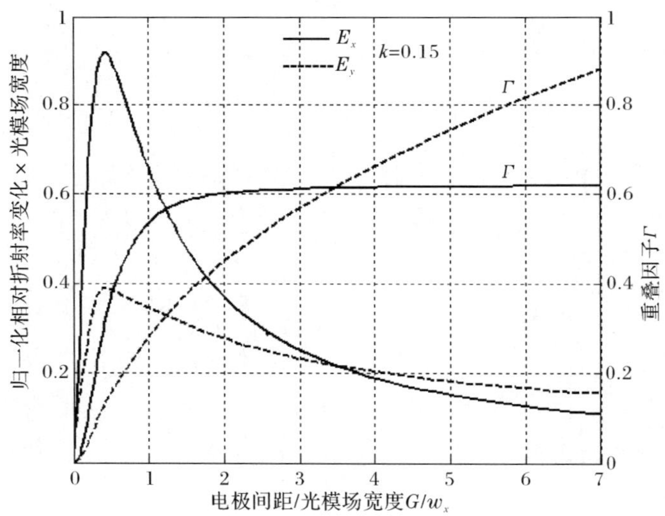

图 6.10 Δn 和 Γ 与 G/w_x 的关系曲线

一种方法对背向反射的抑制有限(约为 30dB),工艺也复杂,而将光纤与波导的端面按一定的角度斜抛是消除背向反射的较为简单和有效的方法[8]。

$LiNbO_3$ 晶体非寻常光折射率为 $n_e=2.2(\lambda=633nm)$,$LiNbO_3$ 光波导区域的非寻常光折射率增量一般小于 0.14,由光波全反射条件可知,当光波导端面的角度为 10°时,由 $LiNbO_3$ 光波导端面引起的反射回 $LiNbO_3$ 光波导的光不能满足全反射条件,反射光泄漏到光波导外,辐射到 $LiNbO_3$ 晶体中。

如果由 $LiNbO_3$ 光波导端面反射回的光在光纤端面又耦合回光纤中,反射光的耦合损耗可表示为

$$L_\theta = 10 \times \lg\left[\exp\left(\frac{2\theta_m}{\theta_D}\right)^2\right] \tag{6-43}$$

式中，θ_m 为反射光在光纤端面的入射角；θ_D 为光纤在介质中的有效孔径角，可表示为

$$\theta_D = \frac{2\lambda}{\pi n w_0} \tag{6-44}$$

式中，λ 为真空中的波长；n 为介质的折射率；w_0 为光纤模场半径。可见，随着端面角度的增大，反射光的耦合损耗增大，当 $\lambda=1310\text{nm}$，$n=2.145$，$w_0=4.5\mu\text{m}$，$\theta_m=10°$时，仅有 160dB 的反射光能耦合回反向光路。在防止反射光耦合进反向光路的同时，也要保证透射光和前向光路之间的耦合效率。因此也要对光纤端面进行斜抛，并且光纤的斜抛角度 θ_f 和芯片的斜抛角度之间满足折射定律，即 $n_f\sin\theta_f=n_m\sin\theta_m$。其中，$n_f$、$n_m$ 分别为光纤芯区折射率和波导芯区折射率。

4. 偏振相关损耗设计

偏振相关损耗设计包括两个方面:传输损耗设计和耦合损耗设计。传输损耗设计是通过波导结构设计实现两个正交偏振模式的传输损耗尽量相同，耦合损耗设计是使两个正交偏振模式的模场尺寸尽量相同，更重要的是两个模式在空间位置上应当重叠，保证两个模式和耦合尾纤的耦合效率尽量相同。

Ti 离子扩散进入 $LiNbO_3$ 晶体后，Ti 离子的浓度分布在深度 x 方向为高斯函数，在宽度 z 方向是两个误差函数的叠加，所以 o 光和 e 光的波导截面在两个方向的折射率分布不同。图 6.11 为 X 切 Y 传二维 Ti 扩散波导在 1310nm 波长下的折射率增量分布曲线。

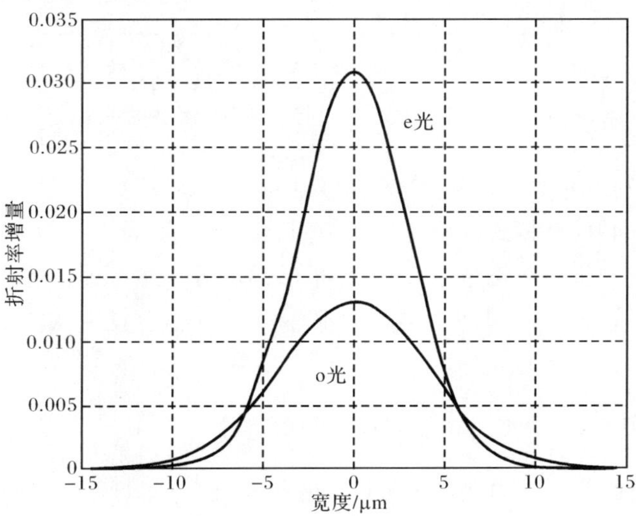

图 6.11　折射率增量分布曲线

Ti扩散波导的偏振相关损耗设计需要同时考虑两个偏振态的传输损耗。由于波导中接近截止区的光波的大部分光场位于波导外的区域,这将形成较大的传输损耗,所以设计时要使两个正交偏振态在单模传输的同时还要尽可能远离单模截止区,才能有效地减小两个正交偏振态间传输损耗的差值,减小波导的偏振相关损耗。特别是当波导中的两个正交偏振态分别为o光和e光时,由于e光折射率增量大于o光的折射率增量,这将导致o光比e光更接近单模截止区。

此外,波导需要用光纤进行耦合输入和输出,光纤模场与波导模场要尽可能的匹配才能有效地降低耦合损耗。单模保偏光纤和Ti扩散波导的模场分布可以用式(6-29)和式(6-30)表示,将其代入式(6-28),可得到光纤和波导的耦合效率。光纤与波导耦合效率的计算结果如图6.12所示。计算中光纤的模场直径取8μm,所以在波导设计时要使光纤模场和波导模场的尺寸尽可能的接近,耦合效率才越高。

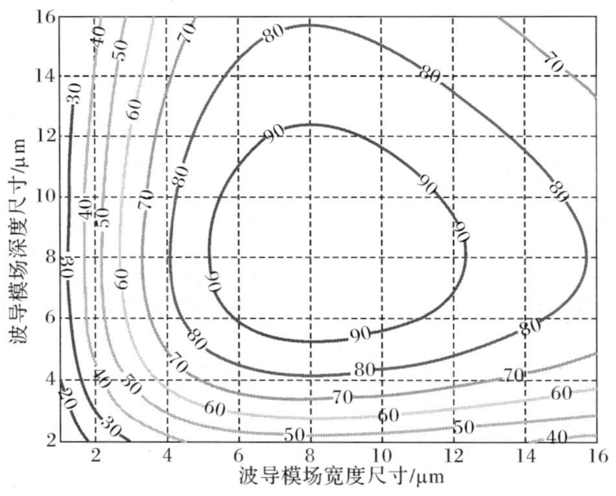

图6.12 耦合效率(%)与波导模场尺寸的关系

由于o光和e光的折射率分布和增量不同,将导致两个正交偏振态在波导中的模场分布不同,两个模式的耦合损耗不同。因此在波导设计时要合理地选择波导的宽度、深度和折射率增量,使两个模式的模场分布尽可能的重合,并且尺寸要与光纤的模场尺寸相当,才能有效地降低两模式间耦合损耗的差值,减小器件的偏振相关损耗。

6.2.2 Ti扩散$LiNbO_3$电光相位调制器制备工艺

$LiNbO_3$相位调制器的性能除与设计有关外,还与其制备工艺密切相关。制备工艺直接决定了光波导、电光调制、偏振串音等指标的优劣。$LiNbO_3$相位调制器的主要制备工艺流程如图 6.13 所示，以下简要介绍 $LiNbO_3$ 相位调制器制备过程的几个主要工艺。

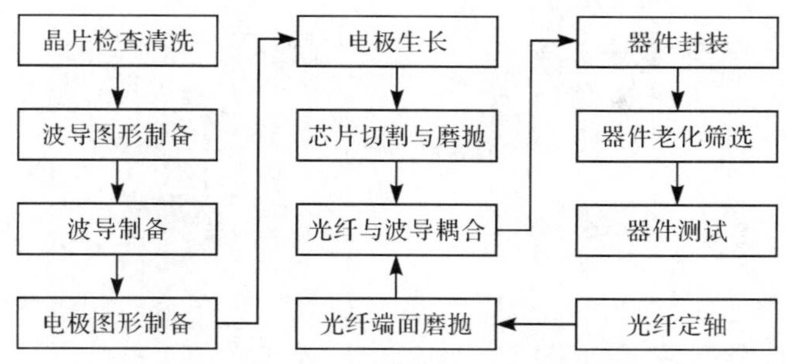

图 6.13　$LiNbO_3$ 相位调制器制备工艺流程

1. 光波导制备工艺

$LiNbO_3$ 相位调制器的光波导要求是单模传输，因此光波导的宽度和电极的间距都是微米量级。制备光波导或电极，需采用光刻工艺，再经过湿法腐蚀或剥离工艺过程，得到所需的图形结构。

Ti 扩散波导的制备首先需要在 $LiNbO_3$ 衬底上形成 Ti 金属的波导图形，这包括两种方式，一种是腐蚀法，首先在衬底上均匀地生长一层金属，然后在金属膜上光刻出波导图形(波导处有光刻胶)，然后对金属腐蚀，形成 Ti 膜的波导图形；另一种方式是剥离法，首先在衬底上光刻出波导图形(波导处无光刻胶)，然后在光刻胶的图形上生长 Ti 金属膜，最后在显影液中将光刻胶去掉，同时光刻胶上面的金属也被去除。两种工艺的加工过程示意图如图 6.14 所示。Ti 的波导图形形成后，在 800～1100℃的温度下加热 2～20h，金属钛首先变成氧化钛，然后以钛离子形式向晶体内部扩散，晶体的折射率随着钛离子的进入而发生改变。利用这项技术，可在 $LiNbO_3$ 晶体上制备出使 TE 和 TM 模都能低损耗传输的光波导，其典型的传播损耗小于 1.0dB/cm[9]。钛扩散完成后，$LiNbO_3$ 晶体仍具有较好的电光特性，其电光系数在钛扩散后基本保持不变。这项技术经过不断的改进和完善，已广泛用于制备各种类型的 $LiNbO_3$ 集成光学器件[10]。

Ti 扩散波导的性能直接受到工艺条件的影响，晶体的切向，Ti 膜的厚度、宽度、致密性、扩散时间及温度、扩散的湿度和气氛这些因素都需要严格控制，否则波导性能将严重偏离设计。

工艺因素对波导性能的影响通常是通过对波导的折射率分布影响而实现的。Ti 扩散波导为渐变折射率波导，其折射率分布可表示为

$$n_i(\lambda,h,v) = n_i^0(\lambda) + \Delta n_i(\lambda,h,v) \tag{6-45}$$

式中，h 和 v 分别为波导截面内的水平和垂直方向的坐标；i=o，e，分别代表波导

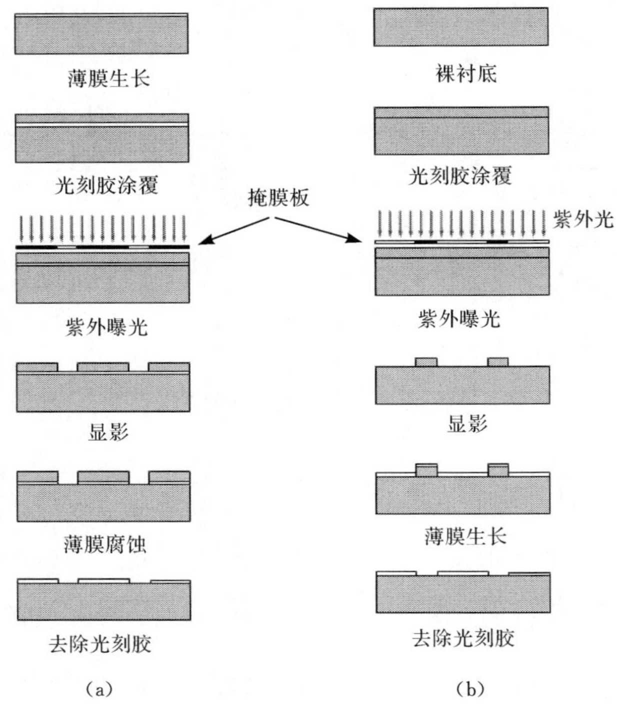

图 6.14　Ti 金属图形及电极图形制备工艺

(a) 湿法腐蚀工艺过程;(b) 剥离工艺过程

中传输的寻常光(o 光)和非寻常光(e 光);λ 为波长;n_i^0 为 $LiNbO_3$ 的本征折射率,n_i^0 在波长 0.435 84～3.391 3μm 的色散关系为

$$(n_o^0)^2 = 4.9048 - \frac{0.11768}{0.0475 - \lambda^2} - 0.027169\lambda^2$$
$$(n_e^0)^2 = 4.582 - \frac{0.099169}{0.044432 - \lambda^2} - 0.02195\lambda^2 \quad (6\text{-}46)$$

Ti 扩散引起的折射率增量为[3]

$$\Delta n_i(\lambda,h,v) = d_i(\lambda)h_i(h,v) \quad (6\text{-}47)$$

$d_i(\lambda)$通常称为色散因子,对于两种偏振光其分别表示为

$$d_o(\lambda) = \frac{0.67\lambda^2}{\lambda^2 - 0.13}$$
$$d_e(\lambda) = \frac{0.839\lambda^2}{\lambda^2 - 0.0645} \quad (6\text{-}48)$$

在式(6-47)中,和工艺相关的量是分布函数 $h_i(h,v)$

$$h_i(h,v) = [F_i c(h,v)]^{\gamma_i} \quad (6\text{-}49)$$

式中,$F_o = 1.3\times10^{-25}\,cm^3$,$F_e = 1.2\times10^{-23}\,cm^3$,$\gamma_o = 0.55$,$\gamma_e = 1$。根据扩散理论,

Ti 离子的分布函数 $c(x,y)$ 可表示为

$$c(h,v)=c_0\left\{\operatorname{erf}\left[\frac{w}{2D_h}\left(1+\frac{2h}{w}\right)\right]+\operatorname{erf}\left[\frac{w}{2D_h}\left(1-\frac{2h}{w}\right)\right]\right\}\exp\left(-\frac{v^2}{D_v^2}\right) \tag{6-50}$$

式中，erf 为误差函数；w 为 Ti 金属条扩散前的宽度；D_h 和 D_v 分别为波导截面内水平和垂直方向的扩散深度。在温度 T 下，扩散时间为 t 时的扩散深度

$$\begin{aligned} D_h &= 2\sqrt{tD_{0,h}\exp(-T_0/T)} \\ D_v &= 2\sqrt{tD_{0,v}\exp(-T_0/T)} \end{aligned} \tag{6-51}$$

式中，$D_{0,h}$ 和 $D_{0,v}$ 分别为两个晶轴方向的扩散系数。$D_{0,h}$、$D_{0,v}$、T_0 和 $LiNbO_3$ 晶体的结构和组成有关。

$$c_0=\tau C_m/(\sqrt{\pi}D_v) \tag{6-52}$$

式中，τ 为 Ti 膜扩散前的厚度；C_m 是和 Ti 膜材料相关的量

$$C_m=\frac{\rho}{M}N_A \tag{6-53}$$

式中，ρ 为 Ti 膜的密度，和生产工艺相关，不同设备，不同沉积条件下生长出的 Ti 膜的密度不同；$M=47.9$ 为 Ti 的相对原子质量；N_A 为阿伏伽德罗(Avogadro)常量。

在 Ti 扩散 $LiNbO_3$ 波导的制备工艺中，一个需要重视的问题是扩散过程中的气氛控制。在 Ti 向晶体扩散的过程中，Li^+ 也在向外扩散，晶体表面 Li^+ 的外扩散将导致表面 n_e 的增大，从而在晶体表面形成平面波导，表面平面波导的形成严重影响了设计波导的性能，因此必须在工艺过程中抑制 Li^+ 的外扩散，避免表面平面波导的形成。抑制外扩散的方法有很多种，比较常用的包括以下两种：

(1) 控制扩散时的气氛和湿度，在扩散降温前通入湿氩，从降温开始到降温一半通入湿氧，水汽中 H^+ 可以填补 Li^+ 的空位，堵塞了内部 Li^+ 向外扩散的通道，气氛控制的装置如图 6.15 所示[11]。气体插入水中深度、水的温度和气体的流量决定了扩散炉中水汽的含量，需认真选择和控制。

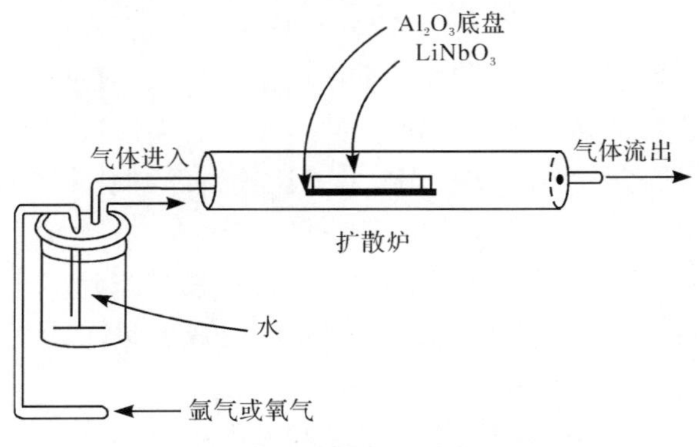

图 6.15　气氛控制 Ti 扩散装置

(2) 在扩散时将波导芯片埋入 Li_2CO_3 或 $LiNbO_3$ 粉末中，这些粉末的比表面积较大，在高温条件下挥发出大量的 Li^+，在局部环境中形成较大的 LiO_2 气压，抑制波导芯片中的 Li^+ 外扩散[12]。

2. 保偏光纤定轴工艺

干涉型光纤传感用 Ti 扩散和质子交换 $LiNbO_3$ 相位调制器的尾纤通常选用保偏光纤，并且需按照一定的主轴方向与波导进行对准。首先要将保偏光纤按一定的方向固定在硅 V 型槽或带有凹槽 $LiNbO_3$ 支撑块中，即定轴。通常采用轴向观测法进行光纤定轴，通过显微镜直接观察保偏光纤的端面，根据光纤内部应力区的图像确定光纤的主轴方向，如图 6.16 所示。然后再对定轴后的光纤进行端面抛光处理，端面抛光后的尾纤才能和波导对准、粘接。

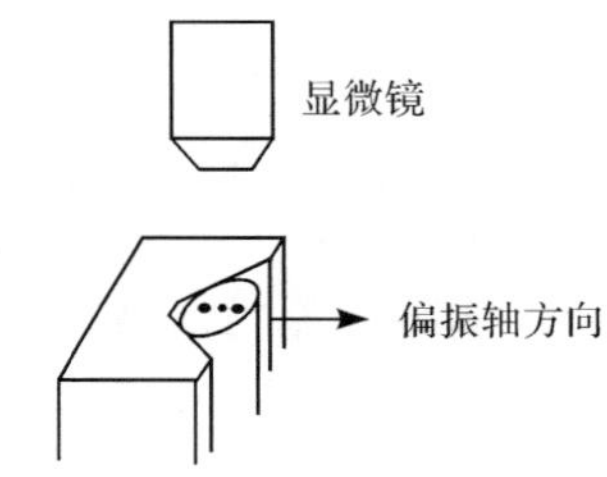

图 6.16　保偏光纤端面定轴示意图

3. 波导与光纤耦合工艺

由第 6.2.1 节的分析可知波导和光纤耦合的对准精度直接影响相位调制器的插入损耗，一般 2μm 左右的对准误差就会产生 1.0dB 以上的附加损耗，波导与保偏光纤的偏振主轴方向的对准误差会产生偏振串音。因此波导与保偏光纤在六个方向上都对准，才能得到低损耗、高消光比的相位调制器。

光波导与光纤的耦合如图 6.17 所示。首先将调制器芯片安装在固定载体上，然后将定轴后的保偏光纤安装在六自由度调节架上，通过六自由度调整，输入端的保偏光纤将光源的输出光入射到波导中，在输出端通过功率计和消光比测试仪监测光纤输出端的光功率和消光比，反复调整光纤与波导的对准误差，待监测光功率达到最大，消光比达到最小(一般要求小于－30dB)时，可认为波导与光纤已耦合对准，然后用紫外胶将调制器芯片和光纤粘接在一起。紫外胶的折射率应介于光纤和 $LiNbO_3$ 晶体的折射率之间，这样可以减小光纤或晶体端面的界面反射，进而降低器件的插入损耗。

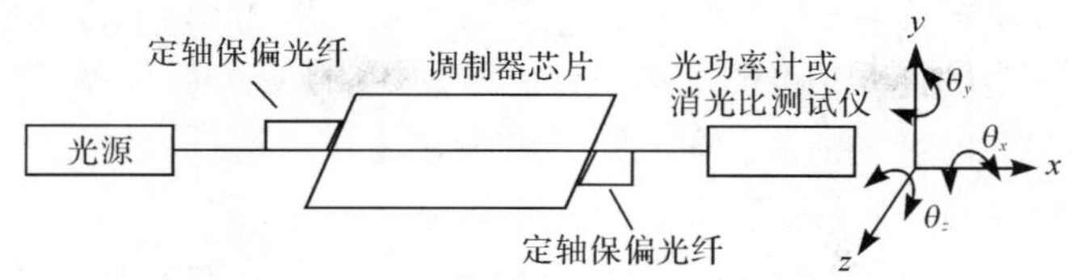

图 6.17　波导与光纤耦合示意图

6.2.3　干涉型光纤传感用 Ti 扩散 $LiNbO_3$ 相位调制器的特性及应用要求

1. Ti 扩散 $LiNbO_3$ 相位调制器的主要特性

1）偏振相关损耗

偏振相关损耗的根源在于 Ti^+ 在 $LiNbO_3$ 晶体中扩散系数的各向异性，根据前文的分析可知，由于扩散系数的各向异性使得波导截面在两个方向的尺寸不同，折射率分布不同。当两个方向的有效折射率相差较大时，对于特定的波长，可能一个方向已经远离截止条件，而另一个方向接近截止条件，这样接近截止方向的偏振态的大部分光场位于波导外的区域，形成较大的传输损耗，而远离截止方向的偏振态传输损耗较小。另外，两个方向的折射率分布和波导尺寸不同，输出模场在两个方向的半径不同，和光纤耦合时，两个偏振模式的耦合损耗不同。耦合损耗和传输损耗差异是偏振相关损耗的两个主要来源。偏振相关损耗的消除需要从波导结构设计和工艺设计上予以解决。偏振相关损耗的测试方法与 4.2 节相同。

2）半波电压

根据 Ti 扩散 $LiNbO_3$ 电光相位调制器不同的应用场合，半波电压的定义不同，对于偏振无关光纤传感器，要求 $LiNbO_3$ 电光相位调制器的调制也是偏振无关的。偏振无关调制器的半波电压和单偏振相位调制器定义相同，对于偏振干涉型干涉仪，通常要求调制器对两个偏振态产生不同的相位调制，其半波电压的定义为在两个正交偏振态之间产生 π 相位差所需要的电压。

通常 $LiNbO_3$ 电光相位调制器中电场的最大分量和 z 轴平行，以获得最大的调制效率。对于 Ti 扩散 $LiNbO_3$ 电光相位调制器，波导中存在两个正交的偏振态，必然有一个偏振态和电场的主分量平行，而另外一个方向的电场分量较小。另外，两个正交偏振方向的电光系数通常不同，因此当施加电压时，两个偏振态产生不同的调制相位。

以条波导相位调制器为例，光波在调制器波导中 TE 和 TM 模累积的相位为

$$\phi_{TE} = (n_{TE} + \Delta n_{TE})k_0 L \tag{6-54}$$

$$\phi_{TM} = (n_{TM} + \Delta n_{TM})k_0 L \tag{6-55}$$

式中，n_{TE}和 n_{TM}分别为调制器波导中未加电压时 TE 和 TM 模的模式折射率；Δn_{TE}和 Δn_{TM}分别为驱动电压产生的 TE 和 TM 模的模式折射率的增量；k_0 为真空波矢；L 为波导长度。由波导输出的两偏振态之间的相位差为

$$\Delta\phi = \phi_{TE} - \phi_{TM} = (n_{TE} - n_{TM})k_0 L + (\Delta n_{TE} - \Delta n_{TM})k_0 L = \phi_0 + \phi_m \quad (6\text{-}56)$$

式中，$\phi_0 = (n_{TE} - n_{TM})k_0 L$，$\phi_m = (\Delta n_{TE} - \Delta n_{TM})k_0 L$。如果调制器的输入光强为 I_0 的非偏振光，在调制器的输出端加一个与两个偏振轴成 45°角的偏振器，则偏振器输出的光强为

$$I = I_0[1 + \cos(\phi_0 + \phi_m)] \quad (6\text{-}57)$$

如果对调制器加均值为 0 的方波电压信号 V，在两偏振态之间引入的相位为 $\phi_m(V)$，通常情况下，ϕ_0 不为 0 或 2π 的整数倍，则输出光强也为一方波信号，方波信号 V 的振幅由 0 逐渐增大，当增大到某一值 V_0时，输出光强信号为一直线(忽略信号复位期间的波形跳跃)，即

$$I_0\{1 + \cos[\phi_0 + \phi_m(V_0)]\} = I_0\{1 + \cos[\phi_0 - \phi_m(V_0)]\} \quad (6\text{-}58)$$

则 $\cos[\phi_0 + \phi_m(V_0)] = \cos[\phi_0 - \phi_m(V_0)]$，$\phi_m(V_0) = 2m\pi(m=1,2,3,\cdots)$，当 V 的振幅由 0 逐渐增大直到第一次输出信号为一直线时($m=1$)，此时电压方波信号的幅值 V_1为半波电压的两倍，如果 V 的振幅继续增大则输出信号会第二次成直线，此时 V 的振幅为 V_2，则 $V_2 - V_1$也为半波电压的两倍。

3) 调制带宽

当调制频率不太高时，可以认为光波经过调制区时调制电场未发生变化，因此可将调制器看成集总参数的元件，其等效电路如图 6.18 所示，其中 R_s为调制电源的内阻，C 为调制器的集总电容，R_L和 L 分别为与 C 并联的负载电阻和电感。R_L、L 和 C 构成并联谐振回路，其谐振频率为 $\omega_0 = (LC)^{-1/2}$，当调制频率等于谐振频率时，谐振回路的阻抗最大，这时回路阻抗远大于 R_s，则调制电压大部分作用在调制器上。因此谐振回路的阻抗直接决定了调制电压，L 越小，容许的调制频率越高。

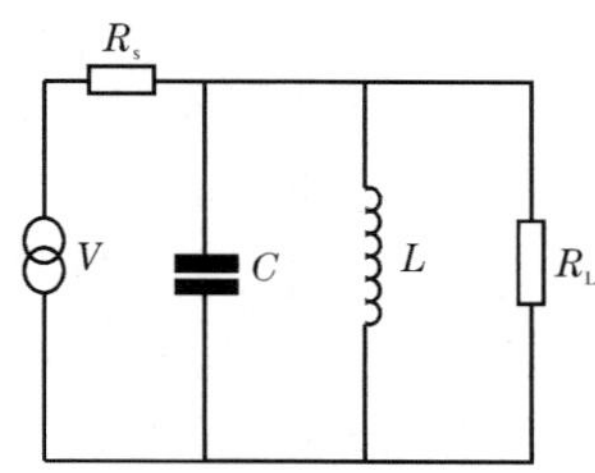

图 6.18　调制器的等效电路

采用并联谐振回路后，调制器的带宽相当于回路阻抗降低到 $R_L/2$ 时的两频率之差，经计算得调制器的带宽为

$$\Delta f = 1/(\pi R_L C) \tag{6-59}$$

对于负载电阻 $R_L = 50\Omega$，调制器电容 $C = 10\text{pF}$，有 $\Delta f = 636\text{MHz}$。

相位调制器带宽测试方法见图 6.19。按图连接相位调制器的带宽测试系统，形成光干涉仪两臂之差必须在相干长度内，通过光网络分析仪给被测调制器施加调制信号，从光网络分析仪上读出输出调制光信号下降到最大调制光信号的 50% 时所对应的频率范围即为带宽。当经过干涉仪后的输出光强较小时，可通过调节直流偏置使被测器件工作于确定的工作点，以得到较大的输出光功率，然后通过一个隔直流装置把器件与网络分析仪相连。

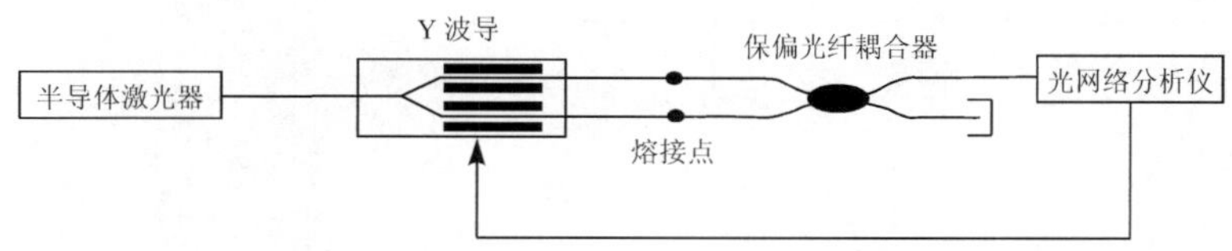

图 6.19　调制带宽测试框图

4）调制波形畸变

调制器的电极和 $LiNbO_3$ 晶体之间通常生长一层 SiO_2 作为缓冲层，以避免金属电极对光波的吸收。由 $LiNbO_3$ 调制器和光开关等直流漂移的研究可知，$LiNbO_3$ 晶体和电极之间的 SiO_2 薄膜在器件的制备过程中极易受到 OH^- 和碱金属离子的污染，在 SiO_2 薄膜中形成大量的可移动电荷。调制器施加调制信号时 SiO_2 薄膜中的碱金属离子在电场的作用下会发生移动，在 $LiNbO_3$ 晶体中产生感应电场，此电场与外加调制信号产生的电场相叠加，引起传感器响应的波形畸变现象，调制器缓冲层中的可移动电荷产生的感应电场如图 6.20 所示。

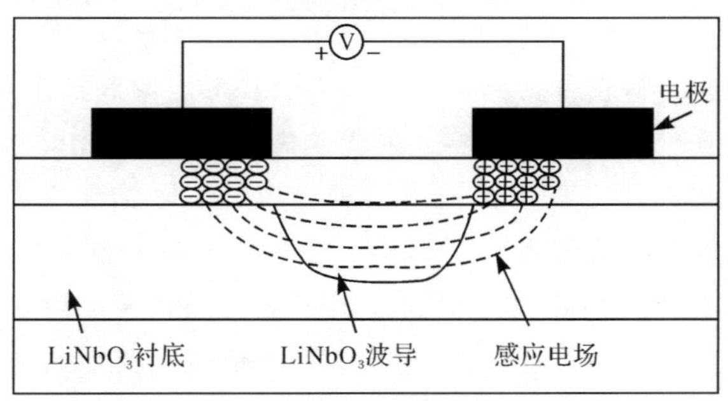

图 6.20　IOC 端面结构及可移动电荷示意图

一般干涉型光纤传感器的响应为余弦函数，其输出端的光强可表示为

$$P = P_0(1 + \cos\phi_s) \tag{6-60}$$

式中，P_0 为入射光的光强；ϕ_s 为被敏感量产生的相位变化。如果对光纤传感器进

行振幅为 $\pi/2$ 的方波偏置调制，传感器在无敏感量输入时，理想情况下光电探测器的输出响应为一条直线，如图 6.21 所示。研究中发现采用方波信号进行调制时，光电探测器的输出波形不再是一条直线，而是发生了畸变，响应波形如图 6.22 所示。

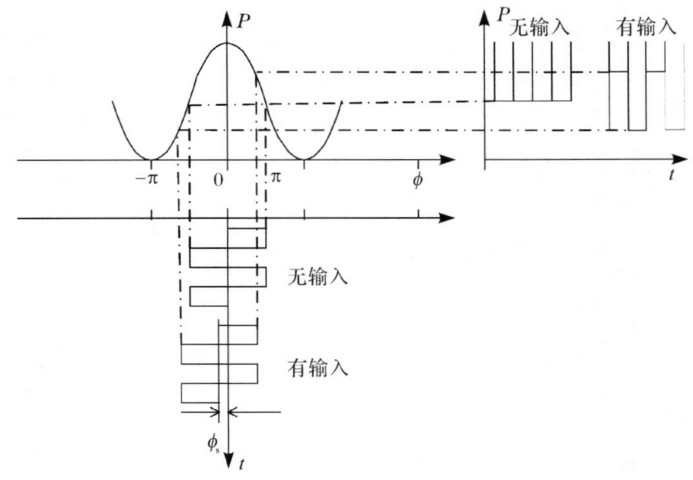

图 6.21　方波调制时的正常波形

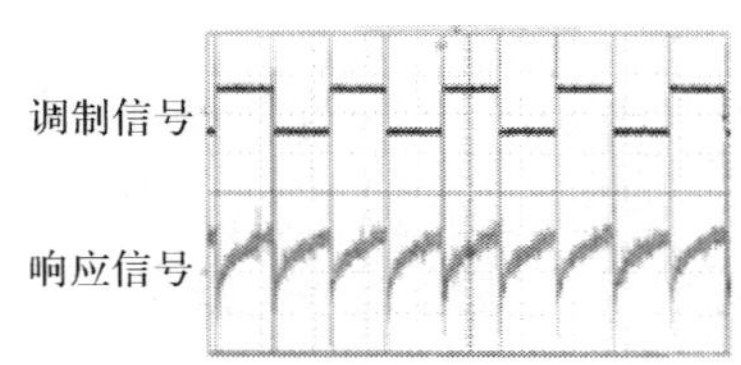

图 6.22　方波调制时的畸变波形

由探测器的输出响应可得到实际施加在 $LiNbO_3$ 调制器上的偏置信号，如图 6.23所示。在 $t=0\sim\tau$ 阶段，探测器入射光功率逐渐增大，此时对应的干涉仪相位差逐渐减小，由此可得到与探测器输出①对应的是实际施加在光波导上调制波形①，在 $\tau\sim2\tau$ 阶段调制器信号反向，探测器的入射光功率逐渐增大，此时对应的干涉相位差逐渐增大，由此可得到探测器输出②对应的是实际施加在光波导上的调制波形②，依次类推可得到 $2\tau\sim3\tau$、$3\tau\sim4\tau$ 探测器响应波形所对应的是干涉仪相位差变化和实际施加在光波导上的调制波形。由理论调制波形和实际施加在光波导上的波形可得出在传感器的闭环控制回路中存在一个附加的干扰信号波形，如图 6.24 所示。这种干扰信号的幅值随外加电压信号的增大而增大[13]。

5）调制信号中的高次谐波

在实际应用中，由于调制器的背向反射、附加强度调制、偏振耦合等原因，在

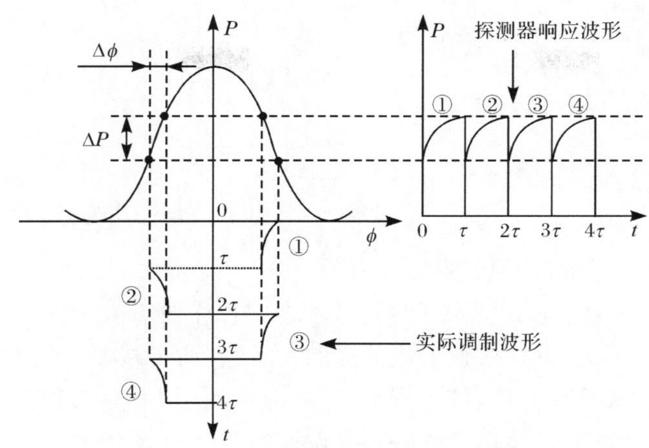

图 6.23　畸变输出波形对应的实际调制波形

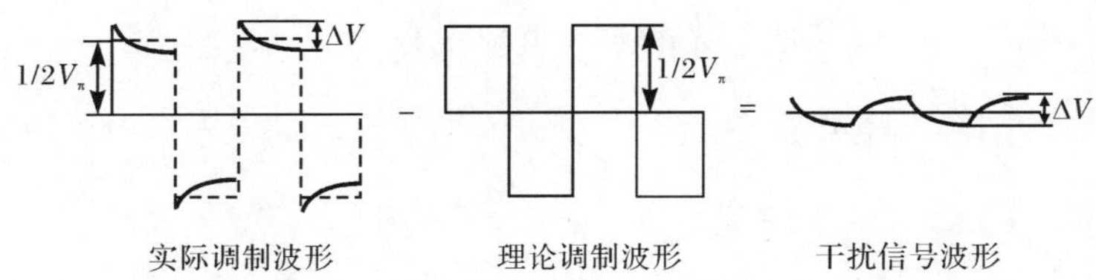

图 6.24　干涉型光纤传感器闭环回路中的干扰信号波形

采用模拟信号进行相位调制时，传感器输出的模拟光信号中将含有调制频率的高次谐波。下面以锯齿波调制为例说明调制过程中调制器引入的高次谐波。

如果输入调制器的光波电场分量表示为 $E_0\exp(\mathrm{j}\omega t)$，经过相位调制后的输出光波为

$$E(t)=E_0\exp[\mathrm{j}(\omega t-\beta L_0)]\exp[\mathrm{j}\varphi(t)] \tag{6-61}$$

式中，E_0 为光场振幅；ω 为光波角频率；β 为光波传播常数；L_0 为调制区长度；t 为时间；$\varphi(t)$为调制相位。

对于如图 6.25 所示的锯齿波调制

$$\varphi(t)=\begin{cases}\dfrac{\varphi_0}{T-T_\mathrm{f}}t, & 0\leqslant t\leqslant T-T_\mathrm{f}\\[2ex] \dfrac{\varphi_0}{T_\mathrm{f}}(T-t), & T-T_\mathrm{f}<t\leqslant T\end{cases} \tag{6-62}$$

式中，φ_0 为锯齿波峰值相位；$T=2\pi/\omega_\mathrm{r}$ 为锯齿波周期；T_f 为回扫时间。若$LiNbO_3$调制器为理想相位调制器，将相位调制项展开成傅里叶级数，则有

$$\exp[\mathrm{j}\varphi(t)]=\sum_{n=-\infty}^{+\infty}a_n\exp(\mathrm{j}n\omega_\mathrm{r}t) \tag{6-63}$$

高次谐波的振幅为

$$a_n = \frac{1}{T}\int_0^T \cos\left[\varphi(t) - \frac{2n\pi}{T}t\right]\mathrm{d}t$$

$$= \sin\left[\varphi_0 - 2n\pi\left(1-\frac{T_f}{T}\right)\right]\cdot\left[\frac{1-\frac{T_f}{T}}{\varphi_0 - 2n\pi\left(1-\frac{T_f}{T}\right)} + \frac{\frac{T_f}{T}}{\varphi_0 + 2n\pi\frac{T_f}{T}}\right] \tag{6-64}$$

所以高次谐波振幅仅与调制波形失真有关。

$LiNbO_3$ 集成光学芯片需要通过光纤耦合实现光的输入/输出，光纤的折射率和芯片的折射率不同，两个端面形成谐振腔，光波在两个端面之间发生多次反射。若光波在波导端面反射 q 次，则会受到 $2q+1$ 次相位调制，传感器采用如图 6.25 所示锯齿波调制时，背向反射产生的高次谐波振幅可表示为[14]

$$S_n = \sum_{q=1}^{Q} a_n^{(q)} \tag{6-65}$$

式中，Q 为能够发生干涉的反射光的最大反射次数。

$$a_n^{(q)} = R_f^q(1-R_f)^{1/2}\cdot\sin\left[(2q+1)\varphi_0 - 2n\pi\left(1-\frac{T_f}{T}\right)\right]$$
$$\cdot\left[\frac{1-\frac{T_f}{T}}{(2q+1)\varphi_0 - 2n\pi\left(1-\frac{T_f}{T}\right)} + \frac{\frac{T_f}{T}}{(2q+1)\varphi_0 + 2n\pi\frac{T_f}{T}}\right] \tag{6-66}$$

式中，R_f 为端面反射率。

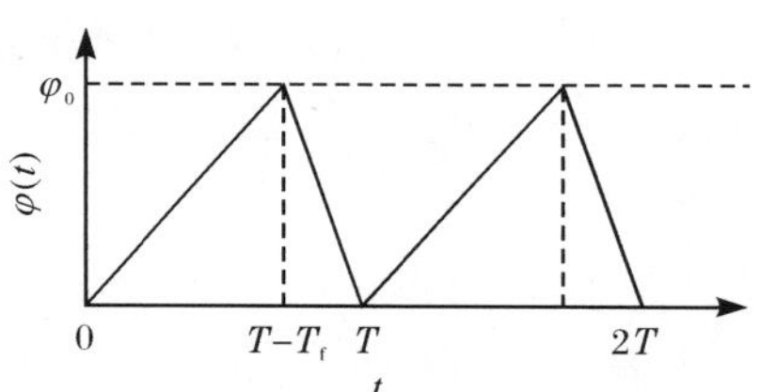

图 6.25　锯齿波调制波形

图 6.26 给出了几条典型的边带曲线，可知：

(1) $LiNbO_3$波导端面的背向反射引起的谐波（边带）频率是锯齿波的两倍，因此它只对满足 $n=2m+1$，$m=1,2$ 的边带起作用，其中对 a_3 的影响尤为显著。

(2) 背向反射率 R_f 越大，对边带抑制 $10\lg|S_n|^2$ 的影响越大。和端面无反射 $R_f=0$ 的理想情况相比，$R_f=10^{-4}$时，$n=3$ 的边带抑制削弱了约 8dB，而 $R_f=10^{-2}$ 时达 30dB。

附加强度调制是由于 $LiNbO_3$相位调制器的导波特性存在微扰，引起波导折射率的虚部变化造成的。调制区的折射率可表示为

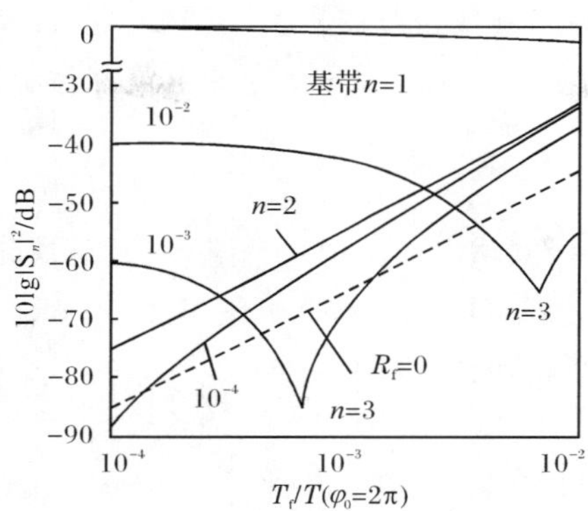

图 6.26　背向反射率取不同值时边带抑制与 T_f/T 的关系

$$n = n_0 + \Delta n_R(t) - j\Delta n_I(t) \tag{6-67}$$

式中，n_0 为无调制时的折射率；$\Delta n_R(t)$、$\Delta n_I(t)$ 分别为调制引起的折射率实部和虚部变化。则经过调制后的光电场分量为

$$E(t) = E_0 \exp[j(\omega t - \beta L_0)]\exp[-j\varphi_I(t)]\exp[j\varphi(t)] \tag{6-68}$$

$$\varphi_I(t) = \frac{2\pi}{\lambda} L_0 \Delta n_I(t)$$

通过对上式进行傅里叶展开可以得到高次谐波的振幅。高次谐波振幅与附加强度调制成正比，1％的附加强度调制会产生大约 60dB 的边带效应[15]。当锯齿波的峰值相位 $\varphi_0 = 2\pi(1 - T_f/T)$ 时，附加强度调制对边带影响几乎为零。

$LiNbO_3$ 相位调制器中的偏振耦合也会引起高次谐波的出现。偏振耦合来源于两个方面，一是芯片中的偏振耦合；二是芯片和光纤对准时的角度误差引起的偏振耦合。后者引起的耦合远大于前者，因此在此仅考虑后者。如果输入光为线偏振光，输入输出为保偏光纤，保偏光纤传输轴和芯片的传输轴之间的角度误差为 θ_1，θ_2，则经过相位调制器后的光电场分量为

$$\begin{aligned} E(t) = & E_0 \exp[j(\omega t - \beta_e L_0)]\{\cos\theta_1 \cos\theta_2 \exp[j\varphi(t)]\} \\ & + \gamma_c \sin\theta_1 \sin\theta_2 \exp[j(\beta_e L_0 - \beta_o L_0)]\exp[j\varphi'(t)] \end{aligned} \tag{6-69}$$

$$\varphi'(t) = \frac{\gamma_{13} n_o^3 \Gamma_o}{\gamma_{33} n_e^3 \Gamma_e}\varphi(t)$$

式中，γ_c 为相干函数；γ_{13}、γ_{33} 分别为 $LiNbO_3$ 晶体的两个电光系数；n_o 和 n_e 分别为 $LiNbO_3$ 晶体的两个轴向的折射率；Γ_o 和 Γ_e 分别为两个偏振态的电光重叠因子。

通过对上式进行傅里叶展开可以得到高次谐波的振幅。高次谐波振幅和对准角度误差成正比，当采用弱相干光源时，可以起到抑制高次谐波的作用。

2. Ti 扩散 $LiNbO_3$ 相位调制器在光纤电流互感器中的应用要求

对于图 2.12 所示的光纤电流互感器，为了提高其灵敏度和标度因数稳定性，

在光路中增加相位调制器，实现相位偏置及闭环反馈控制的功能。相位调制器的特性对互感器的整体性能产生直接影响，光纤电流互感器通常采用直条型 Ti 扩散 $LiNbO_3$相位调制器。

1）插入损耗

光子散粒噪声是和探测功率有关的一种基本噪声，决定了电流互感器的极限灵敏度。假定给电流互感器施加 $\pi/2$ 的相位偏置，使其工作在余弦响应的拐点上，在无信号输入时，探测器的检测功率为

$$P_{\text{out}} = P_0[1 \pm \sin(\Delta\phi_R)] \tag{6-70}$$

式中，P_0为 $\pi/2$ 相位调制时探测器接收的平均光功率；$\Delta\phi_R$是由散粒噪声引起的相位误差。由于散粒噪声很小，因此 $\sin\Delta\phi_R \approx \Delta\phi_R$，上式可化简为 $P(\Delta\phi_R) = P_0 \pm P_0\Delta\phi_R$。

对任意一个粒子流 $\dot{N} = dN/dt$，可给出随机计数，其标准差为 $\sigma_{\dot{N}} = \sqrt{2\dot{N}\Delta f}$，其中，$\Delta f$ 为检测带宽[16]。对于能量为 $h\nu = hc/\lambda$ 的光子（$h = 6.63\times10^{-34}$ J · s 为普朗克常量；c 为光速，λ 为光波长），光功率 P_0的标准偏差 σ_{P_0} 可表示为

$$\sigma_{P_0} = \sqrt{2\cdot(hc/\lambda)\cdot\eta P_0\Delta f} \tag{6-71}$$

等效散粒噪声为 $\sigma_{P_0}/\sqrt{\Delta f} = \sqrt{2\cdot(hc/\lambda)\cdot\eta P_0}$，噪声等效的相位差为

$$\Delta\phi_R = \sqrt{2\cdot(hc/\lambda)\cdot\Delta f/(\eta P_0)} \tag{6-72}$$

式中，η 为光探测器的量子效率。

若电流互感器的标度因数为 K，则散粒噪声等效电流误差为 $I_{\text{error}} = \frac{1}{K}\cdot\sqrt{2\cdot(hc/\lambda)\cdot\Delta f/(\eta P_0)}$，传感器的极限灵敏度为

$$I_{\min}/\sqrt{\Delta f} = \frac{1}{K}\left(\frac{2hc}{\eta\lambda P_0}\right)^{1/2} \tag{6-73}$$

考虑到功率损耗系数 k 对探测器光功率的影响，则式(6-73)可变为

$$I_{\min}/\sqrt{\Delta f} = \frac{1}{K}\left(\frac{2hc}{\eta\lambda kP_0}\right)^{1/2} \tag{6-74}$$

调制器的插入损耗影响了传感器的检测灵敏度。由式(6-74)可知集成光路的插入损耗增加 6dB，传感器的检测灵敏度相应地降低了 1/2。

对于不同插入损耗的调制器，可通过调节光源的输出功率，使探测器接收的平均光功率相等，因此传感器的性能不受器件插入损耗的影响，但前提是要有大功率光源。考虑到传感器的偏置工作点通常为 $\pi/2$，光探测器的量子效率小于 1.0，及集成光路的生产工艺，集成光路的插入损耗小于 5.0dB 是一个较为合理的要求。

2）偏振串音

调制器中的偏振串音主要两种：一是光波在波导或者其尾纤传输中，交叉耦合引起的偏振串音；二是波导与光纤耦合时，由于两者的偏振主轴存在对准角度误差而引起的偏振串音。其中，第二种是传感器偏振串音的主要来源，分析时可不考虑光纤的交叉耦合。如波导和尾纤的对准角度误差为 θ，对于偏振方向为水平的光波，尾纤输出端的光波振幅可表示为

$$\begin{bmatrix} E_x' \\ E_y' \end{bmatrix} = \begin{bmatrix} \cos\theta & -\sin\theta \\ \sin\theta & \cos\theta \end{bmatrix} \begin{bmatrix} E_x \\ 0 \end{bmatrix} = \begin{bmatrix} \cos\theta E_x \\ \sin\theta E_x \end{bmatrix} \tag{6-75}$$

因此尾纤输出端的偏振串音为

$$P_c(\theta) = 10\lg(\rho^2) = 10\lg\left(\frac{\sin\theta}{\cos\theta}\right)^2 \tag{6-76}$$

式中，$\rho = |E_y'/E_x'|$ 为光纤输出光波的振幅比。

调制器的偏振串音导致主光路的光波分量耦合进相垂直的轴，两束主光波耦合的光波同样相互正交，但耦合光波在敏感线圈中由磁场引起的偏振旋转方向与主光波相反，由于受到的相位调制与主光路相同，则耦合光波与主光波同时敏感到电流互感器的磁场，方向正好相反，如图 6.27 所示，耦合光波信号会对输出信号产生影响。

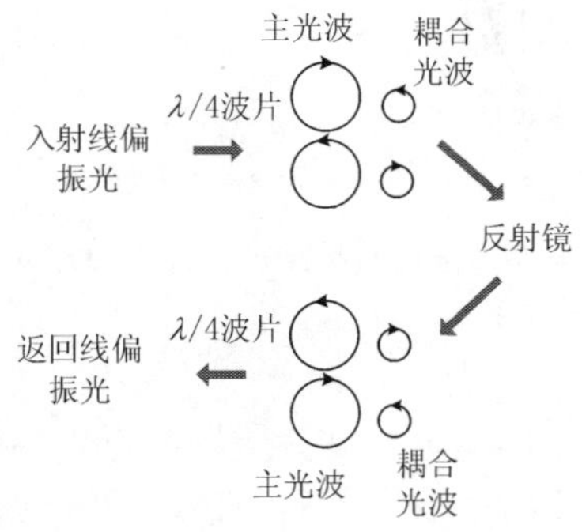

图 6.27 耦合光波的偏振态变化示意图

通过琼斯矩阵分析调制器的偏振串音对电流互感器信号的影响。忽略光波的不相干项，当调制器偏振轴和保偏尾纤偏振轴之间失配角为 θ 时，探测器的检测光功率为

$$\begin{aligned} P_{\text{out}} = \frac{1}{4}P_0\{&[1+\cos(2\theta)]^2[1\pm\sin(4\varphi_F+\phi_f)] \\ &+[1-\cos(2\theta)]^2[1\pm\sin(-4\varphi_F+\phi_f)]\} \end{aligned} \tag{6-77}$$

式中，P_0 为光源功率；ϕ_f 为反馈相移；φ_F 为电流磁场引起的法拉第相移。若电流互感器为闭环工作方式，干涉信号交流分量等于 0，即

$$[1+\cos(2\theta)]^2\sin(4\varphi_F+\phi_f)+[1-\cos(2\theta)]^2\sin(-4\varphi_F+\phi_f)=0 \tag{6-78}$$

假设传感光纤匝数 $N=5$，通过的最大电流 $I=3000\text{A}$，$V=1.03\times10^{-6}\text{rad/A}$，则由理想情况下的闭环条件得 $\phi_f\approx4\varphi_F=4N\cdot V\cdot I<4°$，则可认为 $\sin(4\varphi_F+\phi_f)\approx4\varphi_F+\phi_f$，以及 $\sin(-4\varphi_F+\phi_f)\approx-4\varphi_F+\phi_f$，则由上式(6-78)可得

$$\frac{\varphi_F}{\phi_f}\approx-\frac{1}{4\cos(2\theta)} \tag{6-79}$$

由式(6-79)可知，调制器的偏振串音将直接影响光纤电流互感器的标度因数。图 6.28为调制器的不同对准角度误差下的标度因数变化(其他光路及熔接点均为理想情况)，若实现标度因数变化小于 0.1%，则要求调制器的对准角度误差小于 1.3°。

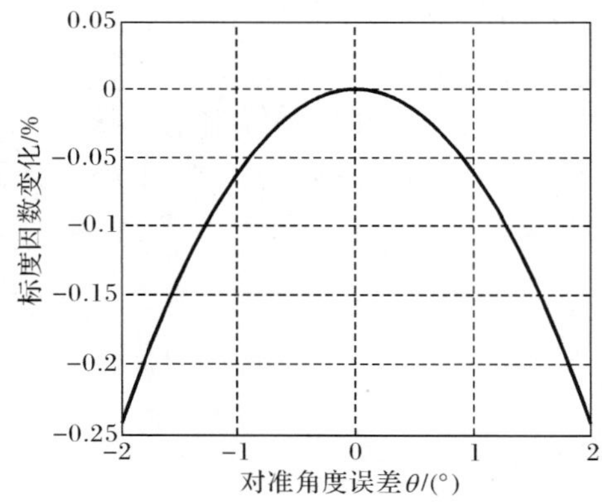

图 6.28　调制器不同对准角度误差下的标度因数变化

3) 偏振相关损耗

偏振相关损耗(PDL)是两正交偏振态在调制器中传播损耗之差。假设 TE 和 TM 模偏振态在经调制器传输后输出功率和输入功率的比率分别为 k_x 和 k_y，则调制器的偏振相关损耗为 $\text{PDL}=10\lg(k_x)-10\lg(k_y)$，理想情况下 $k_x=k_y$，则调制器的 PDL=0dB。对于调制器偏振相关损耗引起的琼斯矩阵可表示为

$$\boldsymbol{T}=\begin{bmatrix}\sqrt{k_x} & 0\\ 0 & \sqrt{k_y}\end{bmatrix} \tag{6-80}$$

探测器的检测光功率为

$$\begin{aligned}P_{out}&=4k_xk_yP_0[1\pm\sin(4\varphi_F+\phi_f)]\\&=4k_x^2P_0[1\pm\sin(4\varphi_F+\phi_f)]\cdot10^{-\frac{\text{PDL}}{10}}\end{aligned} \tag{6-81}$$

由式(6-81)可知，偏振相关损耗降低了到达探测器总的光功率，但并不影响形成干涉的两束光的分量的比值，也不影响干涉信号的对比度。虽然调制器的偏振相

关损耗使其中传输的两偏振态幅值受到不同的衰减，但经反射镜返回后，光波快慢轴交换，两束光分别受到相垂直轴的损耗。到达探测器的两偏振光都两次经过调制器，并且两次沿不同的偏振轴，因此两偏振态在调制器中总的损耗相同。

信噪比的大小决定了电流传感器的精度，探测器的极限噪声为散粒噪声，其最大信噪比为

$$\frac{S}{N}=\frac{\eta P/(hc/\lambda)}{\sqrt{2(hc/\lambda)\eta P\Delta f}}=\sqrt{\eta 4k_x^2\cdot 10^{-\frac{\mathrm{PDL}}{10}}P_0(hc/\lambda)/(2\Delta f)} \tag{6-82}$$

式中，η 为量子效率；P 为实际到达探测器的平均光功率；P_0 为偏振相关损耗为 0 时到达探测器的平均光功率；Δf 为检测带宽。信噪比与探测器接受的光功率的平方根成正比。当 PDL＝0dB 时，探测器的光功率 $P=P_0$；而当 PDL＝2dB 时，探测光强为 $0.63P_0$，信噪比降低 21%，因此偏振相关损耗对电流传感器的信噪比影响较大，实际使用中应选用偏振相关损耗较小的调制器。

4）半波电压

闭环控制光纤电流互感器的驱动电路可根据调制器半波电压的不同调节放大倍数，使施加在调制器的反馈相位与电流引起的相位差相抵消。但调制器半波电压随温度变化较大，导致反馈增益产生误差，进而导致电流互感器的标度因数以及线性度产生较大的误差。对于高精度光纤电流互感器，需要控制传感器的反馈增益，抵消温度等因素引起的调制器半波电压变化。通常需采用基于方波的双重反馈控制，解调阶梯波复位瞬间和复位前一周期的探测器输出误差值，再将该值作为 2π 复位误差进行积分，并控制主回路 D/A 转换器的参考电压或者控制放大器增益，来实现对电流互感器主回路闭环反馈增益的控制。

6.3　质子交换 $LiNbO_3$ 相位调制器

质子交换 $LiNbO_3$ 相位调制器的特点是具备偏振功能，质子取代 Li^+ 进入 $LiNbO_3$ 晶体后使得 z 轴的折射率增大，而 x 或 y 轴的折射率减小，使沿 x 或 y 轴的偏振光不能形成导模，从而实现偏振的功能。质子交换 $LiNbO_3$ 相位调制器的最典型应用是干涉式光纤陀螺中的 Y 型 $LiNbO_3$ 相位调制器。

Y 型 $LiNbO_3$ 相位调制器由 Y 型光波导、电极和输入/输出光纤构成，结构如图 6.29 所示。通常采用 x 切 y 传 $LiNbO_3$ 晶体制备，其芯片的典型尺寸是：长 20～30mm，宽 2～5mm，厚 1mm。为了获得较好的调制性能，波导被做成单模，并通过光纤耦合输入和输出。为了消除波导和光纤端面引起的背向反射，晶体端面和耦合光纤端面被抛光成一定角度，光纤端面通过专用胶黏剂和晶体端面连接，并与光波导精确对准。当调制信号施加在波导两侧的电极时，利用晶体的电光效应可实现对光信号的相位调制。在 Y 型 $LiNbO_3$ 相位调制器中，同时实现了相位

调制、起偏/检偏、分光/合光三种功能。

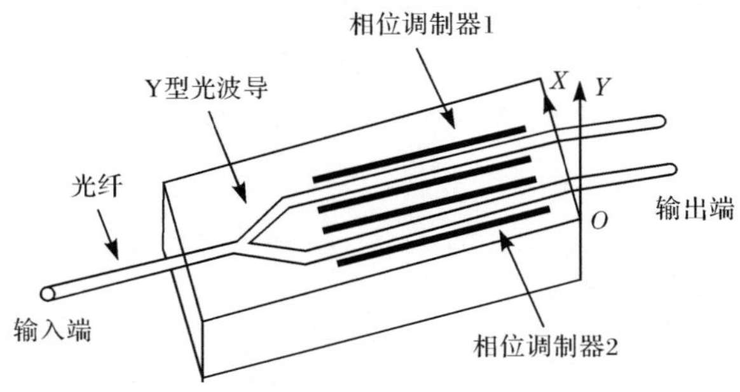

图 6.29 Y 型 $LiNbO_3$相位调制器

6.3.1 Y 型质子交换 $LiNbO_3$相位调制器设计

1. 插入损耗设计

插入损耗是 $LiNbO_3$调制器的重要指标，其主要来源包括光波传输损耗、分支损耗、弯曲损耗和光纤-波导模场匹配损耗。其光纤-波导模场匹配损耗设计方法和 Ti 扩散波导调制器相同。

1）弯曲损耗

Y 型 $LiNbO_3$相位调制器的光波导结构如图 6.30 所示，输入波导与两个输出波导间需由曲线型分支波导进行连接，分支波导的结构不同，插入损耗也不同。对弯曲分支波导区的曲线形状进行优化设计是降低插入损耗的重要手段。

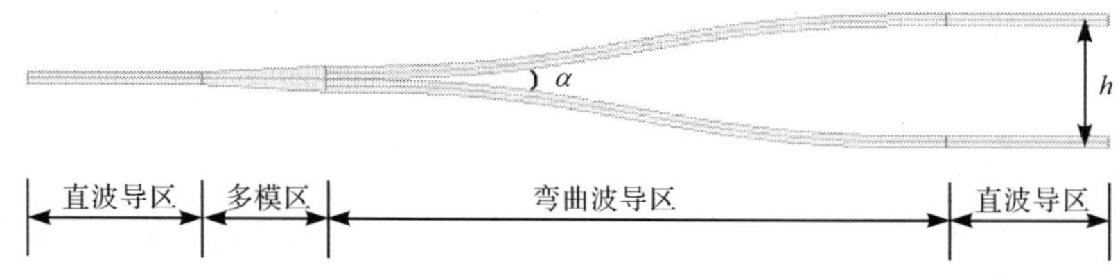

图 6.30 Y 型光波导结构图

目前，广泛采用的曲线型波导的结构函数主要有以下三种[17]：

（1）两个半圆弧组成的弯曲波导，其中 R 为圆弧的曲率半径

$$R = \frac{L^2}{2h}\left(1 + \frac{h^2}{4L^2}\right) \tag{6-83}$$

（2）余弦曲线型弯曲结构

$$f(x) = \frac{h}{2}\left[\frac{1}{2} - \frac{1}{2}\cos\left(\frac{\pi x}{L}\right)\right] \tag{6-84}$$

(3) 正弦曲线型弯曲结构

$$f(x)=\frac{h}{2}\left[\frac{x}{L}-\frac{\pi}{2}\sin\left(\frac{2\pi x}{L}\right)\right] \tag{6-85}$$

式中，h 为输出波导的间距；L 为弯曲波导区长度。利用光束传播法(BPM)可对这三种曲线的弯曲损耗进行仿真计算，在纵向偏离比 $L/h>20$ 时，三种曲线型波导的弯曲损耗都小于 0.2dB；$L/h<10$ 时，圆弧型和正弦型弯曲波导的插入损耗明显增加，弯曲损耗都大于 5dB，余弦型弯曲波导插入损耗最小，如图 6.31 所示，所以一般采用余弦函数型弯曲波导。

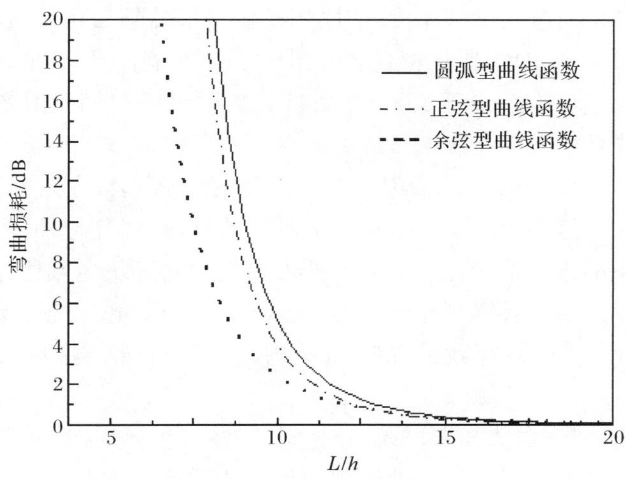

图 6.31　弯曲型波导弯曲损耗与纵向偏离比的关系曲线

2) 分支损耗

Y 型光波导的分支张角不同，其插入损耗也不同。用束传播法对不同的张角的分支波导传输损耗进行分析，分支波导的传输损耗随张角的增大而增大。而为了防止两个交叉点模式转换和辐射损耗，受工艺影响分支张角又不能无限小，一般分支张角的设计值 1.0°左右，附加损耗约为 0.2～0.4dB。

2. 分光比设计

Y 型 $LiNbO_3$ 相位调制器中分支波导的对称结构理论上可以实现精确的 3dB 分光，但光刻掩模工艺、波导加工工艺引起的分支波导不对称、输出端斜抛后引起的分支波导长度的不相等和光波导与光纤的耦合对准等因素都会引入分光比误差。输出端斜抛引起的分支波导长度差一般小于 0.1mm，由其引起的分光比误差可以忽略。其他误差来源主要通过选择合适的工艺方法和严格地控制工艺参数来减小。目前 Y 型 $LiNbO_3$ 相位调制器的分光比误差一般小于 5%。

3. 偏振串音设计

$LiNbO_3$相位调制器的偏振串音主要由光波导消光比和光波导与保偏光纤的对轴精度决定，而光波导的消光比主要与制备光波导所采用的工艺有关。采用质子交换方法制备的$LiNbO_3$光波导的消光比可达到55～70dB，是非常理想的偏振器件，但由于光波导需通过光纤进行耦合输入与输出，因此调制器尾纤的偏振串音由偏振器的传输轴与保偏光纤主轴之间的对准角度误差决定。

对质子交换光波导，其输出光可近似为理想的线偏振光，当偏振器的传输轴和保偏光纤慢轴的对准角度误差为θ时，光纤输出端的偏振串音可通过式(6-76)计算。由式(6-76)可知，如要求偏振器尾纤的偏振串音小于－30dB，光波导与保偏光纤的对轴角度误差应小于1.8°；如要求偏振器尾纤的偏振串音小于－40dB，光波导与保偏光纤的对轴角度误差应控制在0.6°以内。

目前耦合对准设备可以实现0.6°的对准精度，试验上、理论上都表明－40dB的偏振串音是可以实现的，但该值只是室温下的指标，实际应用关注的是在环境温度变化条件下的最小消光比。由于光纤需要先和支撑块定轴固定，而两者之间是通过胶黏剂固定的。胶黏剂在环境温度变化过程中对光纤施加热应力，使光纤的偏振轴方向发生扭转，导致消光比的退化，这是目前限制器件消光比的主要因素。

$LiNbO_3$相位调制器的插入损耗、分光比、偏振串音、背向反射等参数和光纤耦合器的测试方法类似。通过指标的测试结果验证设计的有效性，同时作为设计优化的依据。

6.3.2　质子交换$LiNbO_3$相位调制器制备工艺

质子交换$LiNbO_3$相位调制器和Ti扩散$LiNbO_3$相位调制器的制备工艺的流程基本相同，不同之处在于波导的制备工艺。图6.32列出了质子交换波导和Ti扩散波导的制备过程。

质子交换法是在适当温度下，将$LiNbO_3$晶体浸泡在热酸熔液中，晶体表面附近的Li^+向热酸熔液中扩散，形成大量的锂空位，与此同时酸熔液中的H^+向晶体内部扩散，填充锂空位。交换的结果是在晶体表面下几个微米的范围内产生应力分布，使得交换区域的晶体折射率增加，形成光波导。

质子交换法所需的质子源主要有苯甲酸、亚磷酸等弱酸熔液，由于苯甲酸具有腐蚀性小、沸点高(249℃)、熔液稳定性好、毒性小、成本低等优点，是目前使用最为广泛的质子源。使用亚磷酸也可以产生较大的折射率改变，制备的光波导传输损耗也很小，但与苯甲酸相比亚磷酸有更强的腐蚀性，一般很少使用。质子交换的产物可以写成$Li_{1-x}H_xNbO_3$，其中x表示锂离子与氢离子的交换比率，交换

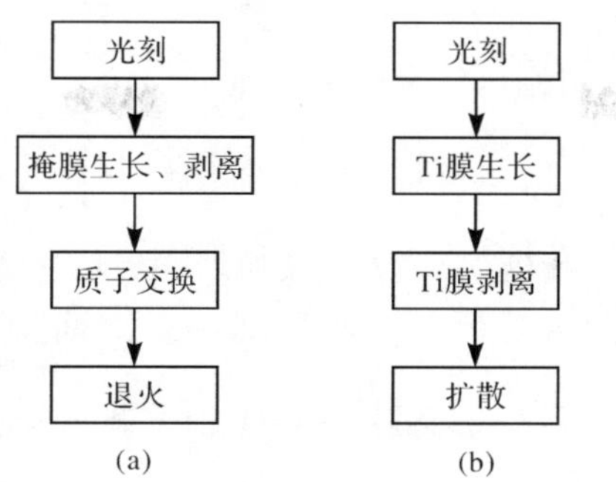

图 6.32　$LiNbO_3$波导制备工艺流程

(a) 质子交换工艺；(b) Ti 扩散工艺

过程可用下列平衡方程描述[18]

$$LiNbO_3 + xH^+ \rightleftharpoons Li_{1-x}H_xNbO_3 + xLi^+ \tag{6-86}$$

对于 z 切 $LiNbO_3$晶体，质子交换后 $Li_{1-x}H_xNbO_3$ 可能存在 α，κ_1，κ_2，β_1，β_2，β_3，β_4 7 种晶相，质子交换 x 切晶体可实现除 β_4 外的 6 种晶相，而且会出现多种晶相共存的物质结构。其中 α 相是最稳定的相结构，也是在波导制备中希望得到的相结构。当将交换的比率 x 控制在 0.12 以下时，质子交换产物具有与 $LiNbO_3$ 基本相同的晶格结构，即 α 相。当交换比率 x 为 0.5～0.8 时，交换产物的晶格结构由非中心对称结构向准中心对称结构转化，如果 x 继续增大，$LiNbO_3$晶体就会成为具有钙钛矿型立方结构的 $HNbO_3$ 即 β 相。当交换比率 x 较大时，晶体的内应力较大，H^+ 分布不稳定，导致折射率分布的不稳定，同时 H^+ 分布不均匀，光散射较强，传输损耗较大。

质子交换后直接得到的波导折射率呈近似阶跃分布，折射率差较大，和光纤的模场不匹配，耦合损耗较大。室温下波导折射率不稳定，其传输损耗较大，晶体的电光系数降低，由 30.8×10^{-12} m/V 降为 1.9×10^{-12} m/V。为了得到稳定的 α 相晶体结构，并且使波导的模场和光纤匹配，需要对交换后的波导进行退火。退火是 H^+ 向晶体内扩散的过程，通过退火使 H^+ 的浓度降低，$x\leqslant0.12$，晶体结构和 $LiNbO_3$ 晶体类似，电光系数基本相同。

质子交换退火工艺制备的波导的折射率可以表示为

$$n(y) = n_e + \Delta n_s f(y) \tag{6-87}$$

式中，n_e 为 $LiNbO_3$ 晶体衬底的非寻常光折射率；Δn_s 为表面的折射率增量，在此忽略了退火过程中 H^+ 的侧向扩散，认为退火后波导水平方向上仍然为阶跃折射率分布。质子交换区 $LiNbO_3$ 的寻常光折射率下降，但下降值较小，在此不再讨论。

表面折射率增量和质子交换量 x 有关[19]

$$\Delta n_s = \beta[1 - \exp(-\gamma x^\delta)] \tag{6-88}$$

由试验数据拟合得到 $\gamma=3.4576$，$\beta=0.1317$，$\delta=1.75$。

在垂直方向上折射率服从广义高斯分布

$$f(y)=\exp\left[-\left(\frac{y}{D_{\mathrm{V}}}\right)^{\alpha}\right] \tag{6-89}$$

式中，$D_{\mathrm{V}}=2\sqrt{tD_{0\mathrm{V}}\exp(-Q/RT)}$；$t$ 为交换时间；$D_{0\mathrm{V}}$ 为交换常数；Q 为激活能；T 为交换温度；R 为摩尔气体常量；α 一般在 10～23 之间。

6.3.3 干涉型光纤传感用质子交换 $LiNbO_3$ 相位调制器的特性及应用要求

1. 质子交换 $LiNbO_3$ 相位调制器的主要特性

1）分光/合光特性

$LiNbO_3$ 相位调制器在闭环光纤陀螺中可实现分/合光束的功能。调制器中的 Y 型光波导由单模直波导和两个与之相连的单模分支波导组成，光源发出的光被 Y 型光波导等强度地分成两束，经后端光路传输后又回到 Y 型光波导，在 Y 型波导汇合后产生干涉，干涉信号由直波导输出。Y 型光波导虽然在表观上有三个导波端口，但在光学上是一个四端口器件，合束时第四个隐含的端口向衬底辐射。

2）偏振特性

质子交换 $LiNbO_3$ 光波导具有良好的偏振滤波特性，能满足干涉信号对偏振态的要求。质子交换能大幅提高 $LiNbO_3$ 波导区域内的非寻常光折射率，降低寻常光折射率。对于 $\lambda=0.633\ \mu\mathrm{m}$ 的光波而言，质子交换平面波导中非寻常光 $\Delta n_e=0.12$，寻常光 $n_o=-0.04$。在 x 切 y 传质子交换光波导中，仅传输非寻常光对应的 TE 模，而寻常光对应的 TM 模由于不满足导波条件泄漏到波导周围的晶体中。采用质子交换制备的光波导是单偏振波导，消光比为 55～60dB。

质子交换 $LiNbO_3$ 光波导的输出光波可近似为线偏振光，但由于光波导通过光纤耦合输入输出，保偏光纤与光波导耦合时的偏振主轴对准误差会引起偏振交叉耦合，即偏振串音。

3）半波电压特性

质子交换 $LiNbO_3$ 波导只能传输 TE 模，即波导中只能传输一个偏振模，其半波电压定义为 TE 模产生 π 相位所需的电压。对于图 6.29 所示的 Y 型质子交换 $LiNbO_3$ 相位调制器通常采用推挽式电极，即 Y 型分支的两个波导臂上施加的电压振幅相同而极性相反。与直波导调制器相比，推挽式电极可以将半波电压降低一半。目前，1310nm 和 1550nm 工作波长的 Y 型质子交换 $LiNbO_3$ 相位调制器的半波电压均可小于 4.0V，器件尺寸越小，半波电压越大。

Y 型质子交换 $LiNbO_3$ 相位调制器半波电压的测试一般通过构建一个干涉仪

来实现，如马赫-曾德尔干涉仪或萨格纳克干涉仪。由于该种相位调制器是专门针对光纤陀螺设计的，所以通常采用萨格纳克干涉仪进行测量。首先将 Y 波导的两根输出尾纤与光纤环熔接在一起构建如图 2.8 所示的萨格纳克干涉仪，然后将频率为 $f=\frac{1}{4\tau}$（τ 为光在光纤环中的渡越时间）的调制锯齿波信号加于 Y 波导上，由示波器监测光电探测器的输出信号。调节锯齿波信号的幅值，由零开始逐渐增加，使光电探测器的输出波形幅值由零至第一次回到零时为止（除去尖峰脉冲）。此时，调制信号的幅值的一半为 Y 波导的半波电压 V_π。

4）温度特性

$LiNbO_3$ 晶体的折射率随温度的变化而变化，波长在 400～4000nm 范围内，晶体折射率随温度变化的表达式为[20]

$$n_o^2 = 4.913 + \frac{1.173\times 10^{-5} + 1.65\times 10^{-2}T^2}{\lambda^2 - (2.12\times 10^2 + 2.7\times 10^{-5}T^2)^2} + 2.78\times 10^{-8}\lambda^2 \tag{6-90}$$

$$n_e^2 = 4.5567 + 2.605\times 10^{-7}T + \frac{0.97\times 10^{-5} + 2.7\times 10^{-2}T^2}{\lambda^2 - (2.01\times 10^2 + 5.4\times 10^{-5}T^2)^2} - 2.24\times 10^{-8}\lambda^2 \tag{6-91}$$

式中，λ 为波长。由式(6-91)可知 $LiNbO_3$ 晶体的非寻常光折射率 n_e 随温度的升高而变大，相位调制器的半波电压与非寻常光折射率 n_e 成反比例关系。这将导致温度从 −45℃到 75℃时，调制器的半波电压下降约 5%～8%。在高精度光纤传感器中可以通过设计电路，监测调制器的半波电压，并根据实测值采取相应的补偿措施。

此外，铌酸锂晶体是热释电晶体，因此温度的变化将影响其自发极化 $\Delta\boldsymbol{P}$

$$\Delta\boldsymbol{P} = -\boldsymbol{\gamma}\Delta T \tag{6-92}$$

$\boldsymbol{\gamma}=[0\quad 0\quad \gamma_3]$ 为热电张量，$\gamma_3 = -4\times 10^{-5}\,\mathrm{C/(K\cdot m^2)}$。因此当温度发生变化时，自发极化引起的热电场 E 可以表示为

$$\varepsilon\varepsilon_0\boldsymbol{E} = \boldsymbol{D} - \Delta\boldsymbol{P} \tag{6-93}$$

式中，$\boldsymbol{D}$ 表示自由电荷电场的电位移矢量；ε_0，ε 分别为真空介电常数和相对介电常数。在 $LiNbO_3$ 相位调制器芯片中可以认为 $\boldsymbol{D}\approx 0$，因此

$$\boldsymbol{E} = -\frac{\Delta\boldsymbol{P}}{\varepsilon\varepsilon_0} = \frac{\boldsymbol{\gamma}\Delta T}{\varepsilon\varepsilon_0} \tag{6-94}$$

由于 γ_3 为负值，所以当温度升高时热电场 $\boldsymbol{E}$ 的方向与晶体的 $+z$ 轴一致；当温度降低时热电场的方向与 $-z$ 轴一致。

$LiNbO_3$ 波导在温度变化过程中将受到热电场的影响，热电场在晶片上沿 $+z$ 或 $-z$ 向，由于 $LiNbO_3$ 相位调制器的调制电极采用的是推挽结构，两波导分支的电场方向相反，当电极间存在热电势时，一个波导臂的电场和热电场相同，而另一

波导臂的施加电场和热电场相反，两电极间的热电势将导致一个分支波导的折射率增大，另一个分支波导的折射率减小。

同时在铌酸锂晶体中还存在热电场弛豫现象。热电场弛豫是自由载流子补偿热电荷使得热电场逐渐减小的结果，在恒温下热电场随时间的变化可以表示为

$$E(t) = E_0 \exp(-\sigma t/\varepsilon\varepsilon_0) \tag{6-95}$$

式中，σ 为电导率；t 为时间；E_0 为热电场在 $t=0$ 时的值。

在相同的温变速率下，当温度较高时，由于热传导的增强有助于自由载流子补偿热电荷而使热电场减小；当温度较低时则会减弱自由载流子补偿热电荷，因此低温时的热电场弛豫时间要大于高温时的弛豫时间，从而导致低温时的热电场强度要大于高温时的热电场强度。

Y 型波导的两个分支在 −45℃ 至 75℃ 的温度变化的过程中，在高温阶段，$LiNbO_3$ 热电场弛豫现象能够有效地降低调制电极间的热电压差，使得折射率降低的分支波导仍然能够保持光波在其中单模传输特性；在低温阶段，由于热电场弛豫现象减弱，不能有效地降低调制电极间的热电压差，当电压差足够大时将使得折射率降低的分支波导进入单模截止区而不能保持光波在其中传输。

5）抗辐照特性

一般宇航环境下的 γ 射线的辐照剂量率小于 0.1rad(Si)/min，由于飞行器轨道高低以及服役时间的不同，辐射总剂量为 10～100krad(Si)。试验表明辐射剂量在不超过 1Mrad(Si)时 Ti 扩散和质子交换 $LiNbO_3$ 调制器的性能变化都是较小的，如果继续增大辐射剂量，则调制器会出现损耗上升的趋势。图 6.33 列出了几种典型工艺制备的 $LiNbO_3$ 波导在辐照环境下损耗的变化情况。由图 6.33 可以看出随着辐射剂量的增加，波导的损耗几乎呈线性的增加，但是由于制备工艺不同，损耗增长的趋势不同，退火质子交换工艺制备的波导具有明显的抗辐照性能。而其他工艺制备的波导抗辐照性能较差，当辐射剂量达到 10Mrad(Si)时 Ti 扩散 $LiNbO_3$ 波导的损耗将增加 2.7dB/cm[21]。

2. 光纤陀螺对 Y 型质子交换 $LiNbO_3$ 相位调制器的要求

Y 型质子交换 $LiNbO_3$ 相位调制器是闭环光纤陀螺的关键器件，其性能指标都是针对光纤陀螺的应用需求设计的[22]。

1）插入损耗

在采用 $LiNbO_3$ 相位调制器的闭环光纤陀螺系统中，光波信号两次经过相位调制器，因此降低 $LiNbO_3$ 相位调制器的插入损耗是降低陀螺光路总损耗的最有效的途径，插入损耗对光纤陀螺的性能影响和光纤环损耗对光纤陀螺的影响类似，可参见第 3.6.1 节。目前，随着光源功率的不断增大，对调制器损耗的要求不断降低，一般性能较好的 $LiNbO_3$ 相位调制器的插入损耗可小于 3dB，全温工作范

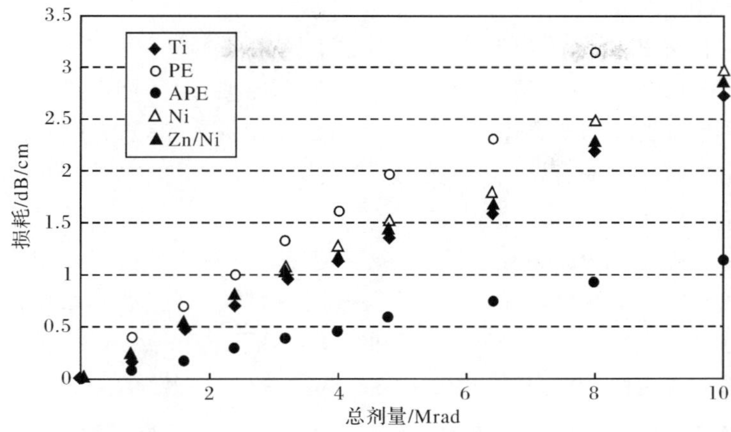

图 6.33　辐照条件下几种典型工艺制作的 $LiNbO_3$ 波导损耗的变化

围内变化小于 0.5dB,这些指标已能满足大多数应用要求。

2）分光比

分光比是集成光路两输出尾纤的光功率之比,包括分支波导不对称引起的分光误差和波导光纤耦合引起的光功率差异。分光比的理想值是 50∶50,分光比如果偏离理想值,将增大探测信号中的直流分量而使携带敏感信号的交流分量功率降低。除此之外,分光比偏离理想值还会在光路中引起非线性效应。

在光纤环中,光功率密度较高,会引起折射率 n 的非线性变化,反向传播的两束光波产生了不同的折射率非线性变化

$$\delta n_1 = \chi_e^{(3)} \varepsilon_0 (|E_1|^2 + 2|E_2|^2)/2n \tag{6-96}$$

$$\delta n_2 = \chi_e^{(3)} \varepsilon_0 (2|E_1|^2 + |E_2|^2)/2n \tag{6-97}$$

式中,$\chi_e^{(3)}$ 为光纤的三阶电极化率;E_1 和 E_2 为沿两个方向传播的光波电场。因而非互易折射率差为

$$\Delta n_k = \delta n_1 - \delta n_2 = \chi_e^{(3)} \varepsilon_0 (|E_2|^2 - |E_1|^2)/2n \tag{6-98}$$

它与相向传播的光波功率差($|E_2|^2 - |E_1|^2$)成正比。对于 633nm 波长和石英光纤中的 $\chi_e^{(3)}$ 值单位强度差在单位长度上产生的非互易相移为

$$\Delta\phi_k/[L \cdot (|E_2|^2 - |E_1|^2)] \approx 2 \times 10^{-5}\,\mathrm{rad \cdot \mu W^{-1} \cdot km^{-1}} \tag{6-99}$$

光纤陀螺采用相干长度短的宽带光源后,非互易折射率差效应只是在光源相关长度上而非整个光纤环的长度上积分,大大降低这种非互易折射率差引起的相位误差。

3）偏振串音

光纤陀螺中和相位调制器有关的偏振串音主要两种：一是光波在光纤传输中，交叉耦合引起的偏振串音；二是波导与光纤耦合时，由于两者的偏振主轴存在对准角度误差而引起的偏振串音。其中后者是陀螺偏振串音的主要来源，分析时可不考虑光纤的交叉耦合。对于退火质子交换 $LiNbO_3$ 光波导，波导输出光可近似为线偏振光。

如果输入的光波为线偏振光 E，两波导与尾纤的对准角度误差都为 θ，两尾纤的输出端将分别产生两种偏振波：一是偏振器的传输态（主波），沿尾纤的慢轴传播；二是偏振器的交叉态（串音），沿尾纤的快轴传播。

输出端 1 的两种偏振态沿光纤环传播，到达输出端 2 后，又各经历了一次交叉耦合，共产生四种光波：$E_{11}=(\sqrt{2}/2)E\exp[j(\delta/2+\phi_s/2)]$，经过输出端 1 和输出端 2 后仍为传输态，沿光纤的慢轴传播；$E_{12}=(\sqrt{2}/2)E\rho^2\exp[j(-\delta/2+\phi_s/2)]$，经过输出端 1 后为交叉态，经过输出端 2 后为传输态；$E_{13}=(\sqrt{2}/2)E\rho\exp[j(\delta/2+\phi_s/2)]$，经过输出端 1 后为传输态，经过输出端 2 后为交叉态；$E_{14}=(\sqrt{2}/2)E\rho\exp[j(-\delta/2+\phi_s/2)]$，经过输出端 1 和输出端 2 后为交叉态。式中 δ 为光波沿光纤快慢轴传播时产生的相位差，ρ 为振幅耦合系数，ϕ_s 为干涉仪的萨格纳克相移。后两种交叉态经过集成光路后被消光，可忽略不计。同样输出端 2 的两偏振态到达输出端 1 后，也产生四种光波，两传输态和两交叉态，其中两交叉态也可忽略。两传输态为：$E_{21}=(\sqrt{2}/2)E\exp[j(\delta/2-\phi_s/2)]$ 和 $E_{22}=(\sqrt{2}/2)E\rho^2\exp[-j(\delta/2+\phi_s/2)]$。因此干涉仪的输出端存在四种光波，采用宽带光源 SLD 后，E_{11}、E_{21} 与 E_{12}、E_{22} 不具有相干性，干涉仪的输出光强可表示为

$$\begin{aligned} I &= (E_{11}+E_{21})^*(E_{11}+E_{21})+(E_{12}+E_{22})^*(E_{12}+E_{22}) \\ &= I_0[1+\cos\phi_s+\rho^4+\rho^4\cos\phi_s] \end{aligned} \tag{6-100}$$

假定陀螺有一个 $\pi/2$ 的相位偏置，静止时，集成光路偏振串音引起的相位误差为 $\Delta\phi\approx\rho^4$，所以只有当偏振串音小于 -30dB 时，即光纤和波导的偏振轴对准角度误差要小于 1.8°，波导与光纤的对准误差引起的相位误差小于 10^{-6}rad。

4）半波电压

在采用数字相位斜波调制的闭环光纤陀螺中，假设反馈相移 ϕ_r 能完全补偿旋转引起的萨格纳克相移 ϕ_s，并满足 $(M+1)\phi_r=2\pi$，则前 M 个时钟周期的归一化输出信号可表示为

$$S(t)=1+\cos(\phi_0+\phi_s+\phi_r)=1+\cos\phi_0 \tag{6-101}$$

式中，ϕ_0 为固有相移。在复位期间的一个时钟周期内，归一化输出信号可表示为

$$S_r(t)=1+\cos(\phi_0+\phi_s+\phi_r-2\pi)=S(t) \tag{6-102}$$

当调制器的半波电压发生变化时，会引起调制器的模拟电压增益变化，这时

相位斜波和 2π 复位都会发生变化，复位 2π 变为 $2\pi(1-\varepsilon_r)$，归一化输出信号变为

$$S'(t)=1+\cos[\phi_0+\phi_s+\phi_r(1-\varepsilon_r)]=1+\cos(\phi_0-\varepsilon_r\phi_r) \quad (6\text{-}103)$$

$$S'_r(t)=1+\cos[\phi_0+\phi_s+(\phi_r-2\pi)(1-\varepsilon_r)]=1+\cos(\phi_0+2\pi\varepsilon_r-\varepsilon_r\phi_r) \quad (6\text{-}104)$$

设 $\varepsilon_r(2\pi-\phi_r)\ll\phi_0$，则在整个阶梯波周期（$M+1$ 个时钟）内陀螺输出的平均误差为

$$\langle\Delta S(t)\rangle=\frac{M[S(t)-S'(t)]+[S_r(t)-S'_r(t)]}{M+1}\propto\varepsilon_r^3 \quad (6\text{-}105)$$

这说明，只要 D/A 转换器的位数足够产生合适的反馈相位阶梯以抵消旋转引起的萨格纳克相移，在保证 $(M+1)\phi_r=2\pi$（存在复位误差时同样成立）的前提下，非理想的 2π 复位误差不会严重影响标度因数稳定性。由上式计算可知，要得到 1ppm（$1\text{ppm}=1\times10^{-6}$）的标度因数线性度，半波电压的精度需要控制在 1%以内。

在陀螺信号处理中采用另一反馈回路，根据调制器半波电压的变化，实时调整数字斜波的复位电压和补偿信号的调制增益，可以在确保陀螺标度因数精度的情况下进一步放宽对调制器半波电压变化量的要求。另外，Y 型质子交换 $LiNbO_3$ 相位调制器的相位响应非线性会影响闭环光纤陀螺的标度因数线性度和死区，采取相应措施可降低其影响[23-25]。

5）背向反射

由于光纤与波导的折射率不相等，在光波导输出端存在两个背向反射点，如图 6.34 所示，这会在萨格纳克干涉仪的输出端产生六个波：

（1）(A,A') 为两个相向传播的主波信号，构成萨格纳克干涉。

（2）(A_1,A'_1) 为输入光在波导端面产生的背向反射光波。

（3）(A_2,A'_2) 为两个主波经过光纤环后返回波导端面时产生的背向反射光波。

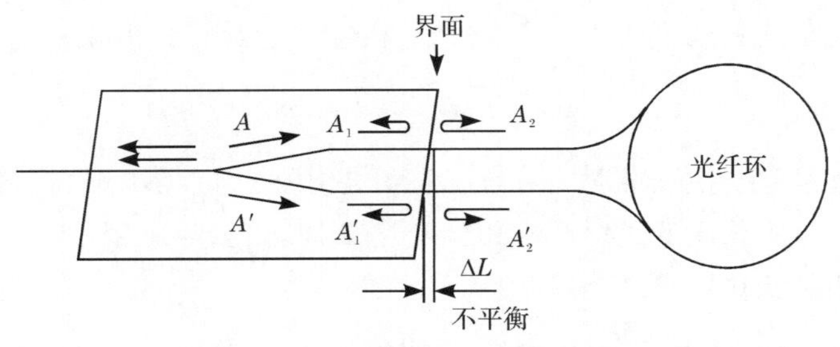

图 6.34　波导端面的背向反射示意图

背向反射光波与主波 (A,A') 存在较大的光程差，对应着光纤环的长度，由于通常光源为宽谱光源，相干长度较短，反射光波与主波不具有相干性。此外，波导端面斜抛会引起分支波导长度的不对称，分支波导的典型间距为 400μm，倾角为

10°,寄生的(A_1, A_1')和(A_2, A_2')之间的光程差均为

$$\Delta L = 2n_{LiNbO_3} \cdot 400 \cdot \tan 10^\circ \approx 300(\mu m) \tag{6-106}$$

而光纤陀螺采用的宽带光源如超发光二极管的相干长度一般小于50μm。这样四个背向反射光波之间也失去了对比度,不具有相关性。在干涉仪的输出端,四个背向反射光波与主波的萨格纳克干涉信号只是光强相加。这时70dB背向反射,可以引起约10^{-7}rad的相位误差。

6.4 压电陶瓷相位调制器

6.4.1 压电陶瓷相位调制器原理

PZT相位调制器的结构如图6.4。缠绕在PZT圆筒上的光纤受到PZT圆筒的径向形变的作用而产生纵向形变,引起光纤的长度、纤芯的直径和纤芯折射率的变化。纤芯的直径变化引起的光波相位变化比其他两种应变所引起的相位变化小很多,可以忽略。PZT圆筒在施加电压V时的周长变化量可表示为

$$\Delta l = d_{31} \frac{V}{t} \cdot l \tag{6-107}$$

式中,l、Δl分别为PZT圆筒周长及其变化量;d_{31}为压电应变系数;t为PZT圆筒的厚度,圆筒周长变化量即为每匝光纤长度的变化量。

光纤内折射率变化可以表示为

$$\Delta n = -\frac{n^3}{2}[(p_{11} + p_{12})\sigma_{12} + p_{12}\sigma_{11}] \tag{6-108}$$

式中,n为光纤纤芯的折射率;p_{11}和p_{12}为材料的弹光系数;σ_{11}和σ_{12}分别为光纤在轴向和径向上所受到的应力;$(P_{11}+P_{12})\sigma_{12}$表示弹光效应;$P_{12}\sigma_{11}$表示应变效应。

波长为λ_0的光波通过长度为L的光纤相位调制器后的相位变化可表示为

$$\Delta\phi = \frac{2\pi}{\lambda_0}(n\Delta L + L\Delta n) \tag{6-109}$$

式中,ΔL为光纤总长度变化量。在输入高频电压信号的情况下,折射率变化引起的相位变化远大于长度变化引起的相位变化,因此在实际应用中仅考虑折射率变化引起光波相位变化。

6.4.2 压电陶瓷相位调制器设计

给PZT相位调制器施加正弦波或方波调制信号可使传感器工作在检测灵敏度最高的点上,通过解调探测器输出信号的一次谐波可得到有效的被检测信号。干涉型光纤传感器对PZT相位调制器的主要要求有:

(1) 调制器的外加调制信号应使解调后的探测器输出信号的一次谐波最大,

使传感器获得最佳的检测灵敏度。

(2) 当调制信号的幅值和频率发生微小波动时,不会引起较大的相移波动,使调制器具有稳定的相移特性。

(3) 调制器应具有尽量大的调制带宽、小的弯曲损耗、较好的偏振保持特性和稳定的温度特性等。

PZT 调制器的调制特性与信号频率、信号幅值、压电陶瓷的几何尺寸和制备工艺等因素有关。圆筒的壁厚和直径决定了调制器的品质因数、谐振频率和调制深度,壁厚越薄换能效果越好,半径越小谐振频率越大,调制深度越小。

1. 理论估算

PZT 圆筒有如下经验公式[26]

$$D \cdot f_m = 1000 \tag{6-110}$$

式中,D 为 PZT 圆筒的平均直径,单位为 mm;f_m为调制信号频率,单位为 Hz。根据所需的调制频率计算出所需的 PZT 圆筒的平均直径。

2. PZT 圆筒的结构设计

PZT 圆筒的壁厚与器件的固定方式和可靠性直接相关,在保证一定长度光纤缠绕的条件下,圆筒的高度应尽量小,一般设计为 1.0~3.0mm。圆筒直径的设计可参考式(6-110),但其直径还必须大于光纤允许的最小弯曲直径。调制器的结构尺寸还应保证调制器有较大的调制带宽和稳定的相移特性。

3. 光纤的长度设计

由于 PZT 相位调制器工作在谐振频率点时阻抗极小,通常采用传输法测试调制器的谐振频率,如图 6.35 所示[23]。图中 $\tilde{U}$ 为正弦信号,固定幅值,调制频率 f,可得到 V_0与 f 的关系曲线,确定 PZT 圆筒的谐振频率。根据谐振的大小可初步确定 PZT 相位调制器所需的光纤长度。

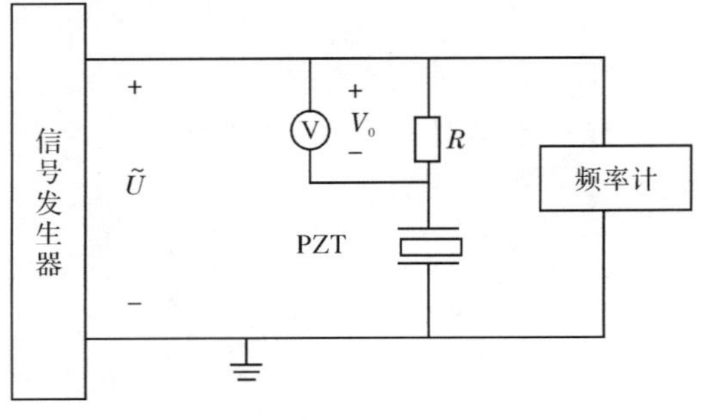

图 6.35 传输法测试示意图

PZT 相位调制器所需的光纤长度还应根据调制深度、调制响应度确定。匝数选择越多，调制深度越大，驱动电压越小，调制器的半波电压一般设计为 2～4V。在 PZT 圆筒上绕制光纤时，绕制张力大小会直接影响其径向应变与纵向应变。张力较大时，PZT 相位调制器在驱动电压的作用下会对光波的偏振态产生调制，引入附加的双折射效应和偏振误差。

6.4.3　干涉型光纤传感用 PZT 相位调制器的特性及应用要求

1. PZT 相位调制器的主要特性

1）偏振特性

PZT 相位调制器在实现光相位调制外，还会对光的偏振态和光强产生调制而引入相位噪声和振幅噪声。光纤内传输的光波信号的偏振态会随着调制信号呈周期性的变化，产生附加的双折射。为了减小 PZT 相位调制器引起的附加双折射，可以在光路中加入起偏器，将一个方向的偏振光滤掉，但这将导致光路中的传输损耗增大。这种现象被称为相位调制器的"调制损耗"。相位调制器的"调制损耗"会引起干涉信号的波动，从而引起传感器输出漂移。

PZT 相位调制器产生的双折射效应与所加的调制信号电压的大小成正比，因此采用细径光纤和大直径的 PZT 圆筒有助于减小附加双折射。

2）温度特性

PZT 相位调制器的频响特性会随温度的变化而发生改变，从而引起调制系数和相位响应特性的变化。在不同的温度点，PZT 圆筒的谐振频率、振幅与相位均会发生变化，从而引起调制器的调制系数和相位响应特性的变化，PZT 相位与振幅的变化会造成传感器性能的不稳定，严重影响传感器响应的线性度和零偏稳定性。通过对 PZT 调制相位与振幅进行跟踪或补偿，可减小由调制系数波动引起的误差。

另外，由于相变效应与电致伸缩效应所产生的形变为非线性形变，在温度比较高时，其形变的大小与逆压电效应产生的形变相当，调制系数会随温度的波动发生剧烈变化，这时即使调制系数处在相位调制器的最不灵敏处，仍存在温度对调制系数的影响。

3）调制特性

PZT 圆筒的高度一般小于圆筒的直径，这种结构的 PZT 圆筒具有较好的径向振动模式，振动的数学模型可表示为[27]

$$\phi_{\mathrm{P}} = K_{\mathrm{P}} \cdot V_{\mathrm{m}} + K_{\mathrm{T}} \cdot T \tag{6-111}$$

$$\alpha = \arctan\left(\frac{2\zeta\dfrac{\omega_{\mathrm{m}}}{\omega_0}}{1-\dfrac{\omega_{\mathrm{m}}}{\omega_0}}\right) \tag{6-112}$$

式中，ϕ_P 为光波的相位变化；α 为调制信号与被调制光波信号的相位延迟；V_m 为调制信号的幅度；K_P 为调制的比例系数；K_T 为与光纤温度效应有关的系数；T 为环境温度。式(6-111)中的第二项为温度变化直接作用在光纤上所引起的光波相位变化。式(6-112)中，ω_m 为 PZT 相位调制器的工作频率；ω_0 为 PZT 相位调制器的谐振频率；ζ 为径向形变。由上述模型可知，外界环境的变化，会引入较大的调制误差。

2. PZT 相位调制器的应用要求

1) 灵敏度要求

以响应为余弦函数的双光束干涉仪为例，当调制器选择压电陶瓷器件时，考虑压电陶瓷调制器的响应带宽较低，对其施加的控制信号为正弦波，对光纤中的光产生的调制相移为

$$\phi(t) = \phi_m \cos(\omega_m t) \tag{6-113}$$

式中，ϕ_m 为相位调制幅值，通常称为调制系数；ω_m 为调制频率；t 为时间。

探测器将光信号转换为电压信号

$$V_0(t) = \frac{KI_0}{2}\{1 + \cos[\phi(t) + \phi_s]\} \tag{6-114}$$

式中，K 为与探测器光电转换和光路损耗有关的系数；ϕ_s 为外界敏感信号产生的相移；I_0 为光源输出的光强。

然后利用贝塞尔函数将其展开有

$$\begin{aligned} V_0(t) = \frac{KI_0}{2}\Big\{1 + \cos\phi_s\Big[\mathrm{J}_0(\phi_m) + 2\sum_{n=1}^{\infty}(-1)^n \mathrm{J}_{2n}(\phi_m)\cos(2n\omega_m t)\Big] \\ - \sin\phi_s \cdot 2\sum_{n=0}^{\infty}(-1)^n \mathrm{J}_{2n+1}(\phi_m)\cos[(2n+1)\omega_m t]\Big\} \end{aligned} \tag{6-115}$$

式中，J_n 为 n 阶贝塞尔函数。通过上式可以看出，当无敏感信号输入时，输出中仅包含偶次谐波，只有当有敏感信号输入时，才输出奇次谐波(图 6.36)，且奇次谐波的功率和输入信号的正弦成正比。$V_0(t)$中调制频率 ω_m 上的一次谐波分量为

$$V_1(t) = KI_0 \mathrm{J}_1(\phi_m)\sin\phi_s \cos(\omega_m t) \tag{6-116}$$

由上式可知，$V_1(t)$的幅值 B_1 可以表示为

$$B_1 = KI_0 \mathrm{J}_1(\phi_m)\sin\phi_s \tag{6-117}$$

由 B_1 可以计算出敏感信号相移 ϕ_s，进而通过传感器的标度因数得到输入敏感信号的大小。

对于式(6-117)，可以认为 I_0 是固定的，因为通过电路和光路控制，光信号的强度是基本恒定的。在这种情况下，可以调整的量就是 ϕ_m，即一阶贝塞尔函数宗量。当 ϕ_m＝1.84 时，一阶贝塞尔函数取得最大值，此时传感器的输出有最大灵敏

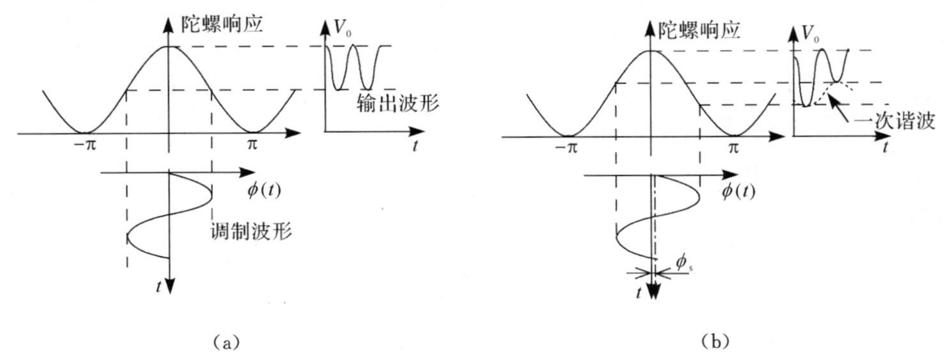

(a) (b)

图 6.36 传感器在相位调制后的输出波形

(a) 无敏感信号输入;(b) 有敏感信号输入

度,且在该点附近,一阶贝塞尔函数对 ϕ_m 的变化不敏感。所以要将调制器的工作点选取在 $\phi_m=1.84$ 处。

2) 零偏误差要求

在最大灵敏度点,$\Delta J(\phi_m)\propto(\Delta\phi_m)^2$,当 ϕ_m 达到 10^{-3} 的稳定性时,传感器零偏就可以实现 10^{-6} 的稳定性。通常来说,将 ϕ_m 的稳定性控制在 5%是较容易实现的,对于低精度传感器,这已满足要求。但是当传感器工作在较大的温度范围内时,情况有所不同。当环境温度在较大范围内变化时,一方面压电陶瓷柱体的相变形变与电致伸缩效应所产生的形变会变大;另一方面缠绕在压电陶瓷上的光纤的长度和折射率也会发生变化。根据压电陶瓷的调制机理,调制系数的大小与这些因素都有关系。另外,由于相变形变与电致伸缩效应所产生的形变为非线性形变,在温度比较高时,其形变的大小与逆压电效应产生的形变具有可比性,反映在调制系数上,即表现为调制系数随温度波动。这时,即使将调制系数设定为 1.84 的一阶贝塞耳函数最不灵敏处,也避免不了温度对调制系数的影响带来的传感器输出漂移。

在含有偏振器的光路中,PZT 相位调制器的调制损耗也会引起干涉信号的波动,从而产生零偏误差。

3) 标度因数误差要求

PZT 相位调制器通常用于开环控制的光纤传感器中,并且和相敏检测技术配合使用。在相敏检测技术中,要求参考信号和被测信号同频同相,在某一固定的条件下,可以通过调节移相器保证这个条件。但当温度变化时,参考信号和被测信号之间的相位会产生变化,而移相器的相移是固定的,这种相对的变化会引入一个额外的相移,定义为$\Delta\alpha$,此时,检波的输出将变为

$$V_1 = 2KI_0J_1(\phi_m)\sin\phi_s\cos(\Delta\alpha) \tag{6-118}$$

根据上式可以得出传感器的标度因数相关项的表达式

$$K_s = 2KI_0 J_1(\phi_m)\cos(\Delta\alpha) \tag{6-119}$$

由式(6-119)还可以看出，调制系数 ϕ_m 和调制器的相位延迟的变化 $\Delta\alpha$ 都会引起标度因数的变化，因此 PZT 调制器的调制系数和相位延迟的变化都是标度因数的误差源。

在理想情况下，传感器的相位调制为基频项 $\phi_m\sin(\omega_m t)$，但是由于施加在调制器上电子信号发生器的非线性、调制器本身缺陷引起的非线性效应等原因，使得传感器在调制频率的倍频上存在一定幅度的相位调制。考虑最低阶的近似情况，传感器中存在二倍频相位调制 $\phi_{m2}\sin(2\omega_m t-\theta)$，$\phi_{m2}$ 为二倍频相位调制的幅度，θ 为相位延迟，探测器输出的信号为[28]

$$V_0(t) = KI_0\{1+\cos[\phi_s+\phi_m\sin(\omega_m t)+\phi_{m2}\sin(2\omega_m t-\theta)]\} \tag{6-120}$$

在实际应用中一般有 $|\phi_{e2}|\leqslant 1$，取一阶近似，按贝塞尔函数展开，信号的一、二、四次谐波可以展开为

$$\begin{aligned} S_1 =& 2P_0 J_1(\phi_m)\sin\phi_s\sin(\omega_m t) \\ & -2P_0 J_1(\phi_{m2})[J_1(\phi_m)-J_3(\phi_m)]\cos\phi_s\sin\theta\sin(\omega_m t) \\ & -2P_0 J_1(\phi_{m2})[J_1(\phi_m)+J_3(\phi_m)]\cos\phi_s\cos\theta\cos(\omega_m t) \end{aligned} \tag{6-121}$$

$$\begin{aligned} S_2 =& 2P_0 J_2(\phi_m)\cos\phi_s\cos(2\omega_m t) \\ & -2P_0 J_1(\phi_{m2})[J_0(\phi_m)-J_4(\phi_m)]\sin\phi_s\cos\theta\sin(2\omega_m t) \\ & +2P_0 J_1(\phi_{m2})[J_0(\phi_m)+J_4(\phi_m)]\sin\phi_s\sin\theta\cos(2\omega_m t) \end{aligned} \tag{6-122}$$

$$\begin{aligned} S_4 =& 2P_0 J_4(\phi_m)\cos\phi_s\cos(4\omega_m t) \\ & -2P_0 J_1(\phi_{m2})[J_2(\phi_m)-J_6(\phi_m)]\sin\phi_s\cos\theta\sin(4\omega_m t) \\ & +2P_0 J_1(\phi_{m2})[J_2(\phi_m)+J_6(\phi_m)]\sin\phi_s\sin\theta\cos(4\omega_m t) \end{aligned} \tag{6-123}$$

分析以上三式，当输入敏感信号较弱时，$\sin\phi_s\approx 0$，$\cos\phi_s\approx 1$，二倍频非线性相位调制对二、四次谐波几乎没有影响，但是对传感器信号一次谐波的影响最大，而且随着 θ 的变化这种影响也会周期性变化。由于速率信号是从一次谐波中解调出来的，所以这种变化会引起传感器输出变化，导致标度因数非线性增大。随着敏感信号的增大，二倍频相位调制对一次谐波的影响逐渐减小，当 ϕ_s 趋于 $\pi/2$ 时，$\sin\phi_s\approx 1$，$\cos\phi_s\approx 0$，二倍频相位调制对一次谐波的测量几乎没有影响，但对二、四次谐波的影响却大大增加，同样会引起标度因数非线性增大。所以，必须采取适当的信号处理方法抑制二倍频非线性相位调制的影响，以提高传感器的标度因数精度。

参考文献

[1] 佘守宪. 导波光学物理基础. 北京：北京交通大学出版社，2002

[2] 金锋，范俊清. 集成光学. 北京：国防工业出版社，1983

[3] Strake E, Bava G P, Montrosset I. Guided modes of Ti:$LiNbO_3$ channel waveguides: A novel quasi-analytical technique in comparison with the scalar finite-element method. Journal of Lightwave Technology, 1988, 6(6): 1126-1135

[4] Korkishko Yu N, Fedorov V A. Ion Exchange in Single Crystals for Integrated Optics and Optoelectronics. Cambridge: Cambridge International Science Publishing, 1999

[5] Kim B Y, Blake J N, et al. All fiber acousto-optic frequency shifter. Optics Letters, 1986, 11 (6): 389-391

[6] Blake J N, Kim B Y, Engan H E, et al. All fiber acousto-optic frequency shifter using two-mode fiber. Pro. SPIE, 1986, 719: 92-100

[7] 陈福深. 集成电光调制理论与技术. 北京:国防工业出版社, 1995

[8] Lefevre H C, Vatoux S, Papuchon M, et al. Integrated optics: A practical solution for the fiber-optic gyroscope. Pro. SPIE, 1986, 719: 101-112

[9] Canali C, Camera A, Della Mea G, et al. Structural characterization of proton exchanged $LiNbO_3$ optical waveguides. Applied Physics Letters, 1986, 59(8): 2634-2649

[10] Wooten E L, Kissa K M, Yi-Yan A, et al. A review of lithium niobate modulators for fiber optic communications systems. IEEE Journal of Selected Topics in Quantum Electronics, 2000, 6(1): 69-82

[11] Fabrication method for $LiNbO_3$ and $LiTaO_3$ integrated optics devices, US patent, 4439265, 1984

[12] Chen B U, Pastor A C. Elimination of Li_2O out-diffusion waveguide in $LiNbO_3$ and $LiTaO_3$. Applied Physics Letters, 1977, 30(11): 570-571

[13] Wang W, Wang J L. Study of modulation phase drift in an interferometricfiber optic gyroscope. Optical Engineering, 2010, 49(11), 114401-114403

[14] 王巍, 张桂才. 闭环光纤陀螺中铌酸锂相位调制器的背向反射及其影响. 仪器仪表学报, 1995, 16 (4): 375-380

[15] 王巍, 张桂才. 闭环光纤陀螺中铌酸锂相位调制器的附加强度调制及其影响. 中国惯性技术学报, 1995, 3(1): 55-58

[16] Lefevre H. The Fiber-optic Gyroscope. Boston: Artech House, 1993

[17] Wang K, Koai T, et al. Modeling of Ti:$LiNbO_3$ waveguide device: Part I—shaped channel waveguide bends. IEEE Journal of Lightwave Technology, 1989, 7(1): 1016-1021

[18] Jackel J L, Rice C E. Veselka proton-exchange for high index waveguides in $LiNbO_3$. Applied Physics Letters, 1982, 41(7): 607-608

[19] Nikolopoulos J, Yip G L. Accurate modeling of the index profile in annealed proton-exchanged waveguides. Pro. SPIE, 1991, 1583: 71-82

[20] 孔勇发, 许京军, 张光寅, 等. 多功能光电材料——铌酸锂晶体. 北京:科学出版社, 2005

[21] Lai C C, Chang C Y, Wei Y Y, et al. Study of gamma-irradiation damage in $LiNbO_3$ waveguides. Photonics Technology Letters, 2007, 19(13): 1002-1004

[22] 王军龙, 王巍, 徐宇新. 集成光路技术指标对光纤陀螺性能的影响. 中国惯性技术学报,

2005,13 (4):52-57

[23] Yu H C,Wang W,Huang L. Improved performance of scale factory linearity in closed-loop IFOG. Journal of Chinese Inertial Technology,2007,15(4):449-451

[24] 于海成,王巍,王军龙.光纤陀螺反馈回路非线性的影响与对策.中国惯性技术学报,2010,18(4):487-492

[25] Wang W,Wang J L,Zhao Z X. Method to control the gain in modulation chain of closed-loop fiber optic gyroscope with periodical biasing modulation. Optical Engineering,2012,51(6),064401

[26] 王巍,杨清生.全光纤陀螺及其相位调制器设计.航天控制,1995,2:16-21

[27] 张维叙.光纤陀螺及其应用.北京:国防工业出版社,2008

[28] 谢元平,宋章启,姚琼,等.相位调制非线性对开环光纤陀螺工作点测量与信号解调的影响.中国激光,2004,31(7):848-850

第7章　其他光无源器件

光无源器件是干涉型光纤传感器的重要组成部分,通常是对光信号按照需求进行处理的一类器件,同时也可组合成特定功能的组件。随着光电子技术的发展,采用新技术或新工艺的光无源器件不断涌现。干涉型光纤传感用光无源器件一般具有尺寸小、环境适应性好和可靠性高等特点,其寿命通常长于有源器件。光无源器件种类众多,按结构形式可分为分立元件型、全光纤型和波导型。光无源器件具备良好的光纤系统兼容性和安装灵活性,除光纤耦合器、光纤偏振器件、相位调制器件之外,光纤自聚焦透镜、光纤准直器、光纤滤波器、光纤反射镜和光纤光栅等器件也属于光无源器件,在干涉型光纤传感中广泛应用。

7.1　光纤自聚焦透镜

光纤自聚焦透镜又称为梯度折射率透镜,是一种微型光学圆柱形玻璃,其折射率沿径向呈抛物线分布。光线在自聚焦透镜中传输时形成的是一条平滑的正弦曲线,在正弦曲线轨迹和光纤中心轴线相交处会聚在一起。由于自聚焦透镜具有体积小、数值孔径高、焦距短、分辨率高和光谱范围宽等特点,将适当长度的梯度折射率透镜用于光学系统,便可实现聚焦和准直等功能。光纤自聚焦透镜几何形状简单,且容易进行光学加工,具有结构紧凑、性能稳定、成本低廉等优点。光纤自聚焦透镜是光纤传感用光电子器件中的基础元器件,广泛应用于光纤连接器、光耦合器、光准直器、波分复用器、光开关、光隔离器、光环形器等分立型光纤器件和激光器上。

7.1.1　光纤自聚焦透镜的工作原理与光学特性

在忽略高阶小量的条件下,光纤自聚焦透镜的折射率沿径向为平方律分布[1],即

$$n_r = n_0(1 - Ar^2/2) \tag{7-1}$$

式中,n_0 为光纤轴上的折射率分布;r 为光线距离光纤轴的径向距离;A 为反映透镜对光线汇聚能力的常数。

$$\sqrt{A} = \frac{\sqrt{2\Delta}}{a}(\mathrm{mm}^{-1}) \tag{7-2}$$

式中，a 为自聚焦透镜的半径；Δ 为光纤相对折射率差，$\Delta=\frac{n_1^2-n_2^2}{2n_1^2}\approx\frac{n_1-n_2}{n_1}$。

在圆柱坐标系中，光纤自聚焦透镜中的光线方程为

$$\frac{\mathrm{d}}{\mathrm{d}s}\left(n\frac{\mathrm{d}r}{\mathrm{d}s}\right)=\nabla n \tag{7-3}$$

式中，r 为光线距离光纤轴的径向距离；s 为沿光线上的弧长；n 为光线所在位置处的折射率。采用直角坐标系，令 z 轴为光纤轴线，对于近轴光线，有 $\mathrm{d}s\approx\mathrm{d}z$，则 XOZ 子午平面内的光线方程为

$$n\frac{\mathrm{d}^2r}{\mathrm{d}z^2}=\frac{\delta n}{\delta r}-\frac{\delta n}{\delta z}\frac{\mathrm{d}r}{\mathrm{d}z} \tag{7-4}$$

把式(7-1)代入式(7-4)中，可以得出光线在柱形自聚焦透镜中的轨迹方程，即

$$r=r_i\sqrt{A}\cos\left(\sqrt{A}z\right)+r_i'\cos\left(\sqrt{A}z\right)/\sqrt{A} \tag{7-5}$$

$$r'=-r_i\sqrt{A}\sin\left(\sqrt{A}z\right)+r_i'\cos\left(\sqrt{A}z\right) \tag{7-6}$$

式中，r 和 r' 为出射光线轨迹上一点到轴上的距离和该点切线的斜率；r_i 和 r_i' 为入射光线的位置和在 r_i 处的斜率；z 为光纤轴向长度。此式表明给出了光线的初始条件(位置 r_i 和斜率 r_i')，就可以确定光线在自聚焦透镜中的传播情形。

光线在自聚焦透镜内传播具有两个重要特性：

(1) 当平行光线入射时，由式(7-5)可得到

$$r=r_i\sqrt{A}\cos(\sqrt{A}z) \tag{7-7}$$

由式(7-7)可以看出，光纤传输的轨迹是正弦曲线，如图 7.1 所示。正弦曲线周期(节距)$P=2\pi/\sqrt{A}$。

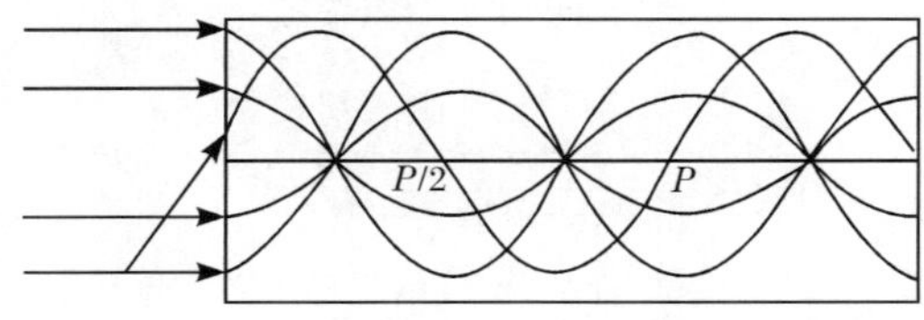

图 7.1　自聚焦透镜内光线的正弦传播轨迹

(2) 对于 1/4 节距的自聚焦透镜来说，当一束发散光在透镜端面中心处入射时，即 $r_1=0$，代入式(7-6)可得 $r'=0$，即出射光线斜率为 0，出射光是平行光，此时自聚焦透镜起准直作用。当一束平行光垂直入射到透镜入射端时，即 $r_1'=0$，代入式(7-5)可得 $r=0$，平行光束会聚于透镜出射端面，即自聚焦透镜的聚焦作用。

7.1.2 光纤自聚焦透镜的主要性能参数

1. 折射率分布常数

光纤自聚焦透镜的折射率沿径向的分布常数$\sqrt{A}$是用来表征折射率沿径向的变化，同时它还可以反映透镜对光线的汇聚能力强弱，故也称为聚焦常数。$\sqrt{A}$越大，则焦距越短，汇聚作用就越强。

2. 透镜长度

透镜长度 L 是指光纤自聚焦透镜两端中心轴线间的距离。

3. 节距

节距是指在自聚焦透镜中光束沿正弦轨迹传播完成一个正弦波周期的长度，节距 $P=2\pi/\sqrt{A}$。对不同节距的自聚焦透镜，光线在其中的传播轨迹也不同，如图 7.2 所示。

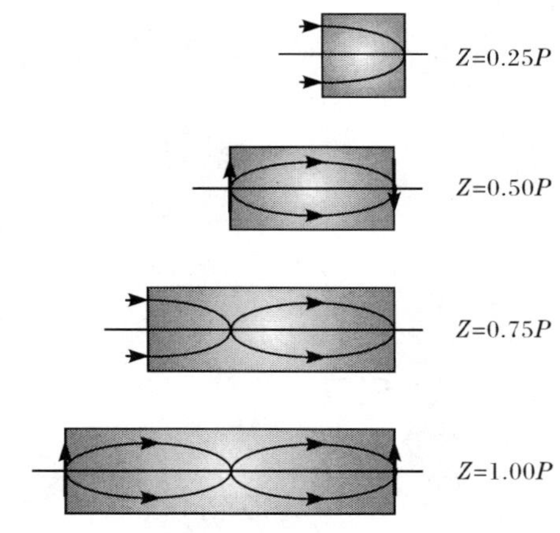

图 7.2 光线在不同节距自聚焦透镜中的传播轨迹

4. 数值孔径

光纤自聚焦透镜的数值孔径为

$$\mathrm{NA}(r)=\sqrt{n^2(r)-n^2(a)} \tag{7-8}$$

式中，a 为自聚焦透镜的半径。由式(7-8)可知，自聚焦透镜的数值孔径自中心至边缘不是常值，中心轴上最大，边缘点处为零。自聚焦透镜常有小、中、大和超大四种数值孔径规格，NA 分别为 0.17、0.37、0.45 和 0.65。

7.1.3　光纤自聚焦透镜在干涉型光纤传感中的应用要求

1. 准直光路结构中的应用

由于光线在自聚焦透镜中的轨迹为正弦曲线，当光源位于端面轴上，在自聚焦透镜的 1/4 周期处光线平行出射，在自聚焦透镜的 1/2 周期处光线在轴上聚焦。在准直系统中，通常采用 1/4 周期的自聚焦透镜。

大多数光纤微型光器件，如方向耦合器、合束器、分束器、波分复用器、光开关、连接器、衰减器、隔离器和环形器等，使用光纤自聚焦透镜的原理都是基于它的准直特性。典型结构形式是：光纤—自聚焦透镜—光学器件—自聚焦透镜—光纤，如图 7.3 所示。在很多微型光器件中，使用了自聚焦透镜的离轴输入和离轴输出特性，从而使准直光路结构的体积大大减小，且准直性能大大提高，但离轴距离越大，插入损耗也越大。微型光器件在生产过程中，对环境的洁净度要求较高。另外，为了控制器件的回波损耗指标，光纤自聚焦透镜的端面需要镀增透膜或斜抛等方式处理。

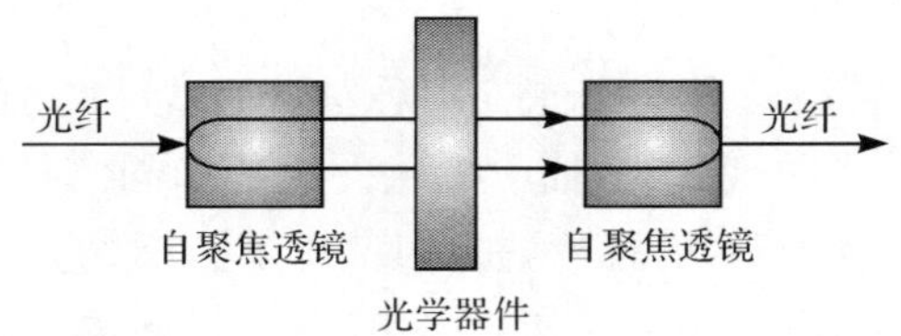

图 7.3　自聚焦透镜在准直光路结构中应用的典型结构

2. 耦合光路结构中的应用

光纤自聚焦透镜在耦合光路结构中的应用，主要是应用于将激光耦合入光纤的聚光光路结构，其典型使用模式是：光源—自聚焦透镜—光纤（或接收器）。目前研究最多的是如何提高耦合效率和在应用环境下保持耦合的高稳定性。在实际使用时需要根据具体情况，合理选择光纤自聚焦透镜的工作距离和有效数值孔径。常用的耦合透镜有 $0.23P$ 和 $0.29P$ 两种。光纤自聚焦透镜的使用，解决了设计及制造大相对孔径、短焦距透镜的困难，使耦合光路结构容易实现紧凑和小尺寸。

7.2　光纤准直器

光纤准直器功能是让光纤中出射的光变成近乎平行的准直光，同时也可以把准直光以非常小的损耗耦合到光纤中，广泛用于光信号处理、光测量系统以及各种光器件中[2]。

在自由空间型的光无源器件(如光隔离器、光环形器、光开关、耦合器等)中,输入和输出光纤端面必须间隔一定距离,以便在光路中插入一些光学元件,从而实现器件功能。从光纤输出的高斯光束(实际为近似高斯光束),束腰半径较小而发散角较大,两根光纤之间的直接耦合损耗对其间距和横向位移很敏感,而光纤准直器可以将从光纤输出的光准直为束腰半径较大而发散角较小的光束,以增加对轴向间距的容差。图 7.4 所示为两根光纤的直接耦合和两个光纤准直器的耦合对比图。

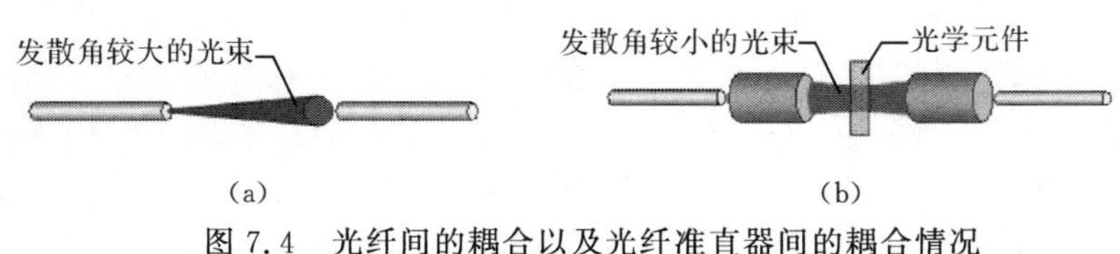

图 7.4 光纤间的耦合以及光纤准直器间的耦合情况

(a) 两根光纤的直接耦合;(b) 两个光纤准直器的耦合

7.2.1 光纤准直器的分类

光纤准直器根据所用关键准直元件的种类来分类,常用的有三种,分别是折射率沿径向变化的镜片、折射率沿轴向变化的镜片和固定折射率球状镜片,如图 7.5 所示。折射率沿径向渐变的镜片就是第 7.1 节介绍的光纤自聚焦透镜(Grin-lens)。自聚焦透镜是由 1/4 节距的变折射率光纤棒制成的,光纤棒的一端是平面,另一端是呈 8°的倾斜端面。端面倾斜 8°可以防止反射光进入光纤中,提高了器件的回波损耗性能。自聚焦透镜的出射端面为平端面,可使其方便地同其他光纤或光学元件胶合,形成一个紧凑、稳定的微型光学器件。C-lens 光纤准直器是另一种应用较多的光纤准直器,它的前端是微凸的球面,另一端同样制备为斜 8°。该准直器与自聚焦透镜相比,工作距离长,插入损耗低,成本低。Ball-lens 光纤准直器由于球透镜与光纤之间的定位以及透镜与外套筒之间的胶合比较困难,造成准直器的成品率低,较少应用。

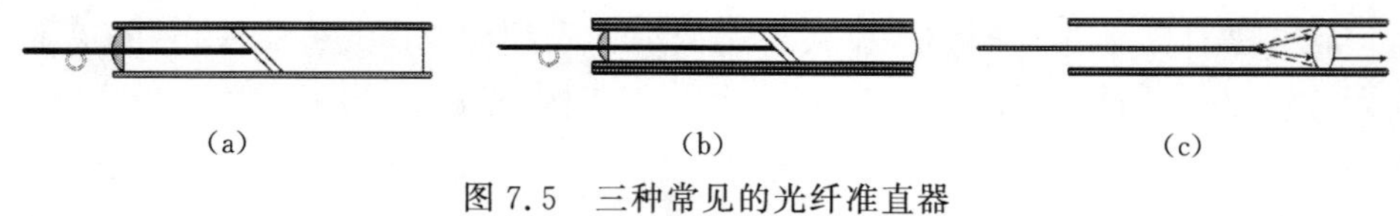

图 7.5 三种常见的光纤准直器

(a) Grin-lens 光纤准直器;(b) C-lens 光纤准直器;(c) Ball-lens 光纤准直器

7.2.2 光纤准直器的结构与设计

光纤准直器的结构及参数如图 7.6 所示。因光纤头端面的 8°斜角,造成输出光束与准直器轴线存在夹角 θ，称为点精度。

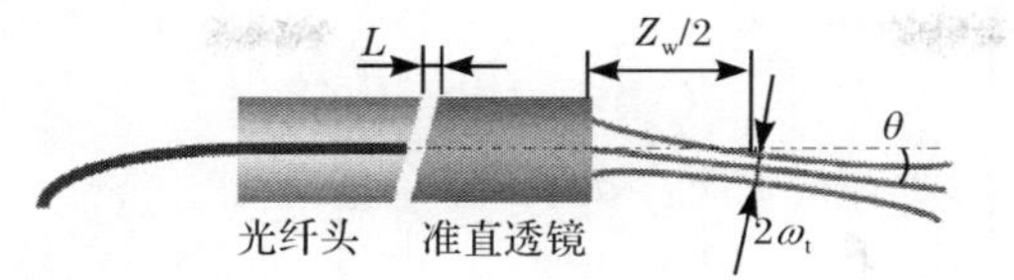

图 7.6　光纤准直器的结构及参数

图 7.7 所示为两光纤准直器的理想耦合情况，二者的输出光场完全重合，其间距为准直器的工作距离 Z_w。准直器输出高斯光束的束腰距离其端面为 $Z_w/2$，束腰直径为 $2\omega_t$，而高斯光束的发散角与其束腰直径成反比关系。光纤准直器的三个主要结构参数为：工作距离、点精度和光斑尺寸。

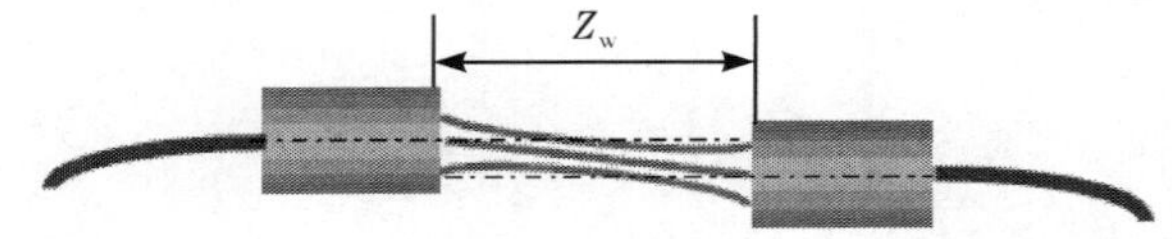

图 7.7　两光纤准直器的理想耦合情况

光纤准直器的基本原理是：将光纤端面置于准直透镜的焦点处，使光束得到准直，然后在焦点附近轻微调节光纤端面位置，得到所需工作距离，因此准直器的工作距离与光纤头和透镜的间距 L 相关。光纤准直器的设计方法是，根据实际需求确定准直器的工作距离，依据高斯光束传输理论，确定光纤头和透镜间距 L 并计算光斑尺寸，然后依据光线理论计算准直器的点精度。具体设计步骤如下：

(1) 确定所需工作距离 Z_w。

(2) 列出从光纤端面至输出光束束腰位置的近轴光线传输矩阵。

以 Grin-lens 准直器为例进行说明，光纤头与透镜间隙间的传输矩阵为

$$\begin{bmatrix} A_1 & B_1 \\ C_1 & D_1 \end{bmatrix} = \begin{bmatrix} 1 & L \\ 0 & 1 \end{bmatrix} \tag{7-9}$$

Grin-lens 的传输矩阵为

$$\begin{bmatrix} A_2 & B_2 \\ C_2 & D_2 \end{bmatrix} = \begin{bmatrix} \cos(\sqrt{A}z) & \dfrac{1}{n_0\sqrt{A}}\sin(\sqrt{A}z) \\ -n_0\sqrt{A}\sin(\sqrt{A}z) & \cos(\sqrt{A}z) \end{bmatrix} \tag{7-10}$$

式中，$\sqrt{A}$ 为折射率分布常数；n_0 为光纤中心轴处的折射率。

透镜端面至光束束腰处的传输矩阵为

$$\begin{bmatrix} A_3 & B_3 \\ C_3 & D_3 \end{bmatrix} = \begin{bmatrix} 1 & Z_w/2 \\ 0 & 1 \end{bmatrix} \tag{7-11}$$

则总的传输矩阵为

$$\begin{bmatrix} A & B \\ C & D \end{bmatrix} = \begin{bmatrix} A_3 & B_3 \\ C_3 & D_3 \end{bmatrix} \begin{bmatrix} A_2 & B_2 \\ C_2 & D_2 \end{bmatrix} \begin{bmatrix} A_1 & B_1 \\ C_1 & D_1 \end{bmatrix} \tag{7-12}$$

(3) 列出输出光束束腰位置的 q 参数。

高斯光束的传输可用 q 参数及几何光学 $ABCD$ 法则来描述，如式(7-13)和式(7-14)所示

$$\frac{1}{q_i(z)} = \frac{1}{R_i(z)} - \mathrm{j}\,\frac{\lambda_0}{\pi n \omega_i^2(z)} \tag{7-13}$$

$$q_{i+1}(z) = \frac{Aq_i(z) + B}{Cq_i(z) + D} \tag{7-14}$$

一般考虑光纤端面高斯光束的模场半径为 ω_0，且波面曲率半径为 $R_0 = \infty$，因此光纤端面的 q 参数为

$$\frac{1}{q_0} = -\mathrm{j}\,\frac{\lambda_0}{\pi \omega_0^2} \tag{7-15}$$

根据 $ABCD$ 法则，输出光束束腰位置的 q 参数为

$$q_3 = \frac{Aq_0 + B}{Cq_0 + D} \tag{7-16}$$

(4) 确定光纤头与透镜间距 L。

在输出光束束腰位置，波面曲率半径为 $R_3 = \infty$，则 $1/q_3$ 的实部为 0，即

$$\mathrm{Re}\left[\frac{1}{q_3(L)}\right] = 0 \tag{7-17}$$

式中，Re()表示复数的实部。从以上推导过程可以发现，q_3 中只包含一个变量 L，因此可依据式(7-17)确定间距 L。

(5) 计算光斑尺寸和点精度。

根据确定的间距 L，可由 q_3 计算光斑尺寸为

$$\omega_t = \sqrt{\lambda_0 \Big/ \left(\pi \cdot \left| I_m\left[\frac{1}{q_3(L)}\right] \right| \right)} \tag{7-18}$$

式中，I_m()表示复数的虚部。点精度可用光线追迹的方式计算。为了能够通过微调间隙 L 而得到不同工作距离的光纤准直器，常选用 0.23 节距的 Grin-lens。

7.2.3 光纤准直器在干涉型光纤传感中的应用要求

插入损耗和回波损耗是光纤准直器的两个主要性能参数，在应用中，要求器件插入损耗低(≤0.15dB)，回波损耗高(≥60dB)。采用光纤平面插针耦合自聚焦透镜结构的光纤准直器的回波损耗较低，约为 20～30dB；而采用光纤斜面(8°斜角)插针耦合自聚焦透镜结构的光纤准直器的回波损耗可达到 60dB 以上。采用良好的端面抛光、耦合工艺和透镜端面镀膜技术，可使光纤准直器性能优良。

另外，偏振相关损耗也是光纤准直器的一项光学指标，是衡量其插入损耗与偏振态的相关性参数指标。对于构成一些偏振无关型光电子器件应用而言，如偏振无关型光隔离器等，要求光纤准直器的偏振相关损耗低于 0.05dB。

光纤准直器在应用中要特别注意对出光面的保护，防止灰尘等对端面的污染。

7.3　光纤滤波器

光滤波器是利用光学元件对不同波长的光产生不同透过率进行光滤波的器件，在光纤传感器中可用在光源之后，对输出光谱进行滤波，使其满足应用要求，如将光源光谱滤成窄带激光光谱、高斯型光谱或宽带平坦光谱；另一种是用在光电探测器之前，对回到探测器的光信号进行滤波，消除干扰信号，提高测量准确性。光滤波器按工作原理主要分为两种类型[3]：干涉型和衍射型。每一种根据其调谐能力又可分为固定滤波器和可调谐滤波器。干涉型滤波器利用相干光干涉的原理实现窄带滤波，常见的滤波器有：模式耦合型滤波器、多层介质薄膜滤波器、法布里-珀罗(F-P)谐振腔型滤波器和微型环滤波器。常见的基于衍射原理的滤波器有：体光栅滤波器、阵列波导光栅滤波器和光纤光栅滤波器等。目前研究较多且有实用价值的是马赫-曾德尔(M-Z)光纤滤波器、F-P 光纤滤波器和光纤光栅滤波器。

7.3.1　M-Z 光纤滤波器

M-Z 光纤滤波器是一种利用两个不同长度的干涉路径去分辨两列不同波长的干涉器件，基本结构如图 7.8 所示。它由两个 3dB 光纤耦合器串联而成，形成一个 M-Z 干涉仪，干涉仪的两臂长度相差 $\Delta L = L_1 - L_2$，其中一个光纤臂可进行调谐以改变长度，从而改变干涉仪的两臂差 ΔL，进而控制滤波器的输出。调谐的方法通常为机械调谐方式、电磁调谐方式和热调谐方式等[4]。

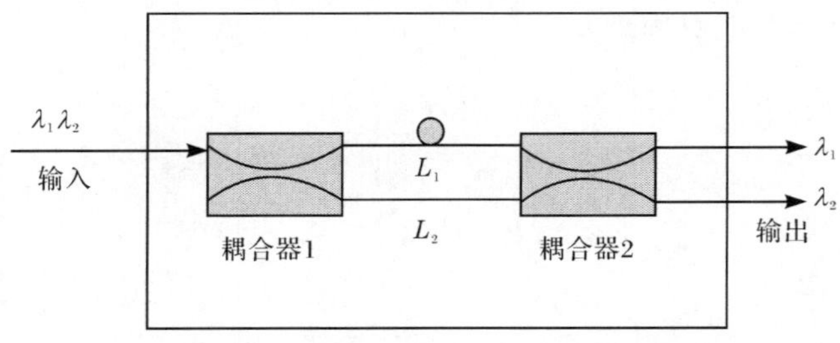

图 7.8　M-Z 光纤滤波器典型结构示意图

M-Z 光纤滤波器的原理是基于耦合波理论，入射光束经过耦合器 1 后被分为光束 1 和光束 2，这两束光经过耦合器 2 后又被分为 11、12、21、22 光束，假设入射光波的振幅为 A_0，角频率为 ω，初相位为 φ，则通过耦合器 1 的光场为

$$\left.\begin{aligned} E_{10} &= A_1 \exp[\mathrm{j}(\omega t + \varphi)] \\ E_{20} &= A_1 \exp\left[\mathrm{j}\left(\omega t + \varphi + \frac{\pi}{2}\right)\right] \end{aligned}\right\} \tag{7-19}$$

经过耦合器 2 的光场为

$$\left.\begin{aligned} E_{11} &= A_2 \exp\,[\mathrm{j}(\omega t + \varphi - nkL_1)] \\ E_{12} &= A_2 \exp\,\left[\mathrm{j}\left(\omega t + \varphi - nkL_1 + \frac{\pi}{2}\right)\right] \\ E_{21} &= A_2 \exp\,[\mathrm{j}(\omega t + \varphi - nkL_2 + \pi)] \\ E_{22} &= A_2 \exp\,\left[\mathrm{j}\left(\omega t + \varphi - nkL_2 + \frac{\pi}{2}\right)\right] \end{aligned}\right\} \tag{7-20}$$

式中，A_1 和 A_2 是与 A_0 有关的常数；n 为光纤的折射率；$k=2\pi/\lambda$；L_1、L_2 分别为 M-Z 两干涉臂的光纤长度。输出光场为

$$E_1 = E_{11} + E_{21} = 2A_2 \cos\left[\frac{nk(L_1 - L_2) + \pi}{2}\right]\exp\left\{\mathrm{j}\left[\omega t + \varphi + \frac{\pi}{2} - \frac{nk(L_1 + L_2)}{2}\right]\right\} \tag{7-21}$$

$$E_2 = E_{12} + E_{22} = 2A_2 \cos\left[\frac{nk(L_1 - L_2)}{2}\right]\exp\left\{\mathrm{j}\left[\omega t + \varphi + \frac{\pi}{2} - \frac{nk(L_1 + L_2)}{2}\right]\right\} \tag{7-22}$$

则输出光强分别为

$$I_1 = |E_1|^2 = 4A_2^2 \cos^2\left[\frac{nk(L_1 - L_2) + \pi}{2}\right] \propto \sin^2\left[\frac{\pi n f \Delta L}{c}\right] \tag{7-23}$$

$$I_2 = |E_2|^2 = 4A_2^2 \cos^2\left[\frac{nk(L_1 - L_2)}{2}\right] \propto \cos^2\left[\frac{\pi n f \Delta L}{c}\right] \tag{7-24}$$

式中，f 为光波频率；c 为真空中光速。由此可见，从干涉仪两端口输出的光强随光波频率 f 和 ΔL 呈正弦或余弦变化。若有两个频率分别为 f_1 和 f_2 的光波从 1 端输入，而且 f_1 和 f_2 分别满足

$$\left.\begin{aligned} \frac{\pi n f_1 \Delta L}{c} &= \pi m \\ \frac{\pi n f_2 \Delta L}{c} &= \pi\left(m + \frac{1}{2}\right) \end{aligned}\right\},\quad m = 1,2,3\cdots \tag{7-25}$$

则有

$$I_1 = 0,\quad I_2 = 1,\quad f = f_1$$
$$I_1 = 1,\quad I_2 = 0,\quad f = f_2$$

结果表明，在满足式(7-25)的条件下，从输入端注入频率不同的光波被分开，达到

选频的目的。由式(7-23)和式(7-24)可知,该 M-Z 干涉仪可以作为梳状滤波器,频率间隔需满足 $\Delta f=\frac{c}{2n\Delta L}$,图 7.9 所示为 M-Z 光纤滤波器透过特性曲线。这种滤波器的频率间隔必须精确控制为 Δf 的倍数,在使用时随着信道的增加,可以采用级联的方式实现滤波。当然,也可以作为增益平坦滤波器,通过调节两个耦合器的耦合系数,实现任意形状增益谱的平坦。

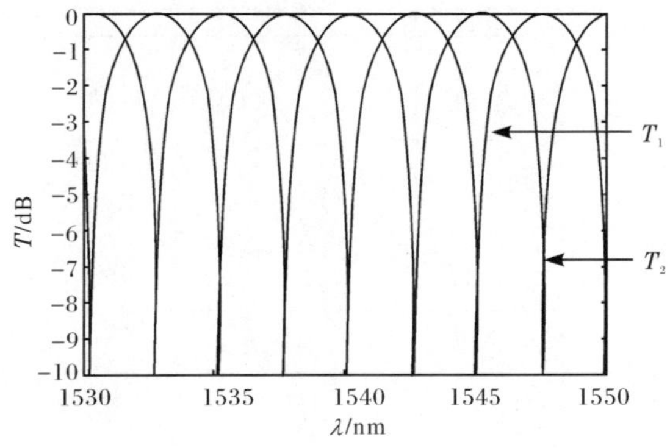

图 7.9　M-Z 光纤滤波器透过特性曲线

改变 Δf 可以控制有效光通道的折射率 n 和长度差 ΔL,可通过对热敏薄膜加热或改变压电晶体的控制电压来实现。M-Z 干涉仪构成的可调谐光纤滤波器制造成本低,偏振相关性和串扰低。但是调谐控制复杂,调谐速度较慢。

7.3.2　F-P 光纤滤波器

F-P 光纤滤波器是利用多光束干涉的原理,由光纤法布里-珀罗干涉仪谐振腔构成,其主要类型有本征型和非本征型两种[5],具有体积小、重量轻、损耗小、精细度高、结构紧凑、便于组装、与光纤直接在线连接等优点。

1. 本征型 F-P 光纤滤波器

本征型 F-P 光纤滤波器其干涉腔介质是光纤,光在腔内来回反射的损耗较小。主要结构有光纤两端镀膜、光纤两端镀膜后外接两段光纤、光纤两端镀膜后外接一根光纤三种结构,如图 7.10 所示。镀高反射膜之间光纤的长度即为腔长,因腔长比较长,一般为厘米到米级,自由光谱区较小。

2. 非本征型 F-P 光纤滤波器

非本征型 F-P 光纤谐振腔适合制备成光纤滤波器或可调谐光纤滤波器。由于非本征 F-P 光纤谐振腔的腔长很短(可以短至几微米),可以有非常宽的自由光

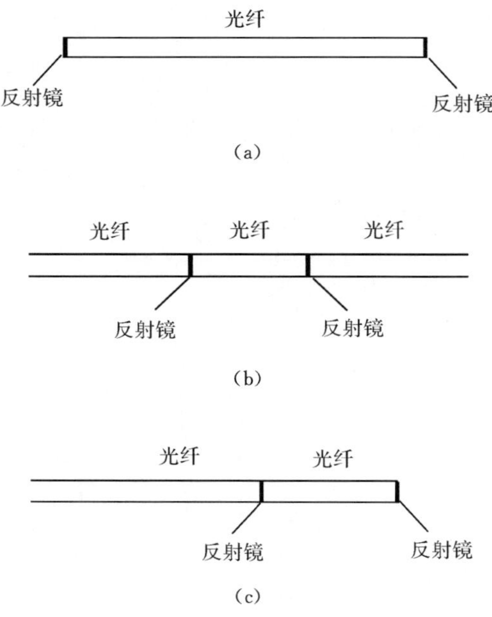

图 7.10 本征型 F-P 光纤滤波器的基本结构

(a) 光纤两端镀膜;(b) 光纤两端镀膜后外接两根光纤;

(c) 光纤两端镀膜后外接一根光纤

谱区,或非常宽的波长调节范围(达几百纳米)。

一般的制备方法是在光纤的端面镀高反射膜,使两光纤的端面间形成介质为空气的 F-P 腔,空气隙型 F-P 光纤滤波器结构如图 7.11 所示。可以通过 PZT 改变空气间隙的长度来改变腔长,但是存在空气腔的模场分布和光纤的模场分布不匹配,致使插入损耗过大。

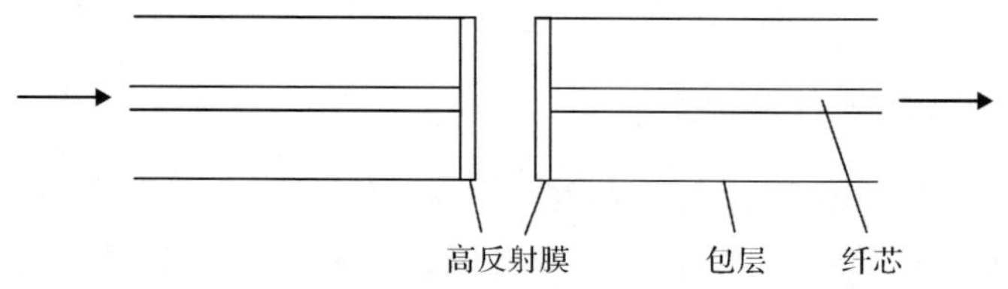

图 7.11 空气隙型 F-P 光纤滤波器

为了减小 F-P 腔的模场直径,可以在 F-P 腔中插入一段光纤或空芯光纤实现,在光纤端面间留有一个间隙以实现调谐,如图 7.12 所示。对于内插光纤的 F-P腔,它的模式限制在光纤芯内,保证了光纤模式与谐振腔模式的匹配,假设 F-P 腔长为 l_c,则 F-P 的透射率为

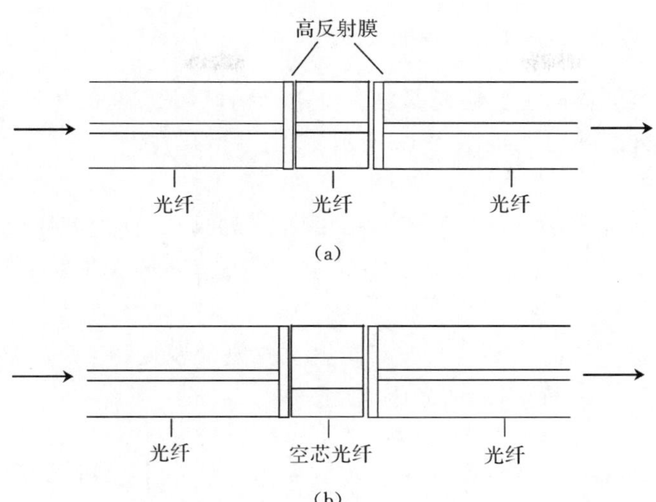

图 7.12　内插光纤的 F-P 光纤滤波器

(a) 腔内插入光纤；(b) 腔内插入空芯光纤

$$\frac{I_t}{I_{\text{in}}}=\frac{k}{1+\left[2\,\frac{F}{\pi}\sin\left(\frac{2\pi n l_{\text{c}}}{\lambda}\right)\right]^2} \tag{7-26}$$

式中，n 为光纤的折射率；k 为反射膜的透过率，无损耗时 $k=1$；F 为理想的精细度。当 $m=\frac{2nl_{\text{c}}}{\lambda}$ 为整数时，式(7-26)有最大值，腔处于谐振状态。因此，改变 l_{c} 或 λ，可以调整 F-P 谐振腔输出特性，如图 7.13 所示。

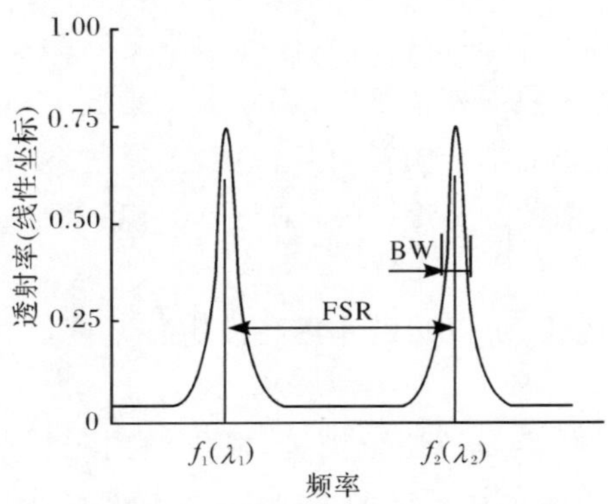

图 7.13　内插光纤 F-P 腔的输出特性

3. F-P 光纤滤波器的主要性能参数

F-P 光纤滤波器的主要性能参数有自由光谱区(FSR)、3dB 带宽(BW)、精细度(F)和峰值透过率(T),如图 7.13 所示。

1) 自由光谱区

自由光谱区定义为光纤滤波器的相邻两个透过峰之间的间距,就是光纤滤波器的调谐范围,$\text{FSR}=\lambda_2-\lambda_1$,使用时输入光波的谱宽不能大于这一范围。

2) 3dB 带宽

3dB 带宽指标是描述 F-P 滤波器谐振腔曲线的锐度,定义为传输系数(透过率)降为最大值一半时所对应的光谱宽度。

3) 精细度

精细度定义为自由光谱区与 3dB 带宽之比,即 $F=\text{FSR}/\text{BW}$。精细度决定了滤波器的选择性,即能分辨的最小频率差。假设谐振腔内部损耗忽略不计,则精细度由反射镜的反射率 R 决定,假设两个镜面的反射率相等,则有

$$F=\frac{\pi\sqrt{R}}{1-R} \tag{7-27}$$

由式(7-27)可知,反射率 R 越高,精细度 F 越高。

4) 峰值透过率

峰值透过率是指光纤滤波器在峰值波长处测量的输出光功率和输入光功率之比。

精细度和峰值透过率是反映滤波器光学性能的两个最重要指标。从使用要求来看,希望这两个指标均要高,但谐振腔内存在损耗时,精细度越高,其峰值透过率就越低,主要是因为光在腔内的等效反射次数随精细度的提高而增大。提高反射镜的反射率并不能无限提高精细度,实际上受到腔内损耗的制约。腔内损耗主要由光纤端面与反射镜的耦合损耗引起,原因是反射镜与光纤端面之间的距离越大,损耗越大;光纤端面的平整度、光纤轴与反射镜平面法线不平行也会造成损耗增大。

利用 PZT 来调节腔长,可以达到非常高的定位精度,能够确保 F-P 腔的稳定性、平坦性和重复性。

F-P 光纤滤波器的优点是调谐范围宽,可以做到与偏振无关,可集成在系统内,减小耦合损耗。缺点是使用压电调谐技术,调谐速度较慢。

7.3.3 光纤光栅滤波器

布拉格光纤光栅的基本特性就是以布拉格波长为中心的一个窄带光学滤波器,基于光纤光栅的光谱特性,可以构成窄带带阻、宽带带阻和宽带带通等不同滤波器。

常见的光纤光栅包括长周期光纤光栅(LPFG)、光纤布拉格光栅(FBG)、啁啾光纤布拉格光栅(CFBG)和闪耀光纤光栅(BFG)等。光纤光栅的内容参见7.5节。

光纤光栅滤波器的结构形式灵活多样,可以将光纤光栅放入萨格纳克干涉仪、迈克耳孙干涉仪或M-Z干涉仪结构中,也可以将光纤光栅级联形成F-P结构等。

7.3.4　光纤滤波器在干涉型光纤传感中的应用要求

掺铒光纤光源是干涉型光纤传感中常用的一种宽带光源,根据系统应用需要,通常在光信号输出前端,采用光纤滤波器对其输出波形进行整形。掺铒光纤光源的输出谱形与掺铒光纤、泵浦激光器等器件的参数密切相关。掺铒光纤光源在光纤传感中应用时,根据需要可采用光纤滤波器将其滤成平坦谱型、钟型、高斯型或其他形状[6],主要指标是滤波精度、谱宽、插入损耗和中心波长。以平坦滤波为例,如果滤波精度高,光谱的平坦度可明显提高,宽谱则有利于在掺铒光纤光源的全波长内实现滤波,改善掺铒光纤光源谱型[7]。

对于平坦型光纤滤波器,其典型指标要求如下:插入损耗≤0.1dB;平坦度要求±0.2dB;PDL≤0.1dB;平均波长温度稳定性≤2ppm/℃。

窄带激光光源也是光纤传感中的常用光源,如半导体激光器(980nm泵浦激光器)和光纤激光器等。为了达到窄线宽要求,如3dB谱宽小于0.2nm,通常需要在末端加入光纤光栅滤波器进行滤波。

在干涉型光纤传感器中,有时可将光纤滤波器放在光电探测器之前,主要是对回到光电探测器中检测的光信号进行滤波,可提高检测信号的稳定性、降低干扰、提高测量精度。

干涉型光纤传感中较多采用固定光纤滤波器,在环境条件下,主要要求其插入损耗和光谱形状稳定,尤其是在温度环境下,平均波长的温度相关系数要求较高,通常低于10ppm/℃。良好的封装材料和封装结构设计是保证光纤滤波器具备优越环境适应性的重要措施。

7.4　光纤反射镜

光纤反射镜是一种实现光路中光反射的无源器件。实现光纤中光的反射,通常有三种途径:一种是利用3dB耦合器形成光纤环路实现反射;另一种是利用反射膜增加光纤端面的反射率;还有一种就是布拉格光纤光栅反射镜(7.5节介绍)。对于实现宽带、高反射率的要求,前两者更具有优势。

7.4.1　光纤环路反射镜

光纤环路反射镜是将3dB耦合器的两个输出端连接在一起,如图7.14所示。

由 1 端注入的光经过耦合器后，有 50% 的光沿着光纤环路顺时针传播，50% 的光沿着光纤环路逆时针传播，在不考虑附加损耗和回波损耗的情况下，耦合将导致耦合光束的相位较直通臂光束滞后 $\pi/2$，当传输光再次到达 1 端时，两传输光的相位差为零，相长干涉，光全部从 1 端输出，此时 2 端传输光相位差为 π，相消干涉，无光输出，这样就形成全反射镜[8]。

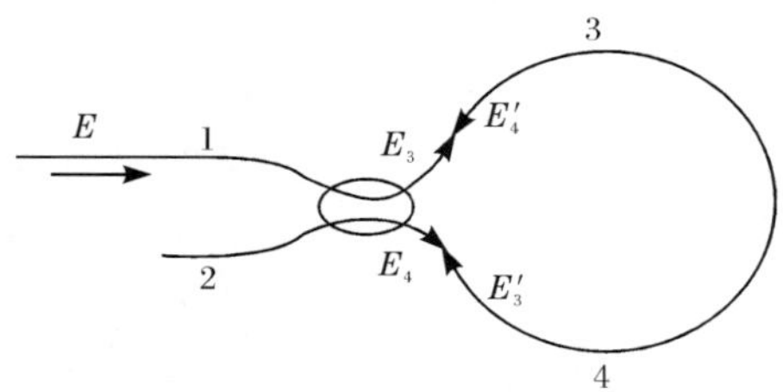

图 7.14　光纤环路反射镜示意图

假设耦合器的分光比为 $k:1-k$，n_2 为非线性克尔(Kerr)参数，L 为光纤环的长度，λ 为入射光波长。从 1 端注入的光场为 E，光纤环中存在自相位调制效应，经过光纤环 L 后相移为

$$\varphi = \frac{2\pi n_2 \left|E\right|^2 L}{\lambda} \tag{7-28}$$

光通过直通臂和耦合臂的光场 E_3 和 E_4 分别为

$$E_3 = \sqrt{k}E,\quad E_4 = \mathrm{j}\sqrt{k}E \tag{7-29}$$

虚部表示耦合后相位差为 $\pi/2$，E_3 和 E_4 在光纤环中绕行一周后，表示为

$$\begin{aligned} E_3' &= \sqrt{k}E\exp(\mathrm{j}k2\pi n_2 \left|E\right|^2 L/\lambda), \\ E_4' &= \mathrm{j}\sqrt{1-k}E\exp[\mathrm{j}(1-k)2\pi n_2 \left|E\right|^2 L/\lambda] \end{aligned} \tag{7-30}$$

则 1 端的输出光场为

$$E_1 = \mathrm{j}E_3'\sqrt{1-k} + E_4'\sqrt{k} \tag{7-31}$$

1 端的输出光强为

$$I_1 = E_1 \cdot E_1^* = 2k(1-k)\left|E\right|^2\{1+\cos[2(1-2k)\pi n_2 \left|E\right|^2 L/\lambda]\} \tag{7-32}$$

从式(7-32)可以看出 1 端的输出光强与分光比呈三角函数关系，当 $k=50\%$ 时，$I_1=\left|E\right|^2$，即从 1 端注入的光全部从 1 端返回输出。因耦合的建立有一个过程，所以存在建立之初的脉冲问题[9]。光纤环路反射镜结构简单，附加损耗小。由于单模光纤耦合器的双折射容易受到环境的干扰，稳定性偏差。当光路信号为偏振光时，采用 3dB 的保偏光纤耦合器作为全反射镜，可提高光路系统的稳定性。

7.4.2　介质膜光纤反射镜

介质膜反射镜的原理是建立在多光束干涉基础上的，最简单的多层反射是由高、低折射率的两种材料交替蒸镀而成，每层膜的光学厚度为某一波长的 1/4。在这种条件下，多层介质膜各界面上的反射光矢量，振动方向相同。合成振幅随着薄膜层数的增加而增加，但由于膜层中的吸收、散射损失，当膜系到达一定层数时，反射率也不能再提高。一般的介质反射膜采用五氧化二钽（Ta_2O_5）与二氧化硅（SiO_2）作为镀膜材料，也可以用五氧化三钛（Ti_3O_5）和二氧化硅（SiO_2），可根据需要设计成宽带或窄带的反射膜。

首先研究单层介质膜的光学特性，设入射光的振幅为 1，如图 7.15 所示。在 n_0 至 n_1 界面上反射所形成的反射光 1 的振幅为 r_{01}，而透射光为 t_{01}，该光再经 n_1 至 n_s 界面的反射及由 n_1 至 n_0 界面的透射而形成的反射光 2，其振幅是 $t_{01}r_{12}t_{10}$，同样可得其他各反射光 3，4，…，m 的振幅分别为 $t_{01}t_{10}r_{12}^2r_{10}$，$t_{01}t_{10}r_{12}^3r_{10}^2$，…，$t_{01}t_{10}r_{12}^{m-1}r_{10}^{m-2}$ 等。此外将反射光 1 与 2 相比可知，任意两相邻界面反射光由于光程差引起的相位差为[10]

$$\delta = \frac{4\pi}{\lambda_0}n_1d_1\cos\theta_1 \tag{7-33}$$

式中，λ_0 为光在真空中的波长；θ_1 为折射角；n_1 为介质膜折射率；d_1 为介质膜厚度。

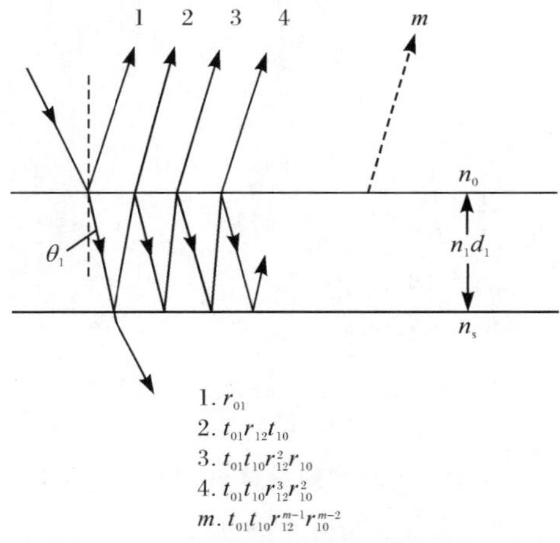

图 7.15　单层介质膜界面的反射与透射

由于各光波是相干的，它们叠加后的合振幅为

$$\begin{aligned} r &= r_{01} + t_{01}t_{10}r_{12}e^{-j\delta} + t_{01}t_{10}r_{12}^2r_{10}e^{-j2\delta} \\ &\quad + t_{01}t_{10}r_{12}^3r_{10}^2e^{-j3\delta} + \cdots + t_{01}t_{10}r_{12}^{m-1}r_{10}^{m-2}e^{-j(m-1)\delta} \\ &= r_{01} + \frac{t_{01}t_{10}r_{12}e^{-j\delta}}{1+r_{01}r_{12}e^{-j\delta}} \\ &= \frac{r_{01}+r_{12}e^{-j\delta}}{1+r_{01}r_{12}e^{-j\delta}} \end{aligned} \tag{7-34}$$

单层膜的反射率为

$$R = rr^* = \frac{r_{01}^2 + r_{12}^2 + 2r_{01}r_{12}\cos\delta}{1 + r_{01}^2 r_{12}^2 + 2r_{01}r_{12}\cos\delta} \tag{7-35}$$

在正入射情况下,将相应的反射系数代入式(7-34),则单层膜的反射率又可写成

$$R = \frac{(n_0 - n_s)^2\cos^2\frac{\delta}{2} + \left(\frac{n_0 n_s}{n_1} - n_1\right)^2\sin^2\frac{\delta}{2}}{(n_0 - n_s)^2\cos^2\frac{\delta}{2} + \left(\frac{n_0 n_s}{n_1} - n_1\right)^2\sin^2\frac{\delta}{2}} \tag{7-36}$$

当单层介质膜的光学厚度为 $H = n_1 d_1 = \frac{k\lambda_0}{4}$,$k$ 为奇数时,则单层膜的反射率为

$$R = \left(\frac{n_0 n_s - n_1^2}{n_0 n_s + n_1^2}\right)^2 \tag{7-37}$$

单层介质膜的反射率随其光学厚度的变化关系如图 7.16 所示。显然,当 $n_1 > n_0, n_0 > n_s$,反射率存在最大值,有增大反射的效果[10]。

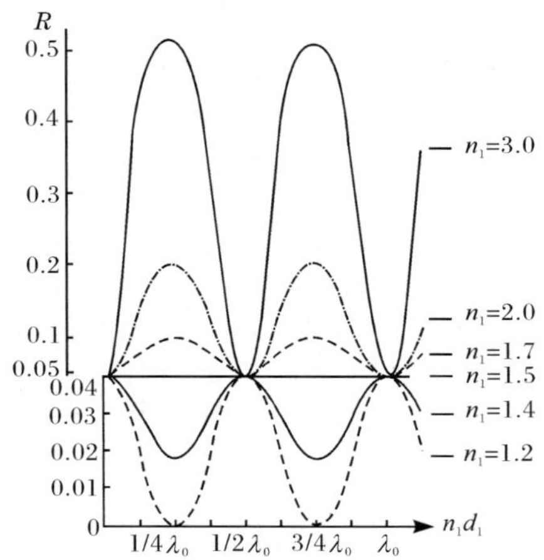

图 7.16 单层介质膜的反射率与光学厚度的关系

正入射,$n_0 = 1.0, n_s = 1.5$

进一步提高反射率,可采用多层膜结构。由多层高低折射率相间的$\frac{\lambda_0}{4}$膜组成的高反射膜如图 7.17 所示,可表示为

$$GHLHLH\cdots LHA = G(HL)^P HA \tag{7-38}$$

$$R = \left[\frac{n_0 - \frac{n_H^2}{n_L}\left(\frac{n_H}{n_L}\right)^{2P}}{n_0 + \frac{n_H^2}{n_L}\left(\frac{n_H}{n_L}\right)^{2P}}\right]^2 \tag{7-39}$$

常用的介质膜反射镜有两种结构如图 7.18 所示,一种是采用真空镀膜技术

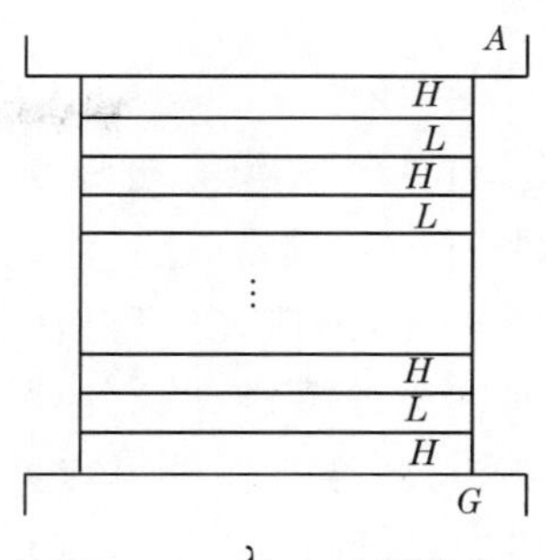

图 7.17　$\frac{\lambda_0}{4}$高反射膜系

在光纤端面上直接镀多层介质膜，另一种是在光纤端面上粘接介质膜反射镜片，这两种结构均能获得非常高的反射率。在这两种结构中，光纤端面需要研磨抛光，以保证端面和轴成 90°。第一种结构的优点是利用成熟的镀膜技术，使光纤反射镜的制备更为简单；缺点是虽然采用冷镀膜，但是要监控炉温以免炉温过高损伤光纤涂覆层，另外膜层的牢固度与镀膜工艺相关。第二种结构的优点是反射膜镀在光学玻璃上，切割成小块后耦合在光纤端面上，这样反射膜得到有效的保护；缺点是需要用胶粘接反射镜片，存在反射镜片移位的隐患，进而影响反射性能及可靠性。

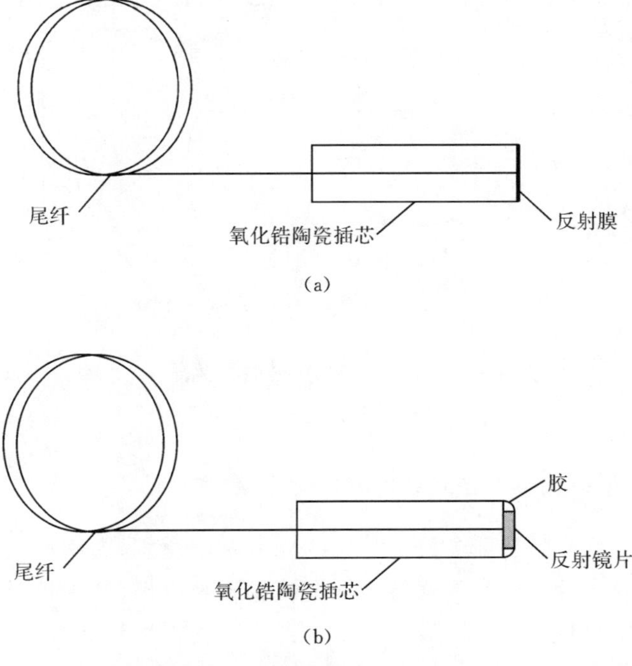

图 7.18　光纤介质膜反射镜结构图

(a) 光纤端面镀膜结构图；(b) 光纤端面粘接反射镜片结构图

7.4.3 金属膜光纤反射镜

因金属中的外层电子(自由电子)并没有被原子核束缚,当金属被光波照射时,光波的电场使自由电子吸收了光的能量,而产生与光相同频率的振荡,此振荡又释放出与原来光束相同频率的光,形成光的反射。即可在光纤端面(保证端面与轴成90°)上镀金属反射膜实现光的反射,一般在可见光区镀铝和银,在红外区镀金、银和铜。由于铝、银、铜等材料在空气中很容易氧化而降低性能,可在金属膜的外面镀上二氧化硅介质膜加以保护。金属反射膜的优点是镀膜工艺简单,工作波长范围宽;缺点是光损耗较大,反射率不可能很高。

7.4.4 光纤法拉第旋转反射镜

光纤法拉第旋转反射镜(FRM)是一种可以改变光偏振态的光纤反射镜。其工作原理是基于法拉第旋转的非互易性,使输入光的偏振态和返回光的偏振态形成固定角度的状态,常用光纤法拉第旋转反射镜的旋转角为90°(图7.19),它的主要部件是法拉第旋转器。在法拉第旋转器中,光偏振面的旋转方向只由磁场的方向决定,而与光的传播方向无关,所以当光束经过磁光介质往返一周时,旋转角将倍增。光纤传感中使用的光波段主要是1.3~1.6μm,传统的磁光材料是镱-铁石榴石(YIG)。近年来,有利用稀土类铁石榴石膜作为磁光材料,使得法拉第旋转器的体积大大减小[11]。

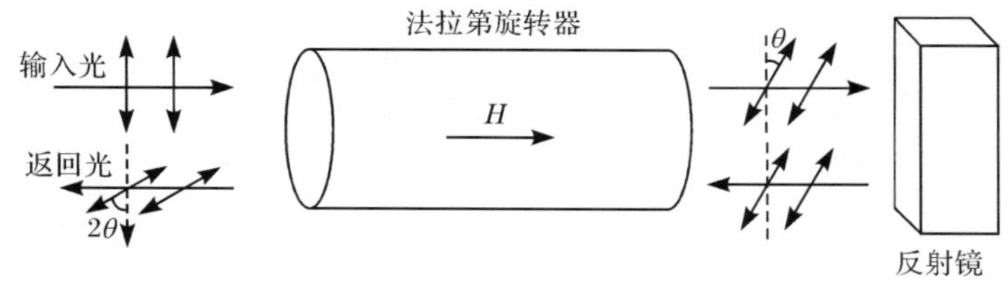

图7.19 法拉第旋转反射镜原理图

光纤法拉第旋转反射镜可作为光纤激光器、光放大器等系统的光学部件,在迈克耳孙干涉型光纤传感器中广泛应用。

7.4.5 光纤反射镜在干涉型光纤传感中的应用要求

光纤反射镜的光学性能参数主要包括反射率(或称插入损耗)、工作波长和光学带宽。介质膜光纤反射镜的性能指标由镀膜质量决定,其中反射率的高低还与光纤端面的角度、粗糙度有关,设计上要求光纤纵轴与端面垂直,研磨时受陶瓷插针加工精度和研磨夹具影响。目前,介质膜光纤反射镜的反射率较容易达到90%以上,且可具备很宽的带宽(如≥300nm)。在干涉型光纤传感器工程应用中,光纤反射镜的使用质量问题主要是反射膜的脱落或破损导致器件失效、反射膜或反射镜片与光纤端面之间产生间隙导致反射率下降和波动。图 7.20 为存在间隙缺陷的光纤反射镜的反射率高低温下的测试结果。可以采用高低温储存和快速温变温度循环试验方式进行器件的筛选。

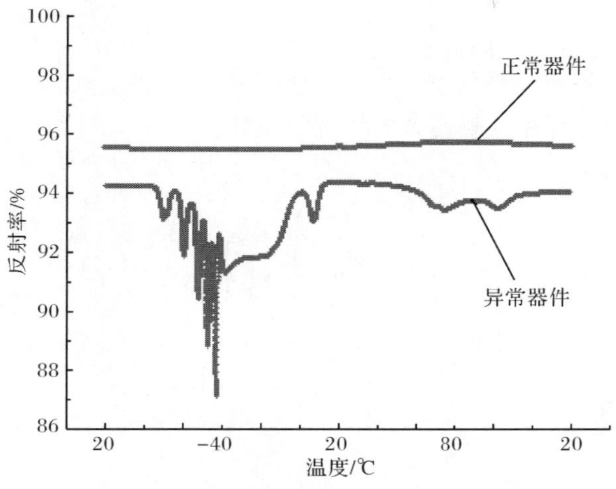

图 7.20　光纤反射镜反射率与温度关系

在迈克耳孙干涉型光纤传感器中主要使用单模或保偏光纤反射镜；在萨格纳克干涉型光纤电流传感器中使用低双折射光纤反射镜。另外，光纤反射镜还广泛应用在掺铒光纤光源等一些光电模块中。在掺铒光纤光源光路中，光纤反射镜与掺铒光纤熔接，反射率的高低影响掺铒光纤光源的输出功率、平均波长、光谱宽度；反射率的变化对平均波长和光谱宽度影响较大，对输出功率影响较小。

7.5　光纤光栅

光纤光栅是近年来发展较为迅速的光纤无源器件之一。光纤光栅是利用光纤材料的光敏性(外界入射光子和纤芯内锗离子相互作用引起折射率的永久性变化)，在纤芯内形成空间相位光栅，其作用实质上是在纤芯内形成一个窄带的(透射或反射)滤波器或反射镜[12]。光纤光栅类型繁多，利用光纤光栅的特性可构成许多独特的光纤无源器件。在干涉型光纤传感中，最典型的应用是布拉格光纤光栅作为窄带滤波器应用到激光器稳频和作为反射镜应用于光纤激光器中；长周期光纤光栅可用于掺铒光纤光源的平坦滤波[12,13]。

7.5.1 布拉格光纤光栅

布拉格光纤光栅是应用最普遍的一种光纤光栅，其周期和折射率调制幅度均为常数(图 7.21)，光栅周期一般小于 1μm，纤芯折射率的变化为

$$\Delta n(z)=\overline{\delta n}\left[1+v\cos\left(\frac{2\pi}{\Lambda}z\right)\right] \tag{7-40}$$

式中，$\overline{\delta n}$为纤芯折射率的平均增加值；v 为折射率的调制系数($0\leqslant v\leqslant 1$)；Λ 为均匀光栅的周期；z 为光纤光栅轴向方向的位置坐标。

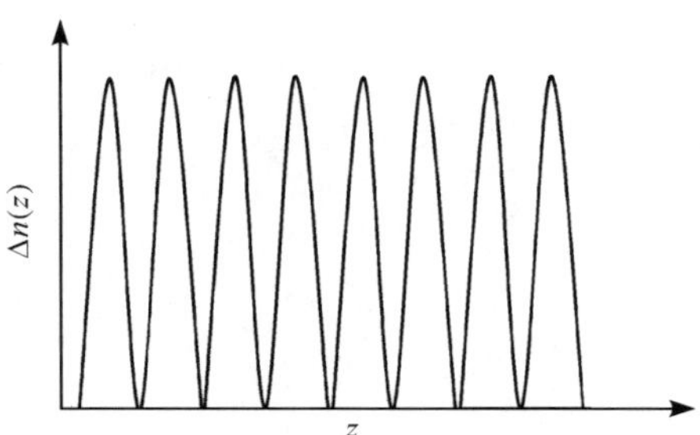

图 7.21　布拉格光纤光栅的折射率调制

当满足相位匹配条件时，光栅的布拉格波长为

$$\lambda_B=2n_{eff}\Lambda \tag{7-41}$$

式中，λ_B 为布拉格波长；Λ 为光纤光栅周期；n_{eff}为光纤的有效折射率。

布拉格波长的峰值反射率和透射率分别为

$$R=\tanh^2\left(\frac{\pi\Delta n_{max}L}{\lambda_B}\right) \tag{7-42}$$

$$T=\cosh^{-2}\left(\frac{\pi\Delta n_{max}L}{\lambda_B}\right) \tag{7-43}$$

式中，Δn_{max}为折射率最大变化量；L 为光栅长度。Δn_{max}越大，反射率越高，反射谱宽越宽；L 越大，反射率越高，反射谱宽越窄。

布拉格光栅是一种性能优异的反射滤波器，具有很高的反射率(可接近100%)，而且反射带宽和反射率可以根据需要改变写入条件来灵活控制。另外，当外界环境温度和应力改变时，都会导致光纤光栅反射光中心波长的变化，其变化量与温度和应变的关系为[14]

$$\frac{\Delta\lambda_B}{\lambda_B}=(a_f+\xi)\Delta T+(1-P_e)\Delta\varepsilon \tag{7-44}$$

式中，$a_f=\frac{1}{\Lambda}\frac{d\Lambda}{dT}$为光纤的热膨胀系数；$\xi=\frac{1}{n}\frac{dn}{dT}$为光纤材料的热光系数；$P_e=-\frac{1}{n}\frac{dn}{d\varepsilon}$为光纤材料的弹光系数。

长周期光纤光栅与布拉格光纤光栅的折射率变化是一样的，其周期远大于一般的布拉格光纤光栅，可达到几百微米。长周期光纤光栅的工作原理是将正向传播的导波模耦合到包层中而损耗掉，是一种透射型光栅，具有较宽的谱宽，可作为波长选择性损耗器件使用。

7.5.2 光纤光栅的制备

光纤光栅的制备基于光纤的光敏性，采用适当的光源和光纤增敏技术，几乎可以在所有种类的光纤上不同程度地写入光栅。光纤光栅的制备方法很多，主要有双光束干涉法、相位掩模法和逐点写入法等[1,15]。其中相位掩模法是目前最有效、应用最多的一种光栅制备方法。

利用相位掩模法制备光纤光栅的系统简图，如图 7.22 所示。相位掩模板是一个在高纯度石英基片上刻制的相位光栅，它可以用全息曝光或电子束蚀刻结合反应离子束蚀刻技术制备，具有很高的光学损伤阈值。它具有抑制零级衍射(＜5％)，增强一级衍射(＞35％)的功能。图 7.23 所示为相位掩模法制备光纤光栅原理图，＋1 级和－1 级衍射光相干涉并形成明暗相间条纹，在相应的光强作用下纤芯折射率受到调制，产生的光纤光栅周期为掩模板周期 Λ_{PM} 的一半。可见，这种制备光栅的方法不依赖于入射光波长，只与相位掩模板的周期有关。因此，对光源的相干性要求不高，简化了光纤光栅的制造系统，此方法是所有制备技术中最为简单、可靠的方法。其主要缺点是每种相位掩模板只能制造一种光栅，且相位掩模板的成本较高。

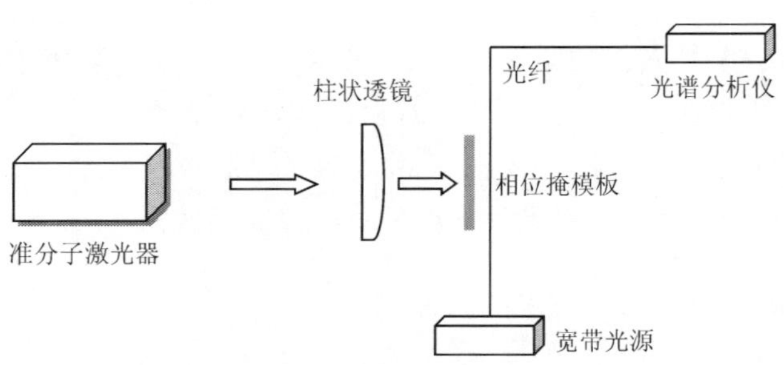

图 7.22　相位掩模法制备光纤光栅系统简图

7.5.3 光纤光栅的主要性能参数

光纤光栅作为光纤无源器件应用，主要影响传输光信号的光谱特性，以布拉格反射光纤光栅为例，其主要性能参数有以下几个。

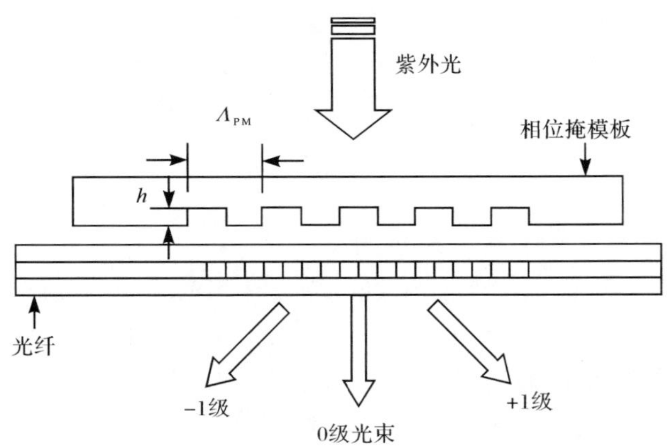

图 7.23　相位掩模法制备光纤光栅原理图

1. 中心波长(峰值波长)

光纤光栅反射谱正中间的波长为中心波长 λ_B，通常光纤光栅的反射光谱为对称型光谱，与半导体激光器单纵模输出光谱相似，其中心波长也是反射率最大处的波长，故又称为峰值波长。应变和温度会引起光纤光栅中心波长漂移，当温度升高或应变增大时，其中心波长会增大。对于工作在 1550nm 波段的光纤光栅，其中心波长的温度系数约为 10pm/℃，应变系数约为 1.2pm/℃。

2. 峰值反射率

峰值反射率是光纤光栅的重要参数，反射率决定了光路系统中的信号强度，尤其是长距离光纤传感应用，反射率越高，返回到测量系统的光功率越大，测试距离就越长。光纤光栅通常是反射率越高，带宽越窄，光谱越稳定。工程应用中，还要兼顾边模抑制比要求，布拉格光纤光栅的反射率一般大于 90%。

3. 光谱带宽

光纤光栅光谱带宽是指中心波长反射率下降 3dB 时对应的光谱宽度，理论上，带宽越小，测量精度越高。根据当前的制备工艺水平，其典型值为 0.2～0.3nm。光栅周期越短，光栅越长，带宽越小。

4. 边模抑制比

边模抑制比是指反射光谱中，中心光谱和旁边二级光谱之间的强度差。好的光纤光栅，光谱两边光滑，旁瓣小。在光纤光栅反射率大于 90%的情况下，边模抑制比可要求高于 20dB。选用高质量的全息相位掩模板，通过切趾可以平滑光谱，消除两边的旁瓣,提高抑制比[1]。另外,将光栅折射率按照高斯函数或升余弦形状写成不均匀的,也可以抑制旁瓣[14]。

7.5.4　光纤光栅在干涉型光纤传感中的应用要求

由于光纤光栅的独特性能,可应用到光源、光放大、光纤色散补偿、光信号处理等方面。在干涉型光纤传感中,光纤光栅的典型应用有:

1. 光纤激光器

光纤光栅激光器是利用一段稀土掺杂光纤和一对布拉格波长相等的光纤光栅构成光纤激光器所需的谐振腔,实现激光输出,如图 7.24 所示。在该结构中,要求第 1 只光纤光栅对泵浦光的反射率接近于 0%,对激射波长光的反射率接近 100%;要求第 2 只光纤光栅对泵浦光的反射率接近于 0%,对激射波长光的反射率小于 100%,保证激光输出。光纤激光器的输出稳定性和光谱纯度比半导体激光器好,且具有较高的输出光功率、极窄的线宽和较宽的调谐范围。

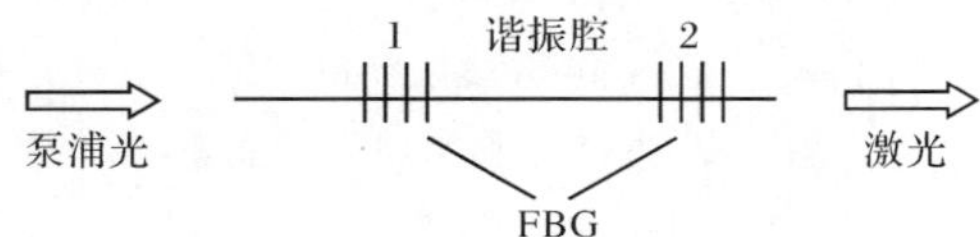

图 7.24　基于布拉格光纤光栅的光纤激光器示意图

2. 半导体激光器波长选择与稳频

干涉型光纤传感用光纤激光器和掺铒光纤光源通常需要用中心波长稳定且带宽较窄的半导体激光器作为泵浦光源。由于半导体激光器自身输出的不稳定性,受温度环境影响较大,若接入布拉格光纤光栅输出,可起到选择中心波长和稳定频率的作用。此时,光纤光栅充当一种光波窄带滤波器。对于掺铒光纤光源用的 980nm 泵浦激光器,一般要求光纤光栅滤波器的中心波长为 974～980nm,3dB 谱宽小于 0.2nm,边模抑制比大于 35dB。

3. 光纤光栅滤波器

利用光纤光栅优良的选频特性,可以对光纤透射谱中的任一波长进行窄带输出,因此,利用光纤光栅可以制备出各种性能优良的光纤滤波器,如各种带通、带阻及可调谐窄带滤波器。在掺铒光纤光源中,可以采用长周期光纤光栅滤波器对输出波形进行优化,通常有两种滤波方式,一种是将马鞍型光谱滤成平坦型光谱;另一种是将马鞍型光谱滤成高斯型光谱。

4. 其他应用要求

在制备光纤光栅时，需要先去除光纤涂覆层，刻蚀完成后，裸光纤包层需要有良好的保护和封装，否则其性能和可靠性无法保证。光纤光栅的抗拉、抗弯曲等机械性能，基本上具备与通信光纤相当的强度。环境性能适应性主要是评价光栅的反射率、透射率、波长及带宽等光学参数指标在不同环境下的稳定性情况，其中温度和应变应力是对其性能稳定性影响的两个重要方面。在干涉型光纤传感应用中，主要是克服光纤光栅的敏感性。退火处理工艺可以消除光栅的结构缺陷，提高其性能稳定性，可以保证光纤光栅的寿命达到 15 年以上[14]。在光纤光栅封装结构和材料选择方面，通常采取温度补偿和防应变扰动措施，来改善光纤光栅的性能。目前光纤光栅的中心波长温度敏感系数可优于 1ppm/℃。

参考文献

[1] 赵勇. 光纤传感原理与应用技术. 北京：清华大学出版社，2007

[2] Yuan S F，Riza N A. General formula for coupling-loss characterization of single-mode fiber collimators by use of gradient-index rod lenses. Applied Optics，1999，38(15)：3214-3222

[3] 许欧. 基于光纤光栅的光纤激光器、滤波器和倾斜光纤光栅的研究. 北京：北京交通大学博士学位论文，2009

[4] 廖延彪. 光纤光学. 北京：清华大学出版社，2000

[5] 江毅，唐才杰. 光纤 Fabry-Perot 干涉仪原理及应用. 北京：国防工业出版社，2009

[6] 张力，阮双琛，刘承香. 增益平坦型滤波器在掺铒光纤光源中的应用. 中国惯性技术学报，2008，16(5)：613-617

[7] 金晓峰，张仲先. 非均匀光纤光栅响应特性的研究. 光学学报，1999，19(6)：721-727

[8] 陈刚，刘兰芳，蒋光磊，等. 非对称光纤反射镜的可调谐光纤激光器. 光电工程，2005，32(9)：23-26.

[9] 余有龙，曹雪，刘盛春，等. 熔锥形光纤反射器特性研究. 物理学报，2007，56(11)：6490-6495

[10] 梁铨廷. 物理光学. 北京：电子工业出版社，2008

[11] Kersey A D. A review of recent developments in fiber optic sensor technology. Optical Fiber Technology，1996(2)：291-317

[12] 张自嘉. 光纤光栅理论基础与传感技术. 北京：科学出版社，2009

[13] Wysochi P F，Judkins J B，Espindola R P，et al. Broad-band erbium-doped fiber amplifier flattened beyond 40nm using long-period grating filter. IEEE Photoncs Technology Letters，1997，9(10)：1343-1345

[14] 赵勇. 光纤光栅及其传感技术. 北京：国防工业出版社，2007

[15] 江毅. 高级光纤传感技术. 北京：科学出版社，2009

第 8 章　半导体光源器件

光纤传感器自身特点以及光电子器件技术发展现状决定了发光二极管、超辐射发光二极管和激光二极管等小型半导体光源成为目前光纤传感器光源的重要选择。对于光纤传感器应用而言，上述三种半导体光源的明显区别在于光谱的宽度。光谱宽度决定了光信号的相干性，包括主波信号之间、寄生光信号之间、寄生信号和主波信号之间的相干性。因此在干涉型光纤传感器中光源的类型及特点对光路结构、误差抑制方案等方面起着关键作用。

8.1　半导体激光器工作原理

8.1.1　光的自发辐射、受激辐射与受激吸收

按照光辐射和吸收的量子理论，物质发射光和吸收光的过程都是与构成物质的原子(或分子、离子等)在其能级之间的跃迁联系在一起的。光场与物质原子辐射间的作用有三种基本过程，即光的自发辐射、光的受激辐射和受激吸收。对于一个包含着大量原子的物质体系，这三种过程同时存在且不可分割。不同情况下这三个过程所占的比例不同，如在普通光源中自发辐射占绝对优势，在激光放大介质中受激辐射占绝对优势，在未施加激发时受激吸收占优势[1]。

1. 光的自发辐射

处在高能级 E_2 上的原子是不稳定的，它会自发地跃迁到低能级 E_1，并且发射一个频率为 ν、能量为 $h\nu=E_2-E_1$ 的光子，h 为普朗克常量，这就是原子的自发辐射。每一个处在 E_2 能级上的原子在单位时间内向 E_1 能级自发辐射跃迁的平均概率为

$$A_{21}=\frac{1}{n_2}\left(\frac{\mathrm{d}n_{21}}{\mathrm{d}t}\right)_{\mathrm{sp}} \tag{8-1}$$

式中，$\left(\frac{\mathrm{d}n_{21}}{\mathrm{d}t}\right)_{\mathrm{sp}}$ 为单位体积介质单位时间内由于自发辐射跃迁引起的 E_2 能级到 E_1 能级跃迁的原子数，即自发辐射跃迁速率；n_2 为 E_2 能级原子数；n_{21} 为从 E_2 能级到 E_1 能级跃迁的原子数；t 为发生跃迁对应的时间。自发辐射跃迁概率 A_{21} 又称为自发辐射爱因斯坦(Einstein)系数，其量纲是 s^{-1}，$A_{21}=1/\tau_{\mathrm{sp}}$，其中 τ_{sp} 为由 $E_2\rightarrow E_1$

的自发辐射跃迁所决定的能级 E_2 的平均寿命，即原子在激发态 E_2 上停留的平均时间，其典型值为 10^{-8}s，是物质原子的固有参数。

对于物质中处于高能级的各个原子来说，从各个能级的导带跃迁到价带的电子均产生光辐射，从而使这种光源的光谱很宽；同时，因为光子的辐射方向是任意的，所以只有很少的光子能在预想的方向上辐射，因此这种光源的亮度较低，光子的辐射是自发和独立进行的，随时都在发生。它们辐射出的光波方向和相位都不一致，波列的偏振方向和传播方向也是随机分布的。显然原子自发辐射出来的光波是非相干光，自发辐射具有宽光谱宽度、低强度、低定向性、非相干性的特点。

2. 光的受激辐射

处在高能级 E_2 上的原子，在能量为 $h\nu=E_2-E_1$ 的外来光子的激励下受激跃迁到低能级 E_1，并发射出与外来激励光子频率、相位、偏振方向和传播方向都相同的光子，这种发射称为受激辐射。受激辐射的跃迁几率为

$$W_{21}=\frac{1}{n_2}\left(\frac{\mathrm{d}n_{21}}{\mathrm{d}t}\right)_{\mathrm{st}} \tag{8-2}$$

式中，$\left(\frac{\mathrm{d}n_{21}}{\mathrm{d}t}\right)_{\mathrm{st}}$ 为单位体积介质中受激辐射跃迁的速率。W_{21} 不仅与原子本身的固有性质有关，还与激励外光场的单色能量密度 ρ_ν 成正比，这种关系可以表示为

$$W_{21}=B_{21}\rho_\nu \tag{8-3}$$

式中，比例系数 B_{21} 通常称为受激辐射跃迁爱因斯坦系数，它是由原子固有性质决定的。受激辐射几率与自发辐射几率不同，前者与入射光强有关，而后者是一个常数。

相对于自发辐射，外来激励光子激发了一个带有相同频率(波长)的辐射，这个特性保证所得到的辐射光的光谱宽度较窄。同时受激辐射光子都在同一个方向传播，它们都为输出光做出贡献，因此受激辐射光亮度高。另外所有受激光子的发射方向都与激发它们的光子发射方向相同，受激光有很好的定向性。由于受激辐射光子是在外来光子的激励下辐射的，这两种光子是同步的，在时间上是一致的，相位相同，所以受激辐射是相干的。与自发辐射相比，受激辐射具有窄光谱宽度、高输出功率、强定向性和相干性特点。

3. 光的受激吸收

处在低能级 E_1 上的原子，在能量为 $h\nu=E_2-E_1$ 的外来光子的激励下，吸收一个光子并受激跃迁到高能级 E_2。受激吸收的跃迁几率记为 W_{12}，它也与外激励光场的单色能量密度 ρ_ν 成正比，并可表示为

$$W_{12} = B_{12}\rho_\nu \tag{8-4}$$

式中，比例系数 B_{12} 通常称为受激吸收跃迁的爱因斯坦系数，它也是原子本身固有性质决定的。受激吸收跃迁将入射光场的能量转换为物质原子的内能。在自发辐射的同时，总会引起受激吸收。

4. 爱因斯坦系数关系式

自发发射、受激发射和受激吸收三者之间是互相关联的，定量地反映在爱因斯坦系数 A_{12}、B_{21} 和 B_{12} 之间存在有十分简单而重要的关系。将上述光子和物质原子相互作用的唯象理论应用在热平衡状态下的黑体辐射，进而导出了三个系数之间的关系

$$\left.\begin{aligned} \frac{A_{21}}{B_{21}} &= \frac{8\pi h\nu^3}{v^3} \\ \frac{B_{21}}{B_{12}} &= \frac{g_1}{g_2} \end{aligned}\right\} \tag{8-5}$$

式中，g_1 和 g_2 分别为 E_1 和 E_2 能级的统计权重；v 为介质中的光速。爱因斯坦关系得出的结论是：

(1) 任何情况下受激发射与受激吸收系数(概率)是相等的，即 $B_{12}=B_{21}$。

(2) 自发辐射系数(概率)则与状态分布有关。

为了获得光输出(自发辐射或受激辐射)，就必须通过外场改变晶体中电子的布居状态，使高能量(导带中)的电子数显著大于低能量(价带中)的空穴数。

8.1.2 阈值条件

当光通过介质时，与低能量和高能量原子能级的耦合可以产生“受激辐射”和“受激吸收”两个相反的过程，前者使入射光增强，后者使入射光减弱。为了能产生受激辐射光，必须满足受激辐射速率大于受激吸收速率的条件，即

$$E_{F2} - E_{F1} \geqslant E_2 - E_1 = h\nu \tag{8-6}$$

式中，E_{F2} 和 E_{F1} 分别为导带中电子和价带中空穴的准费米(Fermi)能级。这个不等式称为伯纳德-杜拉福格(Bernard-Duraffourg)条件。式(8-6)表明，半导体中产生受激光辐射的必要条件是对应非平衡电子和空穴的准费米能级之差大于受激辐射的光子能量。也就是说半导体受到激励后，在激射发生之前，导带与价带的准费米能级之差必须大于 E_g，或者说在激励状态下，E_{F2} 或 E_{F1} 要分别进入导带和非常接近价带[2]。

由式(8-6)可知，当满足条件 $E_{F2}-E_{F1}\geqslant h\nu$ 时有源介质就能形成粒子数反转分布，吸收系数变为负数，半导体材料由光吸收介质变成了增益媒质。它可以使频率处在增益带宽范围内的光辐射得到放大，此时的增益系数为

$$g(E) = -\alpha(E_{21}) = \frac{h^3 c^2}{8\pi n_R^2 E_{21}^2} r_{st}(E_{21}) \tag{8-7}$$

式中，E_{21}为能级间能量差；h 为普朗克常量；c 为光速；n_R为折射率；$\alpha(E_{21})$为吸收系数；$r_{st}(E_{21})$为受激发射速率。

但是这仅提供了产生激光的前提条件。要获得相干受激辐射，必须将此增益介质置于光学谐振腔内，使光波在两个腔面之间来回反射通过增益介质而得到持续放大。如果光增益超过谐振腔引起的光损耗及其他损耗的总和，则谐振腔内的光场将不断增强。

考虑一个长度为 L 的 F-P 腔，内部填充折射率为 n_R的半导体材料。两个腔面的反射系数分别为 R_1 和 R_2，如图 8.1 所示。

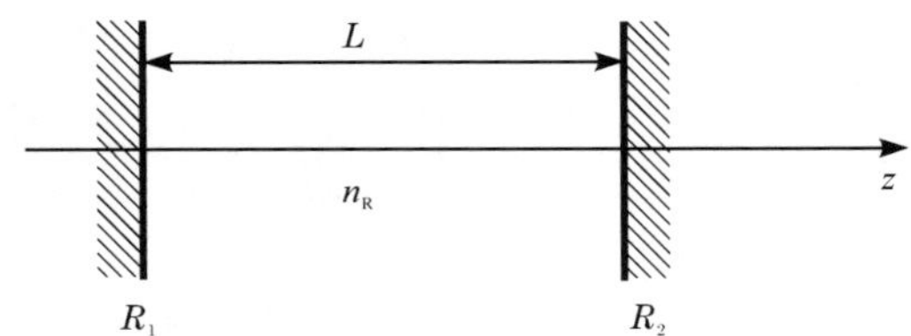

图 8.1　F-P 腔示意图

在腔内 z 向传播的平面波可以表示为

$$\Psi_i = \exp\left(\frac{j2\pi n_R z}{\lambda_0}\right)\exp[(g-\alpha_i)z] \tag{8-8}$$

式中，λ_0 为自由空间的光波长；α_i 为内部损耗系数，通常是由自由载流子吸收和光波散射损耗引起的；g 为增益系数。在该系统中能够形成自持振荡的条件是：当光波在两个腔面间经过多次反射回到原处时，光波的振幅至少应等于初始值，即

$$R_1 R_2 \exp[(g-\alpha_i)2L] = 1 \tag{8-9}$$

则阈值增益为

$$g_{th} = \alpha_i + \frac{1}{2L}\ln\frac{1}{R_1 R_2} \tag{8-10}$$

该式说明，当激光器达到阈值时，光子从每单位长度介质所获得的增益必须足以抵消由于介质对光子的吸收、散射等内部损耗和从腔面的激光输出等引起的损耗。显然，尽量减小光子在介质内部的损耗，适当增加增益介质的长度和对非输出腔面镀高反射膜都能降低激光器的阈值增益。

半导体和空气界面处的功率反射系数 R 为

$$R = \left(\frac{n_R - 1}{n_R + 1}\right)^2 \tag{8-11}$$

如果谐振腔两个镜面的功率反射系数等于上述界面处的反射系数 R，即 $R_1 = R_2 = R$，则式(8-10)可以写为

$$g_{th} = \alpha_i + \frac{1}{L}\ln\frac{1}{R} \tag{8-12}$$

由式(8-12)可以得到振荡的相位条件，即形成稳定振荡的驻波条件。要使该式成立，则要求

$$\frac{4\pi n_R L}{\lambda_0} = 2q\pi, \quad q = 1,2,\cdots \tag{8-13}$$

这说明，光子在谐振腔内往返一次所经历的光程必须是波长的整数倍。因此当增益介质的折射率 n_R 和腔长 L 一定时，每一个 q 值就对应着一个振荡频率或波长 λ_0，或者说对应着一个振荡的纵模。对式(8-13)取微分后得到

$$\lambda_0 \mathrm{d}q + q\mathrm{d}\lambda_0 = 2Ln_R \tag{8-14}$$

对应于相邻的纵模间隔，取 $\mathrm{d}q=1$，则得到

$$\mathrm{d}\lambda_0 = \frac{\lambda_0^2}{2Ln_R\left[1-\left(\frac{\lambda_0}{n_R}\right)\left(\frac{\mathrm{d}n_R}{\mathrm{d}\lambda_0}\right)\right]} \tag{8-15}$$

式中，方括号内的物理量代表材料的色散。纵模间隔与腔长成反比。由于半导体激光器的腔长很短，通常为 200～300μm，所以它的模间隔 $\mathrm{d}\lambda_0$ 比气体和固体激光器要大得多。由上式可知，谐振腔允许存在的纵模是一个无穷的系列。激光器中到底能出现哪些纵模，还要由激光介质的增益谱宽和谱展宽机制等条件决定。如图 8.2 所示，只有那些增益达到阈值条件而又被谐振腔允许的波长才能形成激光振荡。尽管纵模间隔很大，但是由于半导体激光器的增益谱比较宽，所以半导体激光器通常仍是多纵模振荡。当纵模的增益等于损耗时，达到阈值，该纵模激射。

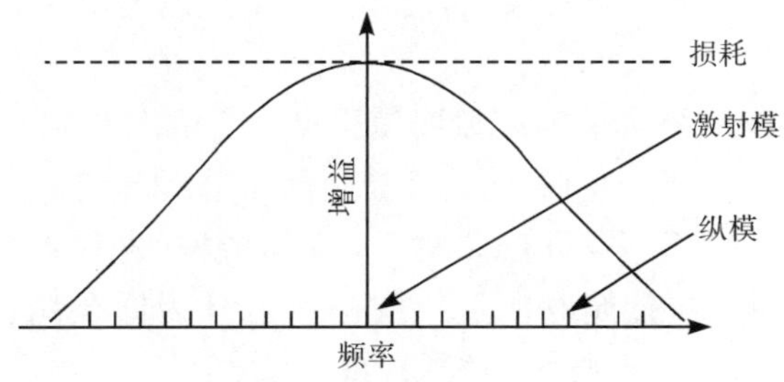

图 8.2　半导体激光器的纵模分布和增益谱

8.2　半导体光源的分类与结构

半导体光源根据结构和发光特性的不同，大致可分为激光二极管(LD)、发光二极管(LED)和超辐射发光二极管(SLD)。

LD、LED和SLD在发光原理和器件结构上相似，它们都属于电注入发光器件，通过注入载流子使电子-空穴复合发光，为实现此目的，三种器件基本都采用直接禁带半导体材料作为有源层；为了提高发光效率，有源层一般都采用双异质结或量子阱结构。三者的不同点在于，LD采用光学谐振腔，是一种受激辐射的发光器件，发出的激光具有良好的时间和空间相干性，光谱宽度窄，光束发散角小；LED则是自发辐射发光的非相干光源，芯片中没有谐振腔，输出光谱较宽，相干性低；SLD是一种自发辐射的单程光放大光源，工作原理和LED类似，在本质上是一种高度优化的LED。SLD的高输出功率和窄的光束发散角与LD类似，但是其宽输出光谱和低相干性又与LED类似，因而是一种介于LED和LD之间的半导体光源，同时具备了较高的输出功率和较宽的输出光谱。SLD光源的性能有和LED、LD相似之处，但也存在不同点[3-5]。在几何结构上它与LD相似，但是没有内构的光学正反馈机制，所以不会因为受激辐射而产生激光。在低注入电流时，SLD与LED十分相似，但是在高注入电流时SLD的输出功率以高线性度急剧上升。

8.2.1 激光二极管

激光二极管(LD)，通常称为半导体激光器，是利用半导体中载流子受激跃迁而引起受激发射器件的总称。半导体激光器为相干辐射光源，为了达到相干输出的目的，半导体激光器必须具备三个基本条件：

(1) 增益介质。激光介质必须提供足够大的增益，使光增益等于或大于各种损耗之和。

(2) 粒子数反转分布。通过泵浦，使得处在高能态的电子数要远大于低能态的空穴数。

(3) 谐振腔。有一个合适的谐振腔使受激辐射在其中得到多次反射而形成激光振荡。谐振腔起到了产生谐振、选择波长的作用。

半导体激光器种类很多，可按照材料、器件结构、发射波长、输出功率等不同方面进行分类。其中，按照有源区结构一般可分为同质结、异质结和量子阱激光器，近年来，随着激光器技术的发展，量子线、量子点、量子级联等激光器的研制也都取得了很大进步；按照谐振腔结构可将激光器分为F-P腔、分布反馈式(DFB)、分布布拉格反射式(DBR)、垂直腔发射激光器(VCSEL)等类型的激光器。

F-P激光器利用半导体材料在谐振腔两端的自然解理面形成反射镜，与增益介质形成的光波导共同构成F-P谐振腔。F-P谐振腔由晶体自然解理面形成，制备工艺简单，但是这种谐振腔最大的弱点是不能产生稳定的单波长激光，即它支持多波长谐振。

DFB 激光器的基本结构是在激光器的谐振腔内,沿谐振腔长度方向上制作一个布拉格光栅,从而起到频率选择的作用。DBR 激光器就是采用布拉格光栅代替解理面作为反射镜,也是利用光栅的选频功能。DBR 激光器和 DFB 激光器的主要区别在于布拉格光栅的位置,DBR 激光器的光栅位于有源区的两端,在有源区外,DFB 激光器的光栅直接刻制在有源区上。图 8.3 为 DFB 和 DBR 激光器基本结构示意图。

半导体激光器区别于发光二极管和超辐射管的主要方面在于谐振腔的存在。谐振腔提供光学正反馈,在腔内建立并维持自激振荡,控制输出光束的光谱特性。当工作物质在泵浦源的作用下实现粒子数反转后发生自发辐射,但只有那些与谐振腔轴线平行的自发辐射才能被持续放大,进一步激发其他粒子发生受激辐射;光在谐振腔内来回反射一次,相位改变正好为 2π 的整数倍,向同一方向传播的受激辐射光互相加强,产生谐振;当受激辐射光在谐振腔内往返一次得到的增益恰好抵消损耗(内部损耗和腔面损耗)时,激光器保持稳定的激光振荡输出。此时的增益即为激光器的阈值增益,所要求的注入电流即为激光器的阈值电流,因此激光器是一种阈值器件。

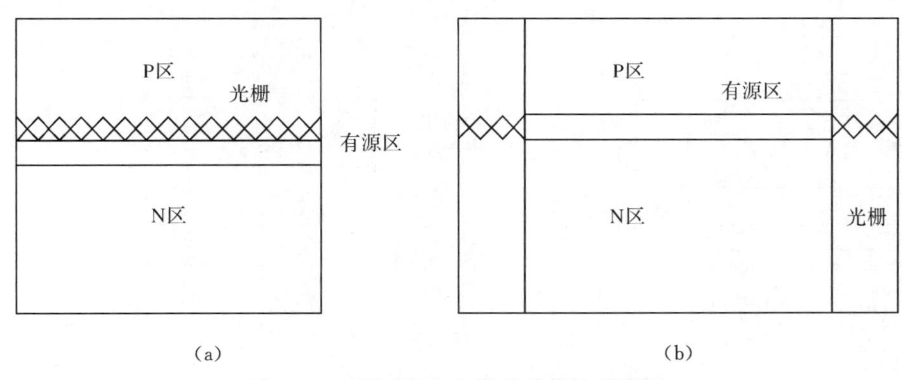

图 8.3　DFB 和 DBR 激光器结构示意图

(a) DFB;(b) DBR

8.2.2　发光二极管

发光二极管(LED)是利用注入有源区的载流子复合发出光子的器件,结构一般比较简单,其发射波长覆盖了可见光、红外和远红外等波段。

与 LD 类似,LED 大都采用直接带隙的半导体材料构成,有源区用 P 型或 N 型半导体材料包覆,结构上既可以采用 PN 同质结,也可以采用 PN 异质结。现在的 LED 普遍采用双异质结结构,图 8.4 所示的双异质结 LED 由 P 型 GaAs 夹在 P 型 AlGaAs 和 N 型 AlGaAs 中构成,形成了 PP 异质结和 PN 异质结。当向 LED 施加正向偏置电压时,来自 N 型 AlGaAs 层的电子通过 PN 结注入 P 型

GaAs 层，在 P 型 GaAs 层电子变为多数载流子，与少数载流子（空穴）复合，产生的光子能量等于 P 型 GaAs 层的带隙。由于 PP 异质结提供的势垒作用，抑制注入的电子扩散进入 P 型 AlGaAs 层，因此电致复合发光只发生在 GaAs 层，从而提供高内量子效率和自发辐射发光。此外，AlGaAs 的带隙比 GaAs 大，发出的光不会被 AlGaAs 层吸收。

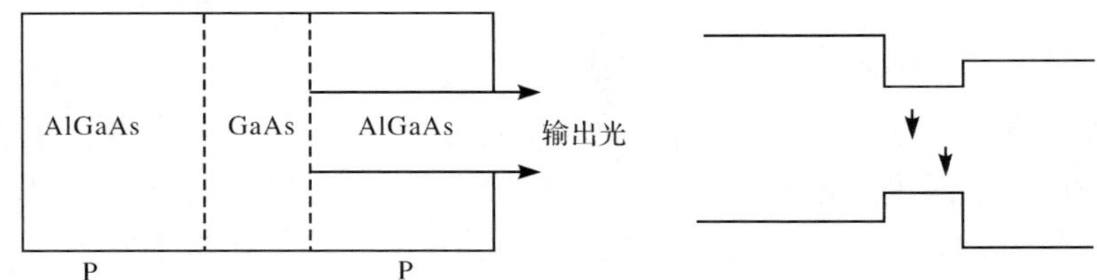

图 8.4　双异质结 LED 结构和能带示意图

LED 品种繁多，结构性能各异，分类方式灵活，按照材料大致可分为半导体 LED 和硅基 LED；按照发光部位可分为面发射和边发射。其中，面发射和边发射 LED 典型的器件结构如图 8.5 所示。

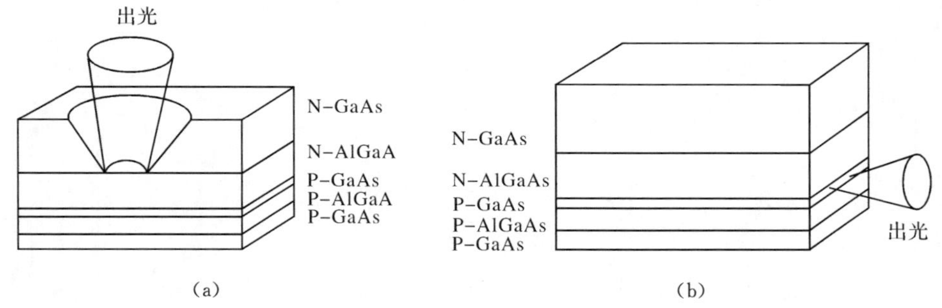

图 8.5　两种结构的 LED

(a) 面发射二极管(SLED)；(b) 边发射二极管(ELED)

可以看出，与面发射二极管(SLED)相比，条形双异质结边发光二极管(ELED)的输出光是从有源层端面发出的。ELED 采用了一个透明波导层，50～100μm 的薄有源层可以使有源层产生的光扩散进入透明波导层，以减少有源层的自吸收，并且使光束发散角变窄。ELED 平行结平面的方向光束发散角为 120°，而垂直结平面的方向光束发散角约为 30°，较小的辐射发散角有利于提高与光纤耦合的效率。因而在有源区厚度相同的情况下，ELED 与单模光纤的耦合效率远大于 SLED，这对于小接收角单模光纤的耦合具有重要意义。

8.2.3　超辐射发光二极管

超辐射发光二极管(SLD)是为实现大功率、短相干长度而开发的特殊器件，既具备普通 LED 宽输出光谱和低相干性的特点,又能够输出高功率和低发散角的光束。SLD 在结构上需要一个条形 PN 结,脊型波导或掩埋异质结波导。器件一端镀上增透膜,另一端制作一个吸收区,以防止形成振荡激射。其基本结构如图 8.6 所示。

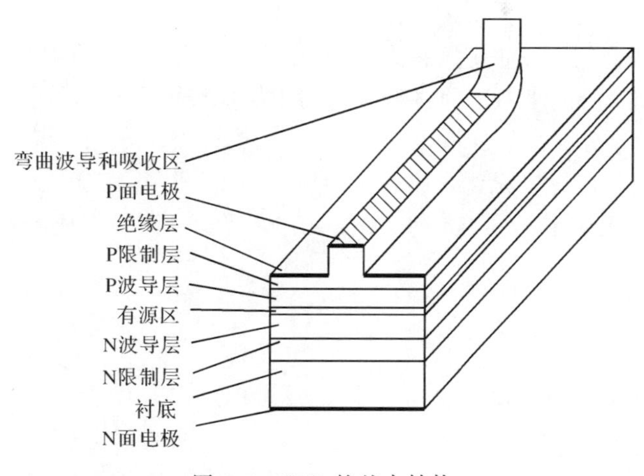

图 8.6　SLD 的基本结构

SLD 通过对有源区产生的自发辐射进行放大而获得超辐射或超亮度光输出,这是一种在强激发状态下的定向辐射。SLD 开始工作时处于自发辐射状态,电子一空穴对随机复合,产生相位和频率不同的自发辐射光子,随着注入电流的不断增加直至产生受激辐射,然后器件转入放大(激光器)工作状态。SLD 在高电流工作时,随着驱动电流的增加,自发辐射光子数目迅速增多,产生了雪崩式的倍增,通过这种有效的单程放大方式,SLD 的输出光功率得到大幅提高。由于 SLD 器件两端的增透和吸收区使其不会产生激光器工作所需的振荡条件,因此产生的是一种非相干光或相干长度为微米量级的低相干光。

8.3　半导体光源设计与工艺

8.3.1　半导体光源的材料

Ⅲ-Ⅴ族化合物是半导体光源的优选材料,对于半导体光源材料,首先要求输入电能转换为光能的效率高,也就是注入的电子和空穴要能产生直接辐射复合,并能提供足够大的光增益以输出高的功率。而大多数的Ⅲ-Ⅴ族化合物恰好都是直接带隙半导体材料,带隙(波长)和晶格关系可以作为选择半导体光源材料的参考。

不管是对 LED、LD 光源，还是对 SLD 光源，GaAs、InP 及其三元、四元化合物半导体的 E_g 对应的辐射波长范围为 0.8～1.8μm，包含了干涉型光纤传感器常用的波段(850nm、1310nm、1550nm)，是目前半导体光源常用的材料。

1. GaAs 及其三元化合物

GaAlAs/GaAs 是目前应用最为普遍，研究也较早，工艺和性能掌握都比较成熟的一种异质结材料，使用这种材料制备的半导体光源其峰值波长在 0.8～0.9μm 附近，一般称之为短波长半导体光源。

对于 $Al_xGa_{1-x}As$ 三元化合物，在 $x=0$ 到 1 的范围内都可以和 GaAs 晶格匹配。需要提出的是，当 $x>0.45$ 时，AlGaAs 三元化合物就变成间接带隙化合物，发光效率就要降低。

2. InP 及其三元、四元化合物

与 InP 衬底匹配的 $Ga_xIn_{1-x}As_yP_{1-y}$ 四元化合物是用于 1.31μm 和 1.55μm 光电子器件最广泛、最成功的材料。由于有了 x、y 两个组分变量，所以在选择晶格常数和 E_g 方面就有了较大的自由度。该化合物对应于直接带隙 E_g 的波长为 0.92～1.68μm，称此类光源为长波长半导体光源。

8.3.2 半导体光源主要性能参数设计

干涉型光纤传感器关注的是干涉信号的对比度，光通信关注的是长距离传输后的光功率和信号畸变，由于两者的关注点不同，对于光源参数设计的重点也不同。例如，光源波长是干涉型光纤传感器的主要参数之一，因为波长和相位成反比关系，波长的波动直接产生测量误差。虽然光通信也关注波长的变化，但其允许的波长波动范围远大于光纤传感器的允许范围。此外干涉型光纤传感器用光源还关注与干涉相关的偏振度、光谱宽度等参数。

1. 峰值波长设计

目前光纤传感用半导体光源实用化产品的有源层材料分为量子阱材料和体材料两类。与体材料光源相比，量子阱光源微分增益大，在较低的输入电流下能获得较高的输出光功率，并且特征温度高、温度特性好，是一种主流的方案。以下以量子阱光源为例分析峰值波长的影响因素。

光源的峰值波长主要取决于量子阱的带隙，应变量子阱带隙可以表示为

$$\begin{aligned} E_g &= E_{g,\mathrm{Bulk}} + \Delta E_{\mathrm{lh}} + \Delta E_{\mathrm{le}} + \Delta E_{\mathrm{strain}} \\ &= E_{g,\mathrm{Bulk}} + \left(\frac{\eta^2\pi^2}{2m_e d_w^2} + \frac{\eta^2\pi^2}{2m_{\mathrm{hh}} d_w^2}\right) + \Delta E_{\mathrm{strain}} \end{aligned} \tag{8-16}$$

式中，$E_{g,Bulk}$ 为材料组分决定的带隙能量；ΔE_{le} 为量子阱结构引起的导带能级的能量移动；ΔE_{lh} 为量子阱结构引起的价带能级的能量移动；ΔE_{strain} 为应变引入的能级移动；m_e 为电子有效质量；m_{hh} 为重空穴带的有效质量；$\eta=h/2\pi$，h 为普朗克常量；d_w 为量子阱层的厚度。

以 $In_xGa_{1-x}As$ 应变层为例，外延生长面内的应变为[2]

$$\varepsilon = \varepsilon_{xx} = \varepsilon_{yy} = \frac{a_0 - a}{a} \tag{8-17}$$

式中，a 为四元外延材料的晶格常数；a_0 为衬底的晶格常数。

垂直方向的应变可以表示为

$$\varepsilon_{zz} = -2\frac{C_{12}}{C_{11}}\varepsilon \tag{8-18}$$

式中，C_{11} 和 C_{12} 为弹性系数。

应变引起的导带能量移动为

$$\delta E_c(x,y) = \alpha_c(\varepsilon_{xx} + \varepsilon_{yy} + \varepsilon_{zz}) = 2\alpha_c\left(1 - \frac{C_{12}}{C_{11}}\right)\varepsilon \tag{8-19}$$

α_c 为导带的静态畸变势能。应变引起的价带能量移动为

$$\delta E_{hh}(x,y) = -P_\varepsilon - Q_\varepsilon \tag{8-20}$$

$$\delta E_{lh}(x,y) = -P_\varepsilon + Q_\varepsilon \tag{8-21}$$

$$P_\varepsilon = -\alpha_v(\varepsilon_{xx} + \varepsilon_{yy} + \varepsilon_{zz}) = -2\alpha_v\left(1 - \frac{C_{12}}{C_{11}}\right)\varepsilon \tag{8-22}$$

$$Q_\varepsilon = -\frac{b}{2}(\varepsilon_{xx} + \varepsilon_{yy} - 2\varepsilon_{zz}) = -b\left(1 + 2\frac{C_{12}}{C_{11}}\right)\varepsilon \tag{8-23}$$

式中，E_{lh} 和 E_{hh} 为价带中轻、重空穴能量；α_v 为价带的静态畸变势能；b 为价带的切畸变势能。应变引起的量子阱带隙变化量可以表示为

$$E_{c\text{-}hh}(x,y) = \delta E_c(x,y) - \delta E_{hh}(x,y) \tag{8-24}$$

$$E_{c\text{-}lh}(x,y) = \delta E_c(x,y) - \delta E_{lh}(x,y) \tag{8-25}$$

由上述分析可见，量子阱带隙和组分材料、量子阱厚度、应变引起的能级移动等因素密切相关，其中最主要的影响是量子阱厚度 d_w。通过改变量子阱厚度可以改变量子阱半导体光源的峰值波长。

2. 光谱宽度设计

光谱宽度直接决定了光源的相干性，因此在干涉型光纤传感器中，光源的光谱宽度是一个需要重点关注的指标。半导体激光器的谱宽通常可用如下公式表示[2]。

对于折射率导引激光器为

$$\Delta v=\frac{c^2 h\nu g_{\mathrm{th}}\alpha_{\mathrm{end}}n_{\mathrm{sp}}}{8\pi n_{\mathrm{g}}^2 P}(1+\alpha^2) \tag{8-26}$$

对于增益导引激光器为

$$\Delta v=\frac{c^2 h\nu g_{\mathrm{th}}\alpha_{\mathrm{end}}n_{\mathrm{sp}}}{8\pi n_{\mathrm{g}}^2 P}\left[1+\left(\frac{\alpha+\sqrt{K-1}}{1-\alpha\sqrt{K-1}}\right)^2\right]K \tag{8-27}$$

式中，c 为真空光速；h 为普朗克常量；ν 为光波频率；g_{th} 为阈值增益；α_{end} 为谐振腔反射面损耗；n_{g} 为群折射率；n_{sp} 为载流子分布没有完全反转的统计因子，$n_{\mathrm{sp}}=\left\{1-\exp\left[\frac{(h\nu-\Delta E_{\mathrm{F}})}{kT}\right]\right\}^{-1}$；$P$ 为输出功率；K 为像散因子；$\alpha=\frac{\mathrm{d}\bar{n}/\mathrm{d}N}{\mathrm{d}g/\mathrm{d}N}$为线宽展宽因子，与载流子浓度、温度和激光器结构有关，折射率 $\bar{n}$ 与增益系数 g 分别为有源介质折射率的实部和虚部，$\mathrm{d}g/\mathrm{d}N$ 为微分增益。

由式(8-26)、式(8-27)可知，激光器的谱宽和输出功率呈反比关系，但当输出功率很大时，线宽并不趋向于零，而是趋近于一个与功率无关的线宽 Δv_0，Δv_0 取决于模谱，它随振荡模式的增加而增大，因而对于宽谱的多纵模激光器 Δv_0 不可忽略，而对于单纵模激光器，Δv_0 趋近于 0。

SLD 光源和上述的激光器不同，它不存在谐振和激射。在产生机理上 SLD 光源与 LED 更为相似，但由于增益系数与波长有关，因此 SLD 光谱宽度比 LED 的光谱宽度窄，并随着光增益的增大，其光谱宽度将进一步变窄。光谱宽度的经验计算公式为[6]

$$\Delta\lambda\approx\frac{\lambda^2}{hc}nkT \tag{8-28}$$

式中，λ 为峰值工作波长；h 为普朗克常量；c 为光速；k 为玻尔兹曼(Boltzmann)常量；T 为热力学温度；n 为与掺杂浓度、跃迁机构和吸收有关的因子，典型值为 1.8。当峰值波长为 1310nm 时，SLD 光源的光谱宽度 $\Delta\lambda\approx 30$nm。如需要更宽的光谱，则需要采用光谱展宽技术。常用的光谱展宽技术是采用重叠的双有源层材料，两个有源层的材料组分略有差别，它们的峰值波长不同，但比较接近，这时 SLD 光源的增益谱就是两个有源层材料的增益谱之和，器件整体的辐射光谱即被展宽。其展宽的效果与双有源层的峰值波长的间距以及双有源层辐射的光功率差有关。理论上，两个有源层的输出功率和光谱曲线形状相同时，光谱展宽的效果最好。在实际中，两个有源层的光谱和发光效率均有一定差异，要想获得理想的展宽效果，需要对器件的工艺进行细致的设计与优化。

3. 偏振度设计

在半导体光源的有源区中，光是以电磁波的形式传播的，它分为电场偏振方向垂直于传播方向的 TE 模和磁场偏振方向垂直于传播方向的 TM 模。

对于目前普遍采用的量子阱光源来说，通过抑制 TM 模，就能较容易获得线偏光输出，但是要获得低偏振光输出相对较难。为获得低偏振光输出，通常需要在管芯材料中引入应变，由于应变打破了立方晶体的对称性，轻、重空穴在 K 空间原点处发生分离，其分离的程度正比于应变量的大小。在无应变和压应变的情况下，重空穴带位于轻空穴带之上，相应地，TE 模的动量矩阵元平方值较大，因而 TE 模具有较大的增益，光源主要发射 TE 模；在张应变的情况下，轻空穴带可能位于重空穴带之上，TM 模的动量矩阵元平方值较大，因而 TM 模具有较大的增益，光源主要发射 TM 模，因此通过控制应变量即可获得所需的光源偏振度。

8.3.3　半导体光源组件的结构及封装

根据性能要求不同，封装的结构和方式也不同，常用的半导体光源封装形式主要有蝶型封装、双列直插式封装和同轴封装三种，在光纤传感器用光源采用较多的是双列直插式封装和蝶型封装。

1. 双列直插式封装

双列直插式封装结构是一种广泛采用的器件封装形式，电极引线呈双列分布在管壳底部两侧，垂直向下。这种管壳使用、检查、调换方便，管壳与盖板均使用密封性好、方便焊接的镀金可伐材料。管壳为长方形腔体，通过重压而成，其内部空间大，可在内部封装半导体制冷器、热敏电阻、背向探测器 PD、处理电路等。

2. 蝶型封装

蝶型封装与双列直插封装方式相比，最直观的区别是管壳的管脚在管壳的两侧，由于外形近似于蝶形，因此被称为蝶型封装，主要有 14 针、8 针和单边蝶型 6 针三种结构。

蝶型封装管壳采用合金材料，在管壳底板四角设计有安装孔，和系统本体进行刚性连接，可很好地满足力学环境下的要求。

蝶型封装和双列直插式封装光源只是在管壳的外部结构上存在区别，在内部组装结构上基本相同，典型的组件结构如图 8.7 所示。在金属管壳内部，除光源管芯外，还配置实现光源工作必要的其他元件，包括：

(1) 热敏电阻。热敏电阻是光源组件中敏感组件内部温度的元件。其“阻值-温度”特性曲线一般是负系数的。

(2) 金属化光纤(尾纤)和连接器。金属化光纤是将普通的光纤通过特殊的加工工艺制备而成的，用于将半导体芯片辐射的光耦合输出，耦合端面多加工成锥状或圆球透镜状，封装在光源组件内部的部分表面镀金属并加镍管保护，以便于焊接固定。

(3) 热电制冷器(TEC)。热电制冷器是一种半导体热电元件,通过改变电流的极性达到加热或冷却的目的,通过控制电流大小改变加热或冷却的功率,实现管芯温度的稳定。

(4) Ω 型支架。光源组件封装耦合时,用来固定金属化光纤的元件,通过激光焊接机焊接在热沉上。也可采用低温玻璃焊料固定光纤,取代 Ω 型金属支架激光焊接的固定方式。

(5) 热沉。光源组件封装时,连接在管芯和热电制冷器之间的金属块,材料有铜、镍、氮化铝、金刚石等,用于扩大管芯的散热面积,并起到金属化光纤固定平台的作用。

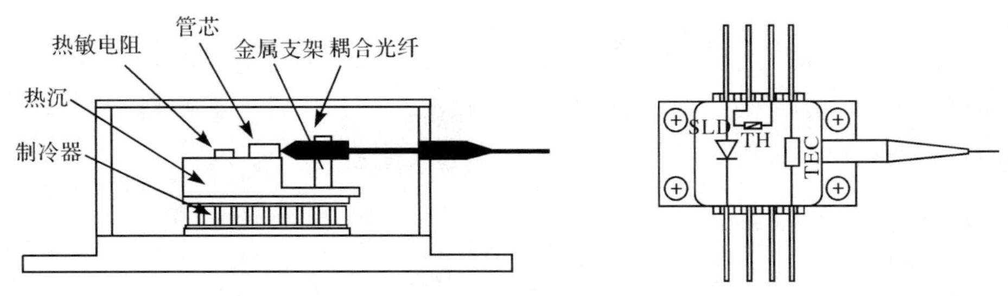

图 8.7　光源组件内部结构示意图

8.3.4　半导体光源组件工艺

半导体光源的核心是输出光信号,它的产生、传输、互连等都因介质、界面、结构图形的不同而变化,其中任何环节的差错都会无功而返,为此对光学加工提出了严格要求。图 8.8 给出了 SLD 光源的生产工艺流程示意图。

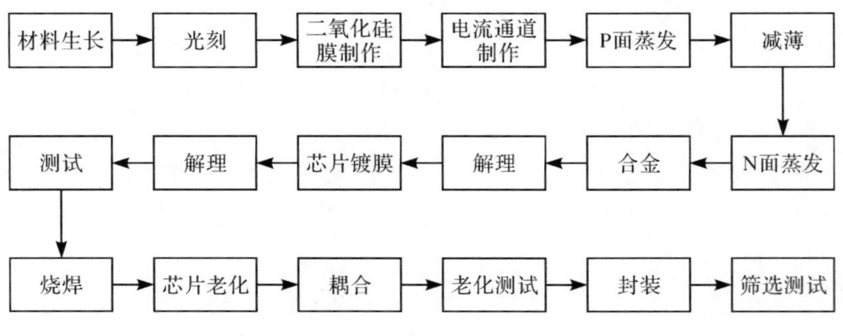

图 8.8　SLD 光源工艺流程示意图

1. 半导体光源管芯制备工艺

微细加工技术是整个半导体光源芯片制备的核心技术，这类技术的成熟度直接决定了集成度、光电特性、生产成本及其应用。

1）衬底选取和制备

半导体衬底片是外延生长以及后续工艺的基础，它的好坏直接影响外延和后续的工艺，因此衬底的选择是芯片制备的第一步。

衬底的选取必须考虑与形成异质结结构的晶格匹配(当然也包括缓冲层)，包括对衬底型号、掺杂浓度、位错密度、晶向等的要求；衬底制备包括晶体切割、研磨抛光、化学腐蚀、清洁处理等工艺，最终达到衬底的表面和内部的缺陷密度要低，表面平整、光亮、无划痕，有一定的厚度以保证芯片具有足够的机械强度。

2）材料生长

在经过加工的晶体衬底表面上，在一定的条件下(如温度、真空、气流等)，某些物质的原子或分子会依照一定的晶向和结构在衬底上规则的排列，形成新的单晶层，其晶体的取向和结构类同于原衬底，这样的单晶层称为外延层，这种生长外延层的技术称为外延生长。早期的外延生长是在衬底上生长材料组分和结构都与衬底相同的外延层，即同质结外延；而在半导体衬底上外延生长组分不同的异质材料，称为异质结外延。

外延生长工艺是管芯制备中的核心工艺，是决定器件性能和成品率的关键步骤。外延生长有 LPE、MBE、MOCVD、UHV/CVD 等方法。

3）光刻腐蚀

光刻腐蚀工艺通常指的是利用光学掩模、曝光和化学腐蚀(湿法刻蚀)的方法，将器件设计的图形转移至半导体衬底和外延片上。腐蚀方法分湿法(化学)腐蚀和干法腐蚀两类。通常采用化学腐蚀的方法获得形状各异的 V 形、正梯形、倒梯形沟槽或凸起的脊型条、台阶。干法刻蚀主要用于微小尺寸的精细刻蚀。

4）后工艺

通常将杂质扩散、外延片减薄、电极制备(欧姆接触)、解理切割、端面镀膜、烧结热沉等统称为管芯的后工艺，而装架引线、光纤耦合和封装管壳等统称为光源组件封装工艺。扩散除了用来制备 PN 结外，还为了获得良好的欧姆接触做准备。

欧姆接触就是使半导体器件的表面层金属化以制备高电导电极的工艺。它直接影响着正向电阻的大小，同时，欧姆接触性能的优劣不仅影响器件的功率转换效率，而且关系到器件的工作状态，直接影响器件的可靠性和寿命。

解理就是将已做成器件的芯片分解成单个管芯的工艺。烧结热沉就是将检测合格的管芯用焊料烧结在热沉上。

2. 光源组件封装工艺

将光源管芯和热敏电阻、半导体制冷器等元件封装在特制的管壳内，并与金属化的光纤进行对准耦合，即可完成整个组件的封装。良好的封装能使半导体管芯和外界环境隔绝，降低外界环境的影响，并保证其表面清洁，还可为器件提供一个合适的外引线，便于连接；也提高了器件经受各种恶劣环境的能力，提高了器件的机械强度和环境适应性等。另外，借助封装可提高其光学、电学性能，外壳结构起到散热和屏蔽作用。封装是光源组件制备生产过程中非常重要的工序，不仅关系到器件的稳定性和可靠性，而且还会影响器件的性能参数。光源组件封装的主要要求有：

(1) 气密性好，确保管芯与外界环境隔绝。

(2) 具有良好的热性能。要求管壳、光纤、焊锡等化学稳定性和散热性能好，经过相应的老化、老炼、温度冲击试验后，性能稳定。

(3) 足够的机械强度。外壳结构牢固能承受力学环境的考验；外引线与管壳之间的连接、尾纤与壳体之间的固定要牢固，经过相应的拉力测试后，不应出现断裂或机械损伤，尾纤不应发生耦合对准的偏移。

(4) 连接可焊性好。管脚易上锡、易焊接。

(5) 壳体外型尺寸符合既定的设计要求。

另外，工艺流程要简便，低成本，适合批量生产。

8.4　干涉型光纤传感用半导体光源的特性及应用要求

光源是干涉型光纤传感器的必要组成部分，光源的特性对干涉型光纤传感器的性能往往起到关键作用。光源的谱宽决定了光信号的相干性，宽谱光源只能用于对称性或互易性好的光路结构中，而对称性不好的光路必须采用窄带的光源；光源的偏振度与干涉信号中的直流分量、光路的偏振噪声等相关；光源的功率与光学噪声、光源的动态特性、信号调制及启动时间等相关，所以光源特性和应用技术是干涉型光纤传感器研究中的一项关键技术。半导体光源的种类较多，不同光源的特性差异较大，因此半导体光源特性及应用技术研究非常重要。

8.4.1　半导体光源的主要特性

1. 输出光功率特性

图 8.9 给出了 LED、SLD 和 LD 的 P-I(输出光功率-驱动电流)关系曲线，在低注入电流(小于阈值电流)时，由于自发辐射占优势，LED、SLD 和 LD 的 P-I 曲

线十分相似，输出功率都是随注入电流的增大而线性增加；当注入电流超过 LD 的阈值电流时，由于受激辐射占优势，LD 的输出光功率急剧上升；而对于 SLD 来说，由于没有光学谐振腔，自发辐射光子只是受到了单程的受激光放大，所以没有像 LD 那样明显的拐点(阈值电流)，但随着注入电流的增大，输出光功率也呈现线性增加的趋势。

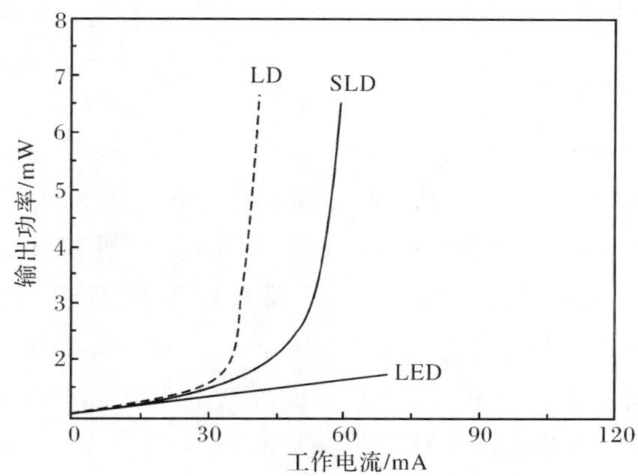

图 8.9　LED、SLD、LD 的 P-I 曲线

1） LD 的输出功率

LD 的输出光功率是驱动电流的函数[6]，即

$$P = P_{th} + \frac{\eta_d h\nu}{e}(I - I_{th}) \tag{8-29}$$

式中，P、I 分别为激光器的输出光功率和驱动电流；P_{th}、I_{th}分别为相应的阈值功率和阈值电流；$h\nu$、e 分别为光子能量和电子电荷；η_d为电光转换效率。由图 8.9 可以看出，当注入电流超过阈值电流 I_{th}时，受激辐射光随着电流增大而线性增大。

LD 的输出功率随着温度的变化而变化，主要原因是，随着温度的升高，阈值电流 I_{th}随之变大，电光转换效率 η_d 随之减小，这都将造成输出功率明显下降；并且，随着温度的升高，LD 将达到一个热饱和功率，并在驱动电流继续增大时发生光学灾变，最终器件彻底失效。

2） LED 的输出功率

LED 的工作特性与其所用的材料和具体的结构密切相关，其输出功率直接取决于有源区的有效电子密度，而电子密度又是表面复合速率、有源层厚度、载流子扩散长度以及有源层自身吸收速率的函数。因此，LED 的输出光功率可以表示为驱动电流和电子密度的函数[6]，即

$$P = \frac{\eta hc}{e\lambda}I \tag{8-30}$$

式中，I 为驱动电流；η 为量子效率；h 为普朗克常量；c 为光速；e 为电子电荷；λ 为光波长。由上式可以看出，LED 为非阈值器件，LED 输出光功率与注入电流成正比，而实际器件都会出现明显的非线性，通常根据需要采用一些线性化电路技术（如预校准线性化或负反馈）使 LED 获得线性工作特性。

3）SLD 的输出功率

当驱动电流大于阈值电流时，SLD 光源管芯输出功率经验表达式为[7]

$$P = S_0 \exp\left[\frac{-(T-25)}{T_1}\right]\left[I - I_0 \exp\left(\frac{T-25}{T_0}\right)\right] \tag{8-31}$$

式中，I_0 为 25℃下的阈值电流；S_0 为 25℃下的 P-I 曲线斜率；T 为工作温度；T_0 为阈值电流特性的特征温度；T_1 为 P-I 曲线斜率特性的特征温度。

由于器件结构和半导体材料的温度效应，SLD 光源管芯的输出光功率与温度有较强的相关性，长波长光源比短波长光源对温度更敏感。在高驱动电流下，SLD 光源管芯的输出功率更易受温度影响（图 8.10），温度升高时，输出功率下降，对于相同的驱动电流，低温下输出功率明显增大。在实际的使用中，需要对 SLD 光源进行自动温度控制或者自动功率控制以保证输出功率的稳定性，自动温度控制的温度一般为 25℃。一般来说，由于短波长器件的俄歇（Auger）效应相对较弱，所以 850nm SLD 光源通常采用自动功率控制，而 1310nm SLD 光源多数采用自动温度控制。

SLD 光源的管芯输出功率主要与驱动电流和管芯工作温度相关。在实际应用中，通常采用恒流和温度控制电路来控制 SLD 光源管芯的注入电流和温度，确保其注入电流及温度在环境温度变化的情况下保持稳定，一般来说 0.1℃的控制精度即能满足大多数应用。

2. 偏振特性

光源的偏振特性与增益区介质结构密切相关，可以是偏振平行于结平面的 TE 模（或垂直于结平面的 TM 模）偏振占主导地位，也可以是偏振无关的，前一种常称为高偏振光源，后一种称为低偏振光源。一般高偏振光源消光比可达 10dB 以上，低偏振光源的消光比则可低于 1.0dB。对于 LD 来说，一般输出光为单一的 TE 模或 TM 模，属于高偏振光源；SLD 光源输出的是部分偏振光，图 8.11 为典型 SLD 低偏振光源的光谱图，TE 和 TM 的功率比近似为 1。通常用偏振度来表征偏振光在总光强中所占的比重，它还与工作电流相关，如图 8.12 所示。在测试偏振特性时，通常要选用和实际应用相同的注入电流，并对 SLD 光源管芯施加温控。

衡量光源偏振特性的主要指标除了偏振度，还经常用到消光比。偏振度的测量是通过在光源的输出端接入一个偏振器，偏振器旋转一周过程中检测到的光源最大、最小输出功率为 I_{max} 和 I_{min}，则偏振度为

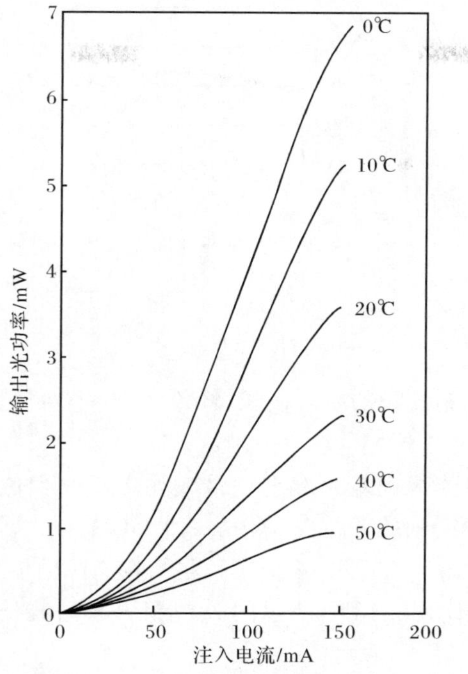

图 8.10　1.3μm SLD 光源管芯输出功率随温度变化关系

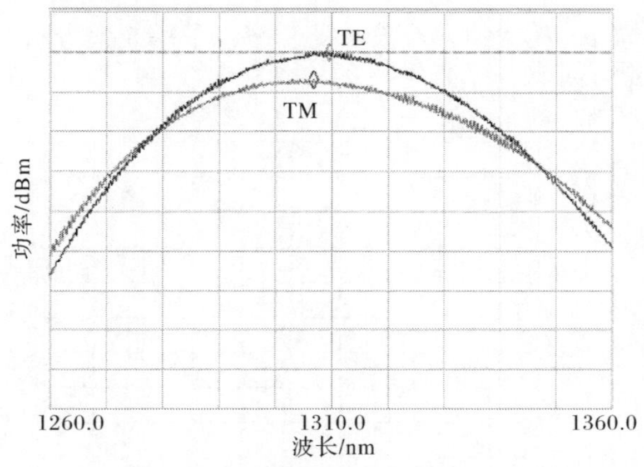

图 8.11　SLD 光源的 TE 模和 TM 模的光谱

$$d = \frac{I_{\max} - I_{\min}}{I_{\max} + I_{\min}} \times 100\% \tag{8-32}$$

消光比的计算公式为

$$ER = 10\lg(I_{\max}/I_{\min}) \tag{8-33}$$

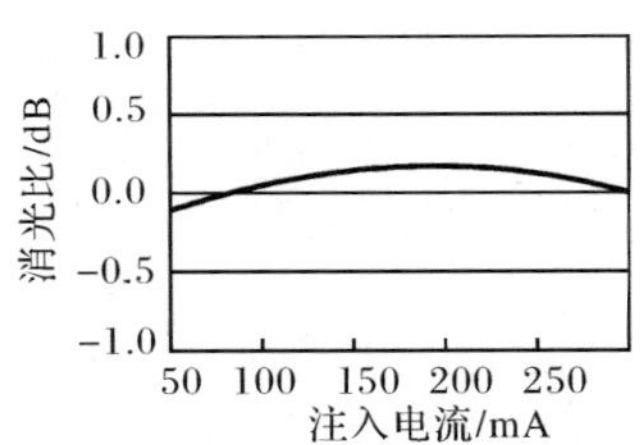

图 8.12　SLD 光源消光比与工作电流关系

3. 光谱相关特性

光谱相关特性包括光源的中心波长、峰值波长、平均波长、光谱宽度和光谱调制度等参数。

中心波长是指在光源的输出光谱中最大输出功率半值点对应的两波长的平均波长，即图 8.13 中所示的 λ_c 位置，其中 λ_1 和 λ_2 就是最大功率半值点所对应的两波长，中心波长 $\lambda_c=(\lambda_1+\lambda_2)/2$。峰值波长是指在光源的输出光谱中，对应最大输出功率的光谱波长，即图 8.13 中所示的 λ_p 位置。平均波长是指光源所有光谱分量的加权平均值，可以表示为

$$\lambda_{\text{mean}}=\frac{\sum \lambda_n \cdot P_n}{\sum P_n} \tag{8-34}$$

式中，λ_n 为第 n 个波长；P_n 为第 n 个波长的功率。采用光谱分析仪进行测试时，可以直接显示光谱平均波长值。

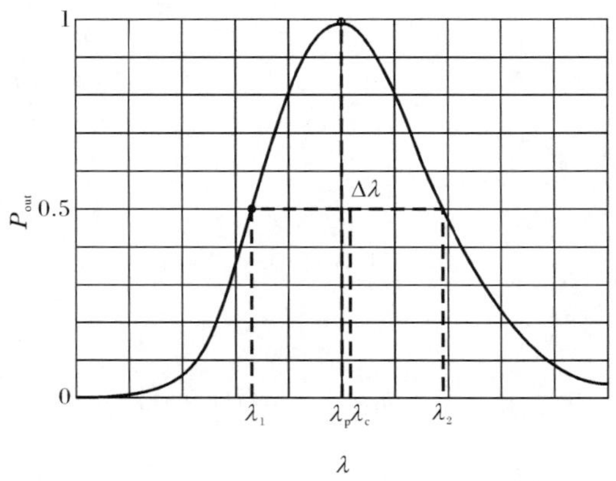

图 8.13　SLD 光源输出光谱

光谱宽度是指在光源的输出光谱中，最大峰值功率下降 3dB 处对应的两波长间距，即 3dB 带宽(图 8.13)，光谱宽度 $\Delta\lambda=\lambda_1-\lambda_2$。由光谱分析仪可直接显示光

谱宽度值。

光谱调制度(spectrum modulation)也称为光谱波纹(ripple),是指光源光谱中周期性波动的最大值,以 dB 为单位。图 8.14 所示为在用光谱分析仪测试时,可在对数坐标下直接测量出光谱调制度的数值大小。

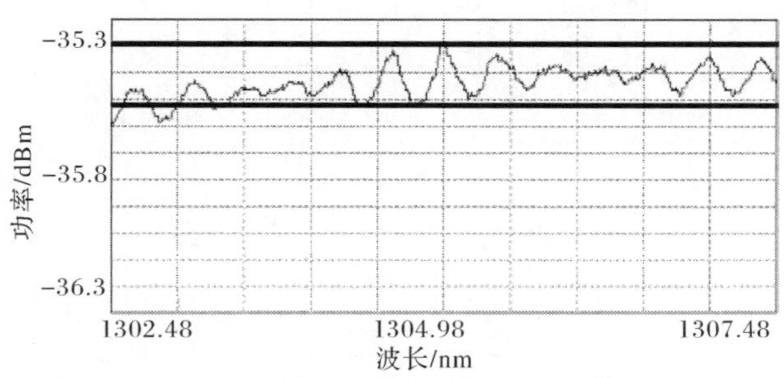

图 8.14　光谱调制度示意图

在既定的光路中,光的相位和波长成反比关系,波长的变化意味着光相位的变化。因此必须保证光自离开光源到被探测器接收过程中波长的稳定性。半导体光源的波长是由半导体材料的带隙决定的,而带隙是随温度变化的,GaAlAs 基半导体光源波长随温度红移量的典型值为 0.26nm/K,GaInAsP 基半导体光源平均波长温度漂移系数约 0.4～0.5nm/K。从半导体光源本身而言发射波长随温度的变化是很难避免的。

LD、LED、SLD 三种光源的辐射波长和光谱宽度也都受到温度的影响,随着温度的升高,辐射波长向长波长段漂移,同时光谱宽度增加。这与有源区材料的带隙随温度的变化有关,温升引起载流子热运动加剧、带隙减小,从而使辐射波长红移。

对于 LED,其非辐射发光的特性决定光谱宽度比 LD 要宽的多,一般来说,LED 光谱宽度与半导体材料、基本结构和温度等因素有关,谱宽和温度的关系可由式(8-28)表示。在室温工作和波长 800～900nm 时,谱线宽度通常为 25～40nm,而对于波长在 1100～1800nm 的小带隙材料 LED,谱线宽度有增加到 50～160nm 的趋势。

图 8.15 是 830nm SLD 光源中心波长和光谱宽度与温度的关系曲线,图 8.16 是 1310nm SLD 光源中心波长与温度的关系图。另外 SLD 光源的光谱性能参数也与注入电流相关,中心波长通常随着注入电流的增大而减小,如图 8.17 所示。

在实际应用中,通过特定的光源控制电路,光源一般工作在恒定的注入电流和温度下,并且采用温控装置对半导体光源芯片的温度进行控制,所以中心波长的变化可以满足一般要求。但对于高精度光纤传感器,即使是采用热电制冷器的半导体光源,由于控温精度的限制,其波长的稳定性仍然难以满足要求。

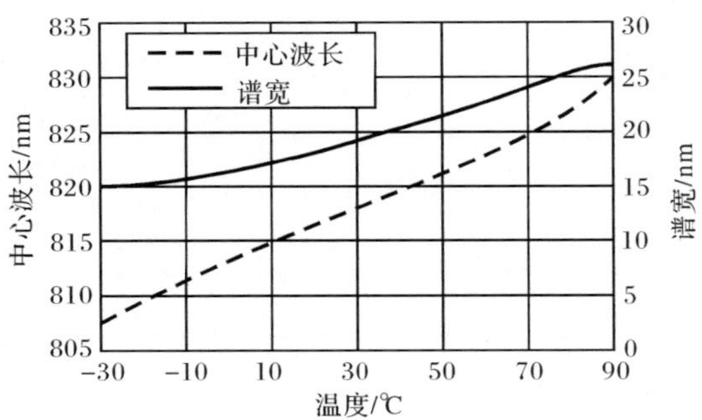

图 8.15　830nm SLD 中心波长和光谱宽度与温度的关系曲线

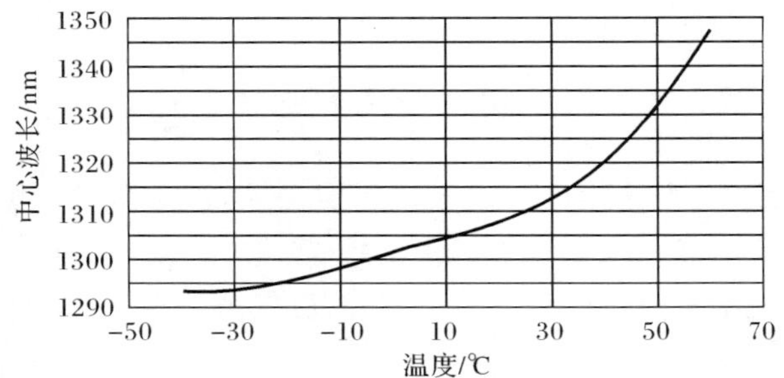

图 8.16　1310nm SLD 中心波长与温度的关系图

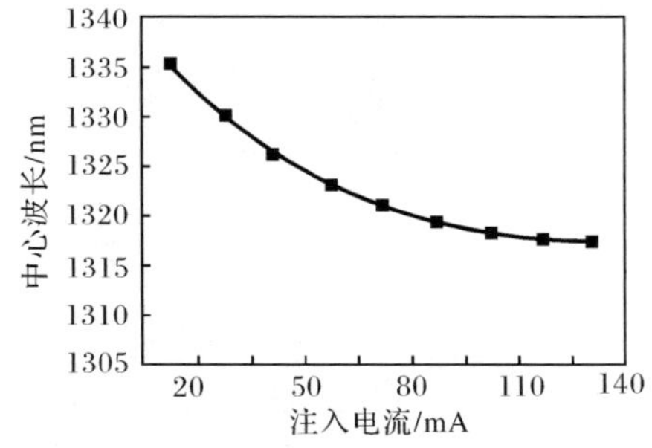

图 8.17　SLD 光源中心波长与注入电流的关系

半导体光源的光功率、偏振度、光谱相关性能参数可通过光功率计、偏振计、光谱仪直接测量。

4. 远场特性

远场特性是指距离输出腔面一定距离的光束在空间的分布形态，通常用光束发散角来表征分布特性，一般取垂直和平行于结平面两个方向上的输出功率半最大值全宽对应的角度。无论是 LD、LED 还是 SLD 光源，在实际应用中，都大量涉及与圆形截面光纤的高效率耦合，因而总是希望它们的光束空间分布是圆对称的，但实际上，这三种光源或是光束发散角过大，或是光斑形状不对称，在与光纤耦合方面都存在一定的难度。

LD 有源层很薄且长宽差别较大，因而光束发散角很大且光强分布（光斑形状）也不对称。垂直于结平面方向的发散角较大，一般为 30°～40°，平行于结平面方向的发散角较小，一般为 10°～20°。在进行光纤耦合的时候，需要通过光束整形或压缩等手段，尽量提高与圆形截面光纤的耦合效率。

虽然都属于 LED，但面发射（SLED）和边发射（ELED）由于结构的不同，在光斑形状上有很大差别。对于 SLED，为了获得高辐射出光，发光区被限制在器件中的径向尺寸与光纤芯径相当的有源区范围内，为了防止自发辐射光被大量吸收，在衬底上刻蚀一个阱，使光纤靠近发光区域，达到高的耦合效率。一般来说，SLED 光束发散角为 120°的圆对称分布，由于发散角过大，与光纤的耦合效率不高。此外，ELED 输出光是从有源层边发出的，与结平行方向光束发散角为 120°，而与结平面垂直方向的发散角为 30°左右，提高了与光纤的耦合效率。

在 SLD 芯片中，由于有源区厚度与条宽之比差异很大，使得光束的水平方向和垂直方向的光束发散角的差异也很大。另外，水平方向和垂直方向的发散角与 SLD 光源的注入电流的关系也是需要考虑的因素。图 8.18 给出了 SLD 光源的辐射光束远场特性随电流变化的关系图。由图 8.18 可以看出，注入电流对光束的远场特性影响较小，这对于 SLD 光源的使用是非常有利的。

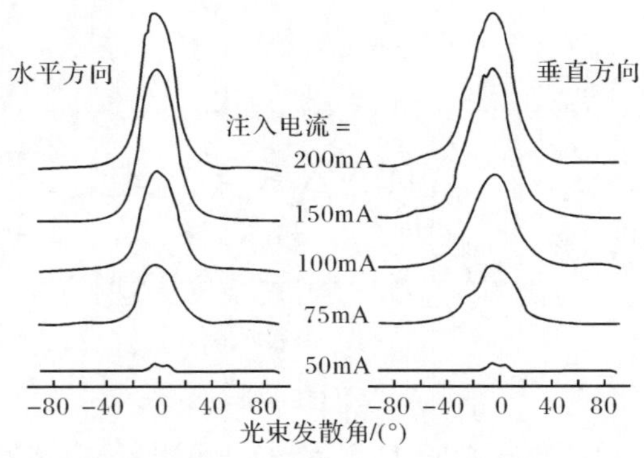

图 8.18　SLD 光源的水平和垂直方向输出光束发散角与注入电流的关系图

5. 调制特性

在光源启动或调制时，在恒定电流的注入瞬间，光子输出经历一个振荡的过程最后达到稳态输出，这种现象称为弛豫振荡。当阶跃电流脉冲加到激光器上后，电子密度迅速增大，达到阈值后开始输出光子，注入电流使电子密度增大，受激复合不断进行，光子密度不断增大，直到光子密度达到稳态值，此时电子密度达到最大值，即停止填充过程。但过量存储的电子使得受激复合仍然继续，这样光子密度仍然不断增大，直到达到最大值。而电子密度因为消耗而不断减小，当电子密度降到阈值以下时，光子密度迅速下降，此时注入电流开始新一轮的填充。由于电子的存储效应，此时的填充比上一轮填充时间短。这样的振荡过程重复多次，直到输出光功率达到稳态，该演变过程如图 8.19 所示[8]。

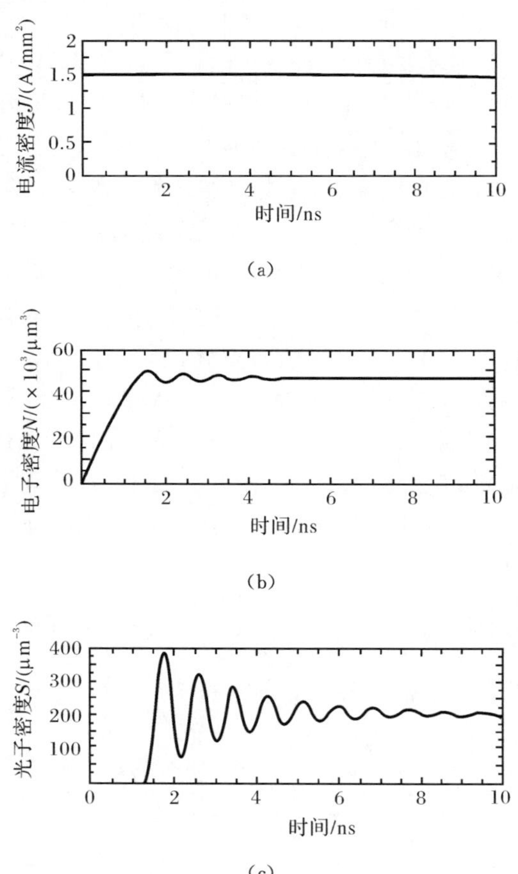

图 8.19 在光源启动初期电子密度、光子密度随时间的变化趋势

(a) 电流密度；(b) 电子密度；(c) 光子密度

在用两个连续的脉冲序列对激光器进行轻度调制时，第一个脉冲的延迟时间较大，因而幅度和宽度较小，而第二个脉冲的延迟时间较小，幅度和宽度较大，这种现象称为码型效应。此效应如图 8.20 所示。这是因为第一个电流脉冲过后，有源层中的电子通过复合回到初始值，需要一个相应于自发复合寿命时间 τ_{sp} 的时间过程。如果两个脉冲间隔小于 τ_{sp} 则第二个脉冲到来时，前一个电流脉冲注入的

电子并未完全复合而消失，使得有源层中的电子密度大于第一个电流脉冲达到时的值，从而延迟时间缩短，导致输出光脉冲的幅度和宽度增加。码型效应的特点是在脉冲序列的多个“0”码之后出现的“1”码，其幅度显著下降，调制速率越高，码型效应越明显。

抑制码型效应最简单的方法是提高直流偏置电流，当直流偏置电流在阈值附近时，脉冲过后的有源区里电子密度变化不大，从而使延迟时间和幅度基本上变化不大。

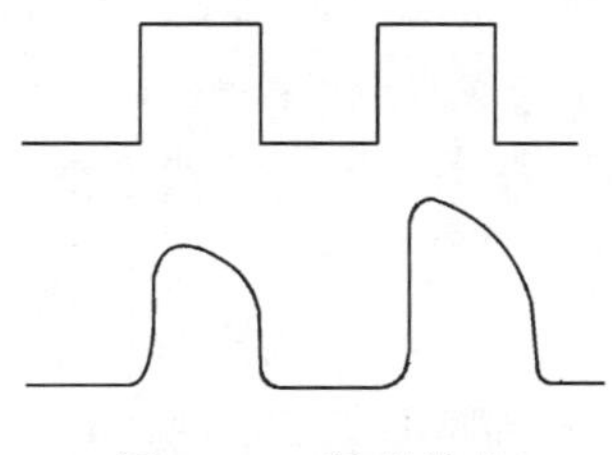

图 8.20　码型效应

当激光器的注入电流较低时，发射的光谱为较宽的自发辐射谱，当注入电流超过阈值以后，腔内增益大于损耗，形成振荡，输出一个或几个分立谱线组成的受激辐射谱。随着注入电流的增加，功率向主模集中，边模数量和幅度降低，主模向长波长方向移动。当电流增加到某特定值时，主模有可能跳变到相邻的边模上。

单纵模激光器在高速强度调制时，注入有源区的电子密度不断变化，导致折射率的变化，使激光器的输出波长和强度都发生变化，在调制脉冲的上升沿向短波长漂移，在调制脉冲的下降沿向长波长漂移，从而使输出谱线展宽，这种动态谱线加宽现象称为啁啾(chirp)。

对单纵模激光器动态调制时，输出光功率 $P(t)$变化所引起的激光频率变化可近似表示为

$$\Delta\nu = \frac{\alpha}{2\pi}\left[\frac{\mathrm{d}\ln P(t)}{\mathrm{d}t} + \kappa P(t)\right] \tag{8-35}$$

式中，α 为线宽增强因子；κ 为与激光器结构和材料特性有关的器件常数。

为了降低频率啁啾，可以降低 α，也可以把偏置电流提高到阈值以上，使调制电流没有进入光功率迅速变化区域，这样会使消光比变差。另外提高弛豫振荡频率也有利于降低频率啁啾。

6. 光源的抗辐照特性

随着光纤传感器在空间和核辐照环境中应用范围的不断扩大，需要对半导体光源如发光二极管、半导体激光器等的抗辐照特性进行研究。

1）质子和高能粒子辐照

随着质子辐照剂量的增加，LED的发光强度显著下降，但是当3MeV粒子总剂量达到3.17×10^{13}cm^{-2}时，LED的发射波长和光谱宽度几乎都没有变化，这主要是因为电离辐照引入的非辐射复合中心对LED的发光强度具有明显的作用，而对I-V曲线特性影响不大。质子辐照试验还表明量子阱结构LED的抗辐照能力要比一般结构LED的抗辐照能力强，且量子阱结构LED器件之间的辐照损伤差异要比双异质结的小，即量子阱结构LED器件的抗辐照的重复性比较好[9]。

质子辐照对不同材料的器件的影响不尽相同。如InP/InGaAsP 1550nm的LD，其辐照损伤主要是对阈值电流的影响，而对外微分量子效率几乎没有影响；GaAs/AlGaAs 650nm LD辐照损伤对外微分量子效率影响很大，而对阈值电流的影响相对较小[10,11]。

2）中子辐照

对1.3μm InGaAsP双沟平面掩埋异质结构和$In_{0.76}Ga_{0.24}As_{0.55}P_{0.45}$多量子阱结构的半导体激光器分别进行1MeV的中子辐照试验。辐照后器件的阈值电流增加，光输出功率随着中子注量的增加而退化严重。通过深能级瞬态谱（DLTS）观察了量子阱有源区的深能级缺陷（温度77～300K）的分布，经过1×10^{16}n/cm^{2}注量的中子辐照后，量子阱有源区材料中出现了两个俘获空穴的深能级陷阱H1（Ev+0.25V）和H2（Ev+0.49V）。随着辐照温度的增加，器件性能的改变和辐照缺陷产生的速率降低，这些与空位缺陷的特征相符[12]。

3）γ射线总剂量辐照

采用Co^{60} γ射线对InGaAsP系SLD器件进行了总剂量辐照试验，剂量率为50rad(Si)/s，总剂量为1×10^5rad(Si)。对辐照前后器件的特性参数进行了测试，发现总剂量在1×10^5rad(Si)的范围内辐照时，SLD的输出功率基本保持不变，其他的参数如正反向电压和发光光谱也基本不变。

8.4.2 半导体光源的应用要求

1. 光功率与光学噪声的关系

光具有波粒二象性，当把光场作为连续的经典电磁场研究时，它的振幅、相位、强度的随机涨落称为经典涨落；当把光场量子化后可以看成是一系列的光子，在这种粒子图像中存在量子涨落，是由光的量子本性决定的。光的产生和检测过程都是光子与物质的相互作用过程。光子和物质的相互作用本质上以一种无规则或随机的方式进行，时间间隔T内发射或接收的光电子数目是随机涨落的，这种涨落就是量子涨落，即使光强恒定不变，时间T内的光电计数次数也是一个随机变量。量子涨落在光探测结果中会引入散粒噪声和附加噪声，构成光纤传感器中的一个重要噪声源。量子噪声是不可避免的，所以光电系统的检测极限能力是系统的量子噪声等效敏感量。

量子噪声可以表示为

$$\sigma^2 = 2eB\langle I\rangle + \langle I\rangle^2 B/\Delta\nu \tag{8-36}$$

式中，I 是探测器平均光电流；$\langle\ \rangle$ 表示时间平均；e 是电子电荷；B 是探测器检测带宽；$\Delta\nu$ 是超荧光光纤光源的频谱宽度。等式(8-36)中右侧第一项为散粒噪声，第二项为强度噪声，强度噪声分量和到达探测器的光电流均值平方成正比，而散粒噪声分量仅和光电流成正比。

研究表明，采用宽带光源时(如超辐射发光二极管)，探测器接收信号的信噪比(SNR)可表示为

$$\mathrm{SNR} = \frac{\langle I\rangle}{2eB + \langle I\rangle \dfrac{B}{\Delta\nu}} \tag{8-37}$$

为了排除探测器带宽对测试的影响，通常要分析探测器单位带宽内信噪比的变化规律。也即将式(8-37)左右两边均乘以探测器带宽 B，得到

$$\mathrm{SNR} \times B = \frac{\langle I\rangle}{2eB + \langle I\rangle \dfrac{B}{\Delta\nu}} \times B = \frac{\langle I\rangle}{2e + \dfrac{\langle I\rangle}{\Delta\nu}} \tag{8-38}$$

用对数表示为

$$\mathrm{SNR}' = 10 \times \lg(\mathrm{SNR} \times B) = 10 \times \lg\left(\frac{\langle I\rangle}{2e + \dfrac{\langle I\rangle}{\Delta\nu}}\right) \tag{8-39}$$

对于同一光源，当探测器平均电流$\langle I\rangle \ll 2e\Delta\nu$ 时，散粒噪声是主要噪声，信噪比随着平均电流增大而增加 $\mathrm{SNR}' \propto \langle I\rangle$；当平均电流$\langle I\rangle \gg 2e\Delta\nu$ 时，相对强度噪声是探测器主要噪声，信噪比将趋于常值 $\Delta\nu$。由此可见当探测器电流达到一定值后，宽带光源的频谱宽度 $\Delta\nu$ 是探测器输出信号信噪比的决定因素[13]。

散粒噪声是由光电子发射的随机发生引起的，和平均入射功率成正比。强度噪声与入射能量平方成正比，与光与物质的相互作用无关，由入射光场的经典涨落引起。当散粒噪声在量子噪声中占主导地位时，光功率越大，系统信噪比越高，但如果光功率超过某一值时，光源的强度噪声会超过散粒噪声，并且信噪比不再随功率的增大而提高。

2. 光源偏振度与干涉型光纤传感器性能的关系

光的干涉实质上是偏振光之间的干涉，发生干涉的偏振态应尽量具有相同的偏振方向，两个正交偏振态之间不能发生干涉。在干涉型光纤传感器中，为了获得高的干涉信号清晰度，希望光路中只传输一个偏振态，但实现纯粹的单偏振光

路比较困难，而且即使采用了单偏振光纤，其较差的抗环境扰动能力也很难具有实用价值。在实际应用中更多地采用保偏方案。在保偏方案中，实际的干涉信号除了和保偏光路的偏振保持能力相关外，还和光源的偏振度相关。

对于如图 1.2 所示的马赫-曾德尔干涉仪，干涉仪采用保偏光路，分束器为 3dB 耦合器，光源的偏振度为 d，则总可以找到一对坐标，在该坐标中光源的输出光场表示为

$$\boldsymbol{E}_0 = \begin{bmatrix} \sqrt{\dfrac{1+d}{2}} \\ \sqrt{\dfrac{1-d}{2}} \end{bmatrix} \tag{8-40}$$

保偏光路中两个偏振轴的折射率分别为 n_1，n_2，敏感信号在两个偏振方向上引起的相位变化为 φ_1，φ_2，则发生干涉的两束光为

$$\boldsymbol{E}_1 = \frac{1}{2}\begin{bmatrix} \sqrt{\dfrac{1+d}{2}} \\ \sqrt{\dfrac{1-d}{2}} \end{bmatrix} \tag{8-41}$$

$$\boldsymbol{E}_2 = \frac{1}{2}\begin{bmatrix} \sqrt{\dfrac{1+d}{2}}\mathrm{e}^{-\mathrm{j}(n_1\Delta L+\varphi_1)} \\ \sqrt{\dfrac{1-d}{2}}\mathrm{e}^{-\mathrm{j}(n_2\Delta L+\varphi_2)} \end{bmatrix} \tag{8-42}$$

式中，ΔL 为干涉仪两个臂的长度差，此处忽略了两臂和两正交偏振态的公共相移。

干涉仪的干涉信号强度为

$$\begin{aligned} I &= \mathrm{rank}[(\boldsymbol{E}_1+\boldsymbol{E}_2)(\boldsymbol{E}_1+\boldsymbol{E}_2)^{\dagger}] \\ &= \frac{1}{2}\left[1+\frac{1+d}{2}\cos(n_1\Delta L+\varphi_1)+\frac{1-d}{2}\cos(n_2\Delta L+\varphi_2)\right] \end{aligned} \tag{8-43}$$

式中，rank 为矩阵的秩；† 表示矩阵的转置共轭。

若光源为单偏振，即 $d=1$，则干涉信号强度为

$$I = \frac{1}{2}[1+\cos(n_1\Delta L+\varphi_1)] \tag{8-44}$$

当光源偏振度 $d=0$，即输出自然光时，干涉信号强度为

$$I = \frac{1}{2}\left[1+\frac{1}{2}\cos(n_1\Delta L+\varphi_1)+\frac{1}{2}\cos(n_2\Delta L+\varphi_2)\right] \tag{8-45}$$

此时干涉信号实际包含了两个有效信号，相互构成检测噪声。

如果光源偏振度 $d=0$，且两个偏振轴对外界敏感量的响应相同，$\varphi_1=\varphi_2=\varphi$，则干涉信号强度为

$$I=\frac{1}{2}\left[1+\cos\left(\frac{n_1+n_2}{2}\Delta L+\varphi\right)\cos\left(\frac{n_1-n_2}{2}\Delta L\right)\right] \tag{8-46}$$

和式(8-44)相比，干涉信号中的交流分量(有效信号)的振幅减小。

如果光源偏振度为 d，且 $\varphi_1=\varphi_2=\varphi$，干涉信号强度为

$$\begin{aligned}I&=\frac{1}{2}\left[1+\frac{1+d}{2}\cos(n_1\Delta L+\varphi_1)+\frac{1-d}{2}\cos(n_2\Delta L+\varphi_2)\right]\\&=\frac{1}{2}[1+K\cos(\varphi+\varphi_d)]\end{aligned} \tag{8-47}$$

式中，

$$K=\sqrt{\left[\frac{1+d}{2}\cos(n_1\Delta L)+\frac{1-d}{2}\cos(n_2\Delta L)\right]^2+\left[\frac{1+d}{2}\sin(n_1\Delta L)+\frac{1-d}{2}\sin(n_2\Delta L)\right]^2}$$

$$\cos\varphi_d=\frac{\frac{1+d}{2}\cos(n_1\Delta L)+\frac{1-d}{2}\cos(n_2\Delta L)}{K}$$

因为 $K\leqslant 1$，所以和式(8-44)相比，干涉信号中的交流分量(有效信号)的振幅降低。

3. 光谱与光源相干性的关系

光的干涉程度可以通过空间相干性和时间相干性进行表征。空间相干性描述干涉源尺寸对干涉效果的影响，当干涉源尺寸较大时，不同部位的光在同一干涉点发生干涉时的相位差不同，从而降低了干涉条纹的可见度。时间相干性描述的是干涉源的光谱宽度对干涉效果的影响，当干涉源不是单色光源，而是发出含有多个波长的光时，每个波长都会形成自己独立的干涉条纹，不同波长间除零干涉级外，其他干涉级位置并不相同，从而降低了干涉条纹的可见度。光纤的直径较小，可以忽略空间相干性，而只考虑时间相干性。下面引入相干函数来对光波的时间相干性进行定量地说明。

对于以波长 $\overline{f}$ 为中心的对称型光谱，可以设以原点为中心波长的归一化功率谱密度函数

$$\alpha_c^2(f)=\alpha^2(f+\overline{f}) \tag{8-48}$$

定义其归一化相干函数为

$$\gamma(\tau)=\frac{\Gamma_{12}(\tau)}{\sqrt{\Gamma_{11}(0)\Gamma_{22}(0)}}=e^{2j\pi\overline{f}\tau}\Gamma_c(\tau) \tag{8-49}$$

式中，$\Gamma_c(\tau)=\int_{-\infty}^{+\infty}\alpha_c^2(f)e^{2j\pi f\tau}df$；$\Gamma_{ij}(\tau)=\langle E_i(t)E_j(t-\tau)^*\rangle$；$\tau$ 为发生干涉的光束间的时延差；$E_i(t)$ 为光束 i 的电场分量。因此，干涉光强度可表示为

$$I=I_1+I_2+2\sqrt{I_1I_2}\,\mathrm{Re}[\gamma(\tau)] \tag{8-50}$$

在干涉型光纤传感器应用中，光源的相干性是一个重要的参数，由相干函数

来定量描述。由相干函数的定义可知光源的相干性和光谱宽度、光谱形状、光谱调制等因素有关。理想的光源光谱为高斯型光谱，对应的自相干函数也为高斯函数，分别为

$$I_G(f) = \frac{1}{\sqrt{2\pi}\sigma}\exp\left[-\frac{(f-f_0)^2}{2\sigma^2}\right] \tag{8-51}$$

$$\gamma_{cG}(\tau) = \exp(-\tau^2/4\tau_c^2) \tag{8-52}$$

式中，σ 为高斯光谱宽度；f_0 为中心频率；$\tau_c=1/(2\pi\Delta f)$ 为光波的相干时间，Δf 为频率表示的光谱均方根宽度。可见高斯型光谱光源的自相干函数仅有一个主相干峰。

而矩形、三角形与抛物线三种谱型对应的相干函数为[14]

$$\gamma_R(\tau) = \text{abs}\{\exp(\text{j}f_0\tau)(P_a-P_\varepsilon)\sqrt{2/\pi}[\sin(\Delta f\tau/2)]/\tau+P\} \tag{8-53}$$

$$\gamma_T(\tau) = \text{abs}\{\exp(\text{j}f_0\tau)\sqrt{2/\pi}(P_a-P_\varepsilon)/\Delta f\sin(\pi/2)/\tau^2+P_a+P_\varepsilon\} \tag{8-54}$$

$$\begin{aligned}\gamma_P(\tau) = \text{abs}\Big\{&\exp(\text{j}f_0\tau)\frac{-b}{\sqrt{2\pi}}\frac{(\Delta f)^3}{3}[{}_1F_1(3,4,\text{j}\Delta f\tau)+{}_1F_1(3,4,-\text{j}\Delta f\tau)]\\&+\exp(\text{j}f_0\tau)\frac{-2bf_0}{\sqrt{2\pi}}\frac{(\Delta f)^2}{2}[{}_1F_1(2,3,\text{j}\Delta f\tau)\\&+{}_1F_1(2,3,-\text{j}\Delta f\tau)]+b_1+\varepsilon\Big\}\end{aligned} \tag{8-55}$$

式中，$|\tau|<\Delta\tau$，$\Delta\tau=c/\text{d}f$，$\text{d}f$ 为光谱的频率间隔；${}_1F_1(\alpha,\gamma,z)$ 为库默尔(Kummer)函数；P_a、P_ε 为光谱中最大和最小功率；a、b、b_1、ε 分别为表征光谱形状的常数。取光谱的半高全宽为 40nm，高斯型、矩形、三角形与抛物线四种谱型的光谱及其相干函数分别如图 8.21(a)～(d)所示。

与高斯型光谱相比，矩形、三角形与抛物线形光谱中均含有密集的次相干峰，上包络线与高斯型光谱的相干函数形状相同，但是由于幅值上远大于高斯型光谱，这就使得光程差为 0.5mm 的相干度与高斯型光谱相比分别增大了 43dB、29dB、29dB。

半导体光源光谱中不可避免都存在一定的光谱调制，光源的光谱调制来自于宽带光源中未完全抑制掉的激射部分，主要是由于谐振腔的存在而产生的。光谱调制在相干函数中表现为明显的次相干峰。除此之外，光波在传感器光路的传播过程中也会产生光谱调制增大的现象。含光谱调制(ripple)的高斯光谱可简化表示为

$$I_G(f) = \frac{1}{\sqrt{2\pi}\sigma}\exp\left[-\frac{(f-f_0)^2}{2\sigma^2}\right]\left\{1+k\sin\left[\frac{2\pi(f-f_1)}{\Delta f}\right]\right\} \tag{8-56}$$

式中，k 为光谱调制度；f_1 为光谱的起始频率；Δf 为光谱调制周期。

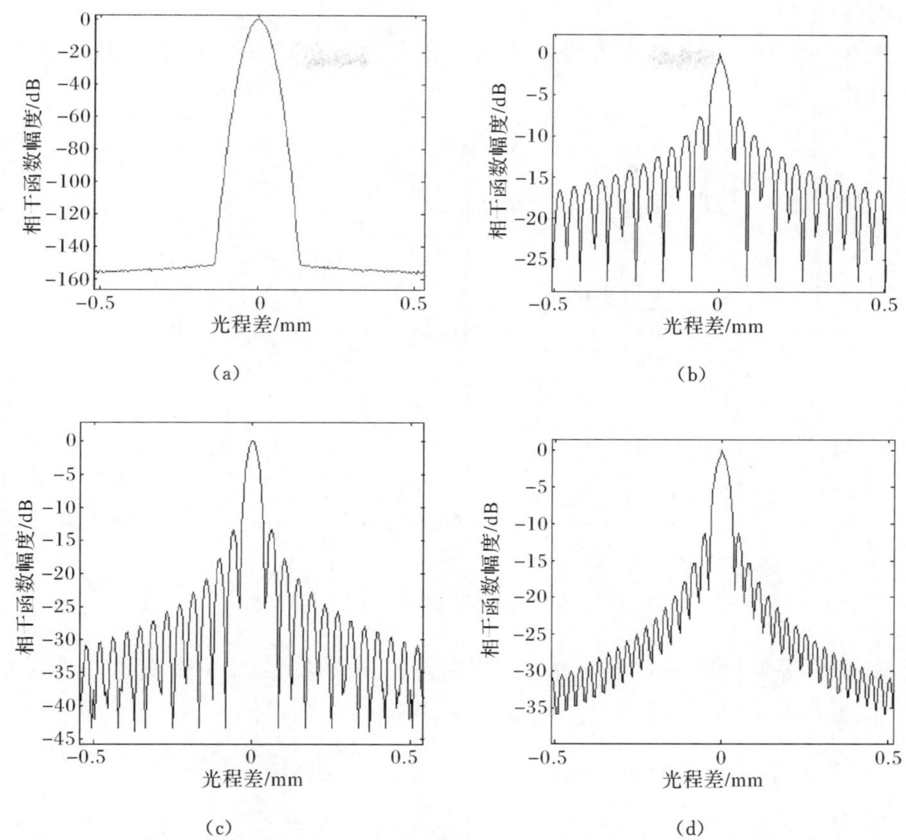

图 8.21　谱宽 40nm 的高斯型(a)、矩形(b)、三角形(c)、抛物线型(d)光谱的相干函数

由式(8-56)可以计算调制度、调制纹波周期、纹波的位置等因素对次相干峰的影响。数值结果表明：

(1) 光谱调制度越大，自相干函数中第一个次相干峰与主相干峰产生干涉造成的误差就越大。

(2) 光谱中光谱调制的周期大小与寄生干涉需要的光程差成反比。

(3) 光谱中间部分的光谱调制对光源相干性影响较大，容易形成较大的次相干峰，而光谱边缘的光谱调制对相干性影响较小。

4. *启动时间*

在一些特殊应用场合要求光纤传感器快速启动，即从通电到进入稳定工作状态的时间很短，有时要求在几秒之内。影响光纤传感器启动时间的因素较多，包括：光纤传感器的整体热设计不合理；光电子器件本身有一个从启动到稳定工作的过程。而限制光纤传感器启动时间的主要因素之一是光源达到稳定输出状态所需的时间。

图 8.22 为采用 SLD 光源的光纤陀螺在启动初期陀螺输出与 SLD 光源光功率的变化曲线。

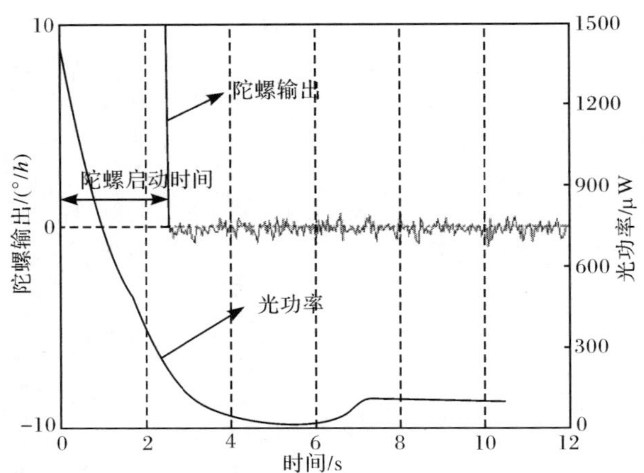

图 8.22　光纤陀螺启动时间与光功率曲线

SLD 光源输出功率的传统数学模型一般采用指数形式，依据该指数模型可得阈值电流 I_{th}和光功率-驱动电流(P-I)曲线斜率 S 的温度形式

$$I_{th}(T)=I_0\exp\left(\frac{T-25}{T_0}\right),\quad S_{th}(T)=S_0\exp\left[\frac{-(T-25)}{T_1}\right]\tag{8-57}$$

当驱动电流大于阈值电流时，视 P-I 曲线为线性关系，SLD 光源输出功率的指数模型为式(8-31)。该模型只适用于驱动电流大于阈值电流、温度范围窄(10～30℃)的情况，高温使用时 T_0、T_1 均需修正。该指数模型可用于静态分析，不适合高低温启动等动态过程的性能分析。

为此，针对某些 1310nm 波长的 SLD 光源，在温度－40～65℃，20～100mA 的驱动电流下，提出了新的 ArcTan 模型，该模型可以表示为[16]

$$P=P_\Delta\cdot\arctan[-(T-T_c)/T_0]+P_c\tag{8-58}$$

式中，P 为 SLD 光源的输出光功率；T_0为特征温度；P_c为 T_c点的光功率；P_Δ为调制函数为 1 时的输出光功率与 P_c差值。其中特征温度 T_0为大于 0 的常值，P_Δ、T_c、P_c是与驱动电流有关的物理量。

当电流恒定时，由 ArcTan 模型得

$$\frac{\partial P}{\partial T}=\frac{T_0P_\Delta}{T_0^2+(T-T_c)^2}\tag{8-59}$$

由上式可知，电流恒定时光功率与温度成反比；又由于 arctan 函数的性质，当温度降低到某一值后，光功率基本不随温度变化。ArcTan 模型可较完整地描述输出光功率与管芯温度的关系。

当温度恒定时，由 ArcTan 模型得

$$\frac{\partial P}{\partial I}=P'_{\Delta}\arctan\left[-\left(T-\frac{T_c}{T_0}\right)\right]+\frac{T_0}{T_0^2+(T-T_c)^2}P_{\Delta}T'_c+P'_c \tag{8-60}$$

$$\left(\frac{\partial P}{\partial I}\right)/\partial T=\frac{-T_0}{T_0^2+(T-T_c)^2}P'_{\Delta}+\frac{-2T_0(T-T_c)}{[T_0^2+(T-T_c)^2]^2}P_{\Delta}T'_c \tag{8-61}$$

根据对 SLD 光源 ArcTan 模型的分析，可知光源输出光功率的温度敏感度 $|\partial P/\partial T|$ 与温度、驱动电流相关，而光源输出光功率的电流敏感度 $|\partial P/\partial I|$ 与温度直接相关，温度越低，则输出光功率对注入电流越敏感。因此，当光纤传感器处于低温时，相同的注入电流下，会输出较大的光功率，引起探测器饱和，使光纤传感器无法正常工作。在高温下，则情况相反，光源输出光功率过小，导致光纤传感器干涉响应信号变得比较微弱，影响光纤传感器的正常工作。传统的恒流控制方式，即给光源提供稳定的注入电流只能确保恒温下光源输出光功率的稳定。因而实际应用中需要对光源的输出光功率和光源温度进行控制[16]。

控制光源输出光功率的技术通常有恒流控制、恒温控制以及恒光功率控制等[15]。

1）恒流控制电路

恒流源电路可以采用模拟电路方式或者数字电路方式产生。常用的模拟电路恒流源如图 8.23 所示。

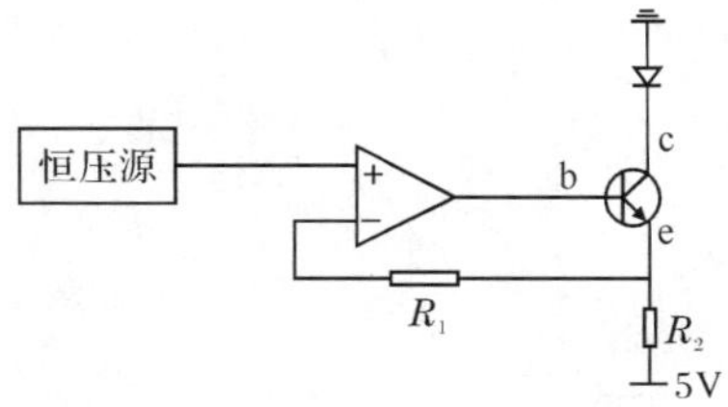

图 8.23　模拟恒流源驱动电路示意图

光源的驱动电流 $I=U/R$，其精度由恒压源和采样电阻 R 共同决定，U 为恒压源输出电压，所以采样电阻的选择很重要，应选用低温度系数功率电阻，也可以采用数字方式，通过高精度 D/A 转换作为恒压源组成数字恒流源电路。

通过恒流源电路可以给光源提供稳定的注入电流，从而减小光源输出光功率随电流的变化，为光源输出稳定的光功率提供了基础。

2）恒温控制电路

光源通常通过热敏电阻、帕尔帖(Peltier)制冷器、热沉实现对光源芯片的温度控制。热敏电阻反映光源组件内部温度信息，通过对制冷器施加正反方向电流实现对组件内部的升温或降温。恒温控制电路设计可以采用如图 8.24 所示的方式。

桥式电路提取温度信息，通过增益调解，控制电流的方向和大小，电流由达林

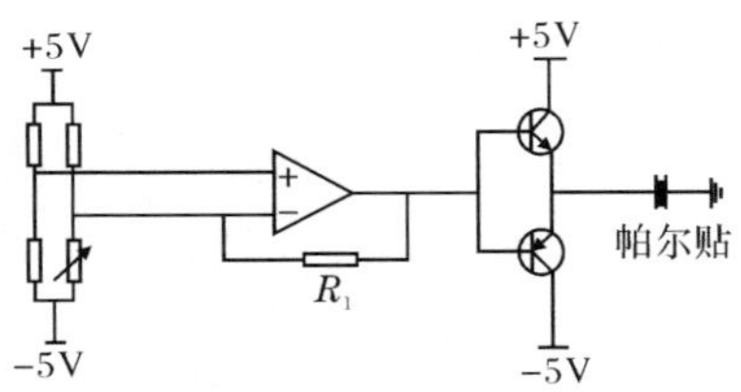

图 8.24　恒温控制电路示意图

顿管提供。温控点的设置是通过桥式电路参数设计来确定,这种控制方式是比例控制方式,为了提高控制精度通常采用比例积分控制方式,以消除静态误差。采用恒温控制以后,可以有效控制光源管芯的温度稳定性。

3）恒光功率控制

恒光功率控制技术是通过直接检测光源输出光功率,然后对驱动电流进行闭环反馈控制,使光源的输出功率保持恒定。为了实现恒光功率控制,光源组件自身带有一个背向探测器,其输出光电流反映光源发光功率,通过对背向探测器输出电流的检测以控制驱动电流,实现光源输出功率的恒定控制。但对于精度要求较高的传感器,检测光源输出功率仍然会产生不能被系统接受的误差,此时需要对到达探测器的光功率进行检测,并将检测结果反馈给光源,保证探测信号的稳定性。

恒光功率控制电路(图 8.25)采用的是比例积分控制方式。其温控控制方式与采用恒流恒温控制时相同,对于无制冷激光器,仅采用恒光功率控制即可。

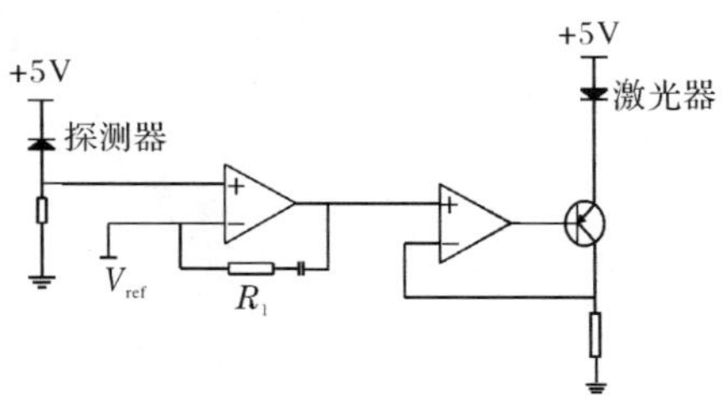

图 8.25　恒光功率控制电路示意图

一般情况下,如果传感器的工作温度范围比较窄,则采用恒流与恒温相结合的控制方案,就可以有效抑制光源输出光功率随温度及注入电流的波动,确保光源输出功率稳定。

如果光源工作在低温(－40℃以下)或高温(60℃以上)下,由于温控部分对光源管芯的加热存在延迟,上电瞬间不能把温度加热或制冷到光源正常工作的温度点,导致光源输出光功率会达到饱和或比较微弱,使得传感器无法正常工作。随着光源温控电路逐渐把温度加热或制冷到光源管芯的工作温度,光源输出光功率逐渐达到正常，此时传感器才能正常工作，因此光纤传感器在低温下不能正常启动，而且存在光源驱动电流过冲的现象，容易损伤光源。恒光功率控制技术可以有效解决这一问题，该方案主要是通过改变注入电流，对光源输出光功率进行控制，如果输出光功率大时，就会减小注入电流，因此可以防止低温下光源输出光功率饱和，在同等精度情况下使传感器的低温启动时间缩短到几秒内，同时可避免光功率过大导致的光源损伤。

参考文献

[1] Casey H C, Panish M B. Heterostructure Lasers. New York: Academic Press, 1978

[2] 江剑平. 半导体激光器. 北京：电子工业出版社，2000

[3] Kashima Y, Kobayashi M, Takano H, et al. High output power GaInAsP/InP superluminescent diode at 1.3μm. Electronics Letters, 1988, 24(24): 1507-1508

[4] Kwong N S K, Lau K Y, Bar-Chaim N. High-power high-efficiency GaAlAs superluminescent diode with an internal absorber for lasing auppression. IEEE Journal Quantum Electronics, 1989, 25(4): 696-704

[5] Chen T R, Eng L, Zhuang Y H, et al. Quantum well superluminescent diode with very wide emission spectrum. Applied Physics Letters, 1990, 56(14): 1345-1346

[6] 胡先志. 光器件及其应用. 北京：电子工业出版社，2010

[7] Ashley P R, Temmen M G, Sanghadasa M. Applications of SLDs in fiber optical gyroscopes. Pro. SPIE, 2002, 4648: 104-115

[8] 李玉权，崔敏. 光波导理论与技术. 北京：人民邮电出版社，2002

[9] Khanna S M, Estan D, Liu H C, et al. 1-15MeV proton and alpha particle radiation effects on GaAs quantum well light emitting diodes. IEEE Transactions on Nuclear Science, 2000, 47(6): 2508-2514

[10] Lee S C, Zhao Y F, Schrimpf R D, et al. Comparison of life time and threshold current damage factors for multi-quantum-well (MQW) GaAs/GaAlAs laser diodes irradiated at different proton energies. IEEE Transactions on Nuclear Science, 1999, 46(6): 1797-1803

[11] Johnston A H, Rox B G, Selva L E, et al. Proton degradation of light-emitting diodes. IEEE Transactions on Nuclear Science, 1999, 46(6): 1781-1789

[12] Ohyama H, Simoen E, Claeys C, et al. Impact of netron irradiation on optical performance of InGaAsP laser diodes. Thin Solid Films, 2000, 364(1): 259-263

[13] 徐建营. 高精度光纤陀螺仪相对强度噪声及其抑制技术研究. 北京：中国运载火箭技术研究院硕士学位论文，2007

[14] 王巍，王学锋，张桂才. SLD 光源谱型对光纤陀螺精度的影响. 科技导报，2006, 24(2): 22-26

[15] 张月清，王立军. 半导体激光器进展. 北京：科学出版社，2002

[16] 李翠华，王巍，张俊杰. 光纤陀螺低温快速启动技术. 中国惯性技术学报，2007, 15(2): 237-240

第 9 章　掺铒光纤有源器件

基于掺铒光纤自发辐射原理的超荧光光源(SFS)具有输出功率高、光谱宽、偏振相关性低等特点,在光纤传感领域广泛应用。由于其光谱较宽,可以减少干涉型光纤传感器的相干背向散射噪声、瑞利散射和克尔效应引起的噪声。另外,高功率、窄线宽的掺铒光纤激光光源是一种高信噪比的光源,可作为高相干光源在干涉型光纤传感器中使用。采用不同稀土离子(如 Er^{3+}、Nd^{3+}、Yb^{3+}等)掺杂的 SiO_2基光纤有源器件,吸收和激发荧光的光谱不同,掺铒光纤有源器件的输出光谱与 1550nm 波段光纤及光电子器件具有良好的兼容性,也便于实现整个应用系统的全光纤化。

9.1　掺铒光纤有源器件工作原理

9.1.1　掺铒光纤的工作原理及特性

1. 掺铒光纤的工作原理

掺铒光纤的活性离子为铒离子,具有不连续的能态,当铒离子与石英光纤结合时,它们的每个能态被分裂为许多密切相关的能态,也称为能带。图 9.1 是掺铒石英光纤的铒离子能级图。

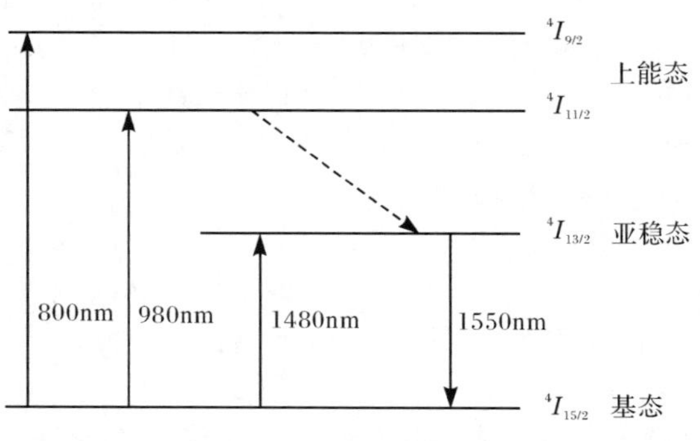

图 9.1　铒离子能级

为了获得粒子数反转,需要把 Er^{3+} 泵浦到高能态,通常采用的泵浦方式为 980nm 波长间接泵浦或 1480nm 波长直接泵浦[1]。1480nm 和信号光(增益谱中心波长 1550nm）波长相近，且都是单模传输，所对应的能级与工作的高能级 1550nm 属于同一准能带，是二能级系统，稳定性差。另外，采用 1480nm 泵浦需要更长的掺铒光纤，且和 1550nm 波长复用较 980nm 波长难度大，所以在超荧光掺铒光纤光源中较多采用 980nm 泵浦激光器。

$^4I_{15/2}$、$^4I_{13/2}$、$^4I_{11/2}$分别对应 Er^{3+} 的基态、第一激发态、第二激发态，对应能级粒子聚集数为 N_1、N_2、N_3。980nm 波长的泵浦光将处于基态$^4I_{15/2}$的电子泵浦到第二激发态$^4I_{11/2}$，该能态的寿命很短，约为 7μs。随后，被光子激发的电子非辐射地自发跃迁到第一激发态$^4I_{13/2}$，该能态的寿命较长，约为 10ms。由于它的寿命期长，所以该能态又称为亚稳态。因此，泵浦到较高能态$^4I_{11/2}$的铒离子会快速地回落到亚稳态$^4I_{13/2}$上，并在此能态停留较长的时间，不断累积，最终产生粒子数反转（$N_2>N_1$）。也就是说，接近 1550nm 的放大的自发辐射（ASE）发生在亚稳态$^4I_{13/2}$和下能态（基态）$^4I_{15/2}$之间。然而，$^4I_{13/2}$能级上粒子有可能再次吸收泵浦光跃迁到$^4I_{11/2}$能级，这种现象称为激发态吸收（ESA）。

由于$^4I_{11/2}$能级到$^4I_{13/2}$能级以非辐射跃迁为主，且$^4I_{11/2}$能级上粒子寿命很短（近似认为 $N_3=0$），因此又可将掺铒光纤简单近似为二能级系统。

当泵浦功率较低时，$N_2<N_1$，粒子数正常分布，掺铒光纤中只存在自发辐射光，处于稳定状态；随着泵浦功率的增强，N_2 数逐渐增大，$N_2>N_1$，粒子数呈反转分布，在相互作用下，单个粒子独立的自发辐射演变为多个粒子一致的受激辐射，这种由于对自发辐射放大所产生的辐射称为“放大的自发辐射”。当泵浦足够强，在掺杂光纤特定方向上的 ASE 将大大加强，这种加强了的辐射称为超荧光。在粒子数反转状态下，信号光经过掺铒光纤时，受激辐射能放大信号光。同样在粒子数反转状态下，掺铒光纤中辐射的放大增益完全抵消了系统的损耗，此时，若掺铒光纤两端存在谐振腔，将形成自激振荡而产生激光输出。

2. 掺铒光纤的特性

掺铒光纤是以石英光纤作为基质材料，并在纤芯中掺入一定浓度的 Er^{3+}。因为放大实际上是由铒离子完成，所以通常会尽可能提高石英光纤中的铒离子浓度。但过高的浓度会导致离子团的聚集，引起荧光猝灭，使得自发辐射大大减弱。克服这一现象的办法是降低铒离子浓度，当掺杂浓度≤50ppm 时，荧光猝灭现象不再出现，但这导致掺铒光纤单位长度增益降低。更有效的方法是采用多组分共掺技术（或称二次掺杂技术），如在掺铒的同时在纤芯中掺入磷或铝元素，可提高铒离子浓度并防止离子团聚集。目前铒离子浓度掺杂可达到几百 ppm 而不产生荧光猝灭。

一般单模光纤的纤芯直径为 7～9 μm，如果掺铒光纤的纤芯直径更细，则可提高信号光和泵浦光的能量密度，从而提高其相互作用的效率。但是纤芯小，则会导致与常规光纤模场的不匹配，带来较大的连接损耗。通过在纤芯中再掺氟，可降低折射率，增大模场直径。常用掺铒光纤的模场直径通常为 5～6 μm (1550nm)。

掺铒光纤泵浦方式依据泵浦光与输出信号光的相对方向分为同向泵浦、反向泵浦和双向泵浦。同向泵浦结构简单，但噪声性能不佳；反向泵浦光达到很强时，信号光也很强，不易达到饱和，因此噪声性能好；双向泵浦可以使泵浦光在光纤中均匀分布，从而使增益也均匀分布。

9.1.2　超荧光掺铒光纤光源的工作原理

超荧光掺铒光纤光源输出放大的自发辐射光信号(ASE)。超荧光掺铒光纤光源不仅实现了高功率输出和宽光谱要求，更重要的是提高了平均波长的温度稳定性，其平均波长的温度稳定性比 SLD 光源高一个数量级以上。

掺铒光纤光源是一个非谐振器件，它包括一段有源光纤，而没有传统的光学谐振腔。该掺杂光纤通过光学端面泵浦使铒离子处于一个高能级上，以建立一个大的单通光学增益，自发辐射光子被纤芯俘获，沿光纤传播时被放大。光纤的输出由放大的自发辐射构成，泵浦功率的转换效率可以很高，这种器件称为单通超荧光光纤光源，如图 9.2(a)所示。

通常情况下，这种光源沿前(与泵浦方向一致)、后(与泵浦方向相反)两个方向产生自发辐射。掺铒光纤光源是一个三能级激光器跃迁，即辐射波长为 1550nm 的$^4I_{13/2}\rightarrow{}^4I_{15/2}$跃迁，由于前向信号由基态吸收引起的衰减远大于后向信号，因此比后者携带较少的功率。通过在掺铒光纤的一端放置反射器使信号再次通过光纤，可以大大提高掺铒光纤光源的输出功率。图 9.2(b)就是这种双通超荧光掺铒光纤光源的实现方案，反射器放置在光纤的泵浦输入端，后向 ASE 信号重新返回光纤，在前向传播过程中被放大。这种双通结构的优点是，对于同样的泵浦功率，前向输出信号大大增强。

随着泵浦功率的增加，输出功率起初增加得很缓慢；随后 ASE 占主要地位时，输出功率呈指数关系增加；最后，由于很强的再循环信号，增益趋于饱和，此时输出功率与泵浦功率呈线性关系。在很高泵浦功率的极限情况下，这类光源的转换效率 s 定义为线性输出范围内的斜率，计算为

$$s=\varepsilon\frac{h\gamma_s}{h\gamma_p}\tag{9-1}$$

式中，$h\gamma_s$ 和 $h\gamma_p$ 分别为信号和泵浦的光子能量；ε 为常数。对于双通超荧光光纤光源，有 $\varepsilon=1$，泵浦转换效率很高，接近 $h\gamma_s/h\gamma_p$ 的比值，即每个被吸收的泵浦光子都被转换为一个输出光子。对于单通超荧光光纤光源，$\varepsilon=1/2$，转换效率最大为 1/2，因为沿向前和向后两个方向产生同样数量的光子。与谐振式光纤激光器比

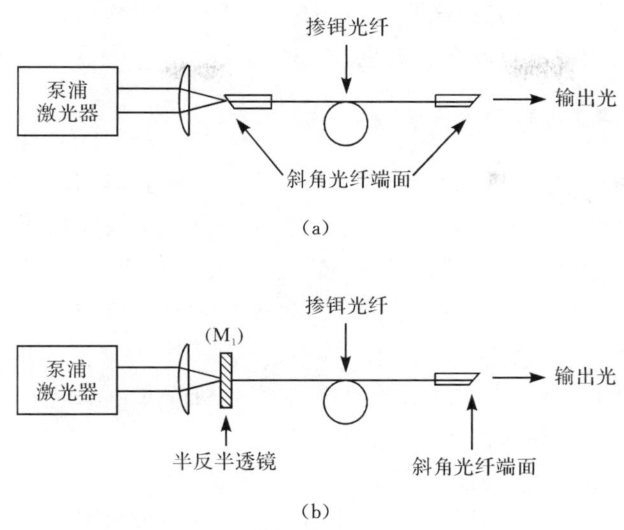

图 9.2 两种基本的 SFS 结构

(a) 单通;(b) 双通

较,这两种结构都具有相对高的转换效率。由于单通光源具有较高的阈值、较低的转换效率,因而需要较高的泵浦功率。

对于超荧光掺铒光纤光源来说,通过优化设计可以获得较高的转换效率和较大的输出功率。由于基态吸收(GSA),前向输出功率与后向输出功率通常不同。信号在增益为正的光纤区域产生,在增益为负的区域衰减。对于一根足够长的端面泵浦掺铒光纤,在靠近泵浦输入端的有限区域内增益为正,在光纤的远端增益为负,所以前向信号在光纤的远端被衰减,后向信号不受光纤远端影响,前向信号总是小于后向信号。只有在泵浦功率很大而光纤长度较短时,前向信号和后向信号的输出功率才会接近。随着光纤长度的增加,前向信号和后向信号的功率差别会越来越大。

另一个重要的效应是沿着光纤的负增益区域,前向信号由于基态吸收而被衰减,一些被吸收的光子通过自发辐射重新发射光子。这部分重新发射的光子沿向后方向通过光纤的正增益区域时被纤芯捕获、放大,增加了后向信号的功率。随着光纤长度的增加,这一效应变得更强,以至于采用足够高的泵浦功率来泵浦足够长的光纤时,前向信号几乎全部转换到后向信号中。因此,与一些四能级增益光纤相比,采用掺铒光纤的超荧光光源可以获得更高的转换效率。

由于这些光源的单通增益很大,消除反射和光反馈非常重要,否则会导致激光振荡。在单通超荧光光纤光源中,主要的光反馈来自于两个光纤端面的菲涅耳反射,而对于双通超荧光光纤光源,主要的光反馈来自于输出端。在实际中,通过把光纤端面抛光成一定角度可以避免光反馈的发生。

9.1.3 掺铒光纤激光器的工作原理

掺铒光纤激光器是以掺铒光纤作为增益介质的激光器,其基本工作原理如图9.3所示。一段掺铒光纤位于两个反射镜之间,两个反射镜组成F-P光学谐振腔。泵浦光进入掺铒光纤后,处于基态的铒离子发生受激跃迁,形成粒子数反转,粒子以辐射光子的形式回到基态。辐射光子在谐振腔增益介质中来回反馈,诱发与辐射光子相同的光子,当光子在腔内的增益大于损耗后,产生激光输出。由于激射是一个放大过程,要维持受激发射的增益,必须保证有足够反转的粒子数,泵浦是实现粒子数反转的必要条件[2]。

谐振腔是形成激光的关键部分,分为带反射器件的F-P线性谐振腔和不带反射器件的环形谐振腔。反射器件可以采用端面镀反射膜的光纤头,也可采用光纤光栅。

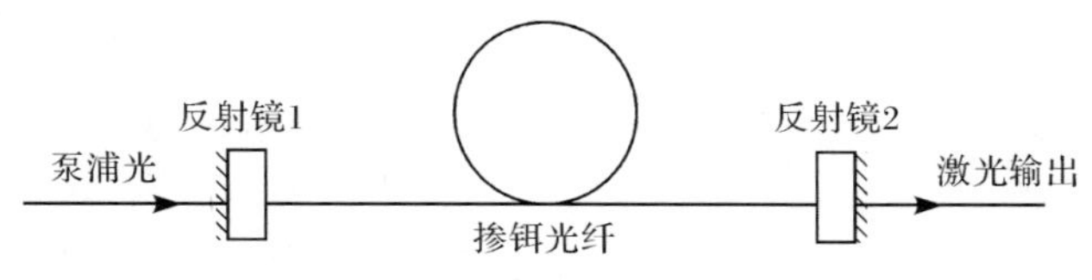

图9.3　掺铒光纤激光器工作原理图

1. F-P线性谐振腔

F-P线性谐振腔结构如图9.3所示。掺铒光纤激光器有两个反射镜,一个是泵浦入射端的反射镜,这个反射镜对泵浦光应有100%的透射,而对激光应有100%的反射;另一个反射镜是激光输出端的反射镜,为了将激光耦合出来,该反射镜对激射波长的反射率应小于100%,输出反射镜对激射波长的最佳反射率取决于激射介质的增益。在低增益系统中,最佳反射率应相对较高,而在高增益系统中,最佳反射率应相对较低。

F-P腔相当于多光束干涉仪,满足干涉条件的激射光在腔内多次往返,产生多光束干涉,形成稳定的驻波振荡。产生干涉的两束光的相位差应满足以下条件

$$\Delta\varphi = \frac{2\pi}{\lambda} \cdot n \cdot 2l = N \cdot 2\pi \tag{9-2}$$

式中,l为腔长;n为腔内介质折射率;N为整数。

满足式(9-2)的光波长为腔的谐振波长,表示为

$$\lambda_N = \frac{n \cdot 2l}{N} \tag{9-3}$$

因此可得到谐振频率

$$\nu_N = N\frac{c}{n \cdot 2l} \tag{9-4}$$

式中，c 为光速。

满足谐振光波的频率间隔为

$$\Delta\nu_N = \frac{c}{n \cdot 2l} \tag{9-5}$$

2. 环形谐振腔

环形谐振腔结构如图 9.4 所示。把光纤定向耦合器的两端分别与掺铒光纤连在一起，形成一个光波可循环的环形通道，即谐振腔。腔的精细度与耦合器的分束比有关，分束比低则精细度高，精细度越高则腔内储能也越高。环形腔具有较长的腔长，能够获得较窄的线宽和较高的输出功率。

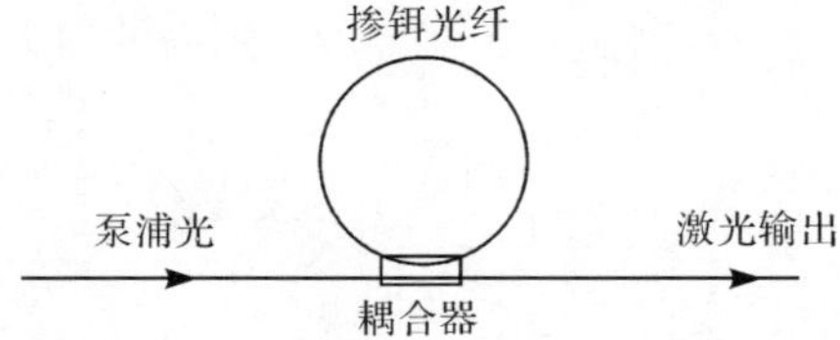

图 9.4　环形谐振腔结构掺铒光纤激光器

环形腔内产生干涉原理与线性腔一致，只是形成干涉的两束光的光程差为腔长，而不是腔长的 2 倍（不需往返），因此，对于环形腔，有如下表达式

$$\lambda_N = \frac{n \cdot l}{N} \tag{9-6}$$

$$\nu_N = N\frac{c}{n \cdot l} \tag{9-7}$$

$$\Delta\nu_N = \frac{c}{n \cdot l} \tag{9-8}$$

掺铒光纤激光器输出的光波必须满足谐振条件，同时满足激光产生的阈值条件，且落在掺杂离子的荧光线宽范围内。只有一个波长输出称为单波长掺铒光纤激光器（或称为单频掺铒光纤激光器或单纵模掺铒光纤激光器），有多个波长输出则称为多波长掺铒光纤激光器，通过采用一定的方式，输出光波的波长可改变则称为可调谐掺铒光纤激光器；若输出光为脉冲形式，则称为脉冲掺铒光纤激光器。

9.2　掺铒光纤有源器件用光电子器件

掺铒光纤有源器件用光电子器件主要包含泵浦激光器、掺铒光纤、波分复用器、光纤隔离器、光纤反射镜和光纤滤波器。

1. 980nm 泵浦激光器

泵浦激光器是超荧光掺铒光纤光源的核心器件之一，主要功能是为超荧光掺铒光纤光源提供泵浦光信号，以激发超荧光掺铒光纤光源的自发辐射信号。按照泵浦波长和掺铒光纤吸收谱的对应关系，泵浦激光器主要有 820nm、980nm、1480nm 三种。其中，980nm 波长的泵浦激光器由于噪声低、发光效率高、易于波分复用、技术成熟度高等特点获得了广泛的应用。

如图 9.5 所示，980nm 泵浦激光器组件的主要组成器件包含半导体激光二极管、背窗探测器、热敏电阻、制冷器以及带有光纤光栅的单模光纤尾纤。

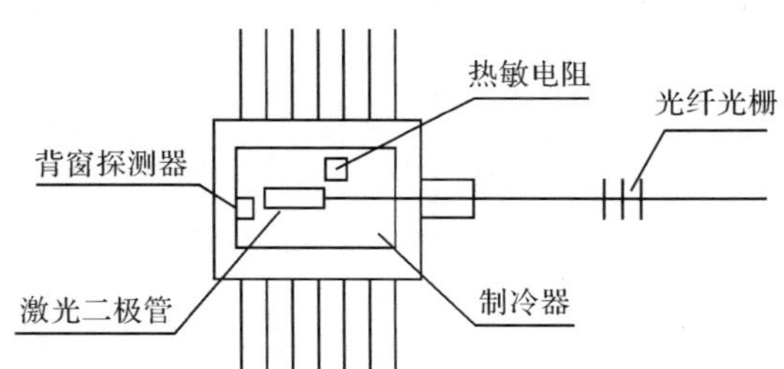

图 9.5　980nm 泵浦激光器组件结构

激光二极管可为 F-P 型半导体激光器，相干长度约为几毫米，相干性较差。采用光纤光栅外腔光反馈使得特定波长的光反馈进入 F-P 腔，反馈波长的光得到进一步放大增强，其他波长的光受到抑制，可实现稳频工作。当外腔较短时，反馈回 F-P 腔的光与 F-P 腔内的光发生干涉，经放大的激光易于获得单频输出，但对其他波长的光有较强的抑制作用，该结构的激光输出效率较低。

背窗探测器可以监测管芯的输出光功率，通常用于泵浦激光器的自动光功率控制。当泵浦激光器管芯通电工作时，从管芯后端面辐射出的少量光信号进入到背窗探测器中，后者将入射的光功率转换成电流信号，该电流信号随激光器输出功率的变化而变化。将背窗探测器接入自动光功率控制回路中，当泵浦激光器输出功率发生变化时，背窗探测器的输出电流也相应发生变化，自动功率控制回路根据背窗探测器的电流变化调整泵浦激光器的注入电流，使泵浦激光器的输出功率控制在恒定值。

在泵浦激光器的控制电路中，采用恒流控制、温度控制和自动功率控制技术，可以获得泵浦激光器输出功率的稳定性。

对于超荧光掺铒光纤光源来说,泵浦激光器的输出光功率、泵浦波长和线宽是关键因素。超荧光掺铒光纤光源对泵浦激光器指标的要求一般为:输出光功率大(典型值大于 35mW/100mA)、泵浦波长为 974～980nm、3dB 谱宽典型值小于 0.2nm、边模抑制比大于 35dB。

泵浦激光器的输出光功率主要影响超荧光掺铒光纤光源的输出功率,泵浦功率越大,超荧光掺铒光纤光源的输出功率越大。而泵浦激光器的输出光功率又取决于其阈值电流、转换效率以及尾纤的耦合效率。阈值电流越小,转换效率越高,耦合效率越高,则在同等注入电流的情况下,泵浦激光器的输出光功率越大。目前,泵浦激光器的阈值电流通常小于 50mA,转换效率通常大于 80%,激光器和尾纤的耦合效率通常大于 70%。

泵浦激光器的泵浦波长和线宽主要影响超荧光掺铒光纤光源的平均波长稳定性,泵浦波长越稳定,超荧光掺铒光纤光源的平均波长稳定性越好。而泵浦激光器的线宽和泵浦波长的稳定性具有相关性,线宽越窄,泵浦激光器的光谱稳定性越好,即泵浦波长稳定性越好。为了提高其光谱稳定性,在激光器输出尾纤上增加两组反射谱宽为 0.2nm 的光栅,作为激光器的外腔,使在外腔振荡的激光线宽(3dB)限定在 0.2nm 内,实现对激光模式的锁定,形成窄线宽。

在实际应用中,泵浦激光器线宽还与边模抑制比相关联。边模抑制比反映的是主模和边模幅度的比例,该指标越高,泵浦激光器的单色性越好,窄线宽的作用越明显。

2. 掺铒光纤

在泵浦光的激励下,掺铒光纤中能产生怎样的粒子数反转是关系超荧光掺铒光纤光源谱形及功率的关键因素。根据光纤中掺杂铒离子浓度的高低,掺铒光纤可以分为高掺杂掺铒光纤和低掺杂掺铒光纤,高掺杂掺铒光纤在泵浦波长的吸收率可超过 10dB/m,低掺杂掺铒光纤通常为 3～6dB/m。采用高掺杂掺铒光纤比较容易在较短的光纤长度下获得理想的谱形,采用低掺杂掺铒光纤更容易实现特殊形状光谱的超荧光掺铒光纤光源,但随着掺铒光纤长度的增加,超荧光掺铒光纤光源的装配工艺难度会增加。

一般采用 VAD 或 MCVD 方法制备掺铒光纤,并用分子填充法或液浸法进行掺杂,这种掺杂方法可以在石英玻璃中较容易地掺杂进铒离子,掺杂均匀性好,并可实现共掺杂。

3. 波分复用器

在超荧光掺铒光纤光源中,波分复用器(WDM)的工作波长一般为 980nm/

1550nm,波分复用器的作用是输送 980nm 的泵浦光进入掺铒光纤中并激发 1550nm 的信号光,将掺铒光纤中传出的 1550nm 的光分离输出,作为超荧光掺铒光纤光源的输出信号。

波分复用器的插入损耗、隔离度、回波损耗参数是影响超荧光掺铒光纤光源的主要技术指标。器件的插入损耗主要影响超荧光掺铒光纤光源的光功率,一般器件的插入损耗水平为 0.1～0.3dB;隔离度既影响超荧光掺铒光纤光源的光功率又可能造成反馈光对激光器的影响,一般控制在 20dB 以上;控制回波损耗的主要目的是控制器件激射,以免影响光源的谱形和稳定性,通常回波损耗指标要求在 50dB 以上。

4. 光纤隔离器

光纤隔离器在超荧光掺铒光纤光源中的作用是防止 1550nm 光从波分复用器中反射回掺铒光纤中形成激射,从而引入强度噪声和相位噪声。其关键指标为隔离度和插入损耗,用于超荧光掺铒光纤光源的隔离器的典型指标为隔离度大于 35dB,插入损耗小于 0.50dB。

5. 光纤反射镜

光纤反射镜在超荧光掺铒光纤光源中的作用是将 1550nm 的光反射回掺铒光纤,形成双通结构,使得信号光在掺铒光纤中再次被放大,提高超荧光掺铒光纤光源的输出光功率。

光纤反射镜的主要指标为反射率和反射谱。反射率的大小直接影响超荧光掺铒光纤光源的光功率,反射光谱会影响到超荧光掺铒光纤光源的谱形,理想的光纤反射镜的反射谱在整个光源的光谱范围内是平坦的,同时要求在 980nm 处的反射率很低,通常小于 5%,否则反射回泵浦激光器中的 980nm 光容易损伤光源。

6. 光纤滤波器

光滤波器是波长选择器件,超荧光掺铒光纤光源中采用光纤滤波器对光源的输出波形进行整形,常用的有相移型光纤光栅滤波器和 F-P 型光纤滤波器两种。超荧光掺铒光纤光源的输出谱型主要与掺铒光纤的参数和长度相关。在超荧光掺铒光纤光源中采用光纤滤波器是为了使该光源在光纤传感器应用中性能更优,通常有两种滤波方案:一种是将超荧光掺铒光纤光源滤成平坦谱型;另一种是将超荧光掺铒光纤光源滤成钟型或高斯型。光纤滤波器主要关注的指标为滤波精度、谱宽、插入损耗和中心波长。以平坦滤波为例,如果滤波精度高,光谱的平坦度可明显提高,如优于 1.0dB;谱宽宽则有利于在超荧光掺铒光纤光源的全波长内实现滤波,改善超荧光掺铒光纤光源谱型。

9.3　超荧光掺铒光纤光源

9.3.1　超荧光掺铒光纤光源的结构

超荧光掺铒光纤光源的结构有多种，根据光纤传感器中的干涉光信号是否受到泵浦放大可以分为放大式超荧光掺铒光纤光源和普通超荧光掺铒光纤光源[3,4]。放大式超荧光掺铒光纤光源除了利用掺铒光纤光源的后向放大自发辐射外，光纤传感器的输出信号在进入探测器前又一次经过掺铒光纤，这时的掺铒光纤又充当了传感干涉信号的光纤放大器。这种结构将光源和光纤放大器融为一体，其光学设计需要和光纤传感器配合起来，比较复杂，工艺性较差，在工程实际中较少采用。

对于普通超荧光掺铒光纤光源，根据泵浦光和自发辐射传播方向是否相同，普通超荧光掺饵光纤光源可分为前向自发辐射结构和后向自发辐射结构，从泵浦端输出的是后向自发辐射，而从泵浦端的相对端输出的是前向自发辐射。根据掺铒光纤两端反射的情况可分为单通结构和双通结构，具有两个非反射端的称为单通结构，具有一个反射端的称为双通结构。四种典型的掺铒光纤光源光路结构如图 9.6 所示。图中的光纤平端表示反射端面，光纤斜端表示非反射端面[5]。

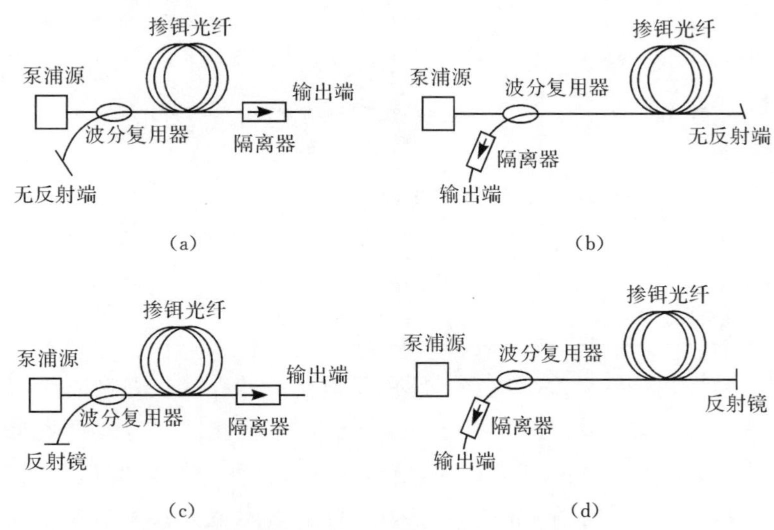

图 9.6　四种典型结构的超荧光掺铒光纤光源示意图

(a) 单通前向结构；(b) 单通后向结构；(c) 双通前向结构；(d) 双通后向结构

在单通前向结构中，泵浦光注入掺铒光纤后产生沿向前、向后两个方向的信号光。前向的信号光经过隔离器后成为掺铒光源的输出光，后向的信号光不发挥作用。单通前向结构光源的泵浦效率低、输出功率小，不适合采用长的掺铒光纤，且输出光的光谱较窄,在实际的应用中很少采用。

在单通后向结构中,向后的信号光经波分复用器和隔离器后成为掺铒光源的输出光,前向的信号光不发挥作用。单通后向结构光源的输出光和泵浦光的方向相反,对光反馈相对不敏感,且在特定的掺铒光纤长度下,掺铒光源输出光的平均波长对一定范围内的泵浦功率变化不敏感,具有较高的稳定性。

在双通前向结构光源中,向后的信号光经反射镜反射后再次通过掺铒光纤被放大,与前向的信号光叠加在一起经过隔离器后成为掺铒光源的输出光。双通前向结构光源的输出光功率比单通前向结构光源的大,但比双通后向结构光源的小,光谱宽度也相对较窄。

在双通后向结构中,向前的信号光经反射镜反射后再次通过掺铒光纤被放大,与后向的信号光叠加在一起经波分复用器和隔离器后成为掺铒光源的输出光。由于前向的信号光在第二次经过掺铒光纤时的"信号光泵浦"效应,所以与单通后向超荧光光源相比,双通后向超荧光光源的光谱宽度更宽,且平均波长向长波长方向移动。表 9.1 为四种典型结构超荧光掺铒光纤光源的特点比较。

表 9.1　四种典型结构超荧光掺铒光纤光源的特点比较

结构 \ 项目	优点	缺点
单通前向	不易激射; 泵浦模式稳定性好	前向的信号功率低,需要长的掺铒光纤; 单通放大,泵浦效率低
单通后向	不易激射; 光谱宽度较大	单通放大泵浦效率低,需要较长的掺铒光纤; 对泵浦波长的灵敏度较高
双通前向	泵浦阈值最低、功率大; 光谱稳定性好	易激射; 光谱宽度小
双通后向	功率大、光谱宽度大; 光谱稳定性较好	易激射; 对泵浦波长灵敏度较高

不同的结构在一定程度上决定了所用掺铒光纤的长度。在后向结构中,掺铒光纤可以尽可能长(基本上是无限长),这将允许掺铒光纤完全地吸收泵浦功率。由于掺铒石英光纤是一个三能态结构,信号吸收存在于未泵浦的掺铒光纤中。对于长掺铒光纤而言,前向信号在接近掺铒光纤远端附近会被完全吸收,这将提供更高的反转从而导致后向信号的效率更高。

和单通结构相比,在双通结构中,信号光多经历了一次放大,双通结构比单通结构具有更高的转换效率,在同等泵浦光功率的作用下,可以获得更高的输出光功率。由于"信号光泵浦"效应,双通结构输出光谱的宽度比单通结构的大。由于后向结构比前向结构的输出功率高、光谱稳定性好,在上述四种结构中,双通后向结构的综合性能相对最优，应用较为广泛。

9.3.2　超荧光掺铒光纤光源的主要性能参数

超荧光掺铒光纤光源的主要性能参数包括输出功率、输出功率稳定性、平均波长、平均波长稳定性、光谱宽度、光谱平坦度（只针对平坦型光谱）、偏振度。超荧光掺铒光纤光源的输出功率和偏振特性性能参数测试与半导体激光光源类似。

1. 平均波长

平均波长($\bar{\lambda}$)定义为在规定的工作电流下，按照功率谱分布进行加权平均得出的波长值。

测试如图 9.7 所示。将超荧光掺铒光纤光源的光学接口接入光谱分析仪中，设定光谱分析仪波长采集范围为(1550±50)nm，波长分辨率优于 0.1nm；待超荧光掺铒光纤光源稳定后，利用数据记录装置保存光谱数据，按照式(9-9)计算得出超荧光掺铒光纤光源的平均波长。

电源	═	光纤光源	—	光谱分析仪	═	数据记录装置

图 9.7　平均波长测试示意图

$$\bar{\lambda} = \frac{\sum_{i=1}^{n} P(\lambda_i) \cdot \lambda_i}{\sum_{i=1}^{n} P(\lambda_i)} \tag{9-9}$$

式中，λ_i 为第 i 个波长分量；$P(\lambda_i)$为其功率。

2. 光谱宽度

光谱宽度定义为在规定的工作电流下，高斯型光谱超荧光掺铒光纤光源的 3dB 光谱宽度或非高斯型光谱超荧光掺铒光纤光源辐射光谱的积分谱宽。

光谱宽度的测试同图 9.7。根据超荧光掺铒光纤光源的光谱形状不同，采用不同的平均波长计算方法。若为滤波后的高斯型光谱，则采用和 SLD 光源相同的测试方法，直接读取光谱分析仪显示的 3dB 光谱宽度；若为其他非高斯型光谱，则按照式(9-10)计算光谱宽度 $\Delta\lambda$。

$$\Delta\lambda = \frac{\left[\sum_{i=1}^{n} P(\lambda_i)\right]^2 \Delta\lambda_s}{\sum_{i=1}^{n} P^2(\lambda_i)} \tag{9-10}$$

式中，光功率谱 $P(\lambda_i)$平均分为 n 个波段，每个波段的宽度为 $\Delta\lambda_s$。

3. 平坦度

光谱平坦度定义为在规定的工作电流下，$\bar{\lambda} \pm (\Delta\lambda/2)$(nm)的波长范围内，非高斯型超荧光掺铒光纤光源辐射光谱的功率(以 dBm 为单位表示)最大值与最小值的差值，单位 dB。光谱平坦度的测试同图 9.7。根据数据记录装置所记录的超荧光掺铒光纤光源光谱，记下 $\bar{\lambda} \pm (\Delta\lambda/2)$(nm)范围内的光谱辐射光功率波峰值 P_{max}和辐射光功率波谷值 P_{min}，则光谱平坦度 ΔP(单位为 dB)为

$$\Delta P = P_{max} - P_{min} \tag{9-11}$$

9.3.3 超荧光掺铒光纤光源设计

1. 超荧光掺铒光纤光源的设计要求与光路结构

超荧光掺铒光纤光源设计的原则是通过对掺铒光纤长度、泵浦功率和泵浦波长等参数的优化设计，使其输出功率、光谱参数及平均波长稳定性等参数整体性能达到最优。针对干涉型光纤传感应用而言，通常是在保证输出功率和光谱宽度满足应用要求的情况下，通过优化设计使平均波长稳定性达到最优。掺铒光纤光源的光谱宽度一般达到 20nm 以上即可满足多种场合应用要求；输出功率越大，则有利于提高光路的信噪比，提高测试精度，降低对光路损耗容限的要求。

由于双通后向结构的超荧光掺铒光纤光源泵浦效率高，能够输出较高的光功率，且光谱宽度和光谱稳定性较好，应用最为广泛，是主流方案[6]。本节主要研究采用 980nm 泵浦的双通后向掺铒光纤光源的设计方法。

图 9.8 是双通后向结构的超荧光掺铒光纤光源的光路结构示意图，由泵浦激光器、波分复用器、掺铒光纤、光纤隔离器、反射镜和光纤滤波器组成，光纤滤波器主要是对输出光谱形状进行整形。泵浦光注入掺铒光纤中，沿向前、向后两个方向产生放大的自发辐射信号。向前的自发辐射经反射镜反射后再次通过掺铒光纤放大并与后向自发辐射叠加，因而形成更强的后向输出功率，经隔离器和光纤滤波器后输出。图 9.8 光路中，为了确保光信号不再反射回泵浦激光器，以免造成激光器损伤和输出光信号不稳定，要求反射镜工作在 980nm 时，反射率很低(通常小于 5%)。另外也可在掺铒光纤与反射镜之间增加一只波分复用器，将 980nm 光信号泄漏掉，但这样增加了光路的复杂性和成本。

2. 超荧光掺铒光纤光源设计理论基础

掺铒光纤内传输的光可分为三部分，前向传输超荧光光波、后向传输超荧光光波和泵浦光波。设前向传输的频率为 ν_i 的准单色超荧光在光纤内距泵浦光输入端 z 处的光功率为 $P^{+}_{s,\nu_i}(z)$，设后向传输的频率为 ν_i 的准单色超荧光在光纤内

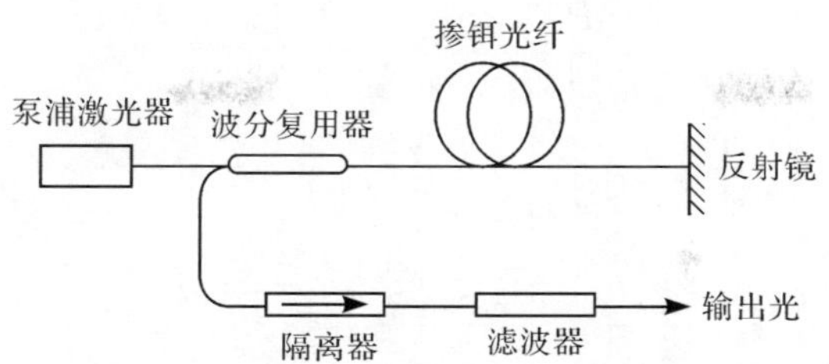

图 9.8　双通后向结构的超荧光掺铒光纤光源的光路示意图

距泵浦光输入端 z 处的光功率为 $P^{-}_{s,\nu_i}(z)$，在光纤内距泵浦光输入端 z 处的泵浦光第 m 阶模式的光功率为 $P_{p,m}(z)$。对于 980nm 泵浦，这些光波在传输过程中的功率演变可以表示成下面的形式[7]

$$\frac{\mathrm{d}P^{+}_{s,\nu_i}(z)}{\mathrm{d}z}=\gamma_{s,\nu_i}(z)P^{+}_{s,\nu_i}(z)+\gamma_{es,\nu_i}(z)2h\nu_i\left(\frac{\Delta\nu}{n}\right) \tag{9-12a}$$

$$\frac{\mathrm{d}P^{-}_{s,\nu_i}(z)}{\mathrm{d}z}=-\left[\gamma_{s,\nu_i}(z)P^{-}_{s,\nu_i}(z)+\gamma_{es,\nu_i}(z)2h\nu_i\left(\frac{\Delta\nu}{n}\right)\right] \tag{9-12b}$$

$$\frac{\mathrm{d}P_{p,m}(z)}{\mathrm{d}z}=-\gamma_{p,m}(z)P_{p,m}(z) \tag{9-12c}$$

式中，

$$\gamma_{s,\nu_i}(z)=\frac{A_0}{A_s}[\sigma_{e,\nu_i}N_2(z)-\sigma_{a,\nu_i}N_1(z)-\sigma_{a,\nu_i}N_{ab}(z)] \tag{9-13a}$$

$$\gamma_{es,\nu_i}(z)=\frac{A_0}{A_s}[\sigma_{e,\nu_i}N_2(z)] \tag{9-13b}$$

$$\gamma_{p,m}(z)=\frac{A_0}{A_{p,m}}[\sigma_{pa}N_1(z)-\sigma_{pe}N_3(z)+\sigma_{esa}N_3(z)+\sigma_{pa}N_{ab}(z)] \tag{9-13c}$$

式中，$\Delta\nu$ 为 ASE 信号光的谱宽；A_0 为纤芯面积；A_s 为信号模式面积；h 为普朗克常量；σ_{esa} 为泵浦激发态吸收截面；N_{ab} 为不饱和吸收体的铒离子数。严格意义上上式只对单一频率的光成立，实际应用过程中往往将光谱分为 n 个子区间，每个区间内认为是单一频率的光。

基态、泵浦能态及上能态的铒离子数密度可表示为

$$N_1(z)=N_d\frac{K_1(z)}{K_2(z)} \tag{9-14a}$$

$$N_3(z)=N_d\frac{K_3(z)}{K_2(z)} \tag{9-14b}$$

$$N_2(z)=N_d-N_1(z)-N_3(z) \tag{9-14c}$$

式中，

$$K_1(z)=\left[1+\sum_{i=1}^{n}\frac{P_{s,\nu_i}(z)}{I_{se,\nu_i}A_s}\right]\cdot\left[1+\frac{P_{p,0}(z)}{I_{ue}A_{p0}}+\frac{P_{p,1}(z)}{I_{ue}A_{p1}}\right] \tag{9-15a}$$

$$K_2(z)=\left[1+\sum_{i=1}^{n}\frac{P_{s,\nu_i}(z)}{I_{s,\nu_i}A_s}\right]\cdot\left[1+\frac{P_{p,0}(z)}{I_{ue,p}A_{p0}}+\frac{P_{p,1}(z)}{I_{ue,p}A_{p1}}\right]+\left[1+\sum_{i=1}^{n}\frac{P_{s,\nu_i}(z)}{I_{se,\nu_i}A_s}\right]\cdot\left[1+\frac{P_{p,0}(z)}{I_{ua,p}A_{p0}}+\frac{P_{p,1}(z)}{I_{ua,p}A_{p1}}\right]+\left[\frac{P_{p,0}(z)}{I_{pa,p}A_{p0}}+\frac{P_{p,1}(z)}{I_{pa,p}A_{p1}}\right] \tag{9-15b}$$

$$K_3(z)=\left[1+\sum_{i=1}^{n}\frac{P_{s,\nu_i}(z)}{I_{se,\nu_i}A_s}\right]\cdot\left[\frac{P_{p,0}(z)}{I_{ua,p}A_{p0}}+\frac{P_{p,1}(z)}{I_{ua,p}A_{p1}}\right] \tag{9-15c}$$

式中，$P_{p,m}(z)$为泵浦光 m 阶模式的功率；$P_{s,\nu_i}(z)$为超荧光的功率；A_{p0}，A_{p1}分别为两个泵浦光模式（LP_{10}和 LP_{11}）的面积，可通过下列公式计算

$$A_{p0}^{-1}=\iint\xi(r)\phi_{p,0}(r,\theta)r\mathrm{d}r\mathrm{d}\theta \tag{9-16a}$$

$$A_{p1}^{-1}=\iint\xi(r)\phi_{p,1}(r,\theta)r\mathrm{d}r\mathrm{d}\theta \tag{9-16b}$$

$$A_{s}^{-1}=\iint\xi(r)\phi_{s}(r,\theta)r\mathrm{d}r\mathrm{d}\theta \tag{9-16c}$$

式中，$\xi(r)$为光纤截面上铒离子的归一化密度分布函数，满足$\iint\xi(r)r\mathrm{d}r\mathrm{d}\theta=1$；$\phi_{p,0}(r,\theta)$，$\phi_{p,1}(r,\theta)$为归一化的（0，0）阶和（1，0）阶泵浦光模场分布函数，两者满足$\iint\phi_{p,0}(r,\theta)r\mathrm{d}r\mathrm{d}\theta=1$，$\iint\phi_{p,1}(r,\theta)r\mathrm{d}r\mathrm{d}\theta=1$；$\phi_s(r,\theta)$为归一化的超荧光模场分布函数，同样满足$\iint\phi_s(r,\theta)r\mathrm{d}r\mathrm{d}\theta=1$。

式(9-15)中其他参数如下

$$P_{s,\nu_i}(z)=P_{s,\nu_i}^{+}(z)+P_{s,\nu_i}^{-}(z) \tag{9-17}$$

$$I_s=\frac{h\nu_i}{(\sigma_{e,\nu_i}+\sigma_{a,\nu_i})\tau_2} \tag{9-18a}$$

$$I_{se}=\frac{h\nu_i}{\sigma_{e,\nu_i}\tau_2} \tag{9-18b}$$

$$I_{pa}=\frac{h\nu_p}{\sigma_{pa}\tau_2} \tag{9-18c}$$

$$I_{pe}=\frac{h\nu_p}{\sigma_{pe}\tau_2} \tag{9-18d}$$

$$I_{ue}=\frac{h\nu_p}{\sigma_{pe}\tau_3} \tag{9-18e}$$

$$I_{ua}=\frac{h\nu_p}{\sigma_{pa}\tau_3} \tag{9-18f}$$

式中，τ_2、τ_3 分别为泵浦态和激光高能态寿命；ν_i 为超荧光的第 i 个单色光分量的频率；ν_p 为泵浦光的频率；σ_{pa}、σ_{pe}分别为泵浦吸收、发射截面；σ_{a,ν_i}、σ_{e,ν_i} 分别为超荧光吸收、发射截面。式(9-18)中频率为 ν 的单色光的吸收、发射截面 $\sigma_a(\nu)$和 $\sigma_e(\nu)$ 可以通过下列方程计算

$$\alpha(\nu) = \sigma_a(\nu)A(\nu)N_d \tag{9-19}$$

$$g^*(\nu) = \sigma_e(\nu)A(\nu)N_d \tag{9-20}$$

$$N_d = \frac{\iint \xi(r) r \mathrm{d}r \mathrm{d}\theta}{r_c} \tag{9-21}$$

式(9-19)～式(9-21)中，$\alpha(\nu)$、$g^*(\nu)$分别为掺铒光纤的吸收和发射系数；N_d 为掺铒光纤内的平均铒离子浓度；r_c 为光纤芯区半径；$A(\nu)$是频率为 ν 的光场与铒离子分布的重叠因子，通过式(9-16)计算。

式(9-12)～式(9-21)包括了泵浦光的多个模式间的泵浦差别、高能态的受激吸收以及铒离子对的吸收等因素，可以较精确地模拟超荧光掺铒光纤光源的输出特性。

对于含有 n 个波长的超荧光光谱，根据式(9-12)可以写出 $2n+m$ 个包含 $2n+m$个变量的微分方程，微分方程组的边界条件和光源的结构有关。双通后向结构的掺铒光纤光源，其边界条件为

$$\left.\begin{aligned} P_i^+(0) &= 0 \\ P_i^-(L) &= R_s P_i^+(L) \\ P_p(0) &= P_0 \end{aligned}\right\} \tag{9-22}$$

式中，L 为掺铒光纤的总长度；P_0 为泵浦光的初始功率；R_s 为光纤端面的反射率。

3. 超荧光掺铒光纤光源主要性能参数设计

1) 输出功率和光谱特性参数

双通后向结构掺铒光纤光源，采用低掺杂浓度掺铒光纤设计时，其输出功率和光谱特性参数(包括光谱形状、平均波长和谱宽)与泵浦激光器输出参数、掺铒光纤长度和反射镜反射率参数密切相关。

(1)泵浦激光器输出参数与掺铒光源输出功率和光谱特性参数的关系。

输出光功率与中心波长性能参数是泵浦激光器的两项重要指标，对掺铒光纤光源输出功率、平均波长、光谱宽度等光谱参数指标有较大影响。图 9.9 为泵浦激光器(中心波长为 974.6nm)的输出功率与掺铒光源输出光谱的关系；图 9.10 为泵浦激光器输出功率与掺铒光源输出功率关系；图 9.11 为泵浦激光器输出功率与掺铒光源平均波长、光谱宽度的关系。

从图 9.9～图 9.11 可知，掺铒光纤光源输出功率与泵浦激光器的输出功率基

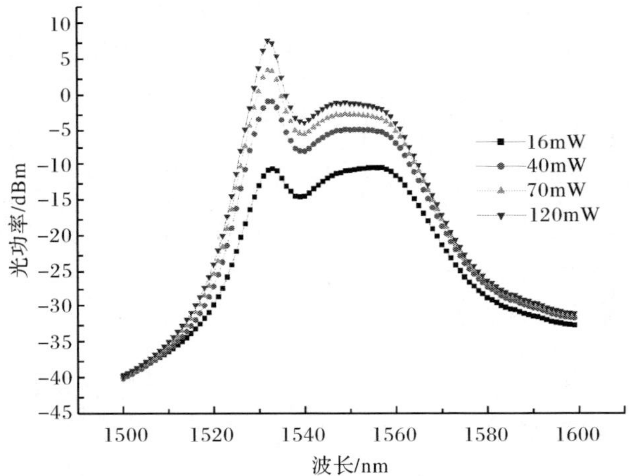

图 9.9 掺铒光源输出光谱与泵浦激光器输出功率的关系

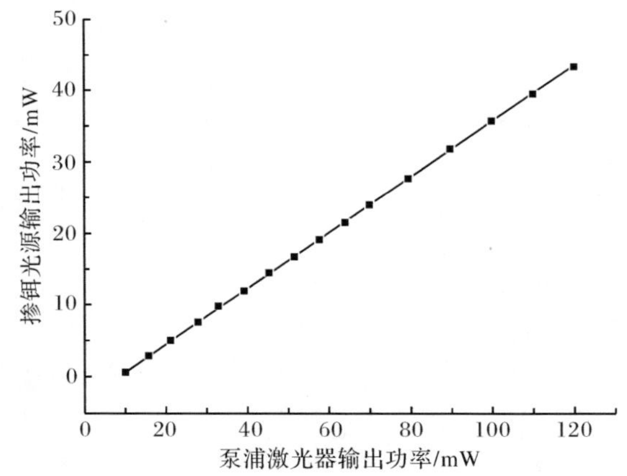

图 9.10 掺铒光源输出功率与泵浦激光器输出功率的关系

本上呈线性关系，但掺铒光源的平均波长和光谱宽度则随着泵浦激光器输出功率的增大而减小。增大泵浦激光器的注入电流和提高光纤耦合输出效率可提高其输出光功率，实际工程应用中，增大注入电流会带来功耗和散热工程应用问题。通过提高泵浦激光器输出功率来增大掺铒光纤光源输出功率时，还会造成其光谱宽度减小。另一个提高掺铒光纤光源输出功率的途径是使用铒/镱(Er^{3+}/Yb^{3+})共掺光纤，增大吸收截面和吸收带宽，可以大幅提高泵浦光的吸收效率。

在泵浦激光器固定输出光功率情况下，掺铒光纤光源输出功率与泵浦激光器中心波长的关系如图 9.12 所示。掺铒光纤光源平均波长、光谱宽度与泵浦激光器中心波长的关系如图 9.13 所示。从图 9.12 和图 9.13 中可以看出，泵浦激光器

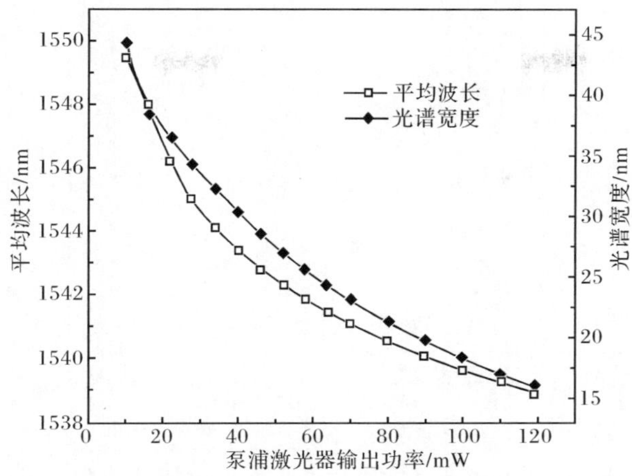

图 9.11　掺铒光源平均波长、光谱宽度与泵浦激光器输出功率的关系

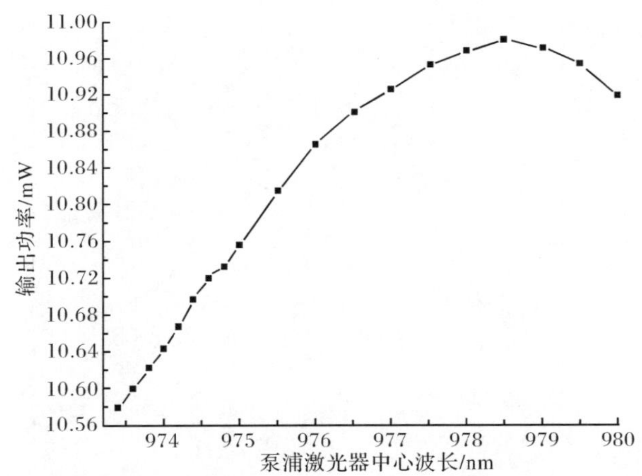

图 9.12　掺铒光纤光源输出功率与泵浦激光器中心波长的关系

中心波长为 978.5nm 时，掺铒光纤光源输出光功率、平均波长和光谱宽度的曲线斜率最小，稳定性最优。

(2)掺铒光纤长度与掺铒光纤光源输出性能关系。

掺铒光纤的长度对掺铒光纤光源输出光功率有直接影响，长度太短，掺杂离子对泵浦光的吸收不充分，泵浦光的利用效率低，输出功率小；长度太长，在输出端介质吸收激光光子，使输出功率下降。掺铒光纤存在一个最佳长度，以获得最小的阈值功率，使能获得的泵浦光子数和反转粒子数在泵浦端达到最大值，即达到高的泵浦效率。掺铒光纤长度与掺铒光源输出光谱的关系如图 9.14 所示。掺铒光纤长度与掺铒光源输出光功率、平均波长、光谱宽度的关系分别如图 9.15 和

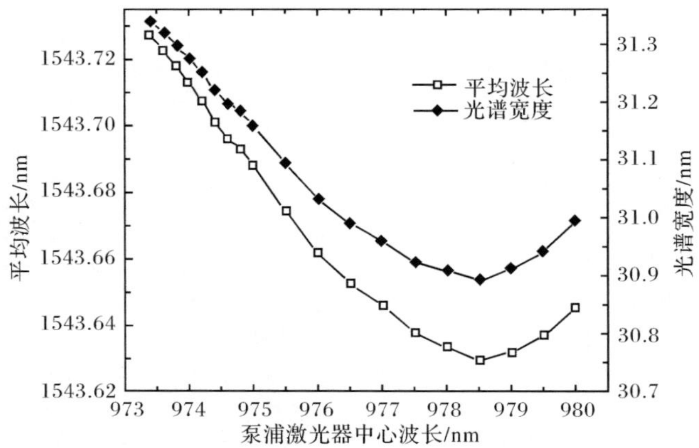

图 9.13　掺铒光纤光源平均波长、光谱宽度与泵浦激光器中心波长的关系

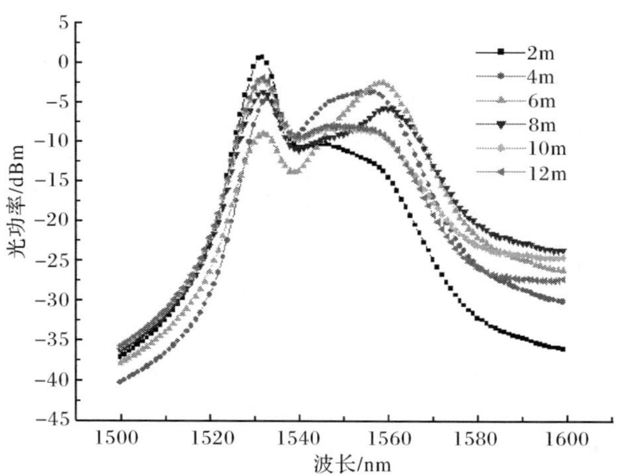

图 9.14　掺铒光纤长度与掺铒光源输出光谱的关系

图 9.16 所示。从图 9.14 和图 9.15 可以看出，掺铒光纤长度为 4m 时，掺铒光纤光源输出光功率较高，光谱平坦度较优。

(3)反射镜反射率与掺铒光纤光源输出性能关系。

在输出光波波长范围内，反射镜的反射率对掺铒光源输出性能也有直接影响，从图 9.17 可以看出，反射率越高，输出功率则越高；当反射率为零时，输出功率最低，此时光源相当于单通后向结构；反射率高于 50%时，反射率对光源输出功率的影响较小，因此，降低了对器件该项指标的要求。从图 9.18 可以看出，反射率从 0 变化到 100%时，光谱宽度变化超过 1 倍，平均波长变化约为 8nm，相当于反射率每变化 1%，平均波长变化 6.5ppm。

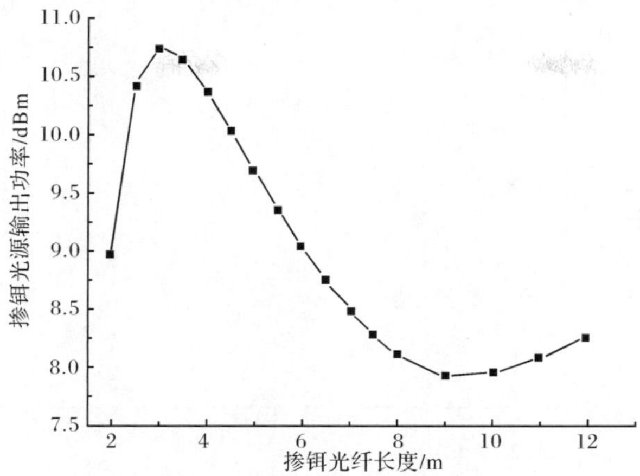

图 9.15 掺铒光纤长度与掺铒光源输出功率的关系

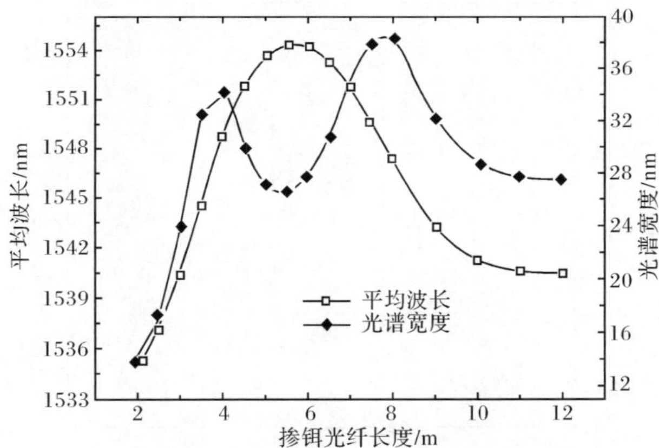

图 9.16 掺铒光纤长度与掺铒光源平均波长、光谱宽度的关系

2) 平均波长稳定性

光源的平均波长稳定性一般直接影响干涉型光纤传感系统标度因数的稳定性。对于超荧光掺铒光纤光源，平均波长变化的主要原因是由环境温度的变化引起，它有 3 个主要来源，可表示为[7,8]

$$\frac{\mathrm{d}\bar{\lambda}_s}{\mathrm{d}T}=\frac{\partial\bar{\lambda}_s}{\partial T}+\left(\frac{\partial\bar{\lambda}_s}{\partial\lambda_{\mathrm{pump}}}\right)\left(\frac{\partial\lambda_{\mathrm{pump}}}{\partial T}\right)+\left(\frac{\partial\bar{\lambda}_s}{\partial P_{\mathrm{pump}}}\right)\left(\frac{\partial P_{\mathrm{pump}}}{\partial T}\right) \tag{9-23}$$

式中，第一项是由掺铒光纤温度特性导致的固有的平均波长 $\bar{\lambda}_s$ 的变化；第二项和第三项是由泵浦波长和泵浦功率导致的平均波长的变化。

(1)泵浦波长对平均波长稳定性的影响。

式(9-23)中第二项即泵浦波长的影响特性，可通过给定泵浦功率和掺铒光纤

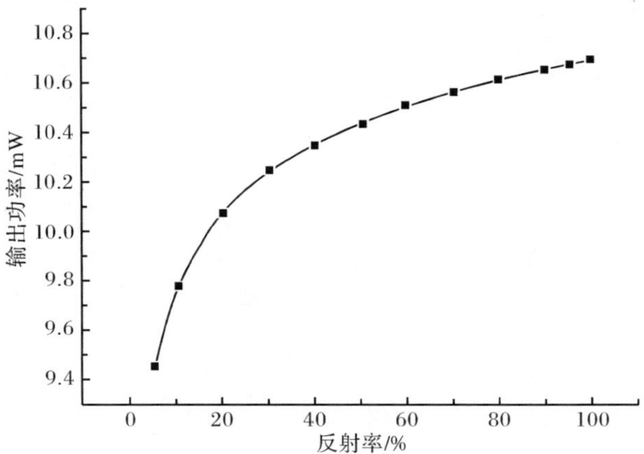

图 9.17　反射率与掺铒光纤光源输出功率的关系

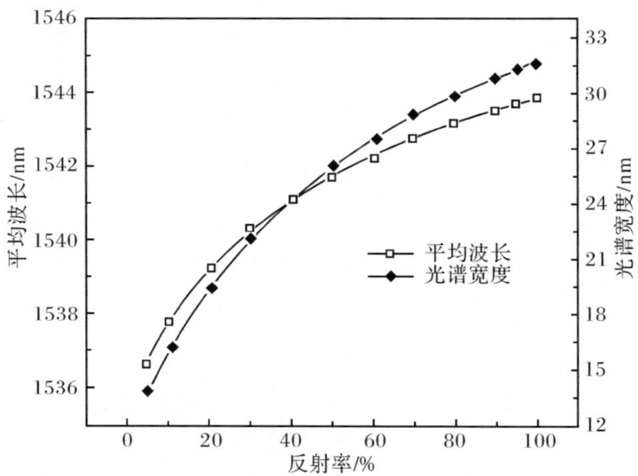

图 9.18　反射率与掺铒光纤光源平均波长、光谱宽度的关系

长度，改变泵浦波长（从而改变吸收波长）来研究，超荧光掺铒光纤光源平均波长和泵浦波长之间的关系如图 9.13 所示。从图中可以看出极值点位于 978.5nm 附近，在极小值 978.5nm 的两侧，掺铒光纤光源的平均波长与泵浦激光器的中心波长基本呈线性关系，对应变化关系小于 0.02nm/nm。假定泵浦激光器中心波长的温度系数为 400ppm/℃，只需激光器管芯的温度稳定性控制达到 1℃，就可以保证掺铒光纤光源的平均波长稳定性优于 5ppm。另外，泵浦激光器中心波长在 978～979nm，更有利于改善掺铒光纤光源平均波长的稳定性。

（2）泵浦功率对平均波长稳定性的影响。

从图 9.11 中可以看出，掺铒光纤光源的平均波长随泵浦激光器光功率的变化对应关系平均为 50ppm/mW，如果要保证掺铒光纤光源平均波长的稳定性达到 10ppm，泵浦激光器的输出光功率稳定性需达到 0.2mW，尤其是在高低温环境下，这对于泵浦激光器而言，是较高的要求。在泵浦激光器输出功率高于 50mW 的情况下，泵浦激光器的输出功率变化对掺铒光纤光源平均波长稳定性的影响系数逐渐降低，但提高泵浦激光器输出功率的同时，会引起掺铒光纤光源光谱宽的减小，实际中需兼顾传感器对谱宽的要求。

(3)掺铒光纤长度对平均波长稳定性的影响。

掺铒光纤固有热系数，即式(9-23)中的第一项，由每种超荧光掺铒光纤光源结构中吸收和辐射的相对重要性，以及这些过程中光谱随温度的漂移所决定。图 9.19 是泵浦功率为 100mW 时，不同的掺铒光纤长度下，测得的掺铒光纤固有热系数导致的平均波长漂移的试验曲线。从图 9.19 中可以看出[7]：①当掺铒光纤的长度为 12m 时，由掺铒光纤的固有热系数导致的平均波长随温度的漂移特性基本上呈线性关系，斜率为−5.3ppm/℃；②当掺铒光纤的长度为 8m 时，由掺铒光纤的固有热系数导致的平均波长随温度的漂移则呈正的温度系数关系，斜率为 5.5ppm/℃。

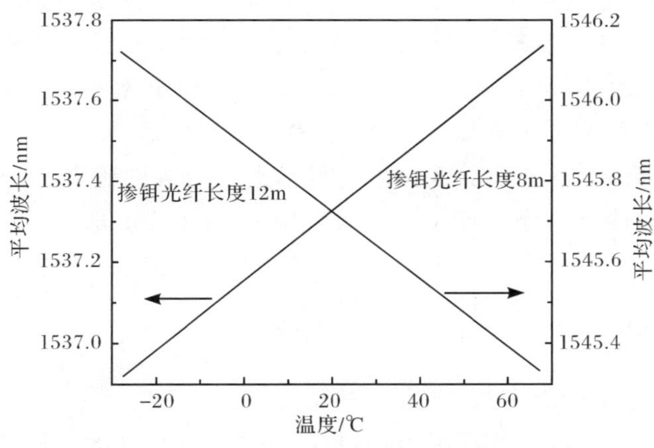

图 9.19　掺铒光纤的固有热系数导致的平均波长漂移试验测试曲线

图 9.20 是不同温度条件下，泵浦功率为 100mW，泵浦波长为 976.4nm 时，整个超荧光掺铒光纤光源的平均波长稳定性随掺铒光纤长度变化的试验曲线。从图 9.20 中可以看出，随着掺铒光纤长度的变化，在 10.5m 附近，平均波长稳定性经过 0 点，稳定性最优。在实际中，还需要兼顾掺铒光纤长度和泵浦激光器输出功率对掺铒光纤光源输出光谱形状和稳定性的影响，同时考虑泵浦功率、中心波长、光纤长度、反射率等对平均波长稳定性的相互抵消补偿作用，优化相互之间匹配参数，既能获得较高的平均波长稳定性指标，又具有较好的工程适用性[9]。

根据上面的分析，将掺铒光纤光源的温度控制在 0.5℃，就能达到 1ppm 的波

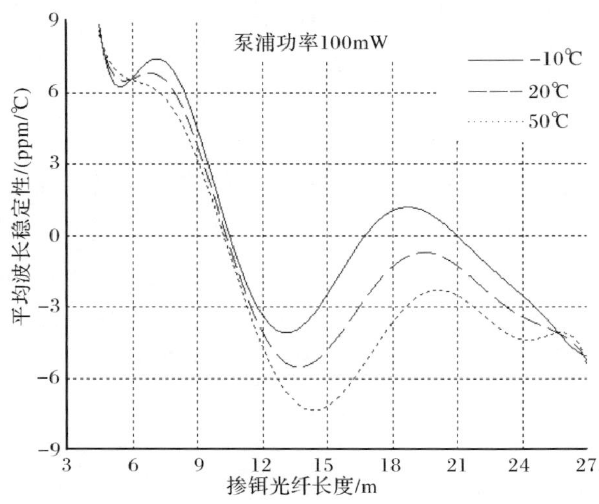

图 9.20　超荧光掺铒光纤光源平均波长稳定性随掺铒光纤长度变化的试验曲线

长稳定性。这与超辐射发光二极管的 0.003℃的温控要求相比要容易实现得多。另外,由于三项贡献的符号不同,所以通过适当的选择这些条件,这三项的贡献可以部分抵消,从而进一步提高波长稳定性,放宽对温度和泵浦功率稳定性的要求。

根据上述主要参数的设计及试验结果,结合光电子器件的性能水平,可以得到超荧光掺铒光纤光源的典型设计参数:掺铒光纤长度 4～5m;泵浦功率 40～60mW;泵浦波长 974～976nm;反射镜反射率优于 80%。超荧光掺铒光纤光源的性能典型值为:输出功率大于 8mW;光谱宽度大于 18nm;平均波长稳定性优于2ppm/℃。

4. 超荧光掺铒光纤光源抗辐照性能设计

1) 辐照对超荧光掺铒光纤光源的影响

辐照环境是一种特殊的环境,高能粒子通常会对材料的特性产生影响,甚至改变材料的特性。图 9.21 为普通的超荧光掺铒光纤光源在 50krad(Si)总剂量辐照前后的光谱,从图中可以看出,辐照后超荧光掺铒光纤光源的输出功率大幅度下降,光谱形状也发生较大改变。相对于短波长光谱分量,超荧光掺铒光纤光源的长波长光谱分量的强度明显降低。实测结果表明,超荧光掺铒光纤光源的功率衰减约为 10dB,平均波长漂移约为 3000ppm,约合 60ppm/krad(Si),光谱平坦度变化约为 5dB。

光源的输出功率衰减及光谱平坦度变化会引起光纤传感器性能漂移,甚至导致其失效。为了保证超荧光掺铒光纤光源在空间辐照环境下的适应性,必须对超荧光掺铒光纤光源采取抗辐照设计措施。

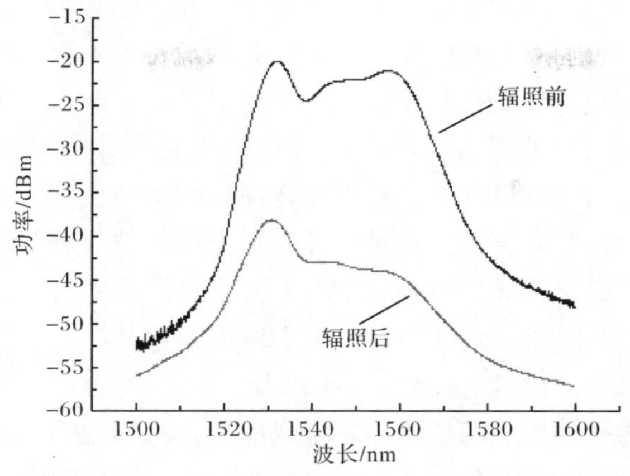

图 9.21　超荧光掺铒光纤光源辐照前后的光谱

2）超荧光掺铒光纤光源辐照性能退化机理

(1)掺铒光纤发射谱变化。

经受一定辐照总剂量后，掺铒光纤的发射谱将发生变化，其长波长分量相对于1530nm的短波长分量下降较多。辐照总剂量越大，长波长分量下降得越多，引起掺铒光源平均波长变化越显著。

(2)掺铒光纤损耗增大。

在辐照条件下，掺铒光纤的辐照感生损耗大幅度增加。在辐照环境中，高能粒子作用于掺铒光纤时会发生化学反应，产生“色心沉积”效应。“色心沉积”效应改变了掺铒光纤纤芯材料的特性，从而导致掺铒光纤的损耗增大。

“色心沉积”效应有两个特点：一是随着辐照总剂量的不断增大，引起掺铒光纤的损耗也不断增大；二是该效应的强弱与辐照剂量率的大小相关，辐照剂量率越大，“色心沉积”效应越强，掺铒光纤的损耗越大。

另外，在辐照条件下，如果超荧光掺铒光纤光源处于工作状态，那么掺铒光纤中还存在着另一种与“色心沉积”相反的化学动力学过程，即“光致褪色”效应。在泵浦光的作用下，“光致褪色”效应出现，它能摧毁掺铒光纤中的着色中心，一定程度上提高掺铒光纤的透光能力，使掺铒光纤的损耗降低。与“色心沉积”相比，“光致褪色”的作用要小得多，尤其是在辐照剂量率较大时，“色心沉积”的速度很快，“光致褪色”没有足够的时间摧毁着色中心。在这种情况下，“光致褪色”的作用几乎显现不出来，光纤的损耗会大幅度增大。但是当剂量率较小时，由于“色心沉积”引起的光纤损耗相对较弱，“光致褪色”摧毁着色中心的作用就相对明显，光纤的损耗会有较明显的恢复，辐照感生损耗较小。

(3)掺铒光纤损耗增大对掺铒光源性能的影响。

在辐照条件下，掺铒光纤损耗增大会对超荧光掺铒光纤光源产生以下影响：

首先,会降低超荧光掺铒光纤光源的泵浦效率,进而使输出光功率降低;其次,由于掺铒光纤发射谱的峰值在 1530nm 附近,所以不论泵浦强弱、有无二次泵浦,在超荧光掺铒光纤光源的光谱中,1530nm 附近总会有一个峰,它不受辐照的影响。这个峰在光谱中的强弱取决于信号光的二次泵浦,二次泵浦越强,则这个峰越弱,反之亦然。在辐照中,由于掺铒光纤损耗的大幅度增大,相对于一次泵浦来说,二次泵浦越来越弱,再加上掺铒光纤发射谱的长波长分量降低的影响,掺铒光源中长波长分量急剧变弱。这样,掺铒光源的光谱图中,长波长分量大幅度下降,导致光谱形状变化,平均波长也相应发生较大变化。

3) 超荧光掺铒光纤光源抗辐照设计方法

提高超荧光掺铒光纤光源抗辐照环境适应性,需要解决辐照环境中功率衰减和光谱劣化的问题。从上面的分析可知,这两个变化的主要原因是掺铒光纤损耗变大导致输出功率下降以及光源光谱的长波长分量下降。针对这两项主要原因,可采取以下措施[7]:

(1) 选用高密度材料对掺铒光纤进行辐照屏蔽,如铁镍或钽合金。

(2) 采用低掺杂浓度的掺铒光纤。当掺铒光纤的掺杂浓度低至一定水平时,由辐照引起的"色心沉积"效应明显减弱,且在该浓度下泵浦光激发的"光致褪色"效应增强,使得掺铒光纤损耗恢复速度提高,这两方面的作用都有利于减小辐照引起的损耗变化。

(3) 对超荧光掺铒光纤光源的输出光谱进行滤波,滤掉长波长分量,使光谱成为以 1530nm 为中心的类高斯型光谱。这样在辐照环境中,光谱的形状就基本不会变化,只是强度会下降,结合一定的功率控制措施即能实现光谱的稳定。

(4) 采用光功率自动控制技术对超荧光掺铒光纤光源的输出光功率进行闭环反馈控制,当检测到辐照引起光源功率下降时,控制回路将自动增大光源的注入电流,将光功率稳定在初始水平。

典型的抗辐照超荧光掺铒光纤光源方案如图 9.22 所示,滤波后的输出光谱如图 9.23 所示,中心波长在 1530nm 附近。辐照引起光源平均波长变化是光纤陀螺输出漂移的主要原因,采用光谱滤波的方法可以有效解决这一问题[10]。

9.3.4　干涉型光纤传感用超荧光掺铒光纤光源的特性及应用要求

1. 输出光功率

与 SLD 光源相比,超荧光掺铒光纤光源的输出光功率大幅提高,从而具有三方面主要优点:①可以有效提高光纤传感器的信噪比;②在同样功率水平下可以降低其控制电路的功耗;③能够在高输出功率前提下降额使用,可以有效延长器件的使用寿命。采用 980nm 波长的泵浦激光器对掺铒光纤泵浦,该波长正好对应

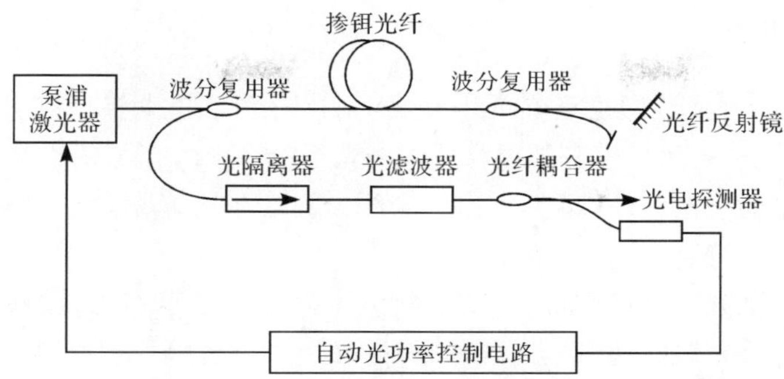

图 9.22　抗辐照超荧光掺铒光纤光源总体方案示意图

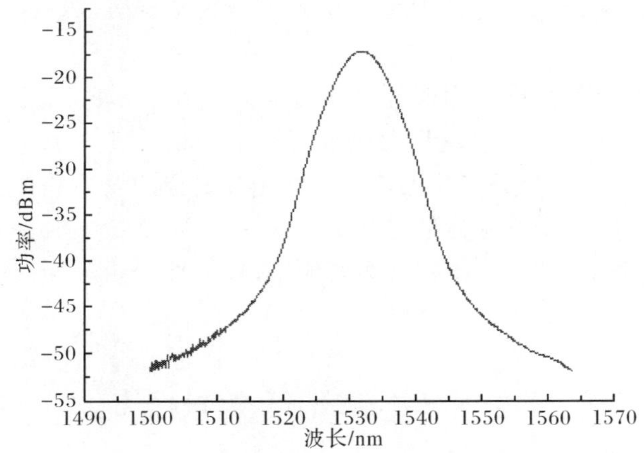

图 9.23　滤波后的超荧光掺铒光纤光源的光谱图

铒离子的吸收峰，斜坡效率高，能得到较高的输出功率。在同样的注入电流水平下，超荧光掺铒光纤光源的输出功率可达到 SLD 的 10 倍以上。

2. 平均波长稳定性

由于铒离子能级的稳定性远高于半导体材料能带的稳定性，因此超荧光掺铒光纤光源比 SLD 光源具有更好的光谱稳定性。超荧光掺铒光纤光源平均波长稳定性的典型水平比 SLD 光源高一个数量级，对于要求标度因数稳定性优于几个 ppm 的应用来说，超荧光掺铒光纤光源是最佳的选择。SLD 光源平均波长漂移的典型水平为 400ppm/℃，为了达到 10ppm 的波长稳定性要求，需要将超辐射发光二极管的工作温度控制在 0.025℃范围内，这在工程实际中是难以实现的。

3. 偏振特性

超荧光掺铒光纤光源发射的是非偏振光，这有利于减少双折射引起的偏振非互易性，同时允许采用单模光纤耦合器作为光纤传感中的光源耦合器。

除上述主要特性之外，超荧光掺铒光纤光源还具有光谱形状优化设计方便、光谱宽度较宽等特点。

在输出光谱方面，由于铒离子的发射谱不对称以及存在二次泵浦效应，所以超荧光掺铒光纤光源的输出光光谱是非对称的，通常呈"马鞍"形状。第一个波峰的位置位于1530nm附近，第二个波峰的位置取决于泵浦功率的耗尽程度和二次泵浦的强弱，通常和超荧光掺铒光纤光源的结构、掺铒光纤长度以及泵浦功率有关。另外，超荧光掺铒光纤光源中不存在成对的激光腔面，所以其输出光谱不存在调制现象。

目前，干涉型光纤传感用超荧光掺铒光纤光源在抗恶劣温度环境、抗高剂量辐照等环境适应性方面已经取得突破，实现了工程化。进一步提高环境适应性、提高光功率和波长稳定性是超荧光掺铒光纤光源研究的发展趋势。另外，通过在波导中掺入铒元素，并与半导体激光器集成在一起，可制备集成一体化掺铒光源，同超荧光掺铒光纤光源相比，不仅可降低成本，提高性能一致性，还能大幅度减小器件尺寸，便于应用。

9.4 掺铒光纤激光器

9.4.1 掺铒光纤激光器的特点及分类

掺铒光纤激光器(EDFL)是一种信噪比很高的优质光源，具有结构简单紧凑、工作稳定可靠、易于集成、光束质量好、线宽窄和输出功率高等特点，其输出激光的稳定性和光谱纯度都比半导体激光器好。随着光纤光栅、滤波器、光纤技术、光子晶体光纤等为基础的新型光器件技术发展，光纤激光技术正在快速发展，成为激光二极管的有力竞争对手。掺铒光纤激光器作为一种新型的激光器，应用于光纤传感有如下特点：

(1) 输出波长位于光纤低损耗窗口，能很好地与光纤、光纤器件耦合；光路稳定性高，输出光束质量好，可实现连续和脉冲工作模式。

(2) 可以实现几千赫兹以下的线宽，为干涉型光纤传感器提供低相位噪声的光源。

(3) 阈值低、转换效率高、增益高、相对强度噪声低，可接近发射噪声极限。

(4) 可以实现波长调谐输出，波长调谐范围宽、光谱功率密度大，有利于实现波长调制型光纤传感器的高精度解调。

(5) 光路灵活、散热性能好，易于实现小型化封装。

(6) 可靠性高、工作寿命长。

(7) 制备工艺较简单，容易批量化生产。

掺铒光纤激光器在光纤传感领域广泛应用，如作为干涉型光纤传感器的高相干光源，作为波长调制型光纤传感器的波长可调谐光源，作为光频域反射性光纤传感器的频率扫描光源，作为光时域反射型光纤传感器的脉冲光源等使用。

掺铒光纤激光器按照谐振腔结构可分为 F-P 线性谐振腔和环形谐振腔型光纤激光器[11]，其中，常见的 F-P 线性谐振腔掺铒光纤激光器有分布布拉格反射(DBR)光纤激光器和分布反馈(DFB)光纤激光器；按照输出波长可分为单波长掺铒光纤激光器、多波长掺铒光纤激光器和可调谐掺铒光纤激光器；按照激光输出光特性可分为连续光输出和脉冲光输出等。

1. 单波长掺铒光纤激光器

单波长掺铒光纤激光器可通过在光路中加入光纤光栅实现。由于布拉格光纤光栅的反射率与光波波长有关，因此可把光纤光栅作为反射镜应用到掺铒光纤中，使处于光纤光栅中心波长的光被反射，在谐振腔内形成反馈，实现光放大，得到稳定的单波长激光输出。常见的单波长掺铒光纤激光器有布拉格反射光纤光栅激光器和分布反馈光纤激光器。

1) DBR 型掺铒光纤激光器

DBR 型掺铒光纤激光器结构如图 9.24 所示。两个光纤光栅构成线性谐振腔，其布拉格反射波长为掺铒光纤激光器的设计输出波长，反射光波长应处于掺铒光纤的荧光范围内。受激辐射光在两个光纤光栅之间传输，满足光栅反射条件的光被多次反射，当光的增益大于传输损耗时，形成激光输出。DBR 型掺铒光纤激光器结构简单，容易制备，可以直接把光纤光栅写到掺铒光纤上，也可以把光纤光栅熔接到掺铒光纤上，但这种类型激光器频率稳定性较差，边模抑制比较低。

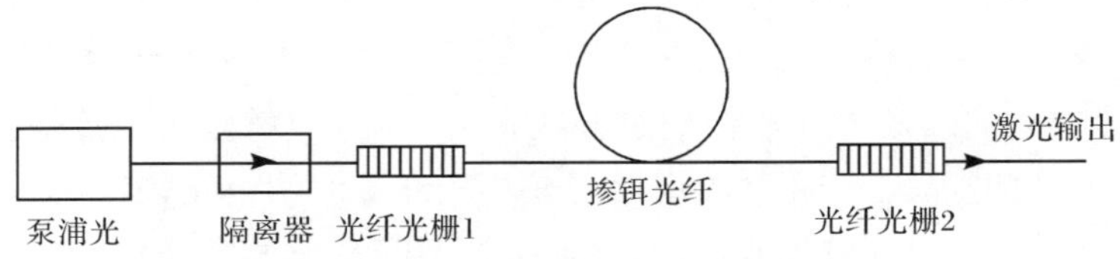

图 9.24　DBR 型掺铒光纤激光器结构图

2) DFB 型掺铒光纤激光器

DFB 型掺铒光纤激光器结构如图 9.25 所示。在掺铒光纤上直接写入 π 相移光栅构成谐振腔,有源区和反馈区同为一体。只用一个光栅实现光反馈和波长选择,频率稳定性更好,边模抑制比更高。由于掺铒光纤纤芯中锗含量较少,光敏性差,直接在掺铒光纤上直接写入光栅并不容易,因此制备 DFB 型掺铒光纤激光器相对 DBR 型掺铒光纤激光器要困难。

图 9.25 DFB 型掺铒光纤激光器结构图

由于 DBR 和 DFB 光纤光栅激光器的腔很短,为了获得较高的输出功率,需采用高掺杂掺铒光纤。这两种光纤激光器的输出功率一般为毫瓦级,对于光纤传感器应用而言,可满足要求。

2. 可调谐掺铒光纤激光器

在掺铒光纤激光器谐振腔中插入合适的可调谐光纤滤波器,即可在一定波长范围内改变激光器输出波长,形成可调谐掺铒光纤激光器。可调谐光纤滤波器可采用可调谐光纤光栅、F-P 光纤滤波器、M-Z 干涉滤波器、介质薄膜干涉滤波器等。

1) 光纤光栅可调谐掺铒光纤激光器

通过对掺铒光纤激光器中光纤光栅施加一定的物理作用(如温度、应力),改变布拉格光栅的反射波长,即可实现掺铒光纤激光器的调谐。光纤光栅可调谐掺铒光纤激光器的优点是光纤光栅给激光器带来的插入损耗很小,激光器振荡阈值低,缺点是光纤光栅的应变范围有限,制约了掺铒光纤激光器的调谐范围[12]。调谐光纤光栅反射波长的方法一般有轴向拉伸应变、轴向压缩应变和垂直压力等。

2) F-P 光纤滤波器可调谐掺铒光纤激光器

通过在两个互相靠近的光纤端面上镀高反射膜,可形成 F-P 谐振腔光纤滤波器。由 F-P 可调谐滤波器构成的掺铒光纤激光器腔长可以很短,结构如图 9.26 所示。泵浦光从波分复用器输入掺铒光纤,产生受激辐射光进入耦合器,耦合器的一端作为输出,一端与输入构成环形腔。隔离器保证光的单向传输。满足 F-P 光纤滤波器透射波长的光在腔内经过多次循环传输,当增益大于传输损耗时,产生振荡,形成激光器输出。通过改变加在 F-P 光纤滤波器电压来改变 F-P 腔的腔长,从而改变滤波器的透射光波长,因此可获得不同波长的激光输出,实现掺铒光纤激光器的可调谐输出。

掺铒光纤激光器输出功率随耦合器输出端分束比的提高而增大,但如果输出端耦合比太大,反馈端得到的功率就会太小,激光振荡也会太小或停止振荡,反而会降低掺铒光纤激光器的激光输出。因此耦合器的分束比通常有一个最佳值,一般为 80%～90%。

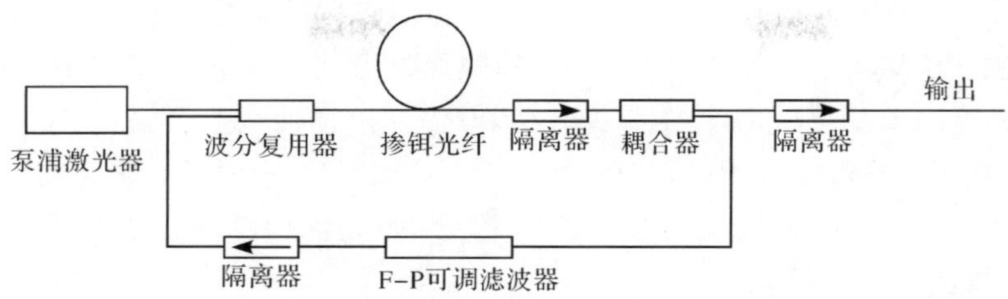

图 9.26　F-P 滤波器可调谐掺铒光纤激光器结构图

3）介质薄膜干涉滤波器可调谐掺铒光纤激光器

介质薄膜干涉滤波器可调谐掺铒光纤激光器是在激光器环形腔中加入介质薄膜干涉滤波器,结构如图 9.27 所示。通过调节滤波器相对于光入射方向的倾斜角度,来改变滤波器反射的中心波长,进而实现对掺铒光纤激光器的调谐。介质薄膜滤波器具有良好的温度性能,且对偏振不敏感,介质薄膜可调谐掺铒光纤激光器比 F-P 光纤滤波器可调谐掺铒光纤激光器有更宽的调谐范围和更好的输出特性。

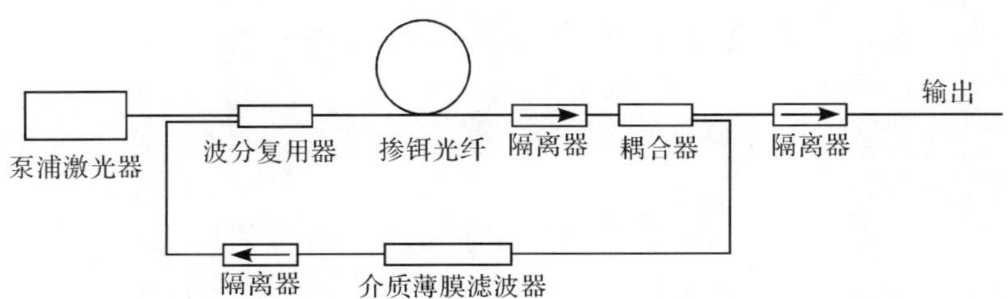

图 9.27　介质薄膜干涉滤波器可调谐掺铒光纤激光器结构图

3. 脉冲掺铒光纤激光器

脉冲掺铒光纤激光器是指积聚在光纤谐振腔内的能量以脉冲光的形式激射,产生比连续光输出峰值光功率更高的瞬间峰值光功率。实现掺铒光纤激光器脉冲输出的方法是在谐振腔内加入调制器件,使激光器输出相应的调品质因数(Q)脉冲和锁模脉冲。

1）调 Q 掺铒光纤激光器

激光器调 Q 技术是通过调节谐振腔品质因数 Q 值,将激光器腔内储存的光能量压缩到很窄宽度的时间间隔内激射,达到提高瞬时峰值光功率的目的。

品质因数 Q 表达式为

$$Q = 2\pi\nu_0 \frac{nl}{\beta c} \tag{9-24}$$

式中，ν_0 为激光器中心频率；l 为谐振腔腔长；n 为谐振腔内折射率；c 为光速；β 为光在谐振腔内传输的损耗。从式(9-24)看出，通过调节谐振腔的损耗，可达到调 Q 的目的。增大谐振腔损耗，Q 值降低，掺铒光纤激光器的振荡阈值条件提高，处于亚稳态的铒离子反转粒子数不断增加，但仍处于损耗大于增益的状态，能量在积聚，但不形成激光振荡；然后瞬间降低谐振腔损耗，Q 值升高，振荡阈值条件降低，增益大于损耗，产生极强的脉冲激光输出；如此周期性调节谐振腔损耗值大小，产生持续的脉冲输出。

实现掺铒光纤激光器调 Q，需要在谐振腔中加入 Q 开关。Q 开关分为非光纤型和全光纤型两种，全光纤型 Q 开关由于其自身在掺铒光纤激光器谐振腔中带来的插入损耗比非光纤型 Q 开关小，且易于与其他光纤器件直接熔接，因此具有较好的应用前景。常见的全光纤调 Q 掺铒光纤激光器是基于光纤耦合器的 M-Z 干涉仪调 Q 和迈克耳孙干涉仪调 Q 技术的，另外也有采用可饱和吸收体调 Q、声波调 Q、光纤光栅调 Q 等技术的。

2) 锁模掺铒光纤激光器

锁模的原理是把谐振腔内多纵模振荡激光的相位锁定，形成相干输出，达到压缩脉冲宽度、提高峰值功率的目的。锁模可以得到比调 Q 更窄的脉冲光。

假设腔内有 q 个纵模振荡模式，相邻纵模间角频率间隔 Ω 为

$$\Omega = 2\pi \cdot \Delta\nu_N = \frac{\pi c}{nl} \tag{9-25}$$

第 q 个纵模的角频率为

$$\omega_q = \omega_0 + q\Omega \tag{9-26}$$

如果相邻纵模间初相位之差保持为定值(模式锁定)，即

$$\varphi_q - \varphi_{q-1} = \phi \tag{9-27}$$

第 q 个纵模的初相位 φ_q 为

$$\varphi_q = \varphi_0 + q\phi \tag{9-28}$$

因此，q 个纵模的合成电场强度为

$$E(t) = \sum_{q=-N}^{N} E_q \mathrm{e}^{\mathrm{j}[(\omega_0+q\Omega)t+\varphi_0+q\phi]} \tag{9-29}$$

假设每个纵模振幅相同，均为 E_0，并利用三角级数求和公式可得到

$$E(t) = \frac{E_0 \sin\left[\frac{1}{2}(2N+1)(\Omega t+\phi)\right]}{\sin\left[\frac{1}{2}(\Omega t+\phi)\right]} \cdot \mathrm{e}^{\mathrm{j}(\omega_0 t+\varphi_0)} \tag{9-30}$$

则输出光强 I 在 $\Omega t+\phi=2m\pi(m=0,1,2,\cdots)$ 时，有最大值 $I_{\max}$ 为

$$I_{\max} = (2N+1)^2 E_0^2 \tag{9-31}$$

若各纵模间相位不锁定，则各纵模不相关，输出光强为每个纵模输出光强的

和，即

$$I = (2N+1)E_0^2 \tag{9-32}$$

因此，锁模后比不锁模光强提高$(2N+1)$倍，纵模模式越多，提高越显著。

激光器输出光强为时间的周期函数，其周期为

$$T = \frac{2\pi}{\Omega} = \frac{1}{\Delta\nu_N} \tag{9-33}$$

目前锁模掺铒光纤激光器按锁模方式可分为主动锁模掺铒光纤激光器、被动锁模掺铒光纤激光器和联合锁模掺铒光纤激光器三种，主动锁模掺铒光纤激光器是在谐振腔内插入主动调制器件（如铌酸锂调制器）对腔内光波进行调制实现锁模；被动锁模是在光纤腔内加入半导体饱和吸收体或其他非线性光纤器件，利用光纤的非线性效应实现锁模；联合锁模是在被动锁模谐振腔内加入调制器，共同作用实现锁模。

9.4.2　掺铒光纤激光器主要性能参数

在干涉型光纤传感器中，通常使用窄线宽掺铒光纤激光器，其主要性能参数包括中心（峰值）波长、光信噪比、边模抑制比、纵模特性、线宽（3dB）、光频率稳定性、光频率调制范围、光频率调制速度、输出光功率、输出光功率稳定性、相对强度噪声、偏振消光比等。掺铒光纤激光器的性能参数定义及测试类似于半导体激光器。

9.4.3　DBR 掺铒光纤激光器设计

对于窄线宽掺铒光纤激光器，需要采用特殊谐振腔结构设计，使掺铒光纤激光器稳定地工作在单纵模状态下（单频掺铒光纤激光器）。单频掺铒光纤激光器可以由很多方式来实现，包括采用 DBR 短腔结构、DFB 光纤激光器结构、复合腔结构、Fox-Smith 结构、环行滤波镜结构、微小球形谐振腔结构等。其中采用 DBR 和 DFB 线性短腔光纤激光器结构是最简便的方法，由这两种方法制备的光纤激光器结构简单，尺寸小，容易实现对激光输出波长的调谐和稳定控制。制备 DFB 短腔光纤激光器需要特殊的实验设备，并且对掺铒光纤也有特殊要求，在制备方法上比 DBR 线性短腔光纤激光器复杂；采用 DBR 线性短腔光纤激光器结构能简便地获得稳定单频激光输出，并且通过提高 DBR 线性短腔激光器的单频偏振输出特性，防止两个正交偏振态之间的模式竞争，还能提高光纤激光器输出的波长稳定性和功率稳定性[13]。所以，成熟的单频掺铒光纤激光器通常采用 DBR 线性短腔光纤激光器结构。

DBR 掺铒光纤激光器的结构如图 9.24 所示。由两只光纤光栅和一段掺铒光纤构成谐振腔，由干涉原理可得谐振腔的谐振条件为

$$\nu_q = \frac{c}{2nL}q \tag{9-34}$$

式中，ν 为纵模的频率；c 为真空中的光速；n 为谐振腔内介质的折射率；L 为谐振腔的长度；q 为纵模的级次。

则 DBR 掺铒光纤激光器的两个相邻纵模频率间隔为

$$\Delta\nu_q = \nu_q - \nu_{q-1} = \frac{c}{2nL} \tag{9-35}$$

为了满足 DBR 掺铒光纤激光器稳定地工作在单纵模输出状态，必须要求谐振腔内只能有一个纵模满足受激条件，即要求相邻两个纵模间隔 $\Delta\nu_q$ 要足够大、光纤光栅的带宽足够窄，同时一个纵模正好位于光纤光栅的高反射带以内。

为了增大 DBR 掺铒光纤激光器的纵模间隔，需要缩短谐振腔的腔长；所以单频 DBR 掺铒光纤激光器的腔长度一般很短，通常为几个厘米。例如，当腔长为 40mm 时，纵模间隔约为 0.02nm。

DBR 掺铒光纤激光器所用掺铒光纤较短，为了获得足够的增益实现激光振荡的条件，需要提高掺铒光纤的铒离子浓度并保持荧光效率，避免荧光猝灭，从而在较短的掺铒光纤内获得足够增益，实现 DBR 掺铒光纤激光器的激光振荡输出。

由于光纤光栅制备的离散性，DBR 掺铒光纤激光器的谐振腔的两只光纤光栅难以保证中心波长良好匹配，所以通常将其中的一只光纤光栅制备成窄带反射谱，而另一只光纤光栅制备为宽带范围谱。同时对光纤光栅进行高精度的温度控制或补偿，维持光纤光栅的中心波长稳定，从而保证 DBR 掺铒光纤激光器的输出光频率稳定。

9.4.4 干涉型光纤传感用掺铒光纤激光器的特性及应用要求

光纤激光器可应用于 F-P 干涉仪或布拉格光栅传感器，主要进行温度或应变测量，对于温度测量具有较宽的测量范围和很高分辨率[14-19]。干涉型光纤传感器为了降低相位噪声，要求掺铒光纤激光器具有窄线宽、高频率稳定性；同时需要具有适当的输出功率和低的相对强度噪声。对于采用内调制技术的干涉型光纤传感器，所用掺铒光纤激光器还需要具有一定的光频率调制范围和调制速度。

1. 光谱宽度(线宽)

掺铒光纤激光器输出光的光谱宽度(线宽)是干涉型光纤传感应用关注的一个重要指标。窄线宽光纤激光器输出光具有很高的时间相干性和较低的相位噪声，使得其在高分辨率干涉仪领域有重要应用。通过采用短直腔、饱和吸收体、复合腔和超窄通带滤波器等技术可实现单频窄线宽光纤激光器。工作波长为 1550nm、线宽为 5kHz 的激光器，相干长度可以达到 4.8km。

2. 频率稳定性

对于采用非平衡干涉仪的光纤传感器，掺铒光纤激光器频率抖动会产生相位噪声，因而要求其具有良好的频率稳定性。以目前国外典型的掺铒光纤激光器产品为例，1h 内光频率波动小于 50MHz[20]。

3. 相对强度噪声

干涉型光纤传感器要求光源具有低的相对强度噪声。目前，掺铒光纤激光器的相对强度噪声可达到 110～140dB/Hz @ 1MHz。

4. 输出功率

光纤传感用光纤激光器属于低功率激光器，一般为单包层光纤激光器，输出功率在毫瓦量级。干涉型光纤传感器的光电检测信号的噪声包括放大器的热噪声、散粒噪声、光源相对强度噪声等，其中散粒噪声和光源相对强度噪声与光源输出功率相关。为了实现干涉型光纤传感器的信噪比足够大，首先要保证信号光具有足够的强度，同时根据光电检测的线性范围、光源相对强度噪声的影响将光功率控制在合适的范围。高功率光纤激光器应用于远距离探测光纤传感器，可提高测量距离，避免由于光纤损耗增加而降低检测灵敏度的问题。提高光纤激光器泵浦效率、采用双包层掺铒光纤、采用相干合束技术等技术可提高光纤激光器输出功率。

5. 光频率调制范围和调制带宽

掺铒光纤激光器的光频率调谐通常采用热调谐和压电陶瓷调谐两种方式。其中热调谐可以提供几十 GHz 的光频率调谐范围，调谐速度较慢；压电陶瓷可以提供数百 MHz 的光频率调谐范围，最大调制速度可达 20～30kHz，可满足信号调制解调对光源进行内调制的需要。

6. 多波长

多波长光纤激光器可通过波分复用技术将不同波长光分配给不同的传感器通道，若采用多台单波长激光器，需同时配备多套独立驱动电路，增加系统的成本和复杂程度。采用多段增益介质和抑制模式竞争的单段增益介质光纤激光器可实现多波长输出。多波长光纤激光器可用于波分复用光纤水听器阵列。

7. 脉冲宽度

应用于波分复用阵列光纤传感器、干涉型分布式光纤传感器等传感系统中的光纤激光器需要采用脉冲光输出。获得短脉冲激光的方式主要有三种:锁模技术、调 Q 技术和脉冲种子源放大技术。

激光器脉冲宽度决定传感器的最高空间分辨率,脉冲越短,测量的空间分辨率越高。10ns 脉冲对应的最高空间分辨率约为 1m。具有一定重复频率、高能量的脉冲光纤激光器已经成为当前人们的研究热点之一。目前,脉冲光纤激光器已应用于偏振光时域反射计和分布式光纤传感器等[21,22]。

参考文献

[1] Wysocki P F, Digonenet M J F, Kim B Y. Spectral characteristics of high-power 1.55μm broad-band superluminescent fiber sources. IEEE Photonics Technology Letters, 1990, 2(3):178-180

[2] 郭玉彬,霍佳雨. 光纤激光器及其应用. 北京:科学出版社,2008

[3] Burns W K, Moeller R P, Dandridge A. Excess noise in fiber gyroscope sources. IEEE Photonics Technology Letters, 1990, 2(8):606-608

[4] Killian K, Burmenko M, Holinger W. High performance fiber optic gyroscope with noise reduction. Pro. SPIE, 1994, 2292:82-86

[5] Wang L A, Chen C D. Characteristics comparison of Er-doped double-pass superfluorescent fiber sources pumped near 980nm. IEEE Photonics Technology Letters, 1997, 9(4):446-448

[6] Wysocki P F, Digonenet M J F, Kim B Y. Characteristics of Erbium-doped superfluorescent fiber sources for interferrometric sensor applications. Journal of Lightwave Technology, 1994, 12(3):550-557

[7] 王巍. 干涉型光纤陀螺仪技术. 北京:中国宇航出版社,2010

[8] Wysocki P F, Digonenet M J F, Kim B Y. Wavelength stability of a high-output, broadband, Er-doped superfluorescent fiber source pump near 980nm. Optics Letters, 1991, 16(12):961-963

[9] 闫晓琴,高峰,贾鲁宁,等. 铒纤长度对掺铒光源性能影响的实验研究. 光子学报,2005, 34(7):21-25

[10] Wang W, Wang X F, Xia J L. The influence of Er-doped fiber source under irradiation on fiber optic gyro. Optical Fiber Technology, 2012, 18(1):39-43

[11] 赵尚弘,占生宝,石磊. 高功率光纤激光技术. 北京:科学出版社,2010

[12] 江毅. 高级光纤传感技术. 北京:科学出版社,2009

[13] 傅志辉. 新型光纤激光器与高灵敏度光纤振动传感器研究. 杭州:浙江大学博士学位论文,2009

[14] Wan X K. The monitoring and multiplexing of fiber-optic sensors using chirped laser sources. Texas: A&M University, 2003

[15] Johnson G A, Todd M D, Althouse B L. Fiber bragg grating interrogation and multiplexing with a 3×3 coupler and scanning filter. Journal of Lightwave Technology, 2000, 18:1101-1105

[16] Sadkowski R, Lee C E, Taylor H F. Multiplexed interferometric fiber-optic sensors with digital signal processing. Applied Optics, 1995, 34: 5861-5866

[17] Unneland T, Manin Y, Kuchuk F. Permanent gauge pressure and rate measurements for reservoir description and well monitoring: field cases. Reservior Evaluation England, 1988, 3: 224-230

[18] Lee W, Lee J, Henderson C. Railroad bridge instrumentation with fiber optic sensors. Applied Optics, 1999, 38: 1110-1114

[19] Wang G, Pran K, Sagvolden G. Ship hull structure monitoring using fiber optic sensors. Smart Mater. Struct., 2001, 10: 472-478

[20] http://www.npphotonics.com/files/products

[21] Li J Z, Rao Y J, Ran Z L. Distributed fiber-optic intrusion sensor system based on POTDR. Acta Photonica Sinica, 2009, 38(11): 2789-2794

[20] 高存孝，朱少岚，冯莉，等. 用于分布式光纤传感的全光纤激光器. 中国激光，2010，37(6)：1501-1504

第 10 章　光电探测器

光电探测器是一种光电转换器件。根据光辐射和物质之间作用方式的不同，光电探测器可分为:①通过光子吸收,引起材料中载流子浓度的变化,从而导致材料的电导率发生变化,利用这种效应的探测器称为光电导探测器;②利用半导体 PN 结光伏效应探测光能量的探测器称为光伏探测器,通常也称光电二极管。由于半导体 PIN 光电二极管具有较高的量子效率和良好的性能稳定性,是干涉型光纤传感器中广泛应用的光电探测器。另外,APD 光电探测器在微弱光信号检测方面具有明显的优势,也得到广泛应用。

10.1　光电探测器工作原理

10.1.1　光电转换原理

光电探测器光电转换的过程可作如下理解:假设入射到探测器的光功率为 $p(t)$,光电转换后产生的光电流为 $i(t)$,则

$$p(t)=\frac{\mathrm{d}E}{\mathrm{d}t}=h\nu\frac{\mathrm{d}N_{\mathrm{p}}}{\mathrm{d}t} \tag{10-1}$$

$$i(t)=\frac{\mathrm{d}Q}{\mathrm{d}t}=e\frac{\mathrm{d}N_{\mathrm{e}}}{\mathrm{d}t} \tag{10-2}$$

式中,E 为光能量;$h\nu$ 为单个光子能量;N_{p} 为光子数;Q 为光生电荷;e 为电子电荷;N_{e} 为光生电子数。响应度 R_{e} 是光电探测器的重要指标,定义为每瓦特的入射光功率产生的输出电流,即

$$R_{\mathrm{e}}=\frac{i(t)}{p(t)}=\frac{e\mathrm{d}N_{\mathrm{e}}/\mathrm{d}t}{h\nu\mathrm{d}N_{\mathrm{p}}/\mathrm{d}t}=\frac{e}{h\nu}\cdot\eta \tag{10-3}$$

式中,$\eta=\dfrac{\mathrm{d}N_{\mathrm{e}}/\mathrm{d}t}{\mathrm{d}N_{\mathrm{p}}/\mathrm{d}t}$为量子效率。

对于半导体 PN 结光电二极管,当入射光子能量 $h\nu$ 大于半导体禁带宽度 E_{g},会激发电子-空穴对,电子-空穴对在内电场的作用下分开,分别从光电探测器两个电极流入外电路,形成光电流或电压。每吸收一个能量为 $h\nu$ 的光子生成的电子-空穴对数目为

$$G(x)=\frac{P(x)}{h\nu} \tag{10-4}$$

式中，$P(x)$为给定距离处的光强，由于光透入半导体时会被吸收，当吸收系数为 α 时，$P(x)$与入射光功率 P_m 的关系为

$$P(x) = rP_m \cdot \exp(-\alpha x) \tag{10-5}$$

式中，r 为反射系数；α 为材料吸收系数；x 为到探测器的距离。

10.1.2　PN 结光电二极管

PN 结光电二极管是最简单的半导体光电探测器，它的核心是一个同质 PN 结。同质 PN 结是一块半导体晶体，它的掺杂水平在某一边界处从 P 型变为 N 型，可以是在 N 型半导体材料中掺入杂质硼，采用半导体扩散平面工艺，形成P^+N结构，或是在 P 型半导体材料中掺入杂质磷，采用半导体扩散平面工艺，形成 N^+P 结构。

在 N 型半导体材料中，电子浓度大，而空穴浓度小；在 P 型半导体材料中，空穴浓度大，而电子浓度小。当半导体中存在 PN 结时，由于载流子存在浓度梯度，空穴将从 P 区扩散到 N 区，电子将从 N 区扩散到 P 区，从而导致 PN 结附近，P 区带负电，N 区带正电。这些电荷被称为空间电荷，它们所在的区域称为空间电荷区。空间电荷的存在产生了由 N 区指向 P 区的内电场，如图 10.1(a)所示；PN 结的能带结构，如图 10.1(b)所示。在内电场的作用下，载流子做漂移运动，漂移电流刚好补偿浓度梯度导致的扩散电流。

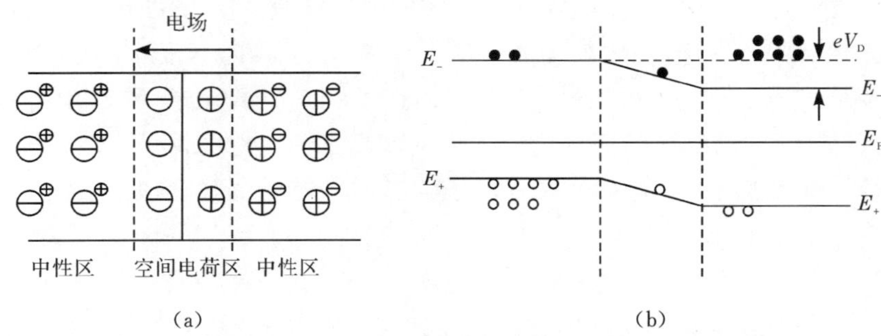

图 10.1　无外加电场下的 PN 结空间电荷区(a)和 PN 结能带(b)

在无光照的情况下，给 PN 结施加偏压 V_R，PN 结的势垒变化如图 10.2 所示。

如果给 PN 结施加正向电压 V_R，即外加电场方向与 PN 结的内建电场方向相反，则 PN 结的空间电荷区将变窄，势垒变低，流过 PN 结的电流为正向电流，电流大小可以表示为[1]

$$I = I_0\left[\exp\left(\frac{eV_R}{kT}\right) - 1\right] \tag{10-6}$$

式中，I_0为扩散电流；e 为电子电荷；V_R 为外加电压；k 为玻尔兹曼常量；T 为热力学温度。在正向偏压($V_R \gg kT/e$)下，二极管电流近似为

$$I = I_0 \exp\left(\frac{eV_R}{kT}\right) \tag{10-7}$$

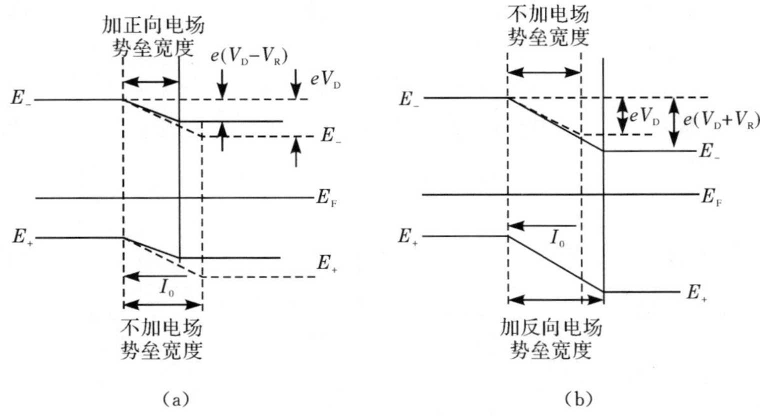

(a)　　(b)

图 10.2　外加电场时的势垒变化

(a) 加正向电压;(b) 加反向电压

如果给 PN 结施加反向电压 V_R,式(10-6)仍然成立。如果 $V_R < -3kT/e$,指数项接近于零,二极管电流近似为反向扩散电流 $-I_0$。

光电二极管通常采用 N^+P 结构,P 区很薄(该区对光电流的贡献可以忽略),入射光可以透过 P 区到达 PN 结甚至 N 区。当入射光子能量大于半导体的禁带宽度时,可能激发出光生电子-空穴对,N 区的光生载流子扩散到 PN 结区,与 PN 结区的光生载流子一起,在内电场的作用下分离,电子移向 N 区,空穴移向 P 区。由于 N 区的电子浓度和 P 区的空穴浓度远远大于光生载流子,称其为多数载流子,相应的称 N 区的空穴和 P 区的电子为少数载流子。光生载流子的漂移运动对多数载流子的影响不大,而对少数载流子的影响却非常明显,N 区的空穴扩散至 PN 结时,受内建电场的作用被移向 P 区,P 区的电子扩散至 PN 结时,被移向 N 区,结果在 P 区边界积累了大量的光生空穴,在 N 区边界积累了大量的光生电子,产生了一个与 PN 结的内建电场方向相反的光生电场,引起 PN 结势垒高度的降低,如图 10.3 所示。光生电势与光照能量有关,能量越强,光生电动势越大,光生伏特探测器均利用这种结的光伏效应。

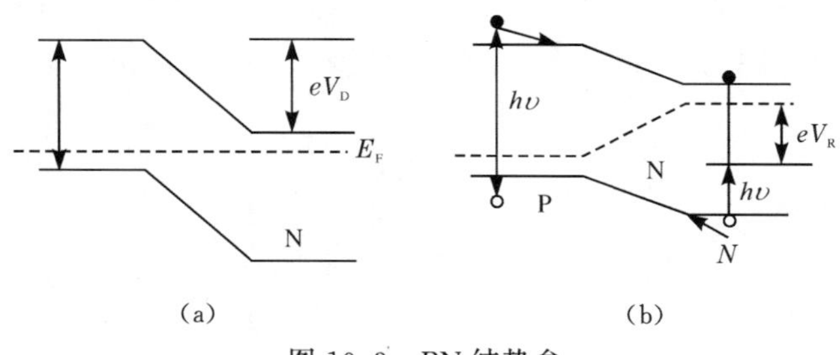

(a)　　(b)

图 10.3　PN 结势垒

(a) 无光照;(b) 有光照

被光照的 PN 结，在开路状态下，积累于 PN 结两侧的光生载流子只能产生电动势，不会有电流存在；如果将 PN 结从外部短路，此时流过 PN 结的光生电流称为短路电流，其方向由 N 区指向 P 区；如果将 PN 结两端通过负载构成回路，如图 10.4 所示，电路中将会出现信号电流 I，从负载电阻上可以获得电压信号，以完成光信号到电信号的转换，通常将电流 I 称为光生电流。实际上流经结区的电流有扩散电流、漂移电流及光生电流，光生电流的方向与漂移电流方向相同，与扩散电流方向相反，通常将漂移电流和扩散电流统称为结电流，结电流的方向以扩散电流的方向定义，故光生电流的方向与结电流方向相反。外回路的电流 I 与光生电流 I_p 及结电流 I_j 之间的关系可以表示为

$$I = I_p - I_j \tag{10-8}$$

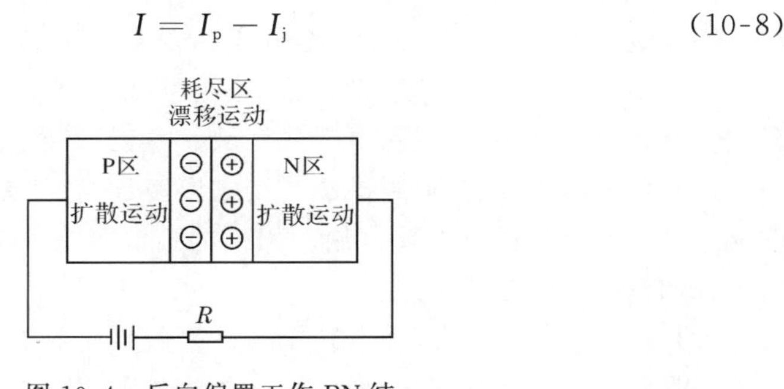

图 10.4　反向偏置工作 PN 结

10.2　PIN 光电探测器组件

PIN 光电二极管是利用 PN 结区电场收集光生载流子的光电探测器，通过在 PN 结中间增加本征层来提高量子效率和响应速度，具有良好的光电转换线性度，以及灵敏度高、噪声低、响应速度快、温度稳定性高、无需高的工作电压等优点。

10.2.1　PIN 光电二极管及光电探测器组件

PN 结光电二极管中的绝大部分光生电流是由少子扩散到 PN 结，在内电场的作用下加速产生，由于扩散是一个相对较慢的过程，对光信号的响应速度较慢。若要提高光电二极管的响应度和缩短响应时间，需要重新进行设计，既要使入射光都落在作用区内，又要尽量减少中性区厚度。PIN 光电二极管的典型结构如图 10.5 所示，在 PN 结之间形成一个没有杂质的本征层(I 层)，本征层也称为耗尽区。当加上反向偏压时，耗尽层拓宽到整个 I 层，反向偏置工作示意图如图 10.6 所示。通常 P 区和 N 区都做得很薄，耗尽区很宽，几乎占据整个 PN 结，光子在零电场区被吸收的可能性很小，大大提高了光电二极管的响应速度和效率。

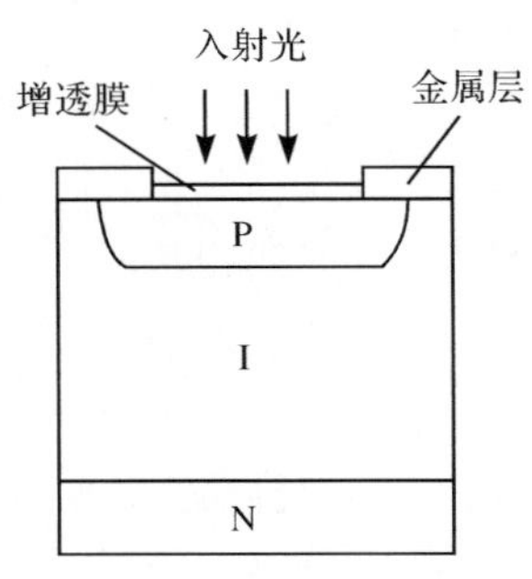

图 10.5 PIN 光电二极管结构图

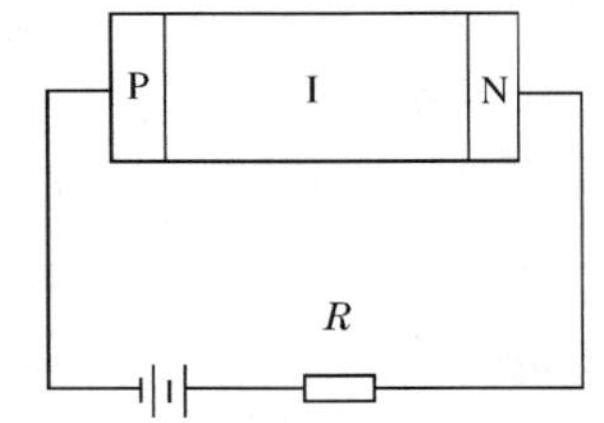

图 10.6 反向偏置工作 PIN 示意图

同单纯的 PN 结光电二极管相比,PIN 光电二极管中加入 I 层有如下作用:

(1) 由于 I 层是高阻区,因而反向偏压大部分降落在 I 区,使光电导体的耗尽区加宽,增大了光电转换的有效工作区域,提高了器件的灵敏度。

(2) 耗尽区的加宽,明显减小了结电容,从而有效减小了器件的时间常数,对改善器件的频率特性有重要作用。PIN 的结电容在 pF 量级,适当选择负载电阻对器件的频率特性至关重要。

(3) 由于 I 层的存在,光电转换的过程主要发生在 I 层,即只有 I 区的光生载流子在强电场作用下加速运动,故载流子的渡越时间较短,而且即使 I 层较厚,对渡越时间影响也不大。

(4) I 层的高电阻降低了器件的暗电流,降低了噪声。

PIN 光电探测器组件由光电二极管、前置放大电路和尾纤组件构成,工作原理如图 10.7 所示,组件内部结构示意图如图 10.8 所示。光信号通过光纤入射到光电二极管的光敏面上,光电二极管完成光电转换功能,输出与光功率成正比的光电流,然后通过前置放大电路进行放大,并转换成与注入光功率成正比的电压信号输出。光电探测器组件通常采用 14 针、8 针或 6 针双列直插的封装形式,也可以采用蝶形封装或其他封装形式。

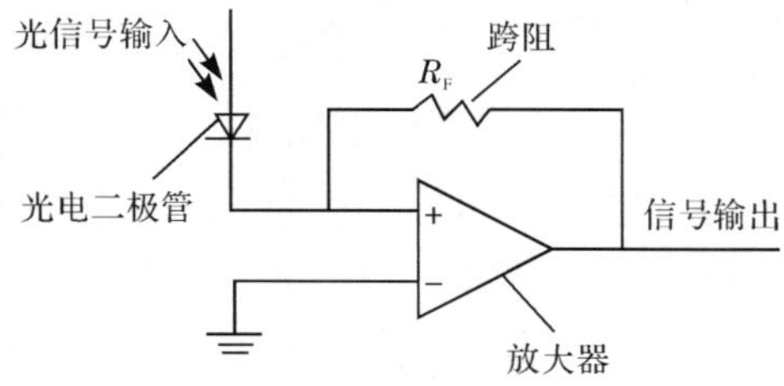

图 10.7 光电探测器组件工作原理

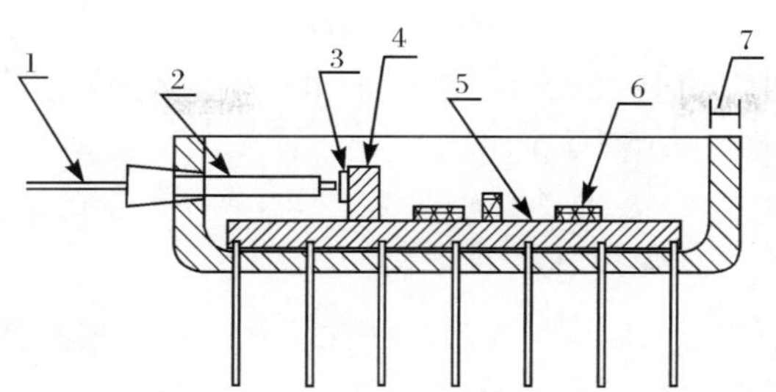

图 10.8　光电探测器组件内部结构示意图

1. 金属化光纤；2. 光纤保护镍管；3. PIN 管芯；4. 陶瓷支架；5. 陶瓷基板；6. 其他电子元件；7. 管壳

10.2.2　PIN 光电探测器组件主要性能参数及测试

PIN 光电探测器组件的主要性能参数有比例系数、噪声电压、灵敏度、动态范围、带宽和反射损耗。

1. 比例系数

比例系数是衡量光电探测器组件中 PIN 光电二极管响应度和前置放大电路综合特性的参数，定义为组件输出电压变化量与输入光功率变化量之间的对应关系，也称为电压响应度。比例系数测试如图 10.9 所示，调节可调光衰减器测量两个功率位置处的输出电压值，光电探测器组件比例系数 K 为

$$K = \frac{V_1 - V_2}{P_1 - P_2} \tag{10-9}$$

式中，V_1 为输入光功率为 P_1 时的电压；V_2 为输入光功率为 P_2 时的电压。

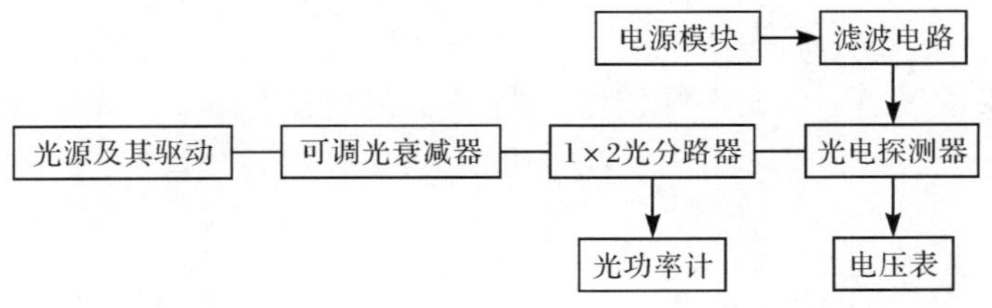

图 10.9　PIN 光电探测器组件比例系数测试示意图

由于 PIN 光电探测器受光功率测量范围限制，其 K 值有线性区间，测试中注入光功率应在线性区间内。实际测试时，在探测器线性工作区内，通过调节不同输入功率，测量对应的输出电压值，然后拟合直线得到比例系数 K 值。

比例系数与 PIN 光电二极管的响应度、跨阻的关系为

$$K = R_I R_F \tag{10-10}$$

式中，R_I为探测器组件的PIN光电二极管的电流响应度(单位为A/W)；R_F为探测器组件前置放大电路的跨阻(单位为Ω)。

2. 噪声电压

噪声电压是衡量PIN光电探测器组件性能水平的重要参数，定义为无光输入情况下，光电探测器输出电压信号的有效值。目前电压测试仪器包括电压表、示波器、毫伏表等。其中示波器的测量值为瞬时值，不能体现有效值的积分效果；电压表可以测量规则信号的有效值，但电压表的测量带宽不足，而光电探测器组件带宽一般不小于1MHz，所以通常采用高精度毫伏表测试光纤传感用PIN光电探测器的噪声电压，如图10.10所示。为减少直流稳压电源对测试结果的影响，增加电源滤波电路。

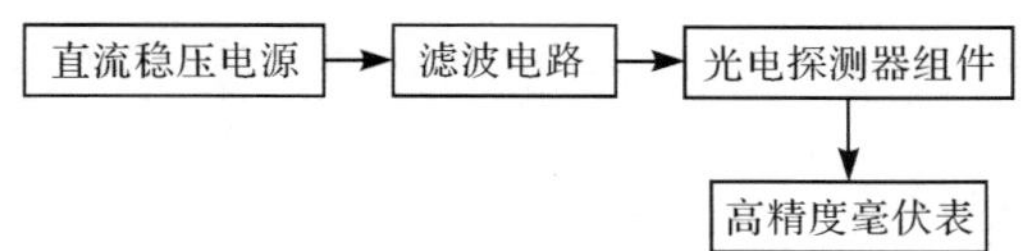

图10.10 PIN光电探测器组件噪声电压测试示意图

3. 灵敏度

灵敏度也称为最小可探测光功率，是衡量光电探测器组件微弱光信号探测能力的参数，定义为光信号功率与噪声功率之比$S/N=1$时，入射到光电探测器上的光功率值。可根据灵敏度的定义进行测试。另外，在已知探测器组件噪声电压的情况下，可采用式(10-11)计算组件的灵敏度，即

$$R_e = 10\lg(6V_n/K) \tag{10-11}$$

式中，R_e为灵敏度；V_n为光电探测器组件的噪声电压值；K为光电探测器组件的比例系数。

4. 动态范围

动态范围是衡量光电探测器组件测量最小到最大光功率的范围，根据图10.9，分别测出其响应的最大光功率值和最小光功率(灵敏度)，两者之差即为动态范围。动态范围的另一种测试方法如图10.11所示，设定信号发生器频率为10kHz，调节可调光衰减器的衰减量，增大信号幅值，直至光电探测器组件输出信号变换中基频信号与倍频信号能量差值达到规定值(与要求的失真度有关)，记录此时光电探测器输出信号幅值V_{max}，光电探测器组件动态范围为

$$D = 10\lg \frac{V_{max}}{6V_n} \tag{10-12}$$

式中，D 为光电探测器组件动态范围；V_{max} 为光电探测器组件交流饱和电压；V_n 为光电探测器组件噪声电压。

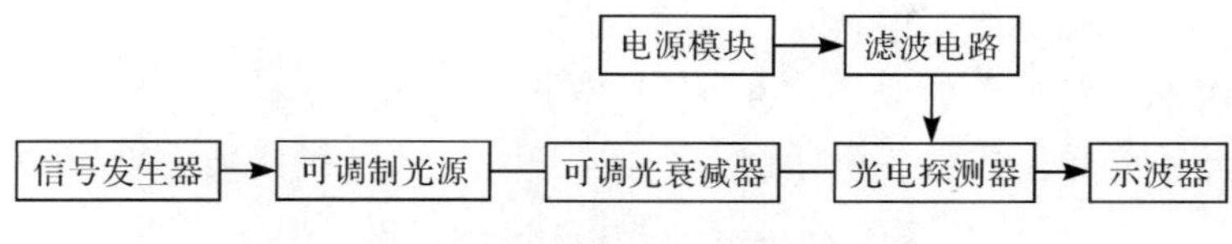

图 10.11　光电探测器组件动态范围测试示意图

5. 带宽

带宽是衡量光电探测器组件电路信号频率特性的参数，定义为光电探测器组件幅频特性曲线下降 3dB 所对应的频率宽度。光电探测器组件带宽测试如图 10.12 所示，通过调节光源的调制频率，从频谱分析仪上读出光电探测器组件的 3dB 带宽。

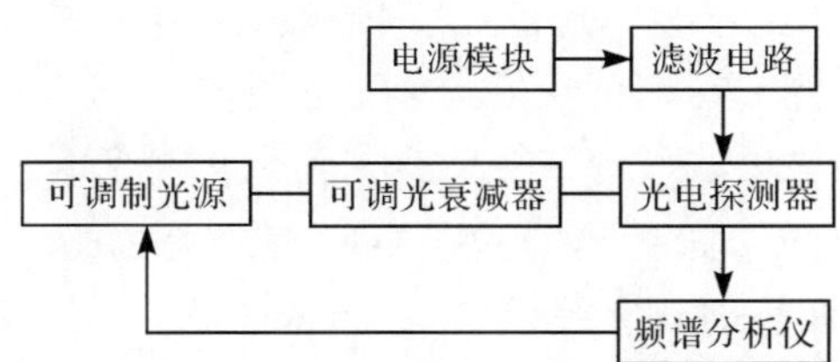

图 10.12　光电探测器组件带宽测试示意图

6. 反射损耗

反射损耗是衡量光信号后向返回的程度，反射损耗越大，光信号的利用率越低，探测器组件的比例系数也就越小。反射损耗的测试如图 10.13 所示，要求 3dB 光纤耦合器插入损耗小，回波损耗优于 60dB。分别测得 1、2 端光功率 P_1 和 P_2，则探测器组件的反射损耗(RL)为

$$\mathrm{RL} = -10\lg \frac{2P_1}{P_2}(\mathrm{dB}) \tag{10-13}$$

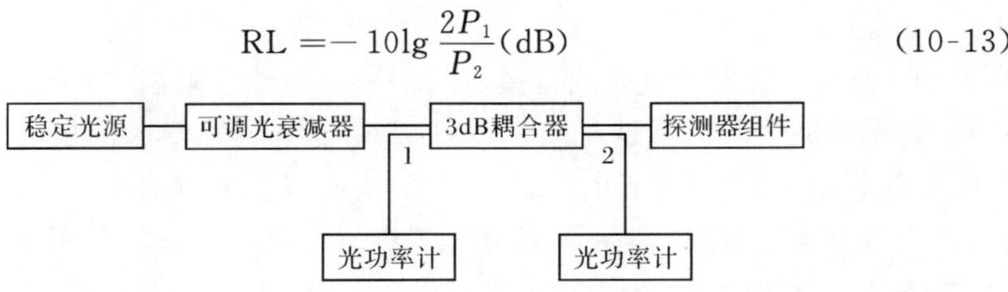

图 10.13　探测器组件反射损耗测试示意图

10.2.3　PIN 光电探测器组件设计与工艺

1. PIN 光电二极管主要性能参数设计

1）量子效率

量子效率是每个入射光子产生电子-空穴对的数目，定义为通过结的光生载流子密度和入射光子流密度的比值，是 PIN 光电二极管的重要参数，可写成[2]

$$\eta = (1-r)\exp(-\alpha x_{\rm n})[1-\exp(-\alpha w)] \tag{10-14}$$

式中，r 为光电二极管入射面的反射系数；α 为吸收系数；w 为耗尽区（本征区）的厚度；$x_{\rm n}$ 为表面层厚度。由式(10-14)可知，影响 PIN 光电二极管量子效率的主要因素包括光敏面及光纤端面的反射系数、表面层厚度、耗尽区厚度、材料内部的非本征吸收（如激子吸收、晶格振动吸收等）。

要得到高的量子效率，希望光电二极管反射系数小，扩散长度大，表面层足够薄，耗尽区足够厚以保证入射光辐射完全被吸收，并且 $\alpha w \gg 1$。光吸收系数 α 与半导体材料、入射波长密切相关，对于给定的半导体，存在一个波长响应范围。光电探测器的上限截止波长由半导体禁带宽度（带隙）决定。在近红外波段，有抗反射涂层的硅光电二极管在 0.8～0.9 μm 波段可得到接近 100% 的量子效率。在 1.0～1.6 μm 波段，锗光电二极管、III-V 族三元化合物光电二极管（如 InGaAs）和 III-V 族四元化合物光电二极管（如 InGaAsP）有很高的量子效率。InGaAs 光电探测器的量子效率与波长的对应关系如图 10.14 所示。

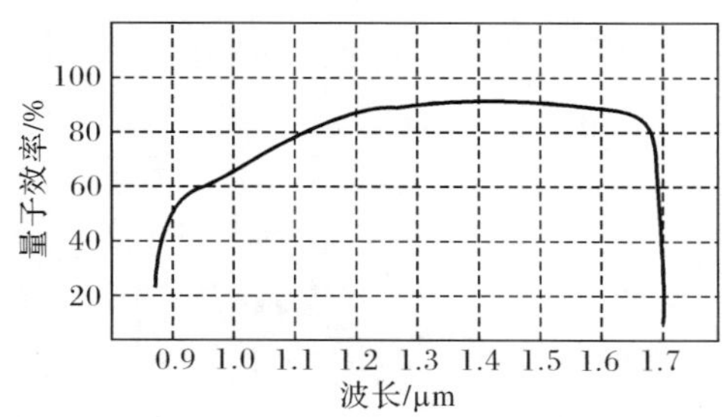

图 10.14　InGaAs 探测器的量子效率与波长的关系

2）响应时间

PIN 光电二极管的响应时间受到三种因素的综合限制：①中性区载流子的扩散；②耗尽区载流子的渡越时间；③耗尽区电容。在中性区产生的光生载流子必须要扩算到结区，才能对光电流有所贡献，造成很长的时间延迟，为了减小扩散效应，结应紧靠表面形成。耗尽区的光生载流子在反向电压的作用下以饱和速度漂移，载流子的渡越时间 t 为[2]

$$t = \frac{w}{v_s} \tag{10-15}$$

式中，w 为耗尽区宽度；v_s 为载流子饱和速度，与半导体材料相关。

为了获得高量子效率，要求耗尽区越宽越好，但耗尽区太宽会影响载流子的渡越时间。对于 Si 材料，$v_s=10^7\,cm/s$，$w=1\ \mu m$ 时，$t=10^{-11}\,s$。对于 InGaAs 材料，$v_s=2.8\times10^7\,cm/s$，$w=1\ \mu m$ 时，$t=3.5\times10^{-12}\,s$。耗尽区越宽，电容越大，响应时间越长。耗尽区宽度是 PIN 光电二极管响应时间和量子效率折中的结果。

3）噪声

PIN 光电二极管暗电流（I_d）是在无光输入时的输出电流，取决于半导体材料及其制作工艺，主要来源于表面和异质结界面的漏电流、低掺杂耗尽区的体扩散电流、耗尽区的产生-复合电流[3~7]。

（1）表面漏电流。材料外延和表面钝化工艺技术是影响器件表面漏电流的关键因素，若处理不好会成为暗电流的主要成分。欠佳的表面钝化质量不但增大表面漏电流，而且还会增加低频 $1/f$ 噪声。表面漏电流表达式为

$$I_s = \frac{1}{2}en_i(S_s + S_i)A \tag{10-16}$$

式中，A 为器件有源区接触面积；n_i为半导体本征载流子浓度；e 为电子电荷；S_s、S_i分别为表面、界面复合速率。在不影响量子效率情况下，尽可能减小有源区面积，可以降低表面漏电流。

为减小本征载流子浓度 n_i，采用在窄带隙 $In_{0.53}Ga_{0.47}As$ 吸收层上生长一层晶格匹配的宽带隙 InP 顶层可以降低表面漏电流。因为在同样温度下，宽带隙的 InP 比窄带隙 $In_{0.53}Ga_{0.47}As$ 的本征载流子浓度低 4 个数量级（300K 下，InGaAs 为 $8.4\times10^{11}\,cm^{-3}$ 而 InP 为 $1.2\times10^7\,cm^{-3}$）。适当选择表面钝化膜，采用镀介质膜工艺，控制半导体表面洁净程度，减小表面态密度，可以减小界面复合速率 S_s。制作晶格完美、失配位错低的优质外延材料，可以降低异质界面复合速率 S_i。

（2）扩散电流。反偏时，N 型半导体中的电子（多子）试图向 P 型半导体一侧扩散，面对势垒只有数量极少的电子具有足够的动能可以扩散到结区。类似地，P 型半导体中的空穴（多子）也倾向于低浓度的 N 型半导体一侧扩散，但同样受到势垒的阻挡而无法扩散到结区。N 区中的空穴（少子）向结区扩散，被内电场加速，穿过结区形成扩散电流。在 PN 结中，N 区少子空穴向耗尽区扩散形成的电流比 P 区少子电子向耗尽区扩散形成的电流大得多（P 区杂质浓度约高于 N 区 3 个数量级），扩散电流为

$$I_{diff} = \frac{en_i^2 A}{N_D}\sqrt{\frac{D_p}{\tau_p}}\left[1-\exp\left(-\frac{eV_R}{kT}\right)\right] \tag{10-17}$$

式中，n_i 为半导体本征载流子浓度；e 为电子电荷；A 为器件有源区接触面积；D_p

为空穴(载流子)扩散系数；τ_p 为 I 区的空穴寿命；N_D 为 I 区的掺杂浓度；V_R 为探测器所加偏置电压；k 为玻尔兹曼常量；T 为热力学温度。

载流子扩散系数 D_p、空穴寿命 τ_p 都与掺杂浓度 N_D 相关，是依赖于温度的函数。在探测器面积、偏置电压、温度确定的情况下，合理设计 I 区杂质浓度，保证极少缺陷、高空穴寿命、高迁移率材料的生长，对减少扩散电流很重要。

(3) 产生-复合电流。在耗尽区内，载流子产生远大于复合，因此暗电流的贡献主要是产生电流，与工作温度、耗尽区宽度、探测器面积、载流子有效寿命相关，产生-复合电流为

$$I_{gr} = \frac{en_i wA}{\tau_{eff}}\left[1 - \exp\left(-\frac{eV_R}{kT}\right)\right] \tag{10-18}$$

式中，w 为耗尽区宽度；τ_{eff} 为载流子有效寿命；n_i 为半导体本征载流子浓度；e 为电子电荷；A 为器件有源区接触面积；V_R 为探测器所加偏置电压；k 为玻尔兹曼常量；T 为热力学温度。随着掺杂浓度减小，缺陷态减少，τ_{eff} 随着缺陷态的减少而增大，即 τ_{eff} 与掺杂浓度 N_D 成反比关系，最终使暗电流随着 i 层载流子浓度的降低而减小[5,7]。

产生-复合电流和扩散电流一样，本质上决定于材料质量和本底杂质浓度。制备设计合理、晶格完美、失配位错低的优质外延材料是降低产生-复合电流最好的办法。暗电流的大小与器件材料、工艺、偏压和温度有关，随着器件偏压的增大和温度的升高而增大。

2. PIN 光电探测器组件前置放大电路设计

PIN 光电探测器组件的性能主要由两部分决定，一是 PIN 光电二极管的特性；二是前置放大电路的特性。对于微弱信号检测来说，系统总的噪声系数主要取决于前置放大器的噪声系数，可检测的最小信号也取决于前置放大器的噪声。

前置放大电路的作用是不失真地放大探测的电信号和保证噪声最小，一般采用场效应晶体管(FET)。前置放大电路的设计一般是从阻抗匹配着手，通过负反馈满足输入与输出阻抗匹配，并兼顾电路噪声特性、带宽特性和增益特性。PIN 光电二极管与前置放大器连接常用的方式有三种基本类型：高阻抗放大电路、低阻抗放大电路和跨阻抗放大电路。

1) 高阻抗前置放大电路

对于阻抗特别高的探测器必须采用具有高输入阻抗的器件作为第一级输入电路，场效应管就具备此特性，高阻抗放大等效电路如图 10.15 所示。

为了获得尽可能低的电路噪声，就要把负载电阻 R_L 的电阻值增大，当 $R_L \to \infty$ 时，电路可以获得最小的电路噪声。在要求很高灵敏度的接收系统中，高阻抗前置放大电路可以提供很好的灵敏度性能。随着 R_L 增大，信号电流将被 C_i 电容积

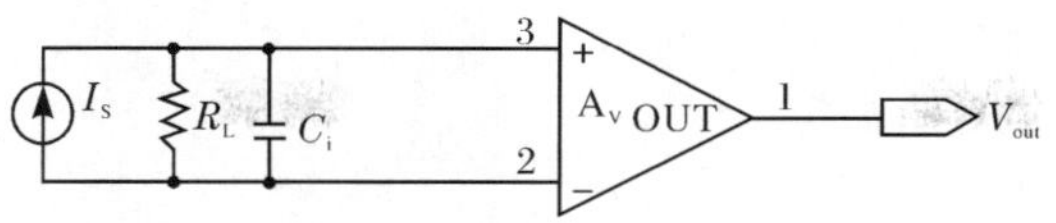

图 10.15　高阻抗放大等效电路

分，所以这种放大电路又称为积分前置放大电路。放大器的转折频率为

$$f_c = \frac{1}{2\pi R_L C_i} \tag{10-19}$$

由于高阻抗放大器的 R_L 很大，因此它的转折频率很低，放大器的带宽很窄，为了获得较宽的带宽，通常采用很强的均衡器以补偿高频分量的衰减，才能使放大器的频率响应曲线在要求的频带内保持平直。

高阻抗放大器虽然能获得最大的信噪比，但由于均衡放大器的增益正比于 $1+j2\pi C_i R_L$，对于不同的元器件、不同的电路，C_i 和 R_L 是不同的，不同的电路需要单独的均衡特性；R_L 和 C_i 值随温度变化，并且精度也难以控制，高阻抗放大器参数一致性较难保证。对于高频分量来说，在输入均衡器时已被衰减，这样的高增益对高频分量来说没有问题，但是对于低频分量，输入均衡器前的低频分量非常大，在强信号的情况下，很容易使均衡器前面的放大器产生饱和，从而限制整个系统的动态范围。

2）低阻抗前置放大电路

对于内阻低于 200Ω 的探测器，可采用低阻抗前置放大电路。一般有变压器耦合、共基极电路、并联负反馈、多个晶体管并联等方法。低阻抗前置放大电路的缺点是噪声性能差，并主要由较低的负载电阻决定，通常要比双极型晶体管(BJT)和场效应晶体管(FET)组成的放大电路的噪声大 2～3 个量级，因此低阻抗前置放大电路应用较少。低阻抗连接具有动态范围宽、带宽大的特点，但是信噪比受放大器低输入阻抗的影响。低阻抗前置放大电路的等效电路与高阻抗前置放大电路相同，只是选择的放大器为低阻抗放大器，在式(10-19)中，C_i 较小，R_L 也较小，因此低阻放大器的频带宽度较大、噪声较高、信噪比较差。

3）跨阻抗前置放大电路

为了克服高阻抗放大电路的缺点，保证探测器组件具有低噪声和大带宽要求，通常采用跨阻抗连接。跨阻抗前置放大电路是在高阻抗前置放大电路的基础上加负反馈电阻构成的，跨阻抗连接具有灵敏度高、信噪比高、带宽大等特点，广泛应用于光纤传感用 PIN 光电探测器组件中。

典型跨阻抗连接的探测器及前置等效电路如图 10.16 所示。由于尖峰脉冲的存在，放大器容易饱和，可以调节跨阻抗的阻值，相应地改变放大器的放大倍数和带宽，可以获得比较理想的探测器输出信号。跨阻抗阻值与放大倍数成正比，与带宽成反比。

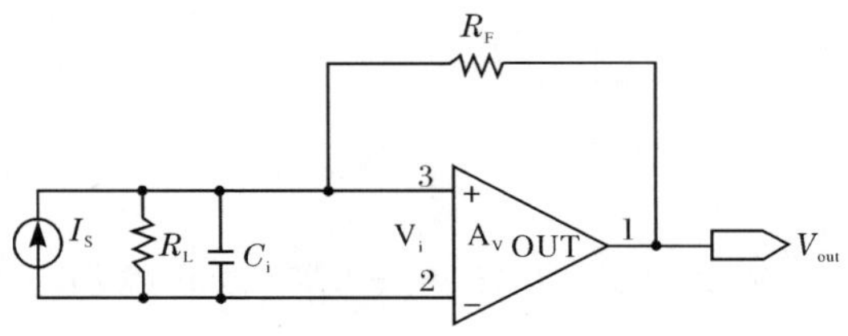

图 10.16　跨阻抗放大等效电路

跨阻抗放大电路是在高阻抗放大器的输出和输入之间接一个反馈电阻 R_F，流过 R_F 的电流 I_f 为

$$I_f = \frac{V_i - V_{out}}{R_F} = \frac{(1 + A_V)V_i}{R_F} \tag{10-20}$$

式中，A_V 为电压放大倍数；V_i 为放大器 2、3 脚的电压；V_{out} 为输出电压。由于前置放大器的输入电阻很高，因而光电二极管的输出电流 I_S 几乎全部流过 R_F，所以有 $I_S \approx I_f$。由此可知，跨阻放大器的输入电阻为

$$R_i = \frac{V_i}{I_S} \approx \frac{V_i}{I_f} \approx \frac{R_F}{A_V}, \quad A_V \gg 1 \tag{10-21}$$

跨阻放大器的频带宽度为

$$f_{bw} = \frac{A_V}{2\pi R_F C_i} \tag{10-22}$$

由以上分析可知，跨阻放大器的频带宽度比高阻放大器的频带宽度至少展宽了 A_V 倍。反馈电阻的引入，虽然增大了跨阻抗前置放大电路的带宽，但是也引入了热噪声源，随着 R_F 的提高，这种噪声也会随之增大。热噪声 σ_V 计算为[8]

$$\sigma_V = \sqrt{4kTR_F f_{bw}} \tag{10-23}$$

式中，k 为玻尔兹曼常量；T 为热力学温度；R_F 为跨阻阻值；f_{bw} 为探测器计数带宽。如果跨阻增加，比例系数将线性增加，而热噪声随 R_F 的平方根增加，即改善了信噪比。但是 R_F 的提高也会造成带宽降低。因此 R_F 的选择应该兼顾到噪声和带宽两个指标，在满足带宽足够的前提下，尽量采用较大的 R_F 以获得较好的接收灵敏度。

3. PIN 光电探测器组件工艺

1）光电二极管制备工艺

光电二极管的基本结构可分为两大类：台面结构和平面结构。台面结构的优点是制备简单，平面结构需要表面钝化和保护环结构，工艺更复杂些，但可靠性和重复性优于台面结构。目前光纤传感用光电探测器组件中的光电二极管多为平面结构。

光电二极管的核心工艺技术包括结的形成、外延生长、刻蚀技术等。台面结

构和平面结构的光电二极管采用的结形成工艺不尽相同，台面结构的可以通过外延生长、锌(Zn)扩散、镉(Cd)扩散或铍(Be)离子注入的方法，一般扩散工艺形成的结优于外延生长的结。平面结构的光电二极管采用两步扩散、Zn和Cd的选择扩散或双离子注入的方法。

对于台面结构的光电二极管，用化学腐蚀或干法腐蚀制备光滑侧壁是光电二极管制备的关键工艺，表面钝化是为了实现可重复的低暗电流特性，尤其是平面结构的光电二极管钝化尤为重要。

正面进光的PIN光电探测器结构见图10.5，正面进光探测器具有结构简单，易于制备的优点，批量生产时可进行在线检测，降低成本。综合带宽、暗电流和光学耦合等因素，直径为30～75 μm的进光面最为常用。PIN芯片的制备工艺流程如图10.17所示。

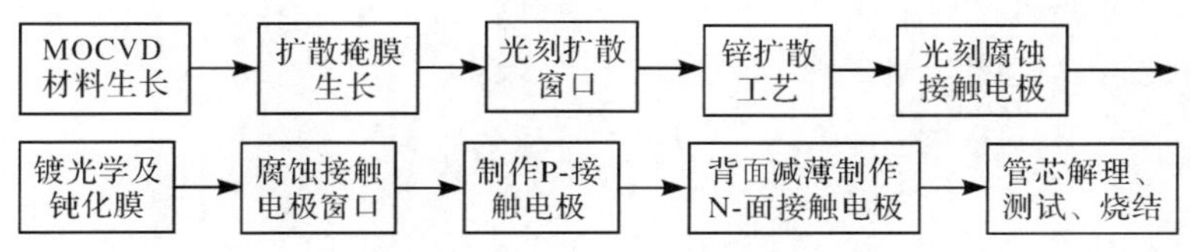

图10.17　光电二极管制备工艺流程

2）光电探测器组件制备工艺

光电探测器组件的制备工艺涉及电路组装、光路组装等工艺，具体的工艺流程如下：

(1) 制备光电探测器前置放大电路的厚膜电路。

(2) 三极管、电阻、电容黏结在电路板上。

(3) 将光电二极管烧结在过渡块上。芯片烧结工艺是指用导电胶或焊料将光电二极管芯片黏结在电路板上。

(4) 将烧结有光电二极管的过渡块黏结在厚膜电路板上。

(5) 将厚膜电路板黏结在光电探测器组件的管壳上。

(6) 引线键合。

(7) 尾纤耦合和固定。尾纤耦合和固定是光电探测器组件的关键工艺之一，是影响光电探测器组件比例系数和可靠性的重要环节。尾纤耦合追求最大的耦合效率，并保证光纤端面的反射和背向散射最小。为提高耦合效率，耦合方式有多种，包括直接耦合、透镜耦合、圆锥形透镜耦合、自聚焦透镜耦合、凸透镜耦合和圆柱透镜耦合。由于光电二极管的光敏面比较大，通常为数十微米，因而光电探测器组件一般采用光纤直接耦合方式，为了减少反射和散射的影响，将光纤端面磨抛成一定角度，通常为8°。

(8) 尾纤保护套管。保护套管的作用是保护管壳尾管根部光纤，增加器件可靠性，但保护套管不宜太长，否则在应用中影响光纤的弯曲性能。

(9)采用平行缝焊工艺将组件密封。平行缝焊工艺是保证光电探测器组件密封性的关键步骤。

10.2.4 干涉型光纤传感用 PIN 光电探测器组件的特性及应用要求

1. PIN 光电探测器组件的主要特性

1) 波长响应特性

保持入射光功率恒定时，改变光波波长，光电探测器输出的光电流降低到峰值一半时对应的两个波长称为响应波长下限和上限，波长上下限之间的范围称为光电探测器的响应波长范围 $\Delta\lambda$。

只有光子能量($h\nu$)大于半导体材料的带隙(E_g)(禁带宽度)时，才能产生光子吸收。由此可以确定光电二极管截止波长上限[1,2]

$$\lambda_{\max}=\frac{hc}{E_g}=\frac{1.24}{E_g}(\mu m) \tag{10-24}$$

式中，c 为真空中的光速。光电探测器截止波长下限主要与吸收层材料的性质和管芯结构有关。同时入射端的掺杂浓度、厚度以及吸收系数的大小都会影响光电流的大小，从而影响光电探测器的波长探测下限。

常见的光电二极管材料主要有：Si、Ge、InGaAs、InGaAsP、GaAsP 等。Si 材料的 $E_g=1.08$eV，对于 Si 材料制成的光电探测器本征吸收波长范围为 0.4～1.1 μm，峰值响应波长在 0.9 μm，在采用 850nm 波段工作的光纤传感器中，多采用 Si 探测器；Ge 材料的 $E_g=0.66$eV；$In_xGa_{1-x}As$ 化合物的禁带宽度 E_g 随组分 x 而变化[9]，$In_{0.53}Ga_{0.47}As$ 材料的 $E_g=0.75$eV，Ge 和InGaAs材料的本征吸收波长范围均为 1～1.7 μm，但 InGaAs 型光电探测器的暗电流远小于 Ge 型光电探测器，因而在 1310nm 和 1550nm 这两个波长，广泛采用 InGaAs 型光电探测器；InGaAsP材料的本征吸收波长范围为 0.92～1.72 μm。在实际应用中，还可以通过掺杂、离子注入及施加电场等方法，改变材料的禁带宽度，从而改变探测器的响应波长。图 10.18 为典型 InGaAs PIN 光电探测器响应度与波长的关系。

2) 噪声特性

PIN 光电探测器组件中的噪声源很多，应用中重点关注其在光电转换过程中信噪比的改善情况，而组件的输出信噪比与探测器接收到的光功率相关，故将噪声源按与光功率的相关性不同进行分类[4]。

(1) 散粒噪声。光电探测器组件中的散粒噪声包括暗电流散粒噪声和光子散粒噪声，前者是由于热激发作用而随机产生的电子所造成的扰动，这种噪声存在于所有光电探测器中；后者是探测器在光照时，由于每一瞬间到达探测器的光

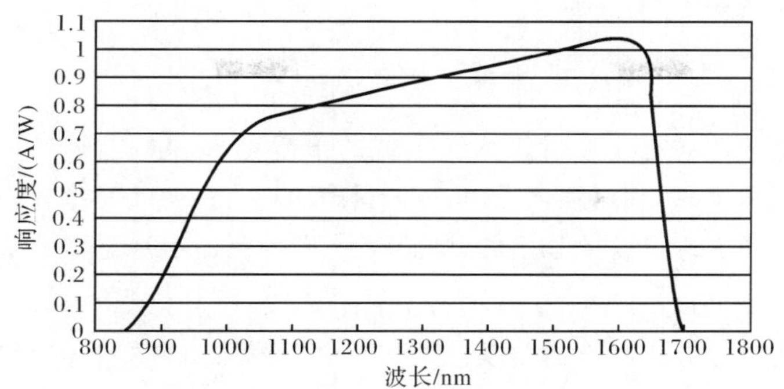

图 10.18　InGaAs 型光电探测器的波长响应曲线

子数是随机的，光激发载流子产生的起伏噪声。由于暗电流相对信号光一般很小，这里仅考虑光子散粒噪声 e_{n1}，即

$$e_{n1}^2 = 2ei_{dc}R_F^2\Delta f \tag{10-25}$$

$$i_{dc} = \frac{e\eta}{hc/\lambda}P \tag{10-26}$$

式中，e 为电子电荷；R_F 为跨阻；i_{dc} 为探测器的平均电流；Δf 为检测带宽；P 为探测器接收到的平均光功率(W)；η 为探测器的量子效率；c 为真空中的光速；λ 为光波长；h 为普朗克常量。当检测带宽一定时，散粒噪声的均方根与光功率的均方根成正比。

(2) 电路内部噪声和跨阻热噪声。双极型晶体管、场效应管和集成运算放大器都有其固有的内部噪声源，前置放大电路内部噪声主要取决于第一级场效应管的噪声水平。通常场效应管的内部噪声折算到输入端，用电流噪声密度 i_i 和电压噪声密度 e_i 表示。放大器完成一定放大功率还需接入外围电阻，任何一个处于绝对零度以上的电阻中，载流子的无规则热运动都会引起电阻两端的电压起伏，称为热噪声。电路内部噪声和跨阻热噪声 e_{n2} 为

$$e_{n2}^2 = (i_i^2R_F^2 + 4kTR_F + e_i^2)\cdot\Delta f \tag{10-27}$$

式中，k 为玻尔兹曼常量；T 为热力学温度；R_F 为跨阻。场效应管的 i_i 一般为 1～100 fA/$\sqrt{\text{Hz}}$，e_i 一般为几个 nV/$\sqrt{\text{Hz}}$。

(3) $1/f$ 噪声和相对强度噪声。几乎所有光电探测器中都存在 $1/f$ 噪声。它主要出现在大约 1kHz 以下的低频区，与光辐射的调制频率 f 成反比，故称为低频噪声或 $1/f$ 噪声。其功率谱密度可表示为

$$i_n^2 = Ai_{dc}^{\beta}\Delta f/f^{\upsilon} \tag{10-28}$$

式中，常数 A 由器件结构特性决定；$\beta\approx2.0$；$\upsilon\approx1$；i_{dc} 为探测器的平均电流；f 为测试或工作频率。相对强度噪声是光源相对强度噪声在探测输出噪声中的体现，是宽带光源的各种频率分量之间的拍频引起的附加噪声。光电探测中 $1/f$ 噪声与

相对强度噪声之和 e_{n3} 表示为

$$e_{n3}^2 = \left[\frac{\Delta f}{\Delta \nu} \cdot R_F^2 + A\ln\left(\frac{f_2}{f_1}\right)\right] i_{dc}^2 \tag{10-29}$$

式中，f_1 和 f_2 分别为光电探测器组件带宽的下限频率和上限频率；$\Delta\nu$ 为光谱宽度。检测带宽一定时，相对强度噪声、$1/f$ 噪声的均方根与光功率成正比。

假设以上各噪声是彼此独立的，则 PIN 光电探测器组件总噪声 e_n 为

$$e_n = \sqrt{e_{n1}^2 + e_{n2}^2 + e_{n3}^2} \tag{10-30}$$

(4) 噪声与接收光功率的关系。PIN 光电探测器组件接收的光功率为零时，输出噪声主要包括电路内部噪声及跨阻热噪声；PIN 光电探测器组件接收的光功率不为零时，输出噪声中除前两种噪声外，还包括散粒噪声、相对强度噪声和 $1/f$ 噪声。光功率小于 1 μW 时，输出噪声以散粒噪声为主，当光功率大于 10 μW，相对强度噪声和 $1/f$ 噪声比重增大[10]。图 10.19 和图 10.20 分别是某种 PIN-FET 光电探测器组件输出电压、输出噪声与接收光功率的关系。由图 10.20 可知，在线性区内，噪声电压随着输入光功率的增大基本上呈线性增加。

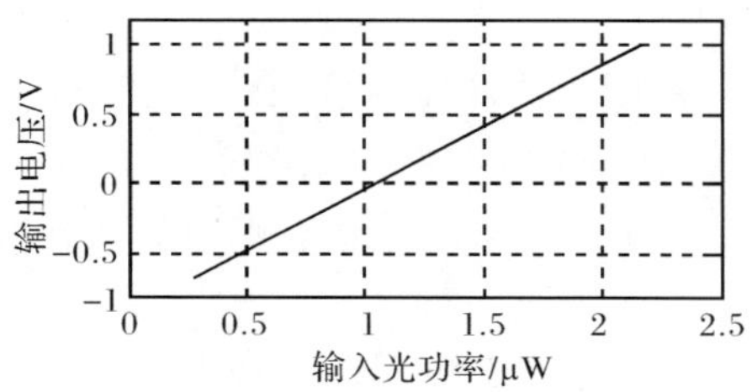

图 10.19 PIN-FET 组件输出电压与接收光功率的关系

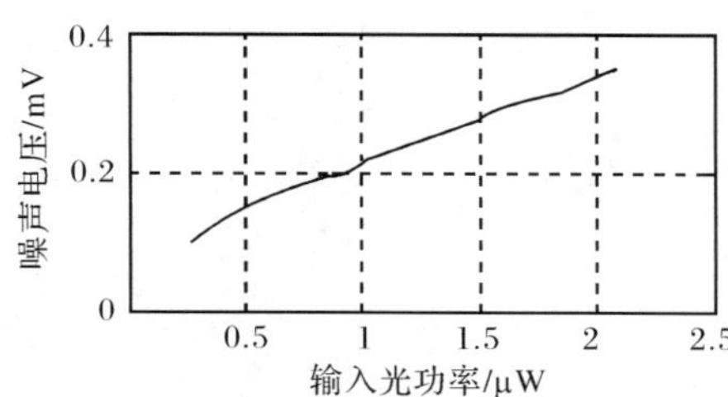

图 10.20 PIN-FET 组件输出噪声与接收光功率的变化曲线

3) 线性饱和特性

当入射光功率超过一定值时，光电二极管的光电流和光功率将不成正比，而产生非线性失真。随着光功率的增大，探测器组件的输出电压逐渐趋于饱和。入射光功率增加，光电流增大，负载 R_L 上的压降增大，使得光电二极管上实际压降减小，内建电场变弱，导致光生载流子的漂移速度减慢，响应度下降。当入射光功率

达到一定值时，光电二极管上的压降降为零，偏压 V_R 全部降在负载 R_L 上，此时的光功率为 P_{max}，即饱和光功率。

$$P_{max} = \frac{I_{max}}{R} = \frac{V_R}{R_L \cdot R} \tag{10-31}$$

式中，R 为电流响应度。

PIN 光电二极管有非常宽的线性工作范围，其饱和光功率可达到 mW 量级。而 PIN-FET 组件的饱和光功率与跨阻抗值成反比，光纤传感用 PIN-FET 组件的饱和光功率通常在μW 量级。

4）反向击穿电压特性

当无光输入时，PIN 作为一种 PN 结器件，在反向偏压下，仍有反向的暗电流。暗电流主要由 PN 结内热效应产生的电子-空穴对形成，暗电流随偏置电压增大而增大。当反偏电压增大到一定值时，暗电流激增，发生反向击穿，此时的电压值称为反向击穿电压 V_B。光纤传感常用 PIN 的反向击穿电压值一般为 10～30V。

5）带宽特性

由于光电探测器对入射光信号变化的响应有一个滞后过程，所以入射光的调制频率对光电探测器的响应将会有较大的影响，光电探测器的响应随入射光信号的调制频率而变化的特性称为频率响应，利用时间常数可以得到光电探测器响应度与入射调制频率的关系为

$$R(f) = \frac{R_0}{[1 + (2\pi f \tau)^2]^{1/2}} \tag{10-32}$$

式中，$R(f)$为频率为 f 时的响应度；R_0 为频率为零时的响应度；$\tau = RC$ 为时间常数(R，C 分别为电路的电阻值和电容值)。时间常数 RC 决定了光电探测器频率响应的带宽，当$\frac{R(f)}{R_0} = \frac{1}{\sqrt{2}} \approx 0.707$ 时，可得到探测器上限截止频率

$$f_H = \frac{1}{2\pi RC} \tag{10-33}$$

2. 干涉型光纤传感用光电探测器组件的应用要求

在光纤通信中，光电探测器组件通常作为数字器件使用；而在光纤传感中，则作为模拟器件使用，两种应用不同，要求差异较大。在光纤传感器中，光电探测器组件完成干涉光信号的光电转换功能，提供给信号处理电路的原始信号，主要要求其灵敏度高、噪声低和动态范围大。

1）光学性能要求

(1) 量子效率和响应度。光纤传感器的检测噪声系数与光电探测器量子效率的平方根成反比，探测器的量子效率接近 1 时，散粒噪声接近理论水平。目前 InGaAs 探测器在波长 1.2～1.6 μm 的量子效率可达到 0.9 以上，响应度通常大

于 0.85A/W。

(2) 灵敏度。PIN 光电探测器组件的灵敏度影响系统的分辨率和测量精度，光纤传感应用中一般要求低于－50dBm。对于某些干涉信号微弱的场合，要求灵敏度更高，接近－60dBm。在光纤传感器应用中，通常可通过提高光源的输出光功率、降低光路的损耗，适当降低对探测器灵敏度的要求。

(3) 饱和光功率。由式(10-30)可知，改变 PIN-FET 组件跨阻抗值，可调整饱和光功率值。在干涉型光纤传感器实际应用中，减小 PIN 光电探测器组件跨阻值，尽管增大了饱和光功率值，但同时其灵敏度会降低，因此，需要选择恰当跨阻值的光电探测器组件。常用 PIN-FET 组件的饱和光功率范围为 1～100 μW。

2) 电学性能要求

(1) 比例系数。光电探测器组件的比例系数包含了 PIN 的响应度和前置放大电路的放大倍数，比例系数和跨阻成正比关系，一般情况下，比例系数越大，探测器组件的灵敏度越高，饱和光功率越小。无论是探测器组件中 PIN 的响应度发生波动还是前置放大电路的放大倍数发生变化，都会导致组件比例系数的波动，探测器比例系数的不稳定对光纤传感器的影响与光源光功率波动的影响效果是一致的。

(2) 噪声电压。噪声电压是一个与灵敏度相关的量，即组件的最小可探测光功率在经过 PIN 及前置放大电路后，探测器的输出电压不应淹没在噪声电压中。噪声电压是直接影响光纤传感器测量精度的物理量。

由于探测器的噪声理论上主要是放大器电阻的热噪声，此噪声的值与电阻的平方根成反比[5,6]，因此增加跨阻抗的阻值将改善信噪比，但是跨阻抗阻值的增加受到增益带宽乘积的限制，可针对实际应用进行合理设计。目前，光纤传感器用 PIN 光电探测器的噪声电压值通常小于 1mV。

(3) 带宽。PIN 光电探测器组件带宽与信号增益成反比，带宽越高，增益越小。与光纤通信相比，光纤传感器对探测器组件带宽的要求低很多，通常只要带宽满足要求，可选择增益较小的探测器。如果选择带宽较小的探测器组件，势必会增大探测器增益，从闭环信号检测系统角度而言，系统的增益过大，则容易导致系统的不稳定，抗干扰能力较差。

3) 环境适应性要求

探测器的环境性能指标是决定其能否在光纤传感器中获得工程应用的重要因素。一般要求探测器在环境温度、温湿度、振动冲击、低气压、热真空、辐照等环境下，性能稳定性和重复性好。在光纤传感器应用中，尤其是在一些民用领域，重点关注的是探测器组件的温度性能，一般需要检测高低温下(如－45～75℃)探测器组件的比例系数和噪声电压的变化量，性能良好的器件，比例系数的变化量应低于 2%；噪声电压最大值不超过常温噪声电压值的 2 倍。另外，当探测器组件带宽余量较低时，要控制器件高低温下带宽的变化量。

4）可靠性及其他要求

对于不少民用领域的光纤传感器，一般要求探测器的工作寿命大于 10 年；而对一些可靠性要求很高的应用，探测器的失效率应低于 10^{-6}。

对于不同类型的应用领域，光纤传感器对光电探测器还有一些特殊要求，如低反射损耗、小尺寸、采用保偏尾纤、采用细径尾纤等。

10.3　雪崩光电二极管

雪崩光电二极管(APD)是具有内部增益的光探测器，其最大的优点是具有载流子倍增效应，探测灵敏度高，信噪比大，特别适合微弱光信号(如小于 10nW)的检测。使用 APD 时，需要较高的偏置电压(一般高于 30V)和采取增益稳定控制措施，增加了电路的复杂性。

10.3.1　APD 的工作原理

干涉型光纤传感中用到的另一种光电二极管是 APD，与 PIN 光电二极管的主要区别是 APD 能够获得基于碰撞电离效应的内部增益，其反偏电压下的能带如图 10.21 所示。把热产生过程定义为过程 1，电子-空穴在两次碰撞之间的能量守恒，热产生的电子扩散到过渡区的边缘，在那里被加速向 N 区一侧运动，直到遭到碰撞(过程 2)，碰撞后电子失去能量(过程 3)，激发一个新的电子-空穴对，新的电子获得能量由价带激发到导带(过程 3′)，整个过程叫碰撞电离。开始时只有一个载流子，结束时有两个载流子(碰撞产生的电子、空穴各自只通过了结区的一部分，等效于一个载流子穿过结区)，电流变成初始时的 2 倍。这种倍增效应来源于一个电子两次碰撞之间获得了大于禁带宽度的动能，激发了另外一个电子。当结区电场大于某一临界值时，使得新激发电子-空穴对，又可以激发更多的电子-空穴对，这样多次碰撞电离的结果使载流子迅速增加，电流也迅速增大，这个物理过程称为雪崩倍增效应。碰撞电离产生的雪崩倍增过程本质上是一个复杂的随机过程。

10.3.2　APD 的结构

APD 的结构设计，应从有效地多吸收信号光子，以及高倍增载流子这两个要求同时得到满足作为出发点。前者涉及器件的量子效率，后者涉及器件的灵敏度。为了提高量子效率，APD 的结构，应和 PIN 光电二极管一样，增大吸收区宽度。但是提高 APD 的灵敏度要求倍增区(耗尽区)应尽量薄，因为薄的倍增区，容易产生比较均匀的电场，可以阻止由局部非均匀高电场产生的一些不受控制的雪

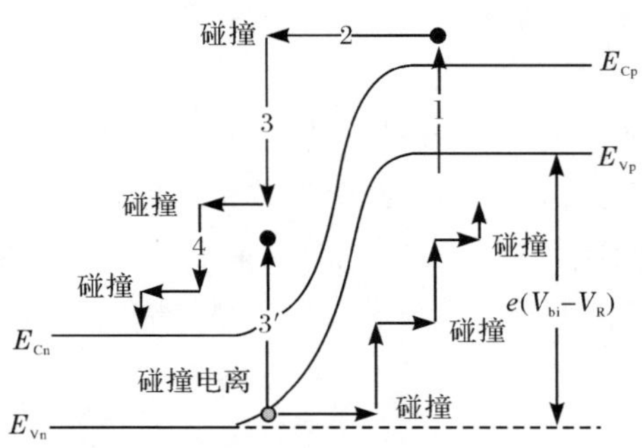

图 10.21 反向偏压下载流子倍增过程

崩，如微等离子体等局部不稳定性。APD 结构设计中遇到了量子效率和灵敏度高这两个互相矛盾的要求。为了同时满足这两个要求，目前所用的器件中，将光子吸收区和载流子倍增区分离，成为吸收和倍增区分离的 APD(SAM-APD)，见图 10.22。这种器件结构在较宽的吸收区内可充分吸收光子，提高了光电转换效率。电子漂移过吸收区进入极薄 P^+N 结(雪崩区)，这里存在强电场，使电子发生雪崩效应。

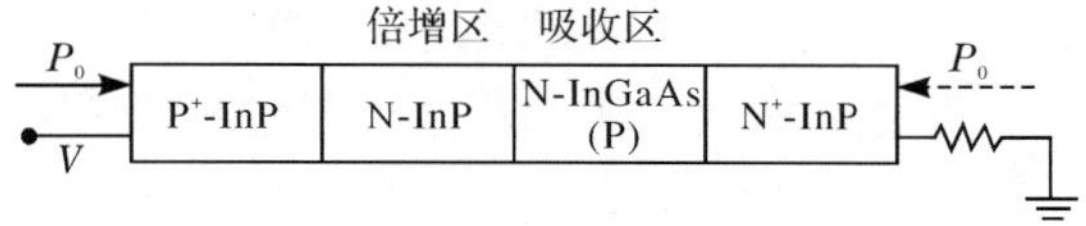

图 10.22 SAM-APD 结构示意图

10.3.3 干涉型光纤传感用 APD 光电探测器的特性及应用要求

1. APD 的主要特性

与 PIN 光电二极管相比，APD 的主要性能参数及特性包括：波长响应范围、响应度、量子效率、动态范围、饱和光功率、带宽等，除此之外，还有雪崩倍增特性，如雪崩电压、倍增因子等。

1) 雪崩倍增因子

APD 的雪崩倍增因子 M 定义为

$$M = \frac{I_p}{I_{p_0}} \tag{10-34}$$

式中，I_p 为 APD 输出平均电流；I_{p_0} 为平均初级光生电流。APD 倍增因子是电流的增益系数，由于雪崩过程是一个随机过程，倍增因子是一个随机起伏量，式(10-34)应理解为统计平均倍增因子。

APD 的倍增因子可以通过电子电流和空穴电流的速率方程来求出，利用边界条件可以得到[11]

$$M=\frac{1-\dfrac{a_p}{a_e}}{\exp[-(a_e-a_p)w]-\dfrac{a_p}{a_e}} \tag{10-35}$$

式中，a_e、a_p 分别为电子和空穴的电离系数；w 为倍增区宽度。当只有电子参加雪崩过程时，即 $a_p=0$，有

$$M=\exp(a_e w) \tag{10-36}$$

APD 的倍增因子随 w 的增加按指数增长。当 $a_e=a_p$ 时，有

$$M=(1-a_e w)^{-1} \tag{10-37}$$

由式(10-36)和式(10-37)比较可以看出，两种载流子同时参与碰撞电离的过程与只有电子产生倍增的情况很不同。雪崩倍增因子随反偏电压的增大而增大，当 $a_e w=1$ 时，$M\to\infty$，此时器件所加反偏电压为雪崩击穿电压 V_B。倍增因子 M 与反偏电压的关系为

$$M=\frac{1}{1-\left(\dfrac{V_R-IR}{V_B}\right)^n} \tag{10-38}$$

式中，V_R 为反偏电压；V_B 为击穿电压；I 为 APD 的总输出电流；R 为回路总电阻；n 为与材料、掺杂、工作波长等有关的常数。

2）波长响应特性

制备 APD 的材料与 PIN 光电二极管类似，所以 APD 与 PIN 光电二极管波长响应范围一致。由于倍增因子的存在，APD 具有更高的响应度和灵敏度，APD 的响应度为

$$R_e=M\left(\frac{e\eta}{h\nu}\right) \tag{10-39}$$

式中，M 为倍增因子；$h\nu$ 为单个光子能量；e 为电子电荷；η 为量子效率。量子效率只与初级光生载流子数目有关，没有倍增，其值小于 1。

3）噪声特性

APD 的噪声包括量子噪声、暗电流噪声、漏电流噪声、热噪声和附加的倍增噪声。倍增噪声是 APD 中的主要噪声。

由于倍增过程，初级光生电流的散粒噪声放大了 M^2F 倍，F 为过剩噪声因子。对于理想的倍增状态，$F=1$。F 的大小与倍增因子 M 及电子和空穴的电离系数相关，令 K 为材料中空穴和电子的电离系数之比[11]

$$K=\frac{a_p}{a_e} \tag{10-40}$$

则由电子碰撞电离所决定的过剩噪声因子 F_1 为

$$F_1 = M\left[1-(1-K)\left(1-\frac{1}{M}\right)^2\right] \tag{10-41}$$

由空穴碰撞电离所决定的过剩噪声因子 F_2 为

$$F_2 = M\left[1-\left(1-\frac{1}{K}\right)\left(1-\frac{1}{M}\right)^2\right] \tag{10-42}$$

当仅有电子参与碰撞电离时,F 接近最小值;当电子和空穴都参与碰撞电离时,且 $a_p=a_e$ 时,F 达到最大值。要降低倍增噪声,应尽可能只让一种载流子参与雪崩过程。实际中,采用 $a_e \gg a_p$ 或 $a_p \gg a_e$ 的方式使一种载流子参与倍增,从而得到噪声较低的 APD。

通常 APD 比 PIN 光电二极管的噪声高一个数量级,一般 PIN 光电二极管的暗电流不大于 0.1nA,而 APD 的暗电流一般为 0.8～5.5nA。尽管如此,由于 APD 具有很高的内部增益,仍可获得更好的信噪比。

4) 线性范围及饱和光功率

APD 的线性工作范围较窄,没有 PIN 宽,适合于检测微弱光信号。通常当输入光功率达到几微瓦时,器件上的偏压不能保持恒定,产生饱和现象。由于偏压降低,雪崩区变窄,倍增因子随之下降,线性关系破坏,直至达到饱和。

5) 响应速度

APD 的响应速度反映其带宽特性,主要取决于载流子完成倍增过程所需要的时间、载流子越过耗尽层所需的渡越时间和二极管结电容和负载电阻的 RC 时间常数等因素。其中,渡越时间的影响更大,其他因素可通过改进结构设计来优化。对 APD 而言,增益与带宽乘积约为一个常数,带宽随增益的增大而减小。APD 的 3dB 理论带宽为[11]

$$\Delta f = \frac{1}{2\pi\tau_e M_0} \tag{10-43}$$

式中,τ_e 为等效渡越时间,与空穴和电子的碰撞电离系数之比有关;M_0 为低频倍增因子。

6) 温度特性

虽然 APD 的灵敏度比 PIN 高得多,但其对偏置和温度的稳定性要求苛刻。由于电场能使载流子加速,温度上升时,碰撞频率增大,使载流子不能获得足够的离化能,倍增因子 M 下降,从而使输出光生电流有较大的变化。因而在光纤传感器中使用 APD 时,通常需要进行温度控制或补偿。

2. APD 光电探测器的应用要求

锗(Ge)APD 在 1.0～1.6 μm 波段由于量子效率高,适合光纤传感常用波段使用。Ge 的电子和空穴的电离系数相近,噪声因子接近于 $F=M$,均方散粒噪声

电流随 M^3 变化，对于 $M<30$ 的中等增益，信号功率随 M^2 增加，而噪声功率随 M^3 增加。在 $M\approx10$ 处得到最高信噪比（≈40dB），在较高 M 处，因雪崩噪声的增加快于倍增信号，故信噪比减小[2]。

Si APD 在 0.6～1.0 μm 波段应用，在这一波段，有抗反射涂层的器件量子效率几乎达到 100%。Si 中空穴和电子电离系数之比依赖于电场，其值从 3×10^5 V/cm 时的 0.1 左右变到 6×10^5 V/cm 时的 0.5。因此，为使噪声减至最小，雪崩击穿时的电场应该很低，并且电离倍增应由电子引发[2]。

异质结 APD，特别是Ⅲ-Ⅴ族化合物光电二极管有许多优点，可用来替代 Ge 和 Si 器件。调节合金组分即可调节器件的波长响应范围。由于直接带隙Ⅲ-Ⅴ族合金的吸收系数很高，即使在采用窄耗尽层宽度以获得高速响应时，量子效率也可以很高。许多异质结 APD 是在 GaAs-或 InP-衬底上生长Ⅲ-Ⅴ族化合物制备的，然后将晶格参数紧密匹配的三元或四元化合物外延生长在衬底上（如液相、气相外延或分子束外延）。通过调整材料组合、掺杂浓度和层厚可使器件性能达到最佳[2]。

在干涉型光纤传感器中应用 APD 还需要注意以下两个方面。

1）优化 APD 参数，提高检测电路的信噪比

在光纤传感器中，APD 一般与跨阻抗放大器、宽带低噪多级放大电路、高速模数转换器等构成完整检测电路，将光强度信号转换为光电流后，经过跨阻放大器转换为电压信号，然后由宽带低噪多级放大电路放大至合适幅度，最后由模数转换器转换为数字信号，送入计算机以便完成后续的解调和处理。

为了提高 APD 所构成检测电路的输出信噪比，一般可采取以下措施：

（1）选取 K 系数较小的 APD。选取 K 系数更小的 APD 可以获取更大的信噪比最大值，但是 K 系数与 APD 材料直接相关，受到探测器材料性能的限制，只能在兼顾工作波长等限制因素的条件下，选取 K 系数较小的 APD。

（2）选取合适的偏置电压，设定最佳的 M 因子。当 APD 选定后，其 K 系数成为固定值，则其信噪比最大值也随之确定。为了获取信噪比最大值，还需要调整 APD 的偏置电压以便间接调整 M 因子，使 APD 工作于最佳的 M 因子条件下。

（3）模数转换前，应进行足够增益的多级放大。当 APD 模拟输出的信噪比较高时，仍然需要进行多级放大，增大有用信号的幅值至一定程度，以减弱模数转换器噪声对数字信号信噪比的影响，使模数转换器采集后的数字信号信噪比与原始模拟信号信噪比一致，获得较高的数字信号信噪比。

（4）选择电流噪声较小的运算放大器芯片构成跨阻放大器。在光电检测电路中，宽带低噪声多级放大电路一般采用集成运算放大器来实现，在保证增益、带宽、稳定性的前提下，选取较小电流噪声和较小电压噪声的集成运算放大器可以进一步提高信噪比。

2）采用温度控制或温度补偿技术，提高 APD 所构成检测电路的增益稳定性

APD 工作中，电子与空穴的电离速率受环境温度影响较大。在高偏置电压条件下，温度对 APD 的影响更为明显。当保持偏置电压不变而降低温度时，电子和空穴的电离速率会增加，雪崩增益也会随之增加。因此，当环境温度和偏置电压发生变化时，APD 的实际增益会发生显著变化。

为了提高 APD 所构成检测电路的增益稳定性，可采取以下措施：

（1）APD 的温度控制。在保证偏置电压不变的情况下，可以采用温度控制技术，提高 APD 的增益稳定性。当工作环境温度发生变化时，通过在 APD 组件中，增加热敏电阻和制冷器，采用闭环反馈控制技术实现温度控制，使 APD 工作于预先设定的温度，从而实现其增益稳定。但是，APD 的温度控制电路复杂，功耗较大，难以实现小型化和集成化。

（2）APD 的温度补偿。通过自动调整 APD 中 PN 结倍增区的电场强度，即采用温度补偿电路对偏置电压进行自动调整，可提高其增益稳定性。当温度升高时，适当提高 APD 的偏置电压，补偿由于温度升高导致的倍增因子减小；当环境温度降低时，适当降低 APD 的偏置电压，补偿由于温度降低导致的倍增因子增大，从而实现 APD 的增益稳定。采用热敏电阻实现 APD 温度补偿的电路方案简单，但是温度补偿的效果依赖于 APD 的增益与温度的响应关系。

参 考 文 献

[1] Beeetty L A，Richars L A. 半导体器件基础(第 2 版). 邓宁，田立林，任敏，译. 北京：清华大学出版社，2010

[2] 施敏，伍国珏. 半导体器件物理(第 3 版). 西安：西安交通大学出版社，2008

[3] 李玉权，崔敏. 光波导理论与技术. 北京：人民邮电出版社，2002

[4] 马声全，陈贻汉. 光电子理论与技术. 北京：电子工业出版社，2005

[5] Forrest S R，Leheny R F，Nabory R E. Performance of $In_{0.53}Ga_{0.47}As$ photodiodes with dark current limited by generation recombination and tunneling. Applied Physics Letters，1980，37(3)：322-325

[6] Forrest S R. Performance of $In_xGa_{1-x}As_yP_{1-y}$ photodiodes with dark current limited by diffusion，generation recombination and tunneling. IEEE Journal of Quantum Electron，1981，17(2)：217-226

[7] Ahrenkiel R K，Ellingson R，Jonhnston S，et al. Recombination lifetime of $In_{0.53}Ga_{0.47}As$ as a function of doping density. Applied Physics Letters，1998，72(26)：3470-3472

[8] Lefèvre H C. The Fiber-Optic Gyroscope. Boston：Artech House，1993

[9] Sajal P，Roy J B，Basu P K. Empirical expressions for the alloy composition and temperature dependence of the band gap and intrinsic carrier density in $Ga_xIn_{1-x}As$. Applied Physics Letters，1991，69(2)：827-829

[10] 李翠华，王巍. 闭环光纤陀螺光电探测器组件噪声特性. 中国惯性技术学报，2007，15(4)：501-508
[11] 李玲，黄永清. 光纤通信基础. 北京：国防工业出版社，1999

第 11 章　光电子器件可靠性技术

光电子器件的可靠性技术通常包括可靠性设计与分析技术、可靠性鉴定与评价技术、可靠性筛选及试验技术等内容。器件设计可靠性是其固有可靠性的保证，环境适应性设计是器件可靠性设计的重要内容，通常温度、湿度和力学环境耐受能力等是可靠性设计的重点。可靠性试验是指为分析、评价产品的可靠性而进行的各种试验的总称，它的作用是通过对试验结果的统计分析和失效分析，评估产品的可靠性，找出可靠性的薄弱环节，提出改进建议，以便提高产品的可靠性。

11.1　光电子器件应用环境条件

环境条件是指产品在储存、运输和工作过程中可能遇到的外界影响因素。环境条件对产品可靠性有重要的影响，环境应力可能会造成器件性能劣化或失效。设计人员必须熟悉光电子器件在光纤传感中的应用环境，针对性地开展器件耐环境适应性设计。干涉型光纤传感器在军民用领域均有广泛的应用，涉及环境类别较多，但光电子器件在应用中，通常不是直接暴露在外界环境条件中，而应考虑间接传递作用条件。如在振动环境下，传递到器件部位时，振动量级可能被放大或缩小；在辐照环境下，外部壳体对辐照剂量可产生一定程度的衰减。光电子器件在设计时，必须考虑在其寿命周期内可能经历的每一种环境因素，才能确保器件具备良好的环境适应性。

环境条件种类繁多，根据对产品的影响机理，主要可分为气候环境条件、机械环境条件、辐射环境条件和电环境条件。

(1) 气候环境：温度、湿度、气压、风、雨、雪、冰、露、霜、沙尘、盐雾等。

(2) 机械环境：振动、冲击、离心、碰撞、跌落、过载、声振、冲击波等。

(3) 辐射环境：核辐射、各种射线辐射、太阳辐射等。

(4) 电环境：电场、磁场、静电、电晕、放电等。

光电子器件在实际应用中，各种环境条件往往是综合作用于器件的，如高温高湿环境、高低温振动环境等。因此，在器件设计与使用过程中需要采取综合性的措施。

高温对光电子器件而言，通常会施加较严厉的应力，不仅会加速性能退化，降低可靠性，还可引起器件失效。

低温引起的光电子器件可靠性问题一般是与结构要素有关，包括不同材料之间膨胀(收缩)系数不同而产生的机械应力和非金属材料的脆裂等。

快速的温度变化或温度循环条件下，产生附加应力可诱发器件的密封失效、层裂、焊接或粘接失效等可靠性问题。

振动环境是光电子器件应用的重要环境条件，光电子器件的设计固有频率非常重要，如果固有频率处于振动频率范围之内，可构成谐振条件，引起应力放大，甚至超出安全极限，造成器件失效。

辐射通过改变介质和半导体材料的原子或分子结构，导致器件永久性损伤。高能辐射主要会产生电离效应和位移效应。通常是采取改进材料、优化结构和屏蔽加固措施来提高光电子器件的抗辐照性能。

11.2　光电子器件主要失效模式及机理

经过几十年的发展，光电子器件的性能和可靠性虽然已达到较高水平，但在储存或使用过程中也可能发生失效，其失效模式及机理与材料特性、结构特点、制备工艺和使用条件等因素密切相关。以下论述干涉型光纤传感用五种典型光电子器件的主要失效模式及机理。

11.2.1　光纤的主要失效模式及机理

光纤的主要失效模式有断裂失效和辐照感生损耗增大失效。

1. 光纤断裂失效

光纤在生产和使用过程中可能产生缺陷，由于缺陷的存在，难以保证稳定的断裂强度。这些缺陷可以分为本征缺陷和非本征缺陷。本征缺陷主要包括玻璃内部和表面杂质、划伤等，它们主要来源于原材料或光纤制造工艺，其断裂机理可以用格里菲斯(Griffith)裂纹理论进行解释；非本征缺陷主要来源于对光纤的处理过程中形成的表面损伤，包括涂覆层的划伤或破损等，更严重的是玻璃体表面的破损。光纤断裂机理可以用应力-腐蚀理论解释，应力是加速有缺陷光纤失效的一个重要因素。

影响光纤强度及寿命主要有以下几方面：

(1) 材料的纯度。材料的纯度是光纤制造的首要问题，石英管、卤化物、各种气体以及光纤涂层材料中的杂质、水汽、气泡等，将直接影响到光纤成品的强度。

(2) 制备工艺过程。在 MCVD 沉积时引起的析晶、气泡；套管过程中引起的管、棒内外表面的擦伤；尤其是涉及石英玻璃冷加工，如打孔、抛磨、拼装引起的表面缺陷和裂纹；拉丝时张力与速度控制、光纤涂覆方式和涂覆工艺、涂覆材料的选择、涂层的固化等，都是影响光纤强度和寿命的重要因素。

(3) 保偏光纤应力区对光纤强度的影响。表面裂纹和内部应力集中是玻璃炸裂的最基本因素。保偏光纤中的应力区产生了相当大的各向异性应力，这就导致了保偏光纤的总体强度低于单模光纤。应力区形状和尺寸不同的保偏光纤，其总体强度会存在一些差异。

(4) 环境因素。光纤存放环境中，湿度过高会使水汽侵入光纤涂覆层促使微裂纹加速生长。高湿环境会造成石英中某些硅氧桥断裂，降低光纤强度。此外，紫外光和强光照射会加速涂覆层材料的老化，降低对光纤的保护性能。光纤在使用过程中如尖物划伤、硬物碰撞、挤压及相互摩擦、结构谐振或较大冲击等都容易引起涂覆层局部破损、包层受伤甚至光纤直接断裂，这些都将不同程度地导致光纤强度降低或失效。另外，弯曲半径过小，也会产生较大的弯曲应力，使光纤的使用寿命降低。

2. 辐照感生损耗增大失效

石英光纤在高能辐照作用下，可以使光纤纤芯及包层部分的石英玻璃发生物理和化学变化(变色、变硬、变脆、分解、破坏等)，在石英光纤芯内产生各种缺陷(点缺陷、位错、色心)，从而使光纤的传输性能恶化。最主要的表现为形成“色心”。在光纤内部，石英玻璃中含有杂质离子(Cl^-、OH^- 和着色离子)，产生杂质吸收损耗，特别是 Fe、Cr、Mn、Cu、Co、Ni、Pb 等着色离子，在较高剂量辐照条件下，光纤中部分自由电子会被这些着色离子捕获，从而在光纤中形成“色心”，即新的吸收带，使光纤损耗增加[1-3]。

光纤受到高能光子和高能粒子辐照后，主要产生辐照感生损耗。光纤主要材料为二氧化硅，是连续三维网络结构。光纤在制备过程中，会有意或无意地掺杂进各种粒子，例如纤芯掺杂微量锗以提高其折射率。石英光纤的生产原料(四氯化硅、四氯化锗等)以及氧化反应的载运气体(氧气、氩气等)的不完全反应，或本身不纯，都会导致过渡金属离子、氢氧根离子、卤化物等杂质掺杂到光纤中，这些杂质导致石英光纤在辐照条件下损耗增加。

光纤中的裂隙、错位、缺位、断键、受力键等缺陷也是光纤损耗的来源，有些则成为光纤辐照感生损耗的来源，这种缺陷也称为“前驱缺陷”。光纤受到辐照后会产生大量的电子和空穴，如被附近的“前驱缺陷”所吸收，就形成“色心”。同时辐照还可能导致二氧化硅晶格中硅原子的位移、断键以及杂质变价等效应，产生新的缺陷，形成新的“色心”。这些“色心”吸收大量的光能，从而使光纤的辐照感生损耗增加。目前国内外生产的常规光纤一般采用掺锗芯层和掺磷或氟包层结构，它们虽然具有抗电磁干扰的性能，但在高能光子(如 γ 射线、X 射线等)、高能粒子(如 β 射线、中子等)辐照下传输性能劣化，因此这类光纤不能在高辐照环境下使用。抗辐照光纤通常采用纯石英纤芯和掺氟包层的结构，包层掺氟的主要作用是降低二氧化硅的折射率。由于纤芯中不含有影响折射率的氟掺杂物，因此它的瑞利散射很小，损耗也接近理论的最低值。

11.2.2　光纤耦合器的主要失效模式及机理

光纤耦合器的主要失效模式包括耦合锥区失效、封装失效、光纤失效和性能劣化失效。

1. 耦合锥区失效

熔融拉锥技术制备光纤耦合器时，光纤局部加热熔融并拉伸。局部加热熔融的特点是火焰中心温度高、边缘温度低，这种工艺导致位于火焰边缘处的耦合锥区光纤脆性较大，强度低，是熔融拉锥型光纤耦合器的强度薄弱点。另外，在光纤开始融合点处，存在固有的缺陷，可看作裂纹，在受应力的情况下，易形成应力集中，导致光纤裂纹扩张或断裂。采用合适的熔融拉锥烧结工艺参数制备光纤耦合器，可以减小耦合锥区光纤断裂失效概率。

2. 封装失效

光纤耦合器的封装材料主要包括石英基板、石英管（或热缩套管）、不锈钢管、黏结剂、封堵剂和灌封剂等。封装失效模式主要体现在各种材料之间的匹配性、材料特性不满足要求等，例如黏结剂的黏结强度低、黏结剂与石英基板不匹配、黏结剂玻璃化温度低、硬度低、热膨胀系数大等造成黏结剂与石英基板脱落；封堵剂的黏结强度低、黏结剂与不锈钢管不匹配等造成封堵剂与不锈钢管脱落；封堵剂玻璃化温度高、硬度高、弹性差等造成尾纤出现裂纹甚至断裂等；各种材料不匹配导致封装不严密，抗水汽性能差，水汽的渗入会加速内部光纤的失效。另外，石英基板断裂会造成耦合器彻底失效。

3. 光纤尾纤失效

尾纤失效主要体现在：①涂覆层脱落、划伤、豁口、裂纹等缺陷，这些缺陷主要是光纤生产过程、耦合器生产过程中由操作不当引起，这种缺陷导致光纤强度降低，在受力情况下，易导致光纤失效。②耦合器封装不合理。封堵剂硬度大时，尾纤侧向受力或被弯曲后，涂覆层出现裂纹，容易导致光纤断裂。光纤涂覆层缺陷初期不会影响光纤耦合器的光学传输性能，但会使器件的可靠性降低，可通过显微镜镜检方式，将存在光纤缺陷的产品剔除。耦合器的光纤尾纤其他失效模式及机理参见第 11.2.1 节内容。

4. 性能参数劣化失效

光纤耦合器性能参数劣化主要体现在分光比劣化、附加损耗变大、偏振串音增大和温度稳定性差等，主要原因是固化胶黏结光纤不牢、点胶位置不恰当、封装基体的热匹配特性差导致耦合锥区形变。光纤耦合器的辐照效应机理与光纤相同，由于所用光纤长度很短，所以辐照引起的附加损耗变化很小，可以忽略。

光纤耦合器的失效机理可以通过随机振动、机械冲击、温度循环和高温(或高温高湿)加速老化试验进行验证。光纤耦合器的常见故障树如图 11.1 所示，故障树事件定义见表 11.1。

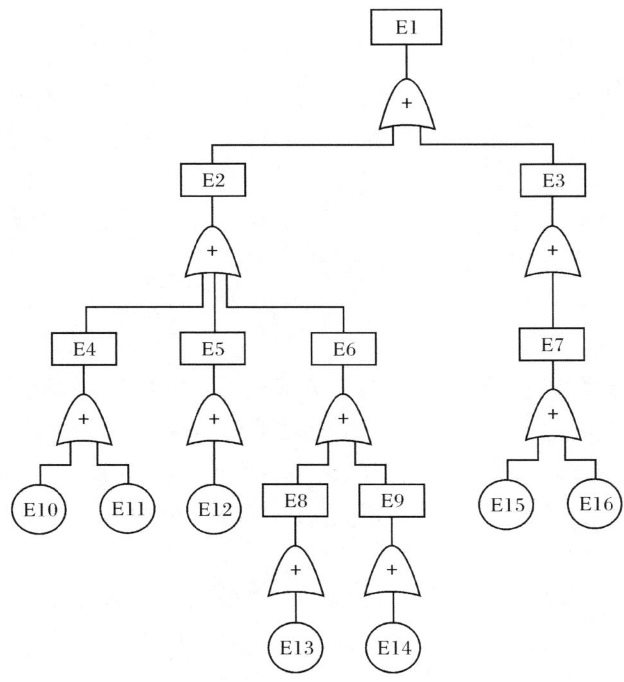

图 11.1 光纤耦合器故障树

表 11.1 光纤耦合器故障树事件定义

事件标号	事件定义	事件类型
E1	光纤耦合器故障	顶事件
E2	尾纤失效	中间事件
E3	耦合锥区失效	
E4	尾纤划伤	
E5	尾纤根部裂纹	
E6	尾纤断裂	
E7	耦合臂断裂	
E8	耦合器钢管外尾纤断裂	
E9	耦合器钢管内尾纤断裂	

续表

事件标号	事件定义	事件类型
E10	光纤本身有划伤	
E11	操作不当造成尾纤划伤	
E12	尾纤根部存在裸露硬胶	
E13	外界物体挤压或弯曲应力过大	底事件
E14	尾纤拉力过大	
E15	较大振动或机械冲击	
E16	胶体存在气泡	

11.2.3　集成光学相位调制器的主要失效模式及机理

集成光学相位调制器的主要失效模式有波导失效、电极失效、封装失效、耦合失效和光纤失效。

1. 波导失效

波导失效包括集成光路机械失效和光波导特性改变。集成光路机械失效包括 $LiNbO_3$ 芯片表面的微裂纹导致的波导“断路”和由于表面磨抛引起的 $LiNbO_3$ 基底的裂纹。如果对存在微裂纹的 $LiNbO_3$ 芯片施加热应力和机械应力，微裂纹扩张会造成波导“断路”，以致波导失效。质子交换光波导本身具有退化现象，采用退火工艺可使质子交换波导处于稳定状态。如果退火工艺不合理，波导折射率分布就不稳定，会导致波导损耗增大而失效。

2. 电极失效

电极失效主要表现为波形畸变、半波电压变大和断路。造成波形畸变的原因主要有两个。一是生长 SiO_2 层时进入杂质，导致 SiO_2 层可动杂质离子移动，造成调制波形畸变；二是芯片电极上涂的保护胶绝缘性不够或有水汽侵入。

如果电极焊点存在虚焊，增大的焊点接触电阻导致实际施加在波导上的电压变小；另外如果电极出现断点，均会导致半波电压变大。电极引线压焊失效是由于电极焊盘上存在杂质造成金丝键合点虚焊，或是多次焊接引起电极焊点被破坏。绝缘端子绝缘性劣化、芯片电极保护胶绝缘性差，以及在套刻完电极后存在未腐蚀或剥离掉的金属使两电极导通，均可导致电极绝缘失效。

3. 封装失效

封装失效包括芯片与管壳分离、密封失效等。芯片与管壳分离主要是由于粘接芯片用的胶黏附性不强或者胶中存在气泡，以致在热应力和机械应力的作用下导致芯片和管壳脱开。密封失效主要是器件两端固定光纤引出口的密封失效，或管壳盖板密封失效，水汽进入内部，造成电极腐蚀、波导或光纤失效。

4. 耦合失效

耦合失效主要是芯片与光纤固定块之间耦合点发生移位或者因为耦合用胶失效造成芯片与光纤固定块之间分离。

5. 光纤失效

在器件生产、测试或安装过程中，由于操作不当会引起管壳外部光纤失效。管壳内部的光纤失效包括光纤定轴、磨抛加工造成的光纤内部微裂纹、光纤固定块上的光纤与管壳出纤端口未处于同一平面上造成扭转和弯曲，胶黏剂和光纤热膨胀系数的失配均可导致光纤失效。

6. 辐照效应与机理

冯锡祺等曾对 $LiNbO_3$ 晶体在γ射线辐照下产生的缺陷进行了报道，发现位于300～800nm 的波长分别在 365nm、460nm、540nm 和 620nm 处形成四个色心吸收带[4]。而且这四个色心吸收带的浓度与 Co^{60} γ射线辐照剂量成正比。但在 800～3000nm 没有发现其他的色心吸收带。而光纤传感器的工作波段通常都在 830nm 以上，因此，γ射线辐照对其性能影响极小。尽管在芯片波导中杂质离子辐照后产生缺陷，引起一些吸收损耗，但由于波导长度很短(通常小于 2cm)，光纤尾纤长度一般小于 1m，辐照引起的损耗很小。采用 Co^{60} 对 Y 型 $LiNbO_3$ 相位调制器进行γ射线辐照试验，试验的剂量率为 10rad/s，在辐照总剂量为 500krad 后，器件的插入损耗增大 0.1dB，分光比变化 0.1%，尾纤偏振串音基本不变。

Y 波导的常见故障树如图 11.2 所示，故障树事件定义见表 11.2。

表 11.2 Y 波导器件故障树事件定义

事件标号	事件定义	事件类型
E_1	Y 波导故障	顶事件
E_2	插入损耗增大	中间事件
E_3	半波电压变大	
E_4	波形畸变	
E_5	相位无法调制	
E_6	光纤裂纹	
E_7	波导芯片裂纹	
E_8	光纤与波导耦合点移位	
E_9	波导本身损耗变大	

续表

事件标号	事件定义	事件类型
E_{10}	光纤微裂纹在机械应力作用下扩张	底事件
E_{11}	光纤微裂纹在热应力作用下扩张	
E_{12}	光纤微裂纹在湿度环境下扩张	
E_{13}	芯片微裂纹在机械应力作用下扩张	
E_{14}	芯片微裂纹在热应力作用下扩张	
E_{15}	光纤与波导端面磨抛的角度不匹配	
E_{16}	耦合涂胶不均匀	
E_{17}	质子交换光波导不稳定具有退化现象	
E_{18}	芯片电极出现断点	中间事件
E_{19}	金丝键合点虚焊	
E_{20}	电光系数变化	
E_{21}	波导结构层变化	底事件
E_{22}	机械划伤	
E_{23}	芯片电极焊盘上清洁度不够,有杂质	
E_{24}	多次焊接引起电极焊点被破坏	
E_{25}	电极间及 SiO_2 层内存在可动杂质离子	中间事件
E_{26}	保护胶绝缘性不够	
E_{27}	芯片未清洁干净	底事件
E_{28}	芯片电极保护胶未涂均匀	
E_{29}	芯片电极保护胶中浸入水汽	
E_{30}	金丝断裂	中间事件
E_{31}	金丝键合点与电极焊盘脱离	
E_{32}	电极插针断	
E_{33}	金丝过细	底事件
E_{34}	芯片粘接不牢固	
E_{35}	机械冲击	
E_{36}	电极焊盘保护胶热膨胀系数过大,与金不匹配	
E_{37}	电极插针过度弯曲	

11.2.4　半导体光源组件的主要失效模式及机理

半导体光源按失效性质可分为初期失效、随机失效和疲劳失效[5],主要失效模式包括芯片失效和耦合封装失效,典型的失效现象是输出光信号异常。

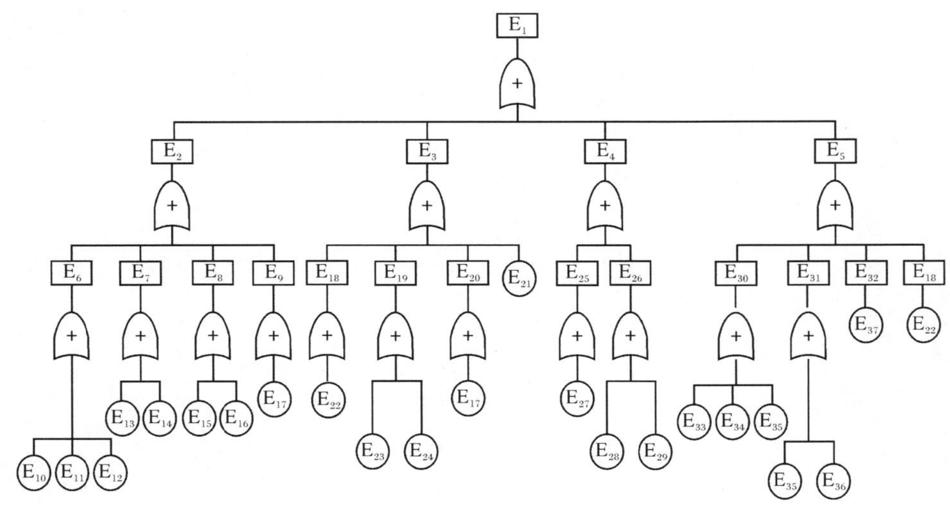

图 11.2　Y 波导器件故障树

1. 芯片失效

1）暗线失效

芯片失效主要表现为输出光功率的下降和光谱特性的劣化。芯片退化的主要原因是晶体位错产生暗线(非发光线)。暗线的产生源是有源层(发光层)内原来存在的晶体位错和工作时因晶格失配而从晶体表面引入的位错。电极金属在有源区中的扩散是暗线产生的主要原因。例如在由 Au-Zn 欧姆类型和 Ti/Pt/Zn 肖特基类型 P 侧电极和 InGaAsP/InP 有源区构成的 SLD 中,晶核原子的沉淀和电极金属对半导体的渗透导致有源区中出现暗线。暗点缺陷是由 Au 游离电极引起的,Au 出现在具有欧姆型 P 侧电极 SLD 的 InGaAsP/InP 管芯底层和 InP 覆层界面上。这些 Au 在几何学上符合暗点缺陷,在老化过程中,Au 从 P 侧电极向有源区的移动导致暗点和暗线出现。暗线失效属于芯片工艺问题,采用 Ti/Pt/Au 高稳定材料的电极可以有效地减小这类失效,提高芯片的寿命。

2）电损伤失效

芯片有可能在遭受静电或浪涌电流后被击穿失效。器件在制备、储存、运输和使用过程中,因某些原因产生静电电压,就有可能通过管壳和管脚放电而引起器件损伤或失效。这种失效具有随机性和偶然性,可以通过采用严格的防静电措施和防浪涌保护电路,减少失效。

3）老化失效

芯片老化失效,导致有源区的增益下降,输出功率减小。该失效属于芯片的生产工艺问题。因此,芯片在装配之前,需要进行老炼筛选。

4）辐照效应及机理[6,7]

辐照与物质相互作用的方式基本上可以分为两类：电子过程和原子过程。电子过程主要产生电离效应，主要产物是电子-空穴对；原子过程主要产生位移效应，主要产物是空位-间隙对及其复合体。

中子在半导体内产生位移效应，引起半导体器件的永久损伤；γ射线在半导体器件的表面钝化层内产生电离效应，引起半永久损伤；瞬时γ辐照在反偏的半导体PN 结中产生瞬时光电流。辐照中的高能电子能引起电离效应，高能质子能引起位移效应。

(1)位移效应。中子不带电，它具有很强的穿透能力，可以足够近地靠近被照射材料原子的原子核。当中子与原子核发生弹性碰撞时，晶格原子在碰撞中获得能量后离开了它原来的点阵位置，成为晶格中的间隙原子，并在原来的位置上留下一个空位，因而形成了一个空位-间隙原子对，通常称为弗仑克尔(Frenkel)缺陷，这种现象称为位移效应。中子弹性碰撞产生的高能晶格原子又能使更多的晶格原子位移，从而在晶体内形成了局部的损伤区(缺陷群)。由于位移效应破坏了半导体晶格的势能，因而在禁带中形成了新的电子能级，它可以起复合中心和杂质补偿中心以及载流子散射中心的作用，从而引起载流子浓度、电导率和少数载流子寿命及迁移率下降，直接影响半导体特性。位移效应对半导体材料性能的影响有以下三个方面：①减小半导体多数载流子密度。由于空位-间隙原子对在禁带中形成的新电子能级，可以充当多数载流子的复合中心，从而引起了半导体中多数载流子的减少。把每平方厘米中一个中子消除的自由多数载流子数目定义为载流子的去除率，用以衡量中子对多数载流子的影响程度。因为载流子的去除率与半导体的费米能级有关，而费米能级主要取决于杂质浓度，因此去除率直接与掺杂浓度有关。②载流子迁移率的衰减。中子辐照引起多数载流子密度和迁移率降低。③影响少数载流子寿命。少数载流子寿命是中子辐照引起半导体材料特性变化的最灵敏参数，它是以少数载流子为导电机理的半导体器件对中子辐照特别灵敏的主要原因，超辐射发光二极管就是此类的半导体器件。

(2) 电离效应。当辐照粒子穿透物质并与原子轨道上的电子相互作用时，辐照粒子就会把能量传递给电子。如果电子获得的能量大于它的结合能时，电子将离开原来的轨道成为自由电子，原子则变成带正电荷的粒子而成为空穴，产生电子-空穴对，这一过程称为电离过程。γ射线和 X 射线容易引起电离效应。电离效应在半导体内部产生的电子-空穴对可以很快复合，因而对半导体激光器的性能影响并不大。

2. 耦合及封装失效

耦合及封装失效表现为光源的功率衰减、功率不稳定和无光输出。导致上述失效的主要原因是耦合部件失效、焊点引线失效或 TEC 失效。

1）制冷器失效

随着光源工作时间的增加，制冷器的制冷效率会缓慢的减小，直接的后果就是控温范围变小、精度变差，最终导致组件的输出功率和中心波长漂移变大。

制冷器是由若干 PN 结对组成，由于组件组装过程中焊接加热，可对 PN 结对造成损伤，随着组件工作时间的增加，PN 结的制冷效率降低。组件组装过程中的焊接缺陷，也会随组件工作时间的增加逐步扩大，导致组件内部热阻增大，制冷效率降低，或失去制冷能力。管壳安装面不平整，机械安装应力也会造成制冷器交流阻抗增大，制冷效率降低。

2）耦合部件失效

在组件中，随着环境应力尤其是温度应力的累积，或是受到振动冲击后，耦合部件（金属支架和金属化光纤）发生位移，产生耦合错位，导致输出功率降低失效。

3）焊点引线失效

组件中各个部件之间的焊点和引线也随时间和应力作用不断老化，可能会发生焊点脱落、引线断裂等现象，导致诸如芯片、制冷器或热敏电阻无法加电等情况的发生，致使组件无法正常工作。

4）耦合光纤失效

组件中耦合光纤需要经过金属化处理，通过机械支架或低温玻璃胶固定方式耦合到芯片出光处，器件在长期高低温工作环境下，金属部分热胀冷缩对光纤产生交替应力可能会导致光纤断裂，从而导致器件失效。另外由于输出端尾纤的质量或操作不慎也会造成输出尾纤失效。

半导体光源的失效机理可以通过高温储存、温度循环、高温老炼、机械振动试验进行验证。半导体光源的常见故障树如图 11.3 所示，故障树事件定义见表 11.3。

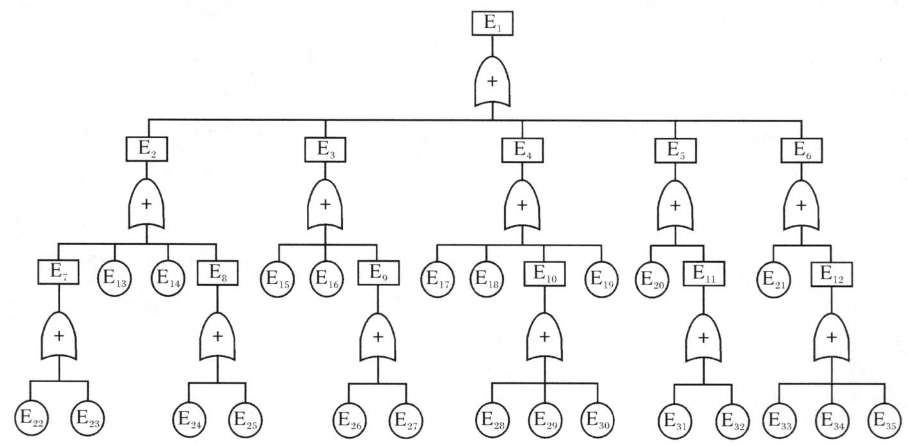

图 11.3　半导体光源光功率输出异常故障树

表 11.3　半导体光源光功率输出异常故障树事件定义

事件标号	事件定义	事件类型
E_1	光功率输出异常	顶事件
E_2	管芯失效	中间事件
E_3	制冷器故障	
E_4	电极失效	
E_5	耦合失效	
E_6	光纤失效	
E_7	晶体位错暗线	中间事件
E_8	辐照效应故障	
E_9	PN 结失效	
E_{10}	焊点故障	
E_{11}	耦合固定支架位移	
E_{12}	光纤断裂失效	
E_{13}	过流、过压或浪涌击穿	底事件
E_{14}	晶核原子沉淀	
E_{15}	阻值漂移	
E_{16}	焊接缺陷	
E_{17}	芯片脱落	
E_{18}	内引线断裂	
E_{19}	金属化层断裂	
E_{20}	耦合光纤位移	
E_{21}	纤芯或包层裂纹	
E_{22}	晶核原子沉淀	
E_{23}	金属电极渗透进入有源区	
E_{24}	位移效应损伤	
E_{25}	电离效应损伤	
E_{26}	PN 结老化	底事件
E_{27}	过压或反向击穿	
E_{28}	玷污杂质	
E_{29}	键合不良	
E_{30}	键合面积不够	
E_{31}	支架变形	
E_{32}	激光焊点失效	
E_{33}	光纤加工缺陷	
E_{34}	光纤裂纹扩展失效	
E_{35}	弯曲疲劳失效	

11.2.5 光电探测器组件的主要失效模式及机理

PIN-FET 光电探测器组件的主要失效模式是无电信号输出、噪声电压变大、响应度降低和输出异常，其失效机理和半导体光源组件的失效机理类似，主要包括芯片失效、电路失效、封装及尾纤失效和环境应力影响失效。

1. 芯片失效

芯片失效主要包括芯片击穿、芯片老化和辐照失效。在光电探测器组件使用过程中，由热不稳定性、隧道击穿、雪崩击穿以及静电击穿等现象会导致光电探测器组件所用的 PIN 管芯击穿，从而出现光电探测器组件无电信号输出的现象。芯片老化会引起组件的暗电流和热噪声增大，导致组件的噪声电压变大，还会导致响应度和灵敏度下降，散粒噪声增大，使光电探测器组件的输出异常。辐照主要引起探测器暗电流增大，噪声增加。

2. 电路失效

电路失效主要包括电路老化、厚膜电阻失效和半导体器件失效。探测器组件内部微弱信号放大增益电路老化会增大电路噪声，致使组件噪声电压变大或输出异常。组成电路的金属组分受物理和化学因素影响，发生组分变化；另外，焊剂、吸附气体、溶剂等材料引起的与厚膜电阻材料的化学反应结果，都会造成厚膜电阻失效。

电路中的半导体器件，各个部件之间采用金丝键合，键合质量差（如表面污染、界面接触不良、机械损伤等）引起脱键失效、引线断裂失效、内引线碰线失效等现象时，也会导致组件输出异常或无电信号输出。

电路中使用导电胶固定三极管、电容、电阻，导电胶是一种固化后具有一定导电性能的胶黏剂，它通常以基体树脂和导电填料即导电粒子为主要组成成分，通过基体树脂的粘接作用把导电粒子结合在一起，形成导电通路，实现被黏材料的导电连接。这种树脂类导电胶热膨胀系数普遍较大，而 Al_2O_3 电路基板的热膨胀系数很小（不大于 $1\times10^{-7}K^{-1}$），热应力效应多发生在低温时。前期工艺处理不当会使低温下电路噪声增大，零位及响应度温度性能变差。

3. 耦合封装及尾纤失效

耦合封装及光纤尾纤失效主要包括耦合部件失效、封装失效、管脚损伤和光纤断裂。

耦合部件耦合错位、光敏面玷污、纤芯损伤等现象，导致器件响应度下降。若器件封装不合理，由于水汽、氧化等影响，也可能使电路中的电介质吸潮或氧化引起绝缘电阻下降、击穿电压下降等劣化现象，导致器件输出异常甚至失效。另外在使用过程中，由于随机振动、冲击、碰撞等因素可能引起管脚折断或损伤、光纤断裂等失效，导致输出异常或无电信号输出。外力过大、光纤弯曲半径过小也可能引起光纤断裂等现象，导致器件无电信号输出。

4. 环境应力引起失效

温度、电和机械等主要环境应力可引起探测器组件失效。电应力和温度变化会影响器件的噪声电压，随着反向偏压的增加和探测器温度升高，噪声电压逐渐增大。另外，温度应力、机械应力等可引起电阻器断裂、引线断裂、膜开裂、膜脱落等现象，导致器件输出异常或失效。

光电探测器组件的主要失效模式及机理可以通过温度循环、高温老炼和机械振动试验进行验证。光电探测器组件的常见故障树如图 11.4 所示，故障树事件定义见表 11.4。

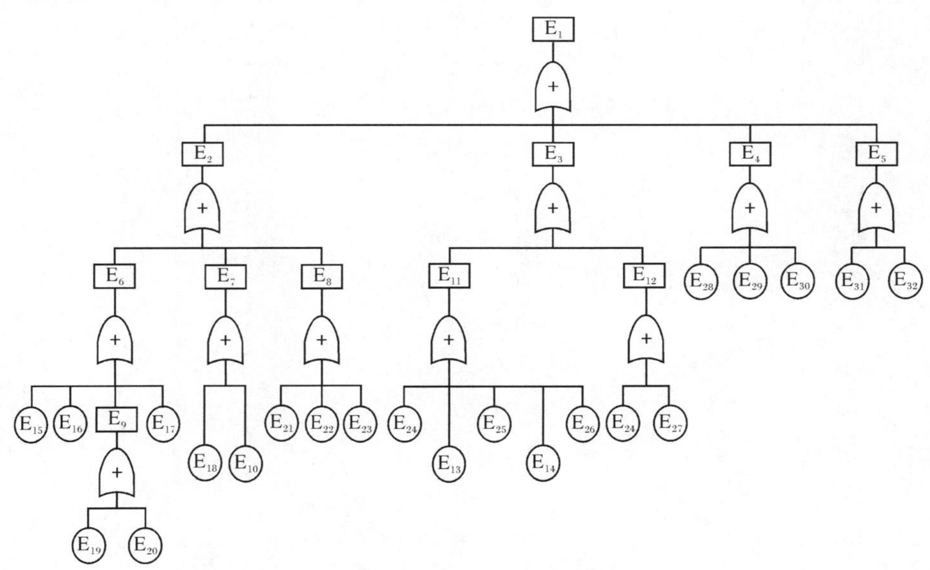

图 11.4　光电探测器组件故障树

表 11.4 光电探测器组件故障树事件定义

事件标号	事件定义	事件类型
E_1	光电探测器组件故障	顶事件
E_2	无电信号输出	中间事件
E_3	噪声电压变大	
E_4	响应度降低	
E_5	输出异常	
E_6	尾纤裂纹	
E_7	PIN 管芯击穿	
E_8	管脚折断或损伤	
E_9	根部折断或损伤	
E_{11}	暗电流增大	
E_{12}	热噪声增大	
E_{10}	PN 结击穿	底事件
E_{13}	漏电流增加	
E_{14}	产生-复合电流增大	
E_{15}	光纤自身缺陷	
E_{16}	外力过大	
E_{17}	光纤弯曲应力大	
E_{18}	静电击穿	
E_{19}	机械应力	
E_{20}	热应力	
E_{21}	机械振动	
E_{22}	冲击	
E_{23}	碰撞	
E_{24}	热应力变大	
E_{25}	偏压较大	
E_{26}	反向电压增大	
E_{27}	引线长度大	
E_{28}	光窗裂纹	
E_{29}	耦合光纤位移	
E_{30}	纤芯损伤	
E_{31}	光路偏移	
E_{32}	电子元件失效	

11.3　光电子器件典型环境适应性试验

11.3.1　温度环境适应性试验

温度环境适应性是光电子器件的重要性能指标，由于光电子器件受本身材料特性和制备工艺限制，器件的性能参数随温度变化发生波动，会影响到光纤传感器工作温度范围内的性能稳定性。不同的应用场合对温度环境适应性及可靠性要求不同，热学特性研究主要是分析光电子器件的封装结构、材料、元件之间的匹配性、可靠性以及环境长期稳定性。光电子器件的主要失效模式也与温度应力有关，因此，光电子器件的寿命预计通常采用高温加速试验方法来评估。另外，温度试验要结合光电子器件自身的耐受水平，试验条件不能对光电子器件造成破坏。有些晶体器件(如 Y 波导器件)，温度变化速率过大可能会引起器件失效，温度循环试验时，温度变化速率一般不超过 15℃/min。在进行器件筛选试验和鉴定试验时，通常是温度变化率低，相同试验次数下，筛选度就会降低。

光电子器件的工作温度范围一般为－45～75℃，储存温度为－55～85℃。采用步进温度应力试验方式，可以对光电子器件的温度性能及耐受水平进行测试。温度特性环境试验项目主要有：高/低温储存试验、高温老炼试验、高/低温工作试验、温度循环试验、温度冲击试验、高温高湿试验等。

1. 高/低温环境试验

光电子器件高/低温环境试验一般在温度试验箱内进行，包括高/低温储存、高/低温工作性能试验和高温老炼等。有源光电子器件(如半导体激光器、探测器等)在筛选过程中，通常需要进行高温老炼试验。进行高/低温工作性能试验时，可选取几个不同温度工作点下进行测试，也可采取变温过程中在线实时测试方式，后一种测试方式更能全面地评价器件的温度性能。对于半导体光源而言，某些应用场合还需要测试高/低温下的启动时间和功耗性能。

2. 高/低温循环试验

高低温循环试验用于考核器件在温度变化环境下的储存及工作性能，或作为产品应力筛选的一项，表 11.5 为光电子器件典型温度循环应力筛选试验条件。

表 11.5　光电子器件典型温度循环应力筛选试验条件

高温段	85℃,持续 30min
低温段	−55℃,持续 30min
温度变化率	10℃/min
温度循环次数	20 次

11.3.2　力学环境适应性试验

光电子器件的力学特性是其工程应用环境考核和可靠性试验的重要内容,通过对光电子器件进行力学环境试验,可以获得其结构及工艺设计可靠性的薄弱环节、谐振频率特性、抗振动和冲击特性。

力学环境试验一般包括正弦扫描振动、随机振动、机械冲击和恒定加速度试验。在器件筛选过程中,通常采用低应力水平的随机振动或半正弦机械冲击试验方式,在试验前后检测器件性能,根据试验前后器件性能的变化量,剔除不合格器件。通过设计工装夹具和测试方式,也可以在试验过程中测试器件的性能,这一点容易被忽视,尤其是在工作过程中伴随有振动应力环境下,研究其振动过程中的性能稳定性是很有必要的。

军用光电子器件对器件力学特性要求较高,而民用则要求相对较低一些,通常不会有较大量级的振动和冲击条件要求。为掌握光电子器件的力学特性耐受能力,可采用步进应力试验方式对其进行测试。

光电子器件的力学特性鉴定及典型条件有以下几个方面。

(1) 随机振动:均方根加速度 $20g$,10～2000Hz,3 个轴(X、Y、Z),3 次/轴,每次 4～5min。

(2) 机械冲击:$500g$/1ms 或 $1500g$/0.5ms,3 个轴 6 个方向,5 次/向。

(3) 扫频振动:20～2000～20Hz,峰值加速度 $20g$,一个循环不低于 4min,3 个轴(X、Y、Z),4 次/轴,共计 12 次。

(4) 恒定加速度:大于等于 $100g$/min,1～6 个方向。

图 11.5 表示典型随机振动条件谱型图。

11.3.3　热真空环境适应性试验

随着光纤传感器在空间领域应用越来越广泛,需要研究光电子器件的热真空环境适应性。热真空环境试验通常包括热真空循环、热真空储存和热真空老炼试验等。热真空循环试验主要是考核光电子器件真空环境下的机械结构稳定性和热特性性能;热真空储存和热真空老炼试验主要是考核光电子器件热真空环境下的长期稳定性和寿命。以下是三种试验的典型试验参考条件。

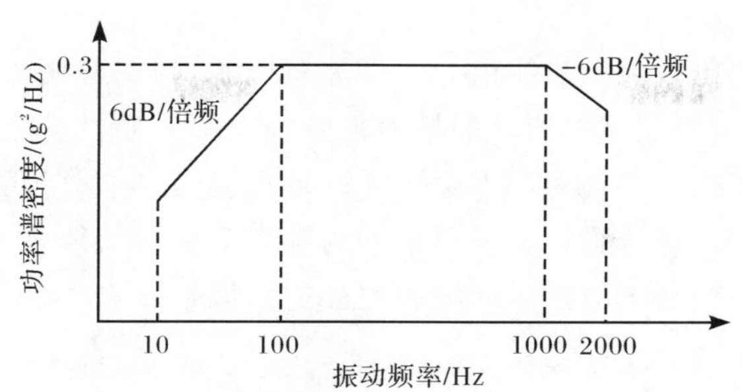

图 11.5　典型随机振动条件谱型图

1. 热真空循环试验条件

(1) 温度为−40～60℃，升降温速率 0.5～1℃/min，两端高低温停留时间不低于 30min。

(2) 气压小于等于 1.3×10^{-3}Pa，升降压速率不超过 10kPa/min。

(3) 循环次数 10 次、20 次、50 次、100 次、200 次、400 次、500 次。

2. 热真空储存和热真空老炼试验条件

(1) 温度为 60～85℃，升降温速率 0.5～1℃/min。

(2) 气压小于等于 1.3×10^{-3}Pa，升降压速率不超过 10kPa/min。

(3) 试验时间不低于 500h。

热真空老炼试验主要是针对有源光电子器件，如光源、探测器；热真空储存试验主要是针对无源光电子器件，如光纤耦合器、隔离器等。

由于光电子器件通常为带尾纤器件，在做热真空环境试验时，较难实现直接对其进行在线测试。但可以通过光电转换和电光转换元件来进行间接测试，前提是这些光电或电光转换元件在热真空环境下保持性能稳定或其对被测器件的影响能扣除。

11.3.4　辐照环境适应性试验

辐照环境也是光电子器件某些应用中会遇到的特殊环境，光电子器件抗辐照特性试验主要包括稳态总剂量辐照试验、中子辐照试验、质子辐照试验和电子辐照试验四种。

1. 稳态总剂量辐照试验

空间应用环境中，γ射线辐照剂量率小于 0.1rad(Si)/min，10 年累积总剂量不超过 525krad(Si)。根据轨道和任务持续时间长短的不同，辐照总剂量通常在 10～

100krad(Si)。

稳态总剂量辐照试验一般使用 Co^{60} 作为辐照源，根据应用辐照环境条件和任务持续时间，确定抗辐照试验的总剂量和辐照剂量率。通过测定被辐照器件位置处的剂量率(rad(Si)/s)和辐照时间，即可计算出被测器件的γ射线辐照总剂量。不同位置的剂量率与该位置到辐射源中心的距离有关。一般可参考表 11.6 规定的剂量率和总剂量组合来测定试样辐照过程中和辐照后的性能劣化程度。

表 11.6　总剂量效应辐照试验总剂量/剂量率组合表

总剂量/krad(Si)	剂量率/(rad(Si)/s)
≤10	0.1～1
10～100	1～10
≥100	10～100

光电子器件在空间应用中，如果在舱内使用，有一定厚度的金属防护，在恶劣的γ射线辐照环境下，10 年累积总剂量一般也不会超过 100krad(Si)。

2. 中子辐照试验

中子是一种质量为 1.7×10^{-27} kg，直径为 3×10^{-15} m 的电中性粒子。中子辐照试验是测定光电子器件在中子辐照环境中性能的退化敏感性，是一种破坏性试验，试验目的是检测器件关键性能参数退化与中子注量的关系，中子注量度量单位为每平方厘米的中子数，即中子数/cm^2。在空间应用环境下中子总注量一般不超过 10^{13} 个/cm^2，试验时中子注入流量率(粒子通量)可选 $10^{10}\sim10^{12}$ 个/(cm^2 · s)，试验程序可参考 GJB548B 方法 1017。

3. 质子辐照试验

质子是一种有质量的高能带电粒子，具有一定的穿透能力，通常能量大于 4×10^6 eV，最大辐照强度(粒子通量)大于 10^6 个/(cm^2 · s)质子。在太阳耀斑爆发时，往往伴随着大量高能质子发射，质子的能量为 10～1000MeV。高能质子辐照试验是检测光电子器件在质子辐照环境中性能的退化敏感性，是一种破坏性试验，试验目的是检测器件关键性能参数退化与质子注量的关系，质子注量度量单位为每平方厘米的质子数，即质子数/cm^2。针对有源光电子器件，通常要对器件工作和非工作两种状态进行质子辐照对比试验，试验条件可参考表 11.7，辐照试验质子能量受试验设备的限制。

表 11.7　质子辐照试验条件

质子能量	30keV、100keV、0.6MeV、30MeV、60MeV、100MeV
辐照剂量率(粒子通量)	$10^{10}\sim10^{12}$个/(cm^2·s)
质子辐照总注量(累积通量)	$10^{12}\sim10^{14}$个/cm^2

4. 电子辐照试验

辐照环境中的高能电子同样具有一定的穿透能力,通常能量大于 5×10^4 eV,最大辐照强度(粒子通量)大于 2×10^8个/(cm^2·s)电子。高能电子辐照试验是检测光电子器件在电子辐照环境中性能的退化敏感性,是一种破坏性试验,试验目的是检测器件关键性能参数退化与电子注量的关系,电子注量度量单位为每平方厘米的电子数,即电子数/cm^2。针对有源光电子器件,通常要对器件工作和非工作两种状态进行电子辐照对比试验,试验条件可参考表 11.8。

表 11.8　电子辐照试验条件

电子能量	10keV、50keV、200keV、500keV、1MeV
辐照剂量率(粒子通量)	$10^{10}\sim10^{12}$个/(cm^2·s)
电子辐照总注量(累积通量)	$10^{14}\sim10^{16}$个/cm^2

11.4　光电子器件可靠性筛选

在光电子器件批量生产中,产品一致性难以绝对地按工艺规程控制,一些人为的误差很难完全避免。各种原材料、辅助材料、工艺条件和设备状况等也会发生变动。设计上的潜在缺陷等因素可导致某些器件提前失效,使其寿命远低于该批产品的平均寿命,这种提前失效的产品称为早期失效产品。为了保证整批产品的可靠性,在产品使用之前,必须先剔除这些早期失效产品。可靠性筛选是保证正式使用产品有较高可靠性水平的一项重要措施,可靠性筛选的特点和要求主要有:

(1) 可靠性筛选不能改变产品的失效机理,不能提高产品的固有可靠性,只能提高产品的使用可靠性。

(2) 可靠性筛选应是一种非破坏性试验,筛选试验项目和应力水平设计合理,可提高筛选效果,缩短筛选时间,降低试验成本。

(3) 环境应力条件下和试验前后器件性能参数的稳定性测试筛选是光电子器件可靠性筛选的重要项目。如工作温度范围内、振动过程中、老炼试验前后器件关键参数的变化量需要进行筛选控制。

(4) 批次筛选合格率是衡量光电子器件质量的重要指标,需根据器件生产水平确定。

11.4.1　光电子器件可靠性筛选条件

光电子器件的筛选效果与筛选条件有密切关系,筛选条件选择越严格,筛选的项目越多,“次品”淘汰率就越高,相应的成本也很高,并会损失较多的“优品”。筛选条件选择过低,则“次品”淘汰不彻底,产品的使用可靠性得不到保证。为了有效地进行筛选,需要科学地制定筛选项目、筛选应力、筛选试验时间和关键参数,并制定合理的失效判断标准。制定光电子器件可靠性筛选条件的原则如下:

(1) 分析光电子器件筛选试验项目与失效机理的关系。不同类型的光电子器件、不同厂家或采用不同材料、结构、工艺流程生产的器件,其失效机理不尽相同,很难制定一个统一的可靠性筛选条件。一般情况下应把简单的、时间短的、代价小的、最易引起器件主要失效机理的试验项目安排在前面来进行。光电子器件筛选试验项目与失效机理的关系参见表 11.9[8]。

(2) 根据光电子器件可靠性和环境应力摸底试验,掌握其失效分布规律与筛选条件的关系,筛选应力不能超过器件的应力上限。

(3) 根据设计、结构及制备工艺特点,制定筛选条件。比如力学环境应力筛选需要结合器件的结构特点、可靠性薄弱环节确定试验轴向。

(4) 根据光纤传感使用性能及环境要求制定筛选条件。典型的是温度和力学环境性能要求,不同应用领域,差异较大;对于长期储存使用,应严格筛选器件密封性和控制内部水汽含量水平。

表 11.9　光电子器件筛选试验项目与失效机理关系

失效机理＼试验项目	封装前镜检	温度循环	恒定加速度	细检漏	粗检漏	PIND 筛选	功率老化	X 射线检查	可见光检查	振动疲劳	随机振动	机械冲击	高温储存	工作寿命
芯片劣化	—	O	—	—	—	—	O	—	—	—	—	—	O	O
键合松动或断开	O	O	O	—	—	—	O	O	—	O	O	O	O	O
键合位置不当	O	O	—	—	—	—	O	O	—	O	O	O	O	O
芯片粘接强度不够	—	O	O	—	—	—	—	—	—	O	O	O	O	O
金属化缺陷	O	—	—	—	—	—	O	—	—	—	—	—	—	O
氧化层缺陷	O	O	—	—	—	—	O	—	—	—	—	—	—	O
芯片/光纤裂纹	O	O	—	—	—	—	—	O	O	O	O	O	O	O
制造错误	O	O	O	—	—	—	O	O	—	O	O	O	O	O
管壳缺陷	O	O	—	O	O	—	—	O	—	O	O	—	—	—

续表

试验项目 / 失效机理	封装前镜检	温度循环	恒定加速度	细检漏	粗检漏	PIND 筛选	功率老化	X射线检查	可见光检查	振动疲劳	随机振动	机械冲击	高温储存	工作寿命
密封性不良	—	O	—	O	O	—	—	O	—	—	—	—	—	—
内部多余颗粒缺陷	O	—	—	—	—	O	—	—	—	—	—	—	—	—
胶体气泡	O	O	—	—	—	—	—	—	—	—	—	—	O	O

注:“O”表示筛选试验有效性强,“—”表示筛选试验有效性弱或无。

11.4.2　光电子器件可靠性筛选方法

可靠性筛选按照筛选性质可分为检查筛选、密封性筛选、内部多余颗粒筛选和环境应力筛选,光电子器件常用的可靠性筛选方法如下。

1. 镜检筛选

镜检是一项重要的无损筛选手段,通常用 10～200 倍的体视显微镜观察器件内部缺陷,必要时可用高倍显微镜观察微观缺陷。镜检可以发现的缺陷包括:管芯中异物、键合缺陷、封装缺陷、氧化光刻缺陷、金属化层缺陷、波导裂纹缺陷、粘接缺陷、内部多余物、胶体气泡、光纤涂层及包层缺陷等。重要的工艺流程都应进行镜检筛选,尤其是半导体光源、光电探测器和集成光学器件等在封帽之前,需进行内部镜检。

2. 可见光检查筛选

可见光检查是一种比较有效的筛选手段。光纤传感用光电子器件大多是带光纤尾纤产品,尾纤本身存在缺陷或在生产过程中造成的缺陷,通过从光电子器件尾纤一端注入可见光,检查器件尾纤的质量,可以剔除一些尾纤质量缺陷。另外有些无源器件光电子器件(如光纤耦合器、光纤波分复用器、集成光学器件等)在封装之前,也可采用可见光检查筛选,剔除内部光路通道缺陷,如波导裂纹、微小气泡、波导内部杂质缺陷等。

3. 红外线筛选

通过红外线探测或成像技术可以测量器件内部热分布特性,从中可以剔除内部热特性分布有缺陷的器件。红外线检验是一种非破坏性的筛选方法,它能观察 PN 结不均匀击穿点、金属膜内部的小孔、基片内部的位错网络、键合处的裂缝等缺陷。

对于金属管壳的器件，红外线不能透过，需要在封帽前检查；对于陶瓷封装管壳，红外线能透过，封帽后也可用红外线检查。

4. X射线筛选

X射线筛选主要用于检验器件密封后管壳内有无多余物、键合和封装工序中的潜在缺陷、芯片有无裂纹等。这种方法是非破坏性的，可用来检验封装器件的组装工艺。

5. 密封性筛选

密封性筛选称为检漏试验，分为粗检漏和细检漏试验，目的是检查空腔结构器件的密封有效性，密封性筛选主要用于剔除管壳及其密封工艺中所存在的裂纹、微小漏孔、气孔、封盖对准欠佳的缺陷。一般将检验漏气率小于 10^{-5} atm · cm^3/s①的检漏称为细检漏；将检漏率大于 10^{-5} atm · cm^3/s 的检漏称为粗检漏。粗检漏一般采用氟油加压检漏法，能够检查出漏气率不小于 10^{-5} atm · cm^3/s 的器件；细检漏一般采用氦质谱检漏法，能够检出 10^{-5}～10^{-12} atm · cm^3/s 的漏率。

对于部分半导体光电子器件来说，为保证其长期的使用寿命和高可靠性，必须确保器件具有较好的密封性，以抵御在恶劣环境中各种气氛的侵入。侵入管壳内部的湿气、盐雾以及其他玷污性或腐蚀性的气体，随着时间的积累，都会造成器件在性能上的退化或形成潜在的缺陷。高空中使用，管壳内部气体的逃逸，致使器件导热性能减弱，甚至会在器件衬底本身中产生化学反应而导致器件失效；湿气等渗入会造成金属间的化学腐蚀或有机钝化层的加速老化。

对于带光纤尾纤的光电子器件，由于光纤涂层及保护层的吸附作用，通常只进行粗检漏筛选，而做细检漏时，需要将尾纤截掉，是一种破坏性试验，因此，细检漏一般只作为质量一致性或鉴定检验要求。

6. 粒子碰撞噪声检测(PIND)筛选

PIND 筛选主要是判断器件内部是否存在可动多余物(金属丝、细渣或其他物质)。PIND 筛选时采用加上一个与实际应用状况相似但应力更高的冲击和振动，使内部多余物松动，松动粒子冲击碰撞管壳，检测这种颗粒碰撞噪声，判断内部可动颗粒的程度。PIND 检测仪一般具有较高的灵敏度，可以检测出大于 1 μg 重量的颗粒是否存在。但是 PIND 筛选检测时不能确认可动多余物的尺寸和成分，通常采用显微镜、扫描电子显微镜和能谱仪等检测方法配合使用。采用空腔封装形式的有源光电子器件，都应做 PIND 筛选。

---

① 1atm＝$1.013\,25\times10^5$ Pa

7. 高温储存筛选

光电子器件的失效主要是由于体内和表面材料的各种物理、化学变化所引起的，这些变化和温度密切有关。温度升高以后，化学反应速率大大加快，失效过程得到加速，使有缺陷的器件能及时暴露，加以剔除。高温储存筛选能有效剔除表面玷污、键合不良、基片裂纹、封装粘接不良等失效机理的器件。对于同一应力强度，提高储存温度可减少储存试验时间。因此在不损伤器件的情况下，尽可能提高储存温度。

高温储存筛选简单易行，费用低。通过高温储存以后可以使器件参数性能稳定下来，减少使用过程中的参数漂移。高温筛选时温度应力和时间要选择适当，以免产生新的失效机理。

8. 低温储存筛选

在低温环境下，材料分子间的距离减小，材料出现收缩、脆化、硬化等现象，材料由于自身缺陷易失效。另外，多种材料之间的匹配不良也会产生失效。低温储存筛选能够剔除材料自身缺陷或工艺过程的缺陷。低温储存筛选温度和时间要选择适当，以免对器件产生损伤，带来新的缺陷。

9. 高温老炼筛选

高温老炼筛选又称电老化或电老炼，筛选时在电、热应力的共同作用下，器件能较快地暴露缺陷。半导体光电子器件制造过程中，可能存在如表面玷污、氧化、扩散、光刻工艺缺陷、金属膜划伤、装片、烧结、键合等工艺缺陷，通过高温功率老化筛选可以有效加以剔除。

高温老炼筛选是光电子器件中较为有效的一种筛选方法，通常要求有源光电子器件（如光源、光电探测器）100％进行高温老炼筛选。

10. 温度循环和温度冲击筛选

光电子器件在使用过程中会遇到不同的温度条件，热胀冷缩的应力会使内部热匹配性能不好的器件失效。温度循环就是将器件分别在高、低温环境下放置规定的时间，并在限定的时间内（或设定温度变化速率）完成高温向低温或低温向高温的过渡。温度循环筛选对发现芯片组装、键合、封装、材料匹配不良等缺陷是很有效的。

光电子器件温度循环筛选温度范围一般为－55～85℃，升降温速率通常为10～15℃/min，次数一般不低于10次。温度循环筛选升降温速率过低，不利于剔除有缺陷产品；升降温速率过高，有可能对器件产生损伤。对于晶体波导型器件，如铌酸锂集成光学器件，温度循环筛选时升降温速率一般不超过 10℃/min，否则可能会造成器件损伤。

采用温度冲击筛选时，条件比温度循环筛选更为苛刻，通常条件为：温度为－55～85℃，两端停留时间不低于 10min，转换时间要求小于 5min。采用温度冲击条件筛选光电子器件时要慎重，过大的温度梯度应力可对器件造成损伤。

11. 恒定加速度筛选

恒定加速度试验又称为离心加速度试验，利用高速旋转产生的离心力作用于器件上，可以剔除键合强度过弱、内引线匹配不良、芯片粘接强度不够、装配不良的器件。通常筛选条件是离心加速度为 100～5000g，持续 1min。进行试验时，器件外壳应采用专用夹具固定好。对于采用细砂类物质作填充材料的离心罐，需要将填充料填实，对器件表面加以保护。管壳安装方向应是使芯片脱离黏结的方向。光电子器件较少采用该筛选方法。

12. 振动和冲击筛选

振动和冲击筛选能够剔除内部封装不良、键合强度弱、虚焊等缺陷，是光电子器件一项重要的常用筛选项目。振动筛选通常选择随机振动方式，冲击为半正弦冲击方法。如果对光电子器件振动筛选过程性能参数的变化量有要求时，需要进行在线测试筛选。

11.4.3 光电子器件可靠性筛选项目

筛选通常需要对所有的器件进行检测，根据具体的评判标准来确定产品是否满足要求。光电子器件的性能参数很多，在筛选试验过程不可能对所有的性能参数进行检测，往往是针对关键参数、容易变化的参数进行检测。光电子器件一般都是批次进行筛选的，筛选结束后，要计算批次筛选合格率，如果筛选合格率不满足要求，整批产品不可以交付使用。对于高可靠性应用要求的光电子器件可采用精密筛选方法，例如对半导体光源进行高温储存、高温老炼、温度循环等筛选试验前后，控制输出光功率的变化量不能超过规定值。不同应用质量等级要求、不同精度光纤传感用光电子器件的筛选试验条件、器件性能参数检测项目和失效判据会不同。有些高可靠光电子器件，在生产工艺过程中还需增加一些筛选措施，如生产过程的无损键合强度检测筛选、可见光内部检查、密封前的高温烘烤、芯片老炼等。光电子器件密封后进行的典型筛选试验项目及条件可参考表 11.10。

表 11.10　光电子器件典型筛选项目及条件

序号	筛选项目	条件
1	外观检查	GJB 548B 方法 2009.1
2	性能初测	常温测试
3	高温储存	GJB 150.3—86,85℃/48h
4	低温储存	GJB 150.4—86,—55℃/48h
5	温度循环	温度范围:—55～85℃;升降温速率:10℃/min 两端停留时间:10min;循环次数:10 次
6	随机振动	GJB 548B 方法 2026.1 10～2000Hz,0.04g^2/Hz,5min/次,3 次/轴,3 轴
7	高温老炼	GJB 548B 方法 1015A.1 70～85℃/96～168h
8	密封性筛选	GJB 548B 1014.2 条件 C
9	高低温工作	如—45～70℃
10	性能终测	常温检测

11.5　光电子器件可靠性试验

光电子器件可靠性鉴定试验是判定其性能优劣和可用性的重要内容,也是光纤传感器用户和制造单位较为关心的问题。国内外光纤通信用光电子器件均有完善的可靠性试验项目相关规范和标准,而光纤传感器的应用其环境条件和光通信领域有较大区别,因此光电子器件在可靠性试验项目及条件方面也有所不同。如针对空间应用,就必须验证器件在热真空、抗辐照、长时间连续工作等环境下的可靠性。有源光电子器件和无源光电子器件相比在工作原理及工作方式、生产工艺、材料和封装形式等方面存在较大差异,可靠性考核试验项目和条件也有所不同。光电子器件可靠性试验可参考的标准如下:

- GJB 548B-2005　微电子器件试验方法和程序
- GJB 128A-97　半导体分立器件试验方法
- GJB 360A-96　电子及电气元件试验方法
- GJB 179A-96　计数抽样检查程序及表
- GJB 915A-97　纤维光学试验方法
- GR-468-CORE　光通信用光电子器件及组件可靠性保证要求
- GR-1209-CORE　无源器件环境试验方法
- GR-1221-CORE　无源器件可靠性试验方法

GR-468-CORE、GR-1209-CORE 和 GR-1221-CORE 是美国 Bellcore 公司发布的，主要针对光纤通信用光电子器件和组件制定的质量考核试验标准，已被普遍用作通信领域光电子器件的质量考核试验依据。

光电子器件的可靠性试验目前较多采用 LTPD(批允许不合格率)计数抽样方案和逐批检验计数抽样方案。

光电子器件可靠性试验项目很多，通常只能挑选最必要的要求或根据应用具体要求来制定可靠性试验项目及条件。可靠性试验一般具有破坏性，所有试验的样品不能作为正式产品应用。可靠性试验后要进行性能检测，根据试验品的失效判据，判定产品失效情况，并进行统计分析。光纤传感用光电子器件可靠性试验项目通常包括机械完整性、性能耐久性和特殊环境适应性三个方面，典型试验项目及条件可参考表 11.11[9]。

表 11.11 光电子器件典型可靠性试验项目及条件

项目	试验项目	试验条件
机械完整性	机械冲击	500g/1ms 或 1500g/0.5ms，5 次/轴，3 轴
	扫频振动	20～2000～20Hz，峰值加速度 20g，4min/次，3 次/轴，3 轴
	随机振动	20g，10～2000Hz，4min/次或 5min/次，3 次/轴，3 轴
	跌落试验	自由跌落到水泥地面或钢板上，跌落高度 1.2m
	热冲击	ΔT=100℃，0～100℃或 ΔT=115℃，−45～70℃，两端停留时间≥10min，转换时间≤10s，循环次数≥20 次
	尾纤拉力	≥2N，3 次，5s/次
	可焊性	(不需要蒸汽老化)
性能耐久性	加速老化(高温)	85℃，≥1000h
	高温储存	最大储存温度，如 85℃，≥1000h
	低温储存	最低储存温度，如−55℃，≥1000h
	温度循环	−55～85℃，100～500 次
	湿热试验(如果有用胶的工艺)	85℃/85%RH，≥1000h
	盐雾试验	(5±1)%的盐水溶液；(35±2)℃，试验时间 24h
特殊环境适应性	内部水汽含量	≤5000ppm 或≤3000ppm
	抗静电值(ESD)	≥500V
	稳态总剂量辐照	≥100krad
	中子辐照总注量	≥10^{13}个/cm^2
	热真空	真空度小于 10^{-3}Pa，温度−20～60℃
	低气压	20 000m 高度

11.6　光电子器件寿命预计与评估方法

11.6.1　产品可靠性指标及光纤传感器 MTBF 预计

1. 产品可靠性指标[10]

衡量产品的可靠性指标主要有可靠度、失效概率、失效概率密度、失效率，平均寿命、可靠寿命。

1）可靠度 $R(t)$

可靠度是指产品在规定的条件下，在规定的时间内，完成规定功能的概率。可近似表示为

$$R(t)=\frac{N-n(t)}{N}=\frac{N(t)}{N} \tag{11-1}$$

式中，N 为试验的产品总数；$n(t)$为试验到 t 时刻失效的产品数量；$N(t)$为工作到 t 时刻仍正常工作的产品数量。

2）失效概率 $F(t)$

失效概率 $F(t)$是指产品在规定的条件下在时间 t 以前失效的概率，在实际数据处理中，失效概率 $F(t)$的近似值为

$$F(t)=\frac{n(t)}{N} \tag{11-2}$$

由式(11-1)和式(11-2)相加得

$$R(t)+F(t)=1 \tag{11-3}$$

3）失效概率密度 $f(t)$

失效概率密度 $f(t)$是指产品在 t 时刻的单位时间内发生失效的概率，说明产品在各个时刻失效的可能性。

$$f(t)=F'(t) \tag{11-4}$$

式(11-4)可近似表示为

$$f(t)\approx\frac{F(t+\Delta t)-F(t)}{\Delta t}=\frac{\left[\dfrac{n(t+\Delta t)}{N}-\dfrac{n(t)}{N}\right]}{\Delta t}=\frac{\Delta n(t)}{N\Delta t} \tag{11-5}$$

式中，$\Delta n(t)$表示$(t,t+\Delta t)$时间间隔内失效的产品数。

4）失效率 $\lambda(t)$

失效率 $\lambda(t)$是指在时刻 t 尚未失效的产品在单位时间内失效的概率，它用来描述在各个时刻仍正常工作的产品失效的可能性。

$$\lambda(t)=-\frac{R'(t)}{R(t)} \tag{11-6}$$

$$\lambda(t)\mathrm{d}t = -\frac{1}{R(t)}\mathrm{d}R(t) \tag{11-7}$$

对式(11-7)两端取积分，得到

$$R(t) = \mathrm{e}^{-\int_0^t \lambda(t)\mathrm{d}t} \tag{11-8}$$

当 $\lambda(t)$ 是常数时，即服从指数分布时，可靠度函数表达式为

$$R(t) = \mathrm{e}^{-\lambda t} \tag{11-9}$$

5）平均寿命

对于不可修复产品在产品失效前的平均时间，称为平均故障前时间(MTTF)，用符号 θ 表示。

$$\theta = \mathrm{MTTF} = \int_0^\infty tf(t)\mathrm{d}t = \int_0^\infty R(t)\mathrm{d}t \tag{11-10}$$

对于可修复产品，在同样条件下进行试验，测得全部产品平均故障时间为 t_1，t_2，…，t_n，平均寿命用平均无故障工作时间(MTBF)来表示。

$$\mathrm{MTBF} = \frac{1}{n}\sum_{i=1}^{n} t_i \tag{11-11}$$

6）可靠寿命

产品的可靠寿命是指其可靠度降到 r 时的工作时间 t_r，即 $R(t_r)=r$，当 $r=0.5$ 时对应的 t_r 称为产品的中值寿命，$r=\frac{1}{\mathrm{e}}$ 时的可靠寿命称为产品的特征寿命。

2. 光纤传感器 MTBF 预计

光纤传感器通常由光路和电路两部分构成，其 MTBF 预计为

$$\mathrm{MTBF_{OFS}} = \frac{1}{\lambda_\mathrm{O} + \lambda_\mathrm{E}} \tag{11-12}$$

式中，λ_O 为光路部分总的失效率；λ_E 为电路部分总的失效率。其中 λ_O 为

$$\lambda_\mathrm{O} = \sum_{i=1}^{n} \lambda_i \tag{11-13}$$

式中，λ_i 为光纤传感器中每个光电子器件的失效率；n 为光路中光电子器件的数量。在光纤传感器中，电路部分的失效率分析较为成熟，对于失效率高的电子器件可采取冗余设计等措施来提高可靠性。而光路部分 MTBF 通常采用串联系统模型进行预计，因此，对每一个光电子器件的失效率均要求很高，才能保证光纤传感器的高可靠性。

11.6.2 光电子器件寿命预计及试验设计

确定产品的寿命分布一般有两种方法，一是根据其物理背景来确定，即产品的寿命分布与产品的类型关系不大，而与其所承受的应力情况、产品的内在结构

及其物理、化学、机械性能有关，与产品发生失效时的物理过程有关。通过失效分析，证实产品的失效机理与某种类型分布的物理背景相接近，由此确定它的寿命分布。另一种方法是通过寿命试验和使用情况统计分析，获得产品的失效数据，用统计推断的方法来判断它是属于何种分布。光电子器件寿命一般认为服从指数分布，通常将失效率或寿命(MTTF)指标作为光电子器件的可靠性指标。

寿命是光电子器件的一项非常重要的可靠性指标，光纤传感用光电子器件寿命通常要求在 10 万 h 以上，可通过高温储存(或高温高湿)、高温老化加速试验来预计器件在确定温度下的寿命。加速试验将会加速引起产品失效，从而在相对不太长的时间内获得高温下的失效分布和试验时间，再根据寿命预计模型计算指定温度下的器件寿命。

光电子器件的寿命包含工作寿命和储存寿命两种，对于某些光纤传感器应用，主要是关注器件的储存寿命，而对于长时间连续工作的应用，主要是关注器件的工作寿命。光电子器件的工作寿命和储存寿命是两个概念，有源器件在工作和非工作状态下的寿命有差异，而对于无源器件，两者基本是一致的。在光纤传感中，除光纤环服从威布尔分布之外，其他光电子器件均服从指数分布。光电子器件的寿命评估可选择阿伦尼乌斯(Arrhenius)模型为其应力-寿命模型[11,12]。

1. 阿伦尼乌斯寿命模型

阿伦尼乌斯模型是一个基于物理的与温度有关的模型，适用于以温度为应力的加速老化试验，可根据加速老化温度 T_1 下的寿命推出使用温度 T_2 下的寿命

$$\overline{L}(T_2) = \overline{L}(T_1)\mathrm{e}^{\frac{E_a}{k}\left(\frac{1}{T_2}-\frac{1}{T_1}\right)} \tag{11-14}$$

式(11-14)被称为阿伦尼乌斯方程，式中 k 为玻尔兹曼常量，T_1 和 T_2 都是已知的，唯一需要确定的参数是激活能 E_a。对式(11-14)两边取对数可以将阿伦尼乌斯模型绘制成应力-寿命模型的线性曲线

$$\ln[\overline{L}(T_2)] = \ln[\overline{L}(T_1)] + \frac{E_a}{k}\left(\frac{1}{T_2}-\frac{1}{T_1}\right) \tag{11-15}$$

根据式(11-15)，做三个温度点以上的加速老化试验，就能够拟合出激活能 E_a，然后根据寿命估计模型得到它们的寿命估计值。

阿伦尼乌斯方程中，定义加速系数为 $A_F = \mathrm{e}^{\frac{E_a}{k}\left(\frac{1}{T_2}-\frac{1}{T_1}\right)}$，温度采用热力学温度来表示。假设加速温度为 85℃，则换算到室温 23℃下的加速系数为

$T_2 = 296\mathrm{K}(23℃)$，$T_1 = 358\mathrm{K}(85℃)$，$k = 8.62\times10^{-5}\,\mathrm{eV/K}$，$A_F = \mathrm{e}^{6.7875E_a}$。

当激活能 $E_a = 0.65\mathrm{eV}$ 时，$A_F = 82.4$；当激活能 $E_a = 0.35\mathrm{eV}$ 时，$A_F = 10.8$。

如果考虑湿度加速影响因素，可对阿伦尼乌斯模型进行修正，则加速系数 A_F 为[13]

$$A_F = \exp\left[\frac{E_a}{k}\left(\frac{1}{T_2}-\frac{1}{T_1}\right)+\eta\times(RH_1^n - RH_2^n)\right] \tag{11-16}$$

式中，η 为湿度因子；n 为相对湿度因子；RH_1 为加速试验湿度；RH_2 为使用湿度。参考标准 IEC62005-2，湿度因子 η 取 5×10^{-4}；相对湿度因子 n 取 2。

2. 寿命计算

光电子器件加速寿命预计试验一般采用定时截尾试验方案。评定光电子器件寿命时，平均寿命越大越好，因此在设计过程只需考虑寿命的置信水平下限，寿命置信水平下限的公式为

$$\theta_L = \frac{2\times t\times A_F}{\chi_\alpha^2(2r+2)} \tag{11-17}$$

式中，t 为全部样本加速试验累计时间；r 为试验总样本的失效数；$1-\alpha$ 为置信度水平，通常取 80%；$\chi_\alpha^2(2r+2)$ 的值可查 χ^2 分布的上侧分位数表得到。

3. 加速寿命试验设计

在进行加速寿命试验设计时，主要是确定置信度水平、试验样本数量、加速试验条件、激活能、寿命预计期望值、试验时间等内容。表 11.12 为假设器件在 23℃时 MTTF 预计期望值为 100 万 h、置信度为 80%时，设计的加速寿命试验方案。

表 11.12 器件加速寿命试验方案设计

激活能	试验温度 85℃，试验时间 5000h 所需样本数量		试验温度 85℃，试验时间 2000h 所需样本数量	
E_a/eV	失效数=0	失效数=1	失效数=0	失效数=1
0.35	31	57	78	141
0.65	4	9	10	21

由表 11.12 可知，通过增加样本数量可缩短试验时间。另外提高试验温度，实际上就是增大加速系数，也可缩短试验时间，但不能超过器件的极限条件。激活能是器件加速寿命试验的关键参数，激活能越大，加速寿命试验样本数量和试验时间可大幅度减少。

11.6.3 光电子器件加速寿命试验失效判据

光电子器件加速寿命试验时，其主要性能参数劣化到一定程度即失效。对光纤传感而言，通常是把与光纤传感性能相关性较强的多个参数指标变化量共同作为失效判据，任一指标失效即认为该器件失效，具体判据要系统分析确定。举例

来说，半导体激光器的失效判据是输出光功率下降为初始值的一半；探测器的失效判据可以是噪声电压增大 1 倍或灵敏度变化大于等于 3.0dB；耦合器的失效判据是插入损耗变化大于等于 0.5dB。根据不同要求，还可以定义光源光谱波纹、平均波长漂移量共同作为器件失效判据；定义耦合器的插入损耗和偏振串音变化量作为器件的失效判据。

11.6.4　光电子器件加速寿命试验方法

当光电子器件激活能未知时，采用温度作为加速应力，试验方法如下[14]：

(1) 根据器件的极限温度应力条件，确定至少 3 个加速试验温度应力水平。

(2) 综合考虑试验成本确定样本数量，通常每组样本数量相等，一般不应少于 5 只。

(3) 根据光纤传感器要求确定光电子器件的失效判据。

(4) 选择试验时间点测试，根据式(11-15)拟合计算出 E_a，计算各温度应力下的加速系数 A_F。

(5) 按式(11-17)，计算在某一置信度水平下的 MTTF 值。

激活能是阿伦尼乌斯方程首要的参数，与器件的失效模式和失效机理有关，一旦确定，阿伦尼乌斯方程可在两个温度之间提供一加速老化计算。确定激活能也可以借鉴经验值，各种半导体发光二极管的激活能参见表 11.13[15]。Bellcore 标准中给出光纤无源器件(如光纤耦合器)对温度加速老化时，取 $E_a=0.15\text{eV}$；对湿度加速老化时，取 $E_a=0.25\text{eV}$；在高温高湿环境下加速老化时，$E_a=0.35\text{eV}$。

表 11.13　各种半导体光源激活能

器件类型	半导体激光器	边发射发光二极管	面发射发光二极管	超辐射发光二极管
激活能 E_a/eV	0.47	0.63	1.0	0.58

1310nm 超辐射发光二极管的激活能为 0.58eV 时，通过加速寿命试验，获得器件的寿命达到 10^6h(25℃)[16]。退火质子交换 Y 波导多功能集成光学器件的激活能为(1.31±0.10)eV 时，通过加速老化试验，可以预计器件在 95℃下寿命可达 25 年[17]。

11.6.5　光电子器件 MTTF 的统计法

通过统计光电子器件累积使用时间和失效情况，也可获得其 MTTF 值，即

$$\text{MTTF}=\frac{T_{\text{all}}}{n_{\text{f}}} \tag{11-18}$$

式中，T_{all} 为全部器件工作时间之和；n_{f} 为总的失效器件数量。在统计周期内，样本数量越大，MTTF 值越准确。器件的失效率为

$$\lambda = \frac{1}{\mathrm{MTTF}} \tag{11-19}$$

假设当 $\lambda=10^{-6}$，即 $\mathrm{MTTF}=10^{6}\mathrm{h}$ 时，工作 10 年后，100 只器件中可能会失效的器件总数量为 9 只，即器件工作 10 年后，器件的存活率(可靠度)为 91.0%。同样情况下，当器件失效率提高一个数量级，即 $\lambda=10^{-7}$ 时，10 年后，100 只器件中可能会失效的器件数量仅为 1 只，器件的可靠度为 99%。

11.6.6　光纤寿命预计

光纤的寿命主要与光纤的弯曲应力和张力大小相关，可用基于最薄弱环节的威布尔模型来描述。衡量光纤可靠性水平的参数主要是筛选应力水平、筛选断纤率、耐疲劳参数、威布尔分布参数。光纤的寿命预计模型为[18-20]

$$t_s = t_p\left\{\left[1-\frac{\ln(1-F_s)}{N_pL}\right]^{\frac{n-2}{m}}-1\right\}\times\left(\frac{\varepsilon_p}{\varepsilon_s}\right)^n \tag{11-20}$$

式中，t_s 为光纤的寿命；t_p 为光纤筛选时所受张力负荷时间；F_s 为光纤的可靠性设计失效率；N_p 为光纤在某张力条件下筛选时的断纤率；L 为单根光纤长度；n 为光纤耐疲劳参数；m 为光纤威布尔分布参数；ε_p 为张力筛选光纤应变水平；ε_s 为使用环境下光纤的应变水平。

根据光纤寿命预计模型可知，提高光纤使用寿命的根本是提高光纤张力筛选等级，增加光纤自身的抗疲劳参数，减小使用状态下的长期应力，包括采用低纵向张力使用和光纤弯曲半径不能太小。

假设光纤总长度为 1km，平均弯曲直径为 60mm，光纤包层直径为 125 μm，绕制张力为 20g，筛选应变为 1%，t_p 为 0.2s，筛选断纤率为每 10km 断 1 次($N_p=0.1$)，$n=20$，$m=3$，$F_s=10^{-4}$(10 000km 光纤断 1 次)。由弯曲引起的应变为 0.21%，由张力产生的应变为 0.023%，光纤承受的总应变为 0.233%，则光纤的寿命约为 170 年。

光纤弯曲直径越小，弯曲应力对其影响就越大，包层直径为 125 μm 光纤的弯曲半径一般规定为不小于 30mm。假设光纤平均弯曲直径为 40mm 时，其他条件不变，则 $t_s=0.25$ 年；若光纤包层直径为 80 μm，弯曲平均直径仍为 40mm，其他条件不变，则 $t_s=26$ 年。细径光纤具有显著的应用可靠性优势。

包层直径为 125 μm 的光纤 25 年后的相对失效率与筛选张力水平及弯曲半径之间的关系曲线如图 11.6 所示，三条曲线从左至右分别表示筛选张力水平 σ_p 为 2.0%、1.0%、0.7%应变，从图 11.6 中可以看出，同样弯曲半径情况下，光纤筛选张力越大，其失效率越低。

目前干涉型光纤传感用光电子器件的基本失效率基本上都可低于 10^{-6}，其中无源器件的失效率更低，某些器件甚至低于 10^{-8}。在干涉型光纤传感器应用中，

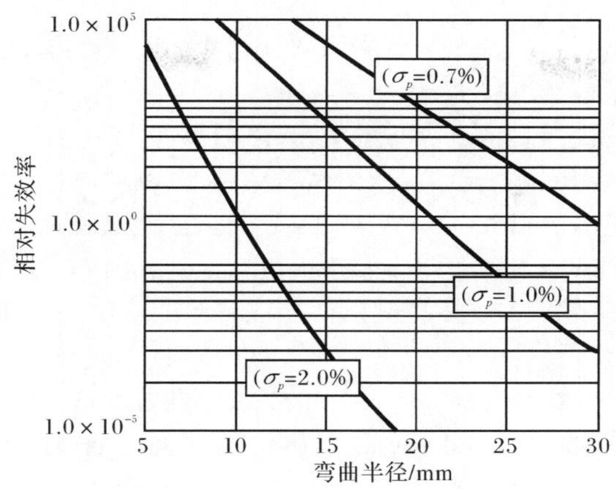

图 11.6 光纤失效率与筛选张力及弯曲半径之间的关系

半导体激光器和集成光学器件的可靠性相对较低,应作为提高可靠性的重点研究对象。

参考文献

[1] 张玉艳,肖文,刘德文.卫星用光纤陀螺中抗辐射光纤的研究.光学与光电技术,2005,3(1):42-45

[2] 邓涛,谢峻林,罗杰,等.光纤抗辐射性能研究回顾与展望.光通信技术,2007,(9):58-61

[3] Friebele E J,Gingerich M E,Brambani L A,et al. Radiation effects in polarization-maintaining fibers. Pro. SPIE,1990,1314:146

[4] 冯锡祺,徐良瑛,刘建成,等.掺铁铌酸锂晶体的辐照缺陷.中国科学 A 辑,1987,6:56-64

[5] Mitsuo F. Degradation modes of semicondutor lasers used in optical fiber transmission systems. Pro. SPIE,1992,1634:184-191

[6] 张栋,钟培道,陶春虎,等.失效分析.北京:国防工业出版社,2008

[7] Kanosfsky A S,Minford W. Proton radiation effects on various electro-optical devices. Fiber Optics Reliability and Testing:Benign and Adverse Environments. Proc. SPIE,1994,2074:204-213

[8] 刘明治.可靠性试验.北京:电子工业出版社,2004

[9] 黄章勇.光纤通信用光电子器件和组件.北京:北京邮电大学出版社,2001

[10] 邱有成.可靠性试验技术.北京:国防工业出版社,2003

[11] Fukuda M. Semiconductor Laser and LED Reliability. San Jose:OFC Tutorial,1996

[12] Mitsuo F. Laser and LED Reliability Update. Journal of Lighwave Technology,1998,6:1488-1495

[13] Bellcore Standard,GR-1221-CORE

[14] 丁东发,于海成,王巍.光纤陀螺仪及光学元器件寿命评估方法研究.中国科协年会文

集,2006

[15] 鹿岛保昌,易武秀. 1. 3 μm 超辐射二极管(SLD)的可靠性. 光纤通讯技术,1994,3:29-34

[16] Kashima Y,Matoba A,Takano H. Performance and reliability of InGaAsP superluminescent diode. Journal of Lightwave Technology,1992,10:1644—1649

[17] Kissa K M,Suchoski P G,Lewis D K. Accelerated aging of annealed proton-exchanged waveguides. Journal of Lightwave Technology,1995,13(7):1521-1529

[18] Kapron F P. Theory of Stressed Fiber Lifetime Calculation. Pro. SPIE,1991,1366:136-143

[19] Yuce H H,Kapron F P. Use of measurements for fiber lifetime prediction. Pro. SPIE,1991,1366:144-156

[20] Yutaka M,Yutaka K,Hirokazu K,et al. Faillure prediction for long length optical fiber based on proof testing. Applied Physics Letters,1982,53(7):4847-4853

附录 缩略语

AOM	acoustic-optic modulator	声光调制器
APD	avalanche photodiode	雪崩光电二极管
ASE	amplified spontaneous emission	放大的自发辐射
BFG	blazed fiber grating	闪耀光纤光栅
BOTDA	Brillouin optical time domain analysis	布里渊光时域分析
BOTDR	Brillouin optical time domain reflectometer	布里渊光时域反射计
BPM	beam propagation method	光束传播法
BW	band width	带宽
CCD	charge coupled device	电荷耦合器件
CCITT	International Telephone and Telegraph Consultative Committee	国际电报电话咨询委员会
CFBG	chiped fiber Bragg grating	啁啾光纤布拉格光栅
CR	coupling ratio	分光比(耦合比)
CT	crosstalk	偏振串音
CVD	chemical vapour deposition	化学气相沉积
DBR	distributed Bragg reflector	分布布拉格反射器
DERA	Defense Evaluation and Research Agency	英国国防评估和研究局
DFB	distributed feedback	分布反馈
DLTS	deep level transient spectrum	深能级瞬态谱
DTS	distributed temperature sensor	分布式温度传感器
DWDM	dense wavelength division multiplexing	密集波分复用
D/A	digital/analog	数字/模拟(转换器)
EDFA	Erbium-doped fiber amplifier	掺铒光纤放大器
EDFL	Erbium-doped fiber laser	掺铒光纤激光器
EFPI	extrinsic Fabry-Perot interferometric	非本征法布里-珀罗干涉型
EL	excess loss	附加损耗
ELED	edge light emitting diode	边发光二极管
ER	extinction ratio	消光比
ESA	excitated state absorption	激发态吸收
FBG	fiber Bragg grating	光纤布拉格光栅
FDM	frequency division multiplexing	频分复用
FET	field effect transistor	场效应晶体管
FR	Faraday rotator	法拉第旋转器

FRM	Faraday rotator mirror	法拉第旋转反射镜
FSR	free spectral range	自由光谱区
F-P	Fabry-Perot	法布里-珀罗
GSA	ground state absorption	基态吸收
IFPI	intrinsic Fabry-Perot interferometric	本征型法布里-珀罗干涉型
IL	insertion loss	插入损耗
LED	light-emiting diode	发光二极管
LD	laser diode	激光二极管
LPE	liquid phase epitaxy	液相外延
LPFG	long period fiber grating	长周期光纤光栅
LTPD	lot test permission defect	批允许不合格率
MBE	molecular beam epitaxy	分子束外延
MCVD	modified chemical vapour deposition	改进的化学气相沉积
MOCVD	metal organic chemical vapor deposition	金属有机化学气相沉积
MQW	multiquantum well	多量子阱
MTTF	mean time to failure	平均失效时间
MTBF	mean time between failure	平均故障间隔时间
M-Z	Mach-Zehnder	马赫-曾德尔
NA	numerical aperture	数值孔径
NASA	National Aeronautics and Space Administration	美国国家航空航天局
NRL	Naval Research Laboratory	美国海军研究室
OCDP	optical coherence domain polarimeter	光相干域偏振计
OCT	optical coherence tomography	光学相干层析成像技术
OEIC	opto-electronic integrated circuit	光电集成回路
OFDR	optical frequency domain reflectometry	光频域反射计
OTDR	optical time domain reflectometer	光时域反射计
OVD	outside vapour deposition	外部气相沉积
PBG-PCF	photonic band gap-photonic crystal fiber	光子带隙光子晶体光纤
PCF	photonic crystal fiber	光子晶体光纤
PCVD	plasma chemical vapour deposition	等离子体化学气相沉积
PD	photoelectric diode	光电二极管
PDL	polarization dependent loss	偏振相关损耗
PGC	phase generated carrier	相位生成载波
PIC	photonic integrated circuit	光子集成回路
PIN	positive intrinsic negative	本征型光电二极管
PIND	particles impact noise detection	粒子碰撞噪声检测
PMD	polarization mode dispersion	偏振模色散
PN	positive negative	P 型-N 型结构

POTDR	polarization optical time domain reflectometer	偏振光时域反射计
PZT	piezoelectric transducer	压电转换器
RL	reflection loss	反射损耗(回波损耗)
SFS	superfluorescent fiber source	超荧光光纤光源
SLD	superluminescent diode	超辐射发光二极管
SLED	surface light emitting diode	面发光二极管
TDM	time division multiplexing	时分复用
TE	transverse electric	横向电场
TEC	thermoelectric cooler	热电制冷器
TIR-PCF	total interior reflection-photonic crystal fiber	全内反射光子晶体光纤
TM	transverse magnetic	横向磁场
UHV	ultra high vacuum	超高真空
VAD	vapour phase axial deposition	轴向气相沉积
VCSEL	vertical cavity surface emitting laser	垂直腔面发射激光器
WDM	wavelength division multiplexing	波分复用

索　　引